Mehr als nur schön

Jörg Resag

Mehr als nur schön

Wie Symmetrien unsere Naturgesetze formen

 Springer

Jörg Resag
Leverkusen, Nordrhein-Westfalen,
Deutschland

ISBN 978-3-662-61809-7   ISBN 978-3-662-61810-3   (eBook)
https://doi.org/10.1007/978-3-662-61810-3

Die Deutsche Nationalbibliothek verzeichnet diese Publikation in der Deutschen Nationalbibliografie;
detaillierte bibliografische Daten sind im Internet über http://dnb.d-nb.de abrufbar.

Einbandgestaltung: deblik, Berlin

Planung/Lektorat: Lisa Edelhäuser
Springer ist ein Imprint der eingetragenen Gesellschaft Springer-Verlag GmbH, DE und ist ein Teil von
Springer Nature.
Die Anschrift der Gesellschaft ist: Heidelberger Platz 3, 14197 Berlin, Germany

Vorwort

Am 4. Juli 2012 ging eine Nachricht um die Welt, in der eine der größten Entdeckungen der modernen Teilchenphysik verkündet wurde: *„CERN experiments observe particle consistent with long-sought Higgs boson."* (Die CERN-Experimente beobachten ein Teilchen, das mit dem lang gesuchten Higgs-Boson vereinbar ist.) Auf diese Nachricht hatten die Physiker seit geraumer Zeit gewartet, und nicht wenige hatten bereits ihre Zweifel, ob das gesuchte Higgs-Teilchen überhaupt existiert. Immerhin waren mittlerweile mehr als vier Jahrzehnte vergangen, seit Mitte der 1960er-Jahre unabhängig voneinander mehrere Physiker, insbesondere der Brite Peter Higgs und sein belgischer Kollege François Englert, die Existenz dieses Teilchens gefordert hatten. Nun schien man es tatsächlich gefunden zu haben. Weitere Messungen in den nächsten Monaten bestätigten dies, sodass man im Jahr 2013 den beiden Physikern endlich den wohlverdienten Nobelpreis verleihen konnte. Peter Higgs war mittlerweile 84 Jahre alt – manchmal braucht man in der Physik offenbar einen langen Atem.

Warum ist das Higgs-Teilchen so wichtig? Warum hatte man am europäischen Forschungszentrum CERN bei Genf über mehr als zwei Jahrzehnte hinweg den weltgrößten Teilchenbeschleuniger – den Large Hadron Collider (LHC) – entwickelt und gebaut, dessen vielleicht wichtigstes Ziel es war, dieses Teilchen zu finden?

Offensichtlich ist das Higgs-Teilchen nicht irgendein Teilchen – es ist etwas ganz Besonderes. Man braucht es, um zu verstehen, wie unsere Welt mit all ihren verschiedenen Elementarteilchen und deren Wechselwirkungen im Innersten funktioniert. Dabei spielt eine Erkenntnis eine ganz entscheidende Rolle: die Form der Naturgesetze, die unser Universum regieren, wird von *Symmetrien* und deren *Brechung* geprägt. Hätten Peter Higgs und seine Kollegen nicht intensiv über diese Symmetrien nachgedacht, wären sie nie auf die Idee gekommen, dass unsere Welt ein Higgs-Teilchen braucht, um zu funktionieren.

„We are all children of broken symmetry" (Wir sind alle Kinder gebrochener Symmetrie)[1] – so formulierte es die Königlich Schwedische Akademie der Wissenschaften, als sie im Jahr 2008 den Physik-Nobelpreis an Yoichiro Nambu, Makoto Kobayashi und Toshihide Maskawa für ihre Untersuchungen zur Symmetriebrechung verlieh. Auf den Erkenntnissen insbesondere von Nambu hatten Peter Higgs und seine Kollegen aufgebaut und waren so bis zum Higgs-Teilchen vorgestoßen.

Nur, was genau soll es bedeuten, wir seien Kinder gebrochener Symmetrie? Was für eine Symmetrie ist das, und was ist damit gemeint, sie sei gebrochen?

In der Umgangssprache steht der Begriff der Symmetrie oft für Schönheit und Eleganz. Menschen mit symmetrischen Gesichtern erscheinen uns als attraktiv. Auch der französische Sonnenkönig Ludwig XIV. wusste die Schönheit der Symmetrie zu schätzen: Mitte des 17. Jahrhunderts ließ er das Schloss Versailles (Abb. 0.1) im typischen Stil des Barocks so symmetrisch wie möglich anlegen – ein Sinnbild von Perfektion, Reichtum und Macht.

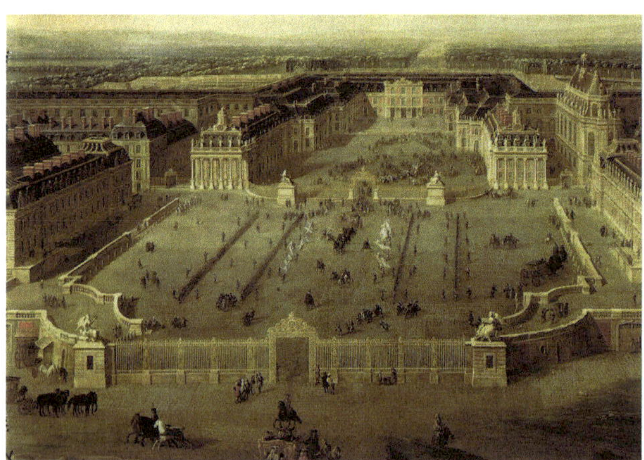

Abb. 0.1 Das Schlosses Versailles, hier auf einem Bild von Pierre-Denis Martin aus dem Jahr 1722, ist ein Inbegriff von Symmetrie und Eleganz. (© akg-images/ picture alliance)

---

[1]Siehe https://www.nobelprize.org/prizes/physics/2008/illustrated-information/.

Auch die Vorstellungen, die sich unsere Vorfahren von der Antike bis in die frühe Neuzeit vom Universum machten, besaßen diese Art von ästhetischer Symmetrie: mit der Erde in der Mitte und um sie herum die Sphären der Planeten und Gestirne. Später wurde die Erde zwar aus dem Zentrum der Welt verbannt und durch die Sonne ersetzt, doch die wunderbare kugelsymmetrische Gestalt des Kosmos blieb erhalten.

Nun ist Schönheit nicht alles. Symmetrien sind mehr als nur schön! Sie besitzen eine wichtige Eigenschaft, die sie für die Physik so interessant macht. Am Schloss Versailles können wir diese Eigenschaft gut erkennen: Würden wir das gesamte Schloss in Gedanken abreißen und spiegelsymmetrisch wiederaufbauen, so sähe es im Idealfall genauso aus wie zuvor. Wir könnten also rechts und links vertauschen, und nichts Wesentliches würde sich am Aufbau des Schlosses ändern. Ähnlich ist es bei den früheren Vorstellungen vom Kosmos mit der Erde oder der Sonne in der Mitte: Wir können sie um den Mittelpunkt drehen, ohne dass sich etwas Wesentliches ändert.

In der modernen Physik beschränkt man sich nun nicht alleine auf die Vertauschung von rechts und links oder Drehungen um einen Mittelpunkt, sondern fasst den Begriff der Symmetrie weiter. Der deutsche Mathematiker und Physiker Hermann Weyl, der uns in diesem Buch noch begegnen wird, hat es sinngemäß so ausgedrückt: „Ein Ding ist symmetrisch, wenn man es einer bestimmten Operation aussetzen kann und es danach als genau das Gleiche erscheint wie vor der Operation."[2] Dabei meint man mit „Ding" nicht unbedingt das äußere Erscheinungsbild eines Gegenstandes, sondern seine physikalische Funktionsweise. Funktioniert der Gegenstand und damit die zugrunde liegende Physik nach der Symmetrieoperation noch genauso wie vorher?

Ein einfaches Beispiel für eine solche Symmetrieoperation wäre die Verschiebung an einen anderen Ort. So macht es beispielsweise bei einer komplizierten Apparatur – sagen wir, einer Uhr – normalerweise keinen Unterschied, ob wir sie in unserem Wohnzimmer oder im Schlafzimmer aufstellen. Der eine Ort ist so gut wie der andere, egal, wie die Uhr im Detail funktioniert. Die Physik, die den Mechanismus im Inneren der Uhr ablaufen lässt, ist an beiden Orten dieselbe, unabhängig davon, ob es sich um eine mechanische Uhr, eine elektronische Quarzuhr oder eine hochpräzise Atomuhr handelt.

---

[2]Zitiert nach Feynman Vorlesungen über Physik, Band I, Kap. 11-1.

Diese Überlegung mag uns trivial erscheinen, doch sie hat wichtige Konsequenzen, wie wir noch sehen werden. Und natürlich ist die Verschiebung an einen anderen Ort nicht die einzige Symmetrieoperation, die den physikalischen Ablauf im Inneren der Uhr unverändert lässt. Was geschieht beispielsweise, wenn wir eine stehen gebliebene Uhr wieder in Betrieb setzen – spielt es dann eine Rolle, wann wir das tun? Verändert sich der Lauf der Uhr, wenn wir sie um 180 Grad gedreht aufstellen, also mit dem Ziffernblatt zur Wand? Und was ist, wenn wir die Uhr auf einer Kreuzfahrt in unserer Schiffskabine aufstellen, während das Schiff sein nächstes Ziel ansteuert?

Wir können sogar noch weiter gehen und beispielsweise sämtliche Materie in der Uhr durch Antimaterie ersetzen, wobei wir die Uhr im leeren Weltraum postieren sollten, denn Materie und Antimaterie vertragen sich nicht gut miteinander. Würde also eine Antimaterieuhr genauso funktionieren wie ihr Gegenstück aus Materie? Und warum gibt es Antimaterie überhaupt?

Diesen und vielen weiteren Fragen werden wir in diesem Buch nachgehen, wobei wir dem Lauf der Geschichte von der Antike bis hin zur aktuellen Front der Forschung folgen wollen. Auf mathematische Formeln möchte ich dabei weitgehend verzichten. Nur gelegentlich werde ich die eine oder andere Formel der Vollständigkeit halber erwähnen; für das Verständnis des Buches spielen sie keine Rolle.

Auch wenn die Physik im Mittelpunkt dieses Buches steht, so möchte ich zugleich auch die Frauen und Männer würdigen, die uns auf dem Weg durch die Geschichte begegnen. So treffen wir beispielsweise zu Beginn im antiken Griechenland auf den Philosophen Aristoteles, der sich als einer der ersten Menschen umfassende Gedanken darüber macht, wie unsere Welt beschaffen ist und wie sie funktioniert. Seine Ideen haben einen tief greifenden Einfluss bis weit ins Mittelalter hinein, auch wenn im Laufe der Zeit immer mehr Unstimmigkeiten sichtbar wurden. Es ist eben keineswegs einfach, die richtigen Ideen und Begriffe zu finden, mit denen sich die Natur beschreiben lässt.

Fast zwei Jahrtausende vergehen, bis es gelingt, sich von den Ideen der Antike zu lösen. So rückt der Domherr Nikolaus Kopernikus die Sonne anstelle der Erde ins Zentrum der Welt, und der deutsche Naturphilosoph Johannes Kepler entdeckt am Vorabend des dreißigjährigen Krieges auf der Suche nach himmlischer Schönheit und Harmonie die elliptische Form der Planetenbahnen. Sein eher praktisch veranlagter Kollege Galileo Galilei stellt sich derweil in Italien eine wegweisende Symmetriefrage: Merkt man unter Deck eines Schiffes überhaupt, ob dieses gleichmäßig durch die ruhige See gleitet oder fest vertäut im Hafen liegt? Mit solchen Überlegungen und konkreten Experimenten stößt er schließlich auf das Trägheitsgesetz und versetzt so einige Jahrzehnte später den englischen Naturforscher Isaac Newton in die Lage, die falschen Vorstellungen von Aristoteles endgültig zu überwinden und die richtigen Gesetze der Bewegung und der Gravitation zu finden – der Durchbruch ist geschafft.

Erst allmählich kann Newtons Werk in der Welt Fuß fassen. Einen bedeutenden Beitrag dazu leistet Émilie du Châtelet – die „göttliche Émilie" – die wir im Frankreich des Sonnenkönigs Ludwig XIV. kennen lernen. Sie überarbeitet Newtons Werk, übersetzt es ins moderne Französisch und macht es so in weiten Kreisen bekannt.

Immer schneller wandelt sich die Welt. Die industrielle Revolution fegt alte Gesellschaftsordnungen hinweg und schafft ein Umfeld, in dem die Wissenschaften an Bedeutung gewinnen und zunehmend schneller voranschreiten. Im neunzehnten Jahrhundert gelingt es Naturforschern wie dem englischen Experimentator Michael Faraday und dem schottischen Theoretiker James Clerk Maxwell schließlich, die Gesetze der Elektrizität und des Magnetismus zu entschlüsseln und in einer umfassenden Theorie zu vereinen.

Ein besonderes Highlight dieses Buches ist unsere Begegnung mit der Mathematikerin und Physikerin Emmy Noether, die es im Deutschland des frühen zwanzigsten Jahrhunderts – einer von Männern dominierten Welt – nicht leicht hat. Dennoch schafft sie es, einen tiefen Zusammenhang zwischen Symmetrien und Erhaltungsgrößen aufzudecken. Die Tatsache, dass beispielsweise Energie weder erzeugt noch zerstört werden kann, sondern sich nur von einer Form in eine andere umwandelt, ist tatsächlich die Folge einer Symmetrie! Offenbar haben Symmetrien neben ihrem ästhetischen Schönheitswert auch ganz handfeste physikalische Konsequenzen.

Albert Einstein, der drei Jahre jünger als Emmy Noether ist, darf in diesem Buch natürlich nicht fehlen. Die bahnbrechenden Symmetrieüberlegungen dieses berühmten Freigeistes revolutionieren im Jahr 1905 unser Verständnis von Raum und Zeit und stellen zehn Jahre später die Beschreibung der Gravitation auf eine ganz neue Basis – die Spezielle und Allgemeine Relativitätstheorie sind geboren.

Einige Jahre nach Einsteins Erfolg kommt es zu einem fundamentalen Umbruch in der Physik: Männer wie der französische Adelige Louis de Broglie, der österreichische Physiker Erwin Schrödinger, der ebenso scharfsinnige wie schonungslos kritische Wolfgang Pauli, das stille Genie Paul Dirac und viele andere entdecken die Quantenmechanik, in der Symmetrien eine absolut grundlegende Rolle spielen. Sie führen zum Phänomen des Spins, sorgen dafür, dass manche Teilchen sich wie Einzelgänger und andere wie Herdentiere verhalten, und erzwingen sogar die Existenz von Antimaterie. Dabei gibt es auch manche Überraschung: Gilt in einer gespiegelten Welt tatsächlich dieselbe Physik wie vor der Spiegelung? Das galt als Selbstverständlichkeit – bis die chinesisch-amerikanische Experimentalphysikerin Chien-Shiung Wu das Gegenteil beweist.

Symmetrien haben im Rahmen der Quantenmechanik noch mehr zu bieten: So nutzt Einsteins visionärer Kollege Hermann Weyl – ein Meister der Symmetrie und ständiger Grenzgänger zwischen Mathematik und Physik – eine sogenannte *Eichsymmetrie* dazu, unser Verständnis der elektromagnetischen Kräfte auf eine neue Grundlage zu stellen. Damit legt er das Fundament für die heutige Theorie aller bekannten Elementarteilchen und ihrer Wechselwirkungen.

Es dauert seine Zeit, bis sich diese Theorie in der zweiten Hälfte des zwanzigsten Jahrhunderts langsam herausbildet. Nach und nach gelingt es Physikern wie dem Briten Peter Higgs, dem überzeugten Atheisten Steven Weinberg, seinem muslimischen Freund und Kollegen Abdus Salam und vielen anderen, mithilfe von Eichsymmetrien und deren Brechung alle bekannten Teilchen und Kräfte – mit Ausnahme der Gravitation – unter einem großen gemeinsamen Dach zu vereinen, das den wenig spektakulären Namen *Standardmodell der Elementarteilchenphysik* trägt. Diese umfassende Theorie der Teilchen und ihrer Wechselwirkungen ist die absolute Krönung der modernen Physik und wurde unzählige Male im Experiment bestätigt. Auch ihr letzter noch fehlender Schlussstein – das berühmte Higgs-Teilchen – wurde im Jahr 2012 schließlich gefunden.

Symmetrien spielen in der modernen Physik also eine entscheidende Rolle. Da wir wissen, dass auch das überaus erfolgreiche Standardmodell noch nicht der Weisheit letzter Schluss sein kann, versuchen heutzutage Theoretiker in aller Welt, mithilfe von Symmetrien in Neuland vorzustoßen. Lassen sich die bekannten Eichsymmetrien im Rahmen sogenannter *Grand Unified Theories* (GUT) zusammenführen, sodass sich dadurch noch unbekannte Zusammenhänge eröffnen? Können wir Einsteins Symmetrie von Raum und Zeit zu einer *Supersymmetrie* erweitern? Und können wir auch die Gravitation mit den anderen Kräften im Rahmen der Quantentheorie vereinen und eine universelle *Theorie von Allem* finden, die die gesamte Physik unseres Universums umfasst?

Lassen Sie sich von den Menschen und ihren Ideen, denen Sie in diesem Buch begegnen werden, faszinieren. Begeben Sie sich auf eine Reise, die von der Antike bis zu den heutigen Grenzen des Wissens führt, und lernen Sie dabei die Vielfalt der physikalischen Erkenntnisse kennen, die diese

Menschen enthüllt haben und die deutlich machen: Symmetrien sind in der Tat mehr als nur schön!

An dieser Stelle möchte ich sehr herzlich Lisa Edelhäuser vom Springer Verlag danken, die – wie schon so oft zuvor – mit ihren Ideen und ihrer konstruktiven Kritik viel zum Gelingen dieses Buches beigetragen hat. Vielen Dank auch an Bettina Saglio vom Springer Verlag, die alle Schritte vom fertigen Buchmanuskript bis hin zum Druck mit viel Sorgfalt begleitet hat. Und ein besonderer Dank gilt meiner Familie, meiner Frau Karen und meinen Söhnen Kevin, Tim und Jan, die mit viel Geduld ertragen haben, wenn ich wieder einmal stundenlang in meiner Ecke in mein Manuskript versunken war oder ihnen enthusiastisch von meinen Ideen dazu erzählt habe – manchmal braucht ein Buchautor eben doch ein Live-Publikum.

Leverkusen   Jörg Resag
Mai 2020

Inhaltsverzeichnis

1

Auf der Suche nach den Bewegungsgesetzen

Die genaue Schärfe der Mathematik aber darf man nicht für alle Gegenstände fordern, sondern nur für die stofflosen. Darum passt diese Weise nicht für die Wissenschaft der Natur, denn alle Natur ist wohl mit Stoff verbunden.[1]

Dieses möglicherweise etwas überraschende Zitat stammt aus dem Werk *Metaphysik* des großen Philosophen Aristoteles, der vor über 2300 Jahren im antiken Griechenland lebte. Darin spricht Aristoteles der stofflichen Natur – damit meint er unsere irdische Welt – jede Form von Gesetzmäßigkeit ab, die sich mathematisch erfassen ließe. Nur die stofflose[2] Welt – das ist für ihn die perfekte Welt der Sonne und der Gestirne – ist demnach von mathematischen Gesetzen bestimmt, die die Gestirne ihre harmonischen Kreisbahnen am Himmel ziehen lassen.

Diese Vorstellung war noch bis ins späte Mittelalter hinein weit verbreitet. Kein Wunder, denn die Form der Naturgesetze ist für uns Menschen auf der Erde nur sehr schwer erkennbar. Zu viele Einflüsse wirken zugleich auf jeden Gegenstand ein und lassen unsere irdische Welt chaotisch und unvorhersehbar erscheinen. Ein fallendes Laubblatt taumelt auf seinem Weg nach unten wie zufällig hin und her, und selbst der scheinbar so einfache Flug einer abgeschossenen Kanonenkugel ist nicht leicht zu erfassen und zu verstehen. Wie sieht die Flugbahn der Kugel genau aus? Wieso fliegt die Kugel

---

[1]Aristoteles: Metaphysik 995a 14–17.

[2]Gemeint ist, dass für Aristoteles die Welt der Sonne und Gestirne nicht aus denselben gewöhnlichen Stoffen bestehen kann wie unsere irdische Welt; mehr dazu später im Kapitel.

© Springer-Verlag GmbH Deutschland, ein Teil von Springer Nature 2020
J. Resag, *Mehr als nur schön*, https://doi.org/10.1007/978-3-662-61810-3_1

überhaupt? Was treibt sie voran? Und warum fällt sie schließlich doch zu Boden?

Die Welt des Himmels mit den klar sichtbaren Bewegungen der Gestirne scheint dagegen strengen mathematischen Gesetzmäßigkeiten zu folgen. In der Annahme, die Erde sei der Mittelpunkt der Welt, erstellten unsere Vorfahren immer komplexere Modelle mit vielfach ineinander geschachtelten Kreisbewegungen, um die Positionen der Planeten am Himmel zu beschreiben. Das funktionierte ziemlich gut, aber besonders schön war es nicht. Der Durchbruch gelang erst, als Nikolaus Kopernikus im sechzehnten Jahrhundert die Sonne ins Zentrum der Welt rückte und Johannes Kepler schließlich die Ellipsenform der Planetenbahnen erkannte. Der physikalische Ursprung dieser Bewegungen blieb Kepler dagegen noch verborgen.

Dass sich nicht nur der Himmel, sondern auch unsere irdische Welt mathematisch beschreiben lässt, entdeckte Keplers italienischer Zeitgenosse Galileo Galilei. Dabei stellte er eine berühmt gewordene Frage: Bemerkt man unter Deck eines fahrenden Schiffes überhaupt etwas davon, wenn das Schiff gleichmäßig über die ruhige See dahingleitet? Spürt man, ob das Schiff fährt oder nicht, wenn man nicht nach draußen sehen kann?

Das war ein völlig neuer Gedanke, auf den man erst einmal kommen muss! Erst diese wegweisende Symmetrieüberlegung, wie man sie heutzutage nennt, schuf letztlich die Basis, auf der Isaac Newton und andere aufbauen konnten, um die universellen Gesetze aller Bewegungen zu erkennen – nicht nur im Himmel, sondern auch auf unserer Erde.

1.1   Von Aristoteles bis ins Mittelalter – die Suche nach dem Weg

Aristoteles, von dem unser obiges Zitat über die Anwendbarkeit der Mathematik stammt, wurde im Jahr 384 v. Chr. in der griechischen Stadt Stageira im Nordosten Griechenlands geboren. Seine Familie war eng mit den Herrschern im damals aufstrebenden Königreich Makedonien verbunden – sein Vater war Leibarzt des makedonischen Königs. Der entsprechende Wohlstand der Familie ermöglichte es ihm, als junger Mann nach Athen zu gehen, dem intellektuellen Zentrum des antiken Griechenlands. Dort wurde er an der Akademie des berühmten Philosophen Platon aufgenommen, an der er 20 Jahre lang blieb – zunächst als Schüler und später selbst als Lehrer. Es muss eine großartige Zeit voller intellektueller

Anregungen für den jungen Aristoteles gewesen sein, der sich bald selbst zu einem großen Philosophen entwickelte. Seine Ideen, auf die wir gleich noch eingehen werden, sollten das Denken der Menschen für nahezu zwei Jahrtausende entscheidend mitbestimmen.

Als sein berühmter Lehrer Platon schließlich starb, ging diese prägende Zeit für Aristoteles zu Ende. Nicht er, sondern ein Neffe Platons wurde zu dessen Nachfolger als Leiter der Akademie bestimmt. Aristoteles dürfte wohl ziemlich enttäuscht darüber gewesen sein. Außerdem wurde es für ihn in Athen langsam ungemütlich, denn den Athenern waren die engen Verbindungen seiner Familie mit dem immer bedrohlicher wirkenden Makedonien ein Dorn im Auge. Hatte man da womöglich einen Feind in den eigenen Reihen? Aristoteles bekam es mit der Angst zu tun, verließ Athen und begab sich für mehrere Jahre auf Reisen durch Kleinasien und Griechenland.

Schließlich zahlten sich seine guten Beziehungen nach Makedonien wieder aus. Im Alter von rund 40 Jahren folgte er der Einladung des makedonischen Königs Philipp II., seinen damals dreizehnjährigen Sohn Alexander zu unterrichten. Er wird wohl nicht geahnt haben, zu welch bedeutender Persönlichkeit Alexander, den man später „den Großen" nannte, heranwachsen würde. Mit gerade einmal 20 Jahren folgte er seinem Vater auf den makedonischen Thron und schickte sich an, sein bis nach Indien reichendes Weltreich zu erobern. Aristoteles, der mittlerweile 50 Jahre alt geworden war, hatte seine Aufgabe als Lehrer erfüllt und brauchte eine neue Beschäftigung.

Gerne wollte er nach Athen zurückkehren, und es gelang ihm tatsächlich, denn dort hatte man sich mittlerweile mit den siegreichen Makedoniern arrangiert. Allerdings ging er nicht mehr an seine alte Akademie zurück, sondern lehrte und forschte an einem öffentlichen Gymnasium, dem Lykeion. Hier blieb er 12 Jahre lang, bis sich sein Glück erneut wendete – Alexander der Große war mit nur 32 Jahren in Babylon gestorben und sein gerade erst erobertes Weltreich begann zu zerfallen. Auch in Athen regte sich nun wieder zunehmend Widerstand gegen die bis dahin übermächtigen Makedonier. Wie schon Jahre zuvor wurde Aristoteles erneut mit wachsendem Misstrauen betrachtet und musste fürchten, dass ihn die Athener verfolgen und womöglich zum Tode verurteilen würden. So war es auch einst Platons Lehrmeister Sokrates ergangen, der rund 75 Jahre zuvor von den Athenern gezwungen worden war, den giftigen Schierlingsbecher zu trinken und in den Tod zu gehen. Das sollte Aristoteles nicht passieren. Er floh und starb bald darauf im Jahr 322 v. Chr. im Alter von 63 Jahren.

Sein umfangreiches Vermächtnis hat ihn bis in die heutige Zeit hinein überdauert. Auch wenn viele seiner Schriften über die Jahrtausende verloren gegangen sind, so sind doch viele Werke erhalten geblieben. Sie zeigen, dass es kaum ein Gebiet gab, mit dem sich Aristoteles nicht beschäftigte. Er dachte über Redekunst und Ethik ebenso nach wie über Staatsführung und Politik. Er entwarf ein System der Logik, interessierte sich für die Natur, sammelte alle Arten von Pflanzen und Tieren und versuchte, sie in eine Systematik einzuordnen. Und er dachte auch über die Welt als Ganzes nach und über die Gesetze, die ihrem Aufbau zugrunde liegen.

Platons ideale Welt der Ideen

An Platons Akademie hatte Aristoteles zunächst die Philosophie seines großen Lehrmeisters kennengelernt, die bis zum heutigen Tag unser westliches Denken stark beeinflusst. Immer wenn wir in diesem Buch auf Begriffe wie die „göttliche Harmonie der Gestirne", den „absoluten Raum" und die „wahre Zeit" oder auch später die „perfekte größtmögliche Symmetrie" stoßen, sollten wir uns an Platon zurückerinnern, der in der Antike den Grundstein für diese Art zu denken gelegt hat.

Platon ging davon aus, dass es jenseits unserer unbeständigen irdischen Welt, die wir mit unseren Sinnen wahrnehmen können, eine ideale metaphysische Welt geben müsse, die er *Welt der Ideen* nannte. Dort befänden sich die perfekten Urformen aller Dinge, die wir in unserer normalen Welt nur noch gleichsam als unvollkommene Abbilder vorfinden. Das ist es, was Platon mit dem Wort *Idee* meint – das perfekte Urbild wie beispielsweise „das Schöne an sich" oder „das Gerechte an sich", aber auch beispielsweise „den perfekten Kreis", den wir in der realen Welt niemals in perfekter Form realisieren können. Ideen sind die „Dinge an sich", die das „wahre Wesen der Dinge" repräsentieren.

Die Ideenwelt mit all ihren ewig bestehenden Urbildern liegt für Platon hinter unserer erfahrbaren Welt und kann mit unseren Sinnen nicht erfasst werden. Wir sehen nur die verwaschenen Schatten der idealen „Dinge an sich". Dennoch können wir in diesen Schatten die idealen Urbilder wiedererkennen, weil unsere Seele nach Platon bereits vor unserer Geburt diese Urbilder in der Ideenwelt geschaut hat und sich nun wieder an sie zurückerinnert. Wir erkennen einen auf ein Stück Papier gemalten Kreis also deshalb, weil wir den idealen mathematischen Kreis vor unserer Geburt schon einmal gesehen haben.

Was ist von Platons Ideenwelt zu halten? Aristoteles empfand die Ansichten Platons jedenfalls als zu abgehoben. Der italienische Künstler Raffael hat dies in seinem berühmten Fresko *Die Schule von Athen* vor gut

Abb. 1.1 Platon (links) und Aristoteles (rechts), Detailansicht aus Raffaels Fresko *Die Schule von Athen* (1510–1511). (© akg-images/picture alliance)

500 Jahren sehr schön zum Ausdruck gebracht (Abb. 1.1). Platon zeigt auf diesem Bild gen Himmel, während Aristoteles die flache Hand nach unten richtet.

Aristoteles glaubte nicht an die perfekte Ideenwelt Platons. Er ging vielmehr davon aus, dass unser Geist vollkommen leer sei, wenn wir als Babys auf diese Welt kommen. Ein Neugeborenes hat keine Ahnung, was ein Kreis oder ein Pferd ist, denn es hat noch nie so etwas gesehen – auch nicht in der perfekten Ideenwelt. Erst die Sinneseindrücke und Erfahrungen, die wir im

Laufe der Zeit sammeln, formen nach und nach in uns ein Bild der Wirklichkeit und lassen in uns ein Verständnis dafür entstehen, was ein Kreis oder ein Pferd ist. Damit ist Aristoteles sehr nahe an der heutigen Sichtweise, nach der sich die neuronalen Verschaltungen in unserem Gehirn erst nach und nach ausbilden. So müssen wir das Sehen als Baby tatsächlich erst nach und nach lernen – wir müssen unser neuronales Netz im Gehirn darauf trainieren.

Es ist immer wieder gut, sich diese Diskussion über die „Dinge an sich" ins Gedächtnis zu rufen, wenn wir uns an die Erforschung der Naturgesetze machen. Wir werden sehen, wie sich nach und nach immer schärfere physikalische Begriffe formen lassen, die so ungemein nützlich sein werden, dass wir sie schon bald für ein „Ding an sich" halten könnten. So werden wir beispielsweise auf den Begriff der Kraft stoßen und lernen, wie Kräfte die Bewegungen der Planeten ebenso lenken wie den Flug einer Kanonenkugel oder das Taumeln eines herabfallenden Blattes. Gibt es also Kräfte „in echt"? Sind sie ein „Ding an sich"?

Nun ja – wie wir später noch sehen werden, löst sich der Begriff der Kraft komplett auf und wird bedeutungslos, sobald wir in die Quantenwelt der Atome und Teilchen vorstoßen. Es gibt also in der Natur keine „Kraft an sich". Alle physikalischen Begriffe sind Näherungen – Idealisierungen, die im Rahmen bestimmter physikalischer Theorien so nützlich sein können, dass wir sie oft für real halten – und in einem gewissen Sinn sind sie das auch.[3] Das sollten wir im Hinterkopf behalten, wenn beispielsweise später in diesem Kapitel der große Gelehrte Isaac Newton von einer „absoluten, wahren und mathematischen Zeit" und einem „absoluten Raum" spricht. Wir sollten nicht überrascht sein, wenn diese und andere scheinbar sicher geglaubten physikalischen Begriffe im Lauf der Zeit ihre Bedeutung verändern, relativiert werden und sogar komplett durch neue, grundlegendere Begriffe ersetzt werden.

Könnte es sein, dass wir irgendwann auf die absolut fundamentalen Begriffe stoßen, die dem „wahren innersten Wesen der Natur" entsprechen? Hat Platon zumindest in diesem Sinn Recht, wenn er von einer „idealen Welt" spricht? Gibt es so etwas wie die universelle Weltformel, die die fundamentalste Ebene der Natur beschreibt?

Wir werden dieser Frage in diesem Buch nachgehen und dabei immer tiefer in die Geheimnisse der Natur eintauchen. Dabei werden wir beobachten, wie sich die verwendeten Begriffe und Zusammenhänge immer

---

[3]siehe z. B. Feynman Vorlesungen über Physik, Band I, Kap. 12-1.

Schema huius præmiffæ diuifionis Sphærarum.

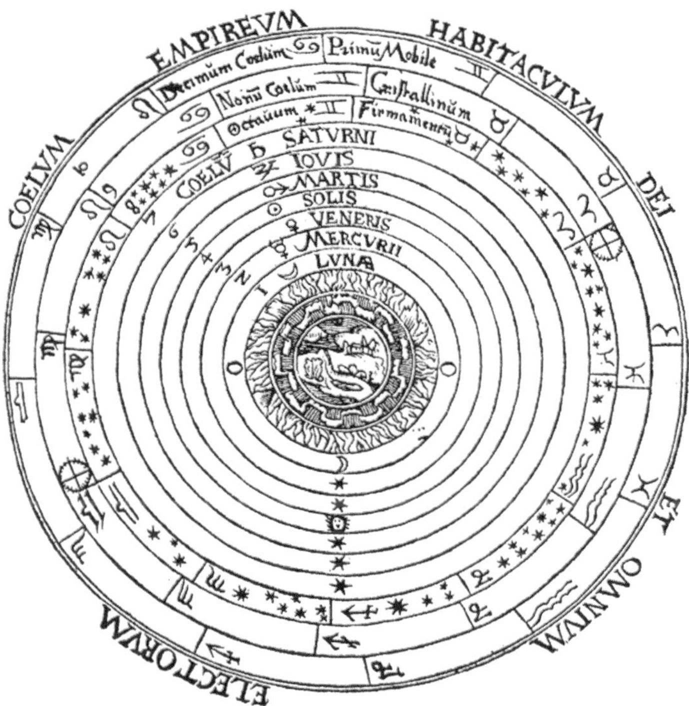

Abb. 1.2 Himmelssphären nach Sacrobosco, aus Peter Apian, Cosmographia, 1539. (Quelle: https://commons.wikimedia.org/wiki/File:Ptolemaicsystem-small.png?uselang=de)

weiter von den Dingen entfernen, zu denen wir einen direkten anschaulichen Zugang haben. Je weiter wir vordringen, umso abstrakter und mühsamer wird es werden. Aber davon ahnten die Gelehrten im antiken Griechenland – und insbesondere Aristoteles – natürlich noch nichts.

Die physikalische Welt des Aristoteles

Als sich Aristoteles vor über 2300 Jahren fragte, wie unsere Welt aussieht und funktioniert, hielt es noch für unmöglich, unsere chaotisch erscheinende Erde mit der Präzision der Mathematik zu beschreiben – diese war allein den Sternen und Planeten vorbehalten, die in den himmlischen Sphären, in deren Zentrum die kugelförmige Erde liegen sollte, ihre perfekten Kreisbahnen um die Erde ziehen sollten (Abb. 1.2).

Es mag vielleicht überraschend klingen, dass Aristoteles keineswegs an eine flache Erde glaubte. Wie die meisten gebildeten Griechen wusste er, dass unsere Erde keine Scheibe, sondern eine Kugel ist. Er selbst gab dafür mehrere Beweise an. Beispielsweise sehen wir bei einer Mondfinsternis immer einen kreisförmigen Schatten der Erde auf der hellen Mondoberfläche – nur eine Kugel wirft immer einen kreisförmigen Schatten, egal wie sie gerade ausgerichtet ist. Außerdem wussten schon die Seefahrer der Antike, dass weiter im Süden die Sternbilder höher über dem Horizont stehen. Genau mit dieser Methode konnten sie bestimmen, wie weit südlich sie sich gerade befanden.

Seit der Antike wurde die Kugelgestalt der Erde zumindest in gebildeten Kreisen zu keiner Zeit mehr in Zweifel gezogen. Da gerät man schon ins Grübeln, wenn in unserer modernen Welt die Ansicht, die Erde sei flach, offenbar gerade eine gewisse Renaissance erlebt – suchen Sie mal im Internet nach *Flat Earth.* Sie werden überrascht sein!

Wie schon ein Jahrhundert zuvor der griechische Philosoph Empedokles, von dem diese Idee stammt, ging auch Aristoteles davon aus, dass alle irdische Materie aus den vier Elementen Erde, Wasser, Feuer und Luft besteht. Diese vier Elemente haben alle ihren „natürlichen Platz" in der Welt und ordnen sich entsprechend an: die Erde zuunterst, also möglichst nahe am Zentrum der Welt, darüber das Wasser, darüber wiederum die Luft, und ganz oben – aber noch unterhalb der Mondsphäre – das Feuer, das ja bekanntlich in der Luft nach oben steigt. Über dem Feuer befindet sich laut Aristoteles dann eine ganz andere Welt, die mit den vier irdischen Elementen nichts mehr zu tun hat. Diese Welt der Sterne und Planeten besteht aus dem masselosen ewigen Element Äther, der für alle Zeiten gleichförmig um das Zentrum der Welt kreist.

Damit ergibt sich in ganz natürlicher Weise der Aufbau der Welt, den wir in Abb. 1.2 sehen: Im Zentrum des Universums befindet sich die Erdkugel, auf deren Oberfläche sich die Ozeane, Flüsse und Seen befinden. Die Luft hüllt diese Erde ein und wird ihrerseits von der Sphäre des Feuers und der Mondsphäre umschlossen, über der sich dann die Sphären der Planeten einschließlich der Sonne und schließlich die Sphäre der Fixsterne befinden.

Dieses Bild der Erdkugel und der Himmelssphären macht auf den ersten Blick einen wunderbar harmonischen Eindruck. Doch die physikalischen Gesetze, die Aristoteles diesem Bild zugrunde legte, lassen diese Harmonie und Einfachheit vermissen. Sie unterscheiden zwischen verschiedenen Ursachen für Bewegungen und fordern für Himmel und Erde unterschiedliche Regeln. Dabei entsprechen sie im Wesentlichen dem, was wir als „gesunden Menschenverstand" bezeichnen würden, und bleiben zugleich seltsam wage. In Bezug auf Bewegungen sagen sie im Wesentlichen Folgendes:

- Alles, was sich bewegt, muss durch etwas bewegt werden. Entweder bewegt es sich aufgrund seines eigenen Willens (bei Lebewesen), oder es wird von etwas bewegt (von einer äußeren Ursache wie beispielsweise einem Ochsen, die einen Karren zieht), oder es strebt möglichst geradlinig seinem natürlichen Ort entgegen und kommt dort zum Stillstand (innere natürliche Ursache). So streben die Elemente Erde und Wasser nach unten zu ihrem natürlichen Ort, dem Mittelpunkt der Erdkugel und damit dem Zentrum der Welt, wobei der natürliche Ort des Wassers über dem der Erde liegt. Die beiden Elemente Feuer und Luft streben dagegen nach oben, weg vom Mittelpunkt der Erde, wobei der natürliche Ort des Feuers über der Luft und unterhalb der Mondsphäre liegt.
- Das fünfte Element, der masselose und unveränderliche Äther, aus dem auch die Sterne und Planeten gemacht sind, kreist von Natur aus oberhalb der Mondsphäre für alle Zeiten gleichförmig um das Zentrum der Welt.

Fallende Objekte, das Vakuum und ein Widerspruch

Schaut man sich diese Gesetze genauer an, so beschreiben sie im Grunde nur das, was wir auf der Erde beobachten, ohne wirklich etwas zu erklären. Ein Stein fällt nach unten, weil er an seinen natürlichen Ort gelangen will – das erklärt im Grunde gar nichts. Es entspringt dem Bedürfnis danach, dass jede Bewegung irgendeinen Grund braucht, und genau das ist der zentrale Irrtum an diesem physikalischen System. Doch dieser Irrtum ist sehr schwierig zu erkennen, und so bildeten die Gesetze von Aristoteles bis weit ins Mittelalter hinein das Fundament der Physik und verhinderten den weiteren Fortschritt.

Allerdings fielen immer wieder Probleme mit diesen Gesetzen auf. Nach und nach wurde deutlich: irgendetwas konnte mit dieser Physik nicht stimmen.

Ein Problem betraf die Bewegung fallender Objekte. Da Aristoteles davon ausging, dass jede Bewegung eine Ursache haben müsse, folgerte er daraus, dass die Bewegung umso schneller erfolgen würde, je stärker die Ursache ist. Je schwerer also ein Objekt ist, umso schneller sollte es fallen. Tatsächlich fällt beispielsweise eine Kastanie schneller herab als ein leichtes Kastanienblatt – die Beobachtung scheint also die Ansicht von Aristoteles zu bestätigen. An gewisse mathematische Gesetzmäßigkeiten in unserer irdischen Welt glaubte also auch Aristoteles.

Erkennen Sie die Schwierigkeit bei dieser Argumentation? Es ist eigentlich ganz einfach: Was geschieht, wenn wir die Kastanie und das Blatt fest zusammenkleben? Eigentlich müsste doch das leichte Blatt dann den Fall der schwereren Kastanie etwas abbremsen, da es ja nicht so schnell mit-fallen möchte wie die Kastanie. Zusammen bilden Blatt und Kastanie aber ein schwereres Objekt, das dann auch schneller fallen sollte als die Kastanie allein. Ein Widerspruch!

Übrigens war auch Aristoteles klar, dass der Luftwiderstand den Fall abbremst, doch er zog daraus nicht die richtigen Schlüsse. Er berücksichtigte nur, dass ein dichtes Medium wie Wasser den Fall stärker bremst als Luft. Insgesamt behauptete Aristoteles also, dass ein Objekt umso schneller fällt, je schwerer es ist und je dünner das umgebende Medium ist. Daraus leitete er eine interessante Schlussfolgerung ab: Wenn ein Körper umso schneller fällt, je dünner das umgebende Medium ist, dann müsste er im Vakuum, wo jedes Medium fehlt, unendlich schnell fallen. Das kam für Aristoteles nicht infrage, sodass er daraus schloss, dass es ein Vakuum nicht geben könne: „Die Natur verabscheut die Leere!"

Man sieht, dass Aristoteles das Konzept der Trägheit noch nicht kannte, das ja in Wahrheit unendliche Geschwindigkeiten verhindert. Deshalb musste immer ein Medium da sein, das die Bewegung bremst.

Aristoteles fand noch weitere Gründe dafür, warum die Natur das Vakuum verabscheut. Wenn man beispielsweise mit einem Strohhalm ein Glas Wasser trinken möchte und dabei die Luft aus dem Strohhalm saugt, so steigt das Wasser nur deshalb im Strohhalm nach oben, weil ansonsten ein Vakuum entstünde, was die Natur nicht zulässt. Nur deshalb kann man im Strohhalm Wasser von seinem natürlichen Ort weg nach oben saugen. Warum die Natur das Vakuum nicht zulässt, konnte Aristoteles aber nicht weiter begründen – es war einfach notwendig, damit das gesamte Regel-system funktionierte. Den Begriff des Luftdrucks kannte man in der Antike noch nicht, auch wenn Aristoteles schon vermutete, dass Luft etwas wiegt.

Nun gab es in der Antike durchaus auch andere Ansichten darüber, ob ein Vakuum existieren könne. So gab es die Schule der Atomisten, die von den griechischen Philosophen Leukipp und seinem Schüler Demokrit im fünften Jahrhundert vor Christus gegründet worden war. Die Atomisten gingen davon aus, dass alle Materie aus unteilbaren Atomen bestünde, zwischen denen sich nichts als leerer Raum befindet. Damit lagen sie gold-richtig, wie wir heute wissen. Aber die atomistische Lehre konnte sich nicht wirklich durchsetzen, während die Werke von Aristoteles eine weite Ver-breitung fanden. Was Platon und Aristoteles gesagt hatten, galt im Mittel-alter als nahezu unangreifbares Gesetz.

Die Theorie vom Impetus

Ein weiteres Problem mit der Physik von Aristoteles fällt auf, wenn man den Flug von Pfeilen und anderen Geschossen beschreiben möchte. Besonders relevant wurde dies, als in der Welt des vierzehnten Jahrhunderts Feuerwaffen immer wichtiger wurden. Man musste möglichst gut abschätzen, wie weit eine Kanone schießen konnte, um den Feind von den Mauern der eigenen Festung fern zu halten, bevor er diese mit seinen Kanonen zerstören konnte. Wo würde eine abgeschossene Kanonenkugel landen, und wie flog sie durch die Luft?

Das Hauptproblem war, warum die Kugel überhaupt flog. Was trieb sie vorwärts, wenn sie das Kanonenrohr erst einmal verlassen hatte? Nach den Gesetzen von Aristoteles musste es ja irgendetwas geben, das ihre Bewegung aufrecht erhielt: Alles, was sich bewegt, muss durch etwas bewegt werden!

Eigentlich kam dafür nur die Luft infrage, denn kein anderes Medium berührt die fliegende Kugel, und ein solches berührendes Medium war nach Aristoteles zwingend erforderlich. Könnten es vielleicht Luftwirbel sein, die sich hinter der Kugel bilden und diese vorwärts treiben? Tatsächlich entwickelte schon Platon notgedrungen solche Vorstellungen, obwohl doch eigentlich klar war, dass die Luft eher bremsen sollte – schließlich tat sie das bei einer senkrecht fallenden Kastanie ja auch.

Letzten Endes sah man dann doch ein, dass Luftwirbel nicht die richtige Erklärung sein konnten. Also kam man auf eine ganz neue Idee: Wie wäre es, wenn die Ursache für die Bewegung in der Kugel selbst stecken würde? Wenn sie der Kugel beim Abschuss gewissermaßen eingepflanzt worden ist? Eine Art innere Kraft, die die Bewegung aufrecht erhält?

Der französische Philosoph Johannes (Jean) Buridan prägte im vierzehnten Jahrhundert den Begriff *Impetus* für diese innere Kraft. Der beim Abschuss eingeprägte Impetus soll dabei proportional zur Geschwindigkeit und zur Masse der Kugel anwachsen – eine schnellere bzw. schwerere Kanonenkugel würde also mehr Impetus beinhalten als eine leichtere oder langsamere. Solange die Kanonenkugel Impetus besitzt und von diesem vorwärts getrieben wird, fliegt sie laut Buridan immer weiter geradeaus. Der Luftwiderstand zehrt jedoch den gespeicherten Impetus nach und nach auf und lässt die Kugel immer langsamer werden, da der innere Antrieb immer schwächer wird. Zu guter Letzt ist dann aller Impetus verbraucht und die Kugel fällt – ggf. nach einem kleinen Bogen – senkrecht nach unten in Richtung ihres natürlichen Ortes (Abb. 1.3).

Hatte Buridan damit womöglich bereits den modernen Begriff des Impulses entdeckt? Schließlich hängt der Impetus genauso von Masse und Geschwindigkeit ab, wie dies auch für den Impuls gilt. Doch es gibt einen

Abb. 1.3 So stellte man sich die Flugbahn einer Kanonenkugel nach der Impetustheorie vor. (Quelle: https://commons.wikimedia.org/wiki/File:Buridan-impetus.jpg)

wichtigen Unterschied: Der Impuls wird in der modernen Physik nicht als Ursache für die Bewegung angesehen – er gehört vielmehr zur Bewegung dazu und besitzt bestimmte Erhaltungseigenschaften, beispielsweise wenn Körper zusammenstoßen. Der Impetus wird bei Buridan dagegen wie eine Kraft verstanden, die den Körper vorantreibt, nur dass diese Kraft nach dem Abschuss der Kugel nicht mehr von außen kommt, sondern von innen. Damit bleibt Buridan der Ideenwelt von Aristoteles eng verbunden.

Den Unterschied zur modernen Sichtweise erkennt man auch daran, dass nach der Impetustheorie die Kugel erst dann zu fallen beginnt, wenn der eingeprägte Impetus ganz oder zumindest nahezu verbraucht ist. In Wirklichkeit beginnt sie aber bereits unmittelbar nach dem Abschuss zu fallen – erst langsam und dann immer schneller. Fast dreihundert Jahre sollten noch ins Land gehen, bis der Italiener Galileo Galilei dies erkennen und damit in der Lage sein würde, die wirkliche Flugbahn einer Kanonenkugel zu bestimmen.

Um die kreisförmige Bewegung der Himmelskörper zu erklären, schlug Buridan übrigens vor, dass der Impetus nicht nur linear, sondern auch kreisförmig wirken könne. Wenn also einem Planeten einst ein kreisförmiger Impetus eingeprägt wurde, und wenn es keinerlei Widerstand gäbe, dann würde er ewig seine Kreisbahn um die Erde ziehen. Das erinnert schon sehr an den Begriff der Trägheit, dem wir bei Galilei wiederbegegnen werden. Aber die zugehörige Gedankenwelt war noch eine andere.

Es ist interessant, dass sogar Aristoteles bereits über Bewegungen nachdachte, die immer weitergehen und niemals aufhören. Im absolut leeren Raum, so argumentierte er, gäbe es nichts, was ein einmal in Bewegung gesetztes Objekt zum Stehen bringen könnte, denn jeder Ort wäre gleichwertig – warum sollte es dann eher hier als dort anhalten? Also müsse das Objekt entweder ruhen oder sich bis ins Unbegrenzte weiter bewegen, wenn nichts Stärkeres es daran hindert.

Im Grunde stellte Aristoteles damit schon fast eine Symmetrieüberlegung im modernen Sinn an: Weil im leeren Raum alle Orte gleichwertig sind, weiß das Objekt nicht, wo es anhalten soll, und bewegt sich deshalb immer weiter.[4] Einem ganz ähnlichen Argument werden wir später wiederbegegnen. Allerdings war für Aristoteles eine solche immer weiter geradeaus laufende Bewegung ohne jeden Antrieb undenkbar. Also folgerte er erneut, dass es den leeren Raum nicht geben könne. Schade, dass er nicht stattdessen zu dem Schluss kam, dass eine ewig weitergehende geradlinige Bewegung durchaus möglich ist. Es ist eben sehr schwierig, einmal gefasste Vorurteile wieder loszuwerden – auch in der Wissenschaft. Aber mal ehrlich – weder Sie noch ich wären in unserer von Reibung dominierten Welt wohl jemals von alleine auf die Idee gekommen, dass es eine ewig weitergehende Bewegung geben kann. Das widerspricht schlicht sämtlichen Erfahrungen, die wir tagtäglich machen.

1.2 Kopernikus, Kepler und das Ende der Kreise

Die Erfindung des Buchdrucks durch Johannes Gutenberg um etwa 1450 läutete in Europa eine Zeit des Wandels ein. Nicht nur die Bibel, sondern auch viele andere Texte des Glaubens, der Politik und des Wissen konnten nun vervielfältigt und in kurzer Zeit verbreitet werden. Die Gesellschaft begann, sich durch das Medium *Buch* ganz neu zu vernetzen.

Es war eine Zeit der Veränderungen, in der viele Strukturen des Mittelalters sich abschwächten oder sogar in Auflösung begriffen waren. Das Mittelalter ging zu Ende – die Neuzeit hatte begonnen. Die Macht der katholischen Kirche, die das Leben der Menschen in Mittel- und West-

---

[4]Aristoteles: *Physik,* Buch IV, Abschn. 8, z. B. unter http://classics.mit.edu/Aristotle/physics.4.iv.html.

europa über viele Jahrhunderte hinweg dominiert hatte, begann zu bröckeln. Als Martin Luther im Jahr 1517 seine 95 Thesen am Hauptportal der Schlosskirche in Wittenberg anschlug, begannen sich die aufgestauten Spannungen zu entladen – er hatte ohne es zu ahnen die Reformation ausgelöst. Ohne den Buchdruck, durch den seine Thesen in kurzer Zeit weit verbreitet werden konnten, wäre diese einschneidende Entwicklung nur schwer vorstellbar gewesen. Technische Erfindungen haben einen großen Einfluss auf gesellschaftliche Entwicklungen, wie uns die aktuell im Gang befindliche Digitale Revolution eindrucksvoll vor Augen führt.

Neue Kontinente und Ozeane

Als der Buchdruck erfunden wurde, stand auch das Wissen über unsere Erde am Beginn eines tief greifenden Umbruchs. Seit im Jahr 1453 die Osmanen Konstantinopel erobert hatten, waren die wichtigen Handelswege nach Indien und China weitgehend blockiert oder unwirtschaftlich geworden. Also versuchte man, über den Seeweg direkt nach Indien zu gelangen. Und man wusste, dass man dafür im Süden irgendwie Afrika umrunden musste – ein weiter und beschwerlicher Weg.

Der genuesische Seefahrer Christoph Kolumbus hatte da eine andere Idee: Wie wäre es, einfach über den Atlantik hinweg immer weiter nach Westen zu fahren und so gewissermaßen „hinten herum" nach Indien zu gelangen? Dass die Erde eine Kugel ist, wurde schon seit der Antike kaum noch infrage gestellt, und sogar die katholische Kirche hegte hier keine Zweifel – es schien also möglich. Bereits Aristoteles hatte vermutet, dass man von Gibraltar aus innerhalb weniger Tage den Atlantik überqueren und Asien erreichen könne. Damit hatte er allerdings – ebenso wie Kolumbus – die Größe der Erdkugel deutlich unterschätzt.

Im Auftrag Spaniens stach Kolumbus also gen Westen in See und stieß tatsächlich nach langer und gefahrvoller Fahrt am 12. Oktober 1492 auf Land. Doch es war nicht Indien, das er erreicht hatte, auch wenn er das bis an sein Lebensende glaubte. Kolumbus war vielmehr auf den Bahamas gelandet und hatte damit Amerika entdeckt.

Als immer mehr Beobachtungen dafür sprachen, dass es sich bei Kolumbus' Entdeckung nicht um Indien handeln konnte, wurden auch wieder andere Wege dorthin versucht. Im Jahr 1498 – also nur sechs Jahre später – schaffte es der portugiesische Seefahrer Vasco da Gama tatsächlich, die Südspitze Afrikas zu umschiffen und über den indischen Ozean bis nach Indien zu gelangen.

Im Jahr 1513 wurde dann endgültig klar, dass Kolumbus tatsächlich nicht nach Indien vorgestoßen war. Der Spanier Vasco Núñez de Balboa schlug sich nämlich zusammen mit 190 Mann durch den unwegsamen Dschungel Panamas, denn er hatte von den einheimischen Indianerstämmen gehört, es gäbe auf der anderen Seite einen weiteren Ozean. Der Weg durch die tropische Hitze, durch unbekannte Flüsse und Sümpfe mitten durch feindliches Indianergebiet war mörderisch und kostete viele Menschenleben. Nach über drei Wochen erreichten sie schließlich die andere Küste und Núñez de Balboa erblickte als erster Europäer den größten Ozean der Erde: den *Pazifik*. „Hinter den abfallenden Bergen, den waldig und grün niedersinkenden Hügeln, liegt endlos eine riesige, metallen spiegelnde Scheibe, das Meer, das Meer, das neue, das unbekannte, das bisher nur geträumte und nie gesehene, das sagenhafte, seit Jahren und Jahren von Kolumbus und allen seinen Nachfahren vergebens gesuchte Meer, dessen Wellen Amerika, Indien und China umspülen." So beschreibt Stefan Zweig diesen Augenblick in seinem Buch *Sternstunden der Menschheit*. Jenseits des Atlantiks gab es auf der anderen Seite Amerikas also einen weiteren, riesigen Ozean. Die Welt war offenbar größer, als Kolumbus es geahnt hatte. Dieser erlebte die Entdeckung des Pazifiks übrigens nicht mehr – er war sieben Jahre zuvor im Alter von nur 55 Jahren verstorben.

Dass man auch den neu entdeckten Ozean überqueren und so die gesamte Welt umrunden konnte, bewies bald darauf der portugiesische Seefahrer Ferdinand Magellan. Am 10. August 1519 stach er mit fünf Schiffen und rund 250 Seeleuten in See, überquerte den Atlantik, umrundete die Südspitze Südamerikas und überwand die Weiten des Pazifiks. Auf den Philippinen traf ihn dann ein tragisches Schicksal: Beim Versuch, die Eingeborenen der spanischen Herrschaft zu unterwerfen und zum Christentum zu bekehren, wurde er von ihnen angegriffen und getötet. Nur eines seiner fünf Schiffe mit gerade einmal 18 Mann schaffte es schließlich über den Indischen Ozean und die Südspitze Afrikas wieder bis nach Hause nach Sevilla, wo es am 6. September 1522 ankam – mehr als drei Jahre, nachdem sie von dort zu ihrer todbringenden Reise aufgebrochen waren. Sie hatten tatsächlich die Welt umrundet, aber auch einen hohen Preis dafür bezahlt.

Innerhalb von nur 30 Jahren hatte sich damit das Bild unserer Erde entscheidend gewandelt. Ein neuer Kontinent und ein riesiger Ozean waren entdeckt worden. Immer neue Expeditionen wurden unternommen, um das Bild der Erde zu vervollständigen, die neuen Länder in Besitz zu nehmen und wirtschaftlich auszubeuten. Neue Handelswege entstanden, während manche alten Handelswege langsam an Bedeutung verloren.

Die Sonne im Zentrum der Welt: Kopernikus

Es ist wohl kein Zufall, dass sich nicht nur unser Bild der Erde, sondern auch unsere Vorstellung vom Kosmos in dieser stürmischen Zeit ändern sollte. Die uralte Vorstellung von Aristoteles mit der Erde im Zentrum der Welt, umgeben von den Sphären der Planeten, der Sonne und der Sterne, hatte mittlerweile ordentlich Staub angesetzt. Wie sollte man beispielsweise damit verstehen, warum die Planeten keineswegs eine gleichmäßige Kreisbahn am Himmel beschreiben, sondern immer wieder in Schleifen relativ zu den Fixsternen rückwärts laufen? Und warum entfernen sich Merkur und Venus am Himmel nie allzu weit von der Sonne, sondern pendeln relativ zur Sonne hin und her?

Diese Mängel waren auch in der Antike wohlbekannt. Der griechische Philosoph Claudius Ptolemäus hatte daher im zweiten Jahrhundert nach Christus das Bild von Aristoteles verfeinert und für die Planeten zusätzliche kleine Kreisbewegungen – sogenannte Epizykel – gefordert, die sich mit den großen Kreisbewegungen der Planeten um die Erde überlagern. Aus einer streng kreisförmigen Bahn wurde somit eine verschnörkelte Kreisbahn. So konnte Ptolemäus die merkwürdigen Schleifen der Planetenbahnen am Fixsternhimmel zumindest einigermaßen beschreiben. Im Lauf der Zeit kamen dann immer mehr Epizykel hinzu, um die Genauigkeit zu verbessern. Schöner wurde das Ptolemäische Weltbild dadurch nicht unbedingt. Es schien aber keine gute Alternative zu geben, wenn man die Erde im Zentrum der Welt belassen wollte, und so blieb dieses Bild bis in die frühe Neuzeit hinein die dominante Vorstellung vom Kosmos.

Würde man anstelle der Erde die Sonne ins Zentrum rücken, umkreist von den Planeten einschließlich der Erde, so würden sich die merkwürdigen Schleifenbahnen der Planeten wie von selbst ergeben. Wenn sich beispielsweise Erde und Mars auf derselben Seite der Sonne befinden, so eilt die schnellere Erde dem Mars voraus, und der Mars bleibt vor dem Hintergrund der Sterne scheinbar zurück. Wenn sich die Erde dann nach einigen Monaten auf der anderen Seite der Sonne befindet, so kehrt sich die Bewegungsrichtung des Mars aus Sicht der Erde scheinbar um. Und Venus und Merkur können sich nur deshalb am Himmel nicht allzu weit von der Sonne entfernen, weil sie die Sonne auf engeren Umlaufbahnen umkreisen als die Erde – sie sind einfach näher an der Sonne dran.

Schon im antiken Griechenland entstanden erste Vorstellungen in diese Richtung, beispielsweise bei Aristarchos von Samos im dritten vorchristlichen Jahrhundert. Aber diese Ideen konnten sich nicht durchsetzen und gerieten bald wieder in Vergessenheit. Es erschien einfach zu merkwürdig,

Abb. 1.4 Nikolaus Kopernikus (1473–1543). (Quelle: https://commons.wikimedia.org/
wiki/File:Kopernikus,_Nikolaus_-_Reußner_1578_Portrait1.jpg)

dass wir mitsamt der Erde um die Sonne rasen sollen, ohne dass wir davon auch nur das Geringste spüren.

Auch im späten Mittelalter gab es immer wieder vereinzelte Überlegungen, ob die Erde wirklich unbewegt im Zentrum der Welt ruht. Doch erst der Domherr, Astronom und Arzt Nikolaus Kopernikus (Abb. 1.4) griff die Idee eines sonnenzentrierten Weltbilds im frühen sechzehnten Jahrhundert wieder ernsthaft auf und arbeitete sie im Detail aus.

Kopernikus wurde im Jahr 1473 in der Hansestadt Thorn (heute polnisch Toruń) als Sohn wohlhabender Eltern geboren. Als er zehn Jahre alt war, starb sein Vater. Doch Kopernikus hatte Glück, denn sein Onkel, Bischof Lucas Watzenrode, kümmerte sich um seine Ausbildung und ermöglichte ihm das Studium des damals üblichen klassischen Fächerkanons in Krakau – es war genau die Zeit, in der Kolumbus in Amerika an Land ging. Danach ging Kopernikus für mehrere Jahre nach Italien, wo er neben Jura auch Astronomie und Medizin studierte und schließlich in Kirchenrecht promovierte.

Nachdem er seine umfangreichen Studien abgeschlossen hatte, kehrte er in seine Heimat im heutigen Polen zurück, wo er als Sekretär und Arzt für seinen Onkel, den Bischof, arbeiten konnte. Schließlich ging er nach Frauenburg (polnisch Frombork), wo er zum Domherrn ernannt wurde. Von kurzen Unterbrechungen abgesehen blieb er der kleinen Stadt an der Ostsee für den Rest seines Lebens treu. Im Jahr 1543 – also 30 Jahre später – verstarb er dort im Alter von 70 Jahren.

Kopernikus hatte eine umfangreiche Bildung genossen und interessierte sich besonders für die Astronomie und das damals gängige Weltbild von Aristoteles und Ptolemäus. Er stellte auch eigene astronomische Beobachtungen an, erreichte aber bei Weitem nicht die Genauigkeit, wie sie wenige Jahrzehnte später dem dänischen Astronomen Tycho Brahe gelingen sollte, sodass er hauptsächlich ältere Beobachtungsdaten für seine kosmischen Überlegungen verwendete.

Das komplizierte ptolemäische Weltbild mit seinen vielen Epizykeln gefiel ihm nicht besonders. Wie viel einfacher ließe sich doch die Welt beschreiben, wenn nicht die Erde, sondern die Sonne im Zentrum der Welt stünde, umkreist von den Planeten, zu denen auch die Erde gehört.

In einem ersten unveröffentlichten Manuskript – dem *Commentariolus* (d. h. *kleiner Kommentar*) – machte er etwa um das Jahr 1509 seine Ideen zunächst einem kleinen Kreis von Experten zugänglich, betonte aber, sie müssten noch genauer ausgearbeitet werden. Die voll ausgearbeitete Theorie veröffentlichte er dann erst 34 Jahre später im Jahr 1543, kurz vor seinem Tod im selben Jahr. Sein Werk trug den Titel *De revolutionibus orbium coelestium* (Über die Umschwünge der himmlischen Kreise, siehe Abb. 1.5) und wurde in der Stadt Nürnberg mit einer Auflage von rund 400 Exemplaren gedruckt. Es sollte nicht die letzte Auflage bleiben.

Ohne den rund 90 Jahre zuvor erfundenen Buchdruck hätte dieses Schlüsselwerk der beginnenden Neuzeit wohl nicht so schnell eine nennenswerte Verbreitung unter den Gelehrten Europas finden können – zu mühsam wäre das ständige schriftliche Kopieren von Hand gewesen. Nun aber war die Zeit reif, und das Buch konnte nach und nach seine revolutionäre Wirkung entfalten. Schwärmerisch schreibt Kopernikus dort ganz im mystischen Stil des Mittelalters:

In der Mitte von allen aber hat die Sonne ihren Sitz. Denn wer möchte sie in diesem herrlichen Tempel als Leuchte an einen anderen oder gar besseren Ort stellen als dorthin, von wo aus sie das Ganze zugleich beleuchten kann?

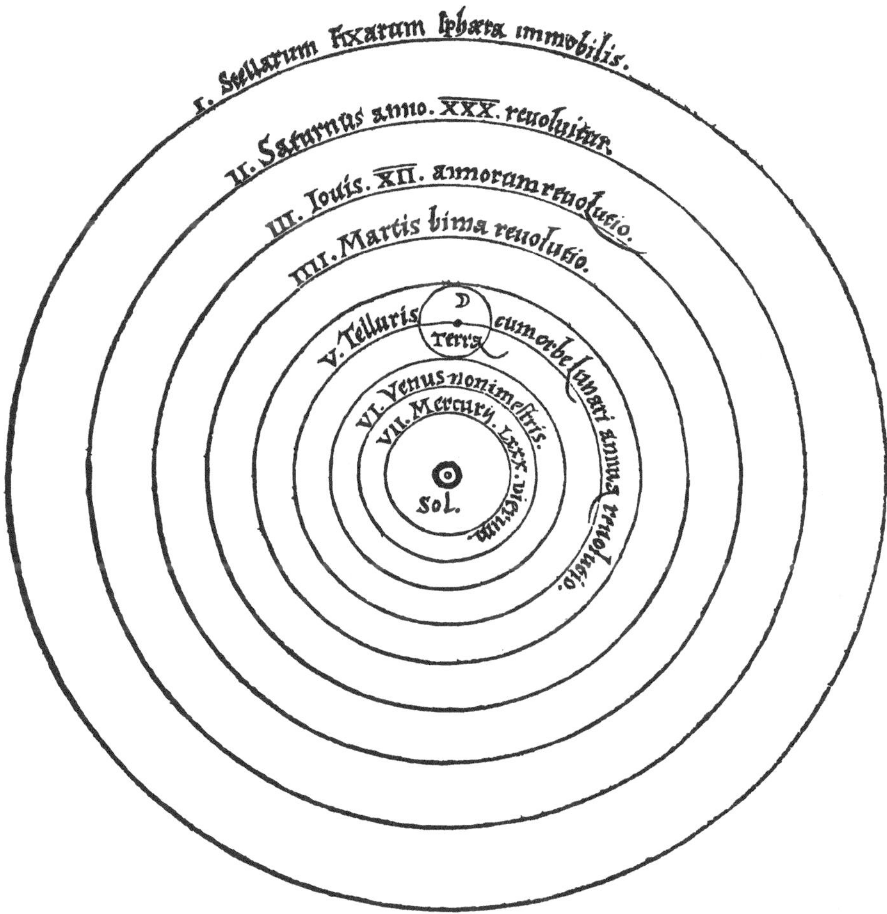

Abb. 1.5 Das heliozentrische Modell des Sonnensystems aus Nicolaus Kopernikus Werk *De revolutionibus orbium coelestium*. (Quelle: https://commons.wikimedia.org/wiki/File:Copernican_heliocentrism_theory_diagram.svg)

Auch wenn Kopernikus damit die Erde aus dem Zentrum der Welt vertrieben hatte, so erschien ihm die leuchtende Sonne doch ein passender Ersatz zu sein, umgeben von der wunderbar kugelsymmetrischen Welt der Planetenschalen. Beim genaueren Blick verliert sich dieser erste Eindruck von Einfachheit und Symmetrie allerdings, und seine Beschreibung erweist es sich als ziemlich komplex. Wie bei Ptolemäus gibt es auch hier Hilfskreise, und die Sonne steht auch nicht exakt im Zentrum der Planetenkreise, sondern leicht versetzt. Dieser Makel erschien nötig, um die existierenden Beobachtungsdaten möglichst gut zu erklären, und war zugleich ein Hinweis darauf, dass etwas an diesem Modell noch nicht ganz stimmte. Erst Johannes

Kepler würde gut 60 Jahre später das Problem lösen und die wahre Natur der Planetenbahnen enthüllen.

Warum hatte Kopernikus fast bis zu seinem Tod mit der Veröffentlichung gezögert? Vielleicht wollte er nicht zur Zielscheibe der Kritik werden, die sein Buch sicherlich provozieren würde. Die Kirche würde bestimmt ablehnend reagieren – als promovierter Kirchenrechtler und Domherr hatte Kopernikus eine ziemlich gute Vorstellung davon, was ihm blühen könnte, und er wollte es sich sicher nicht mit der katholischen Kirche verscherzen. Vielleicht widmete er sein Werk auch aus diesem Grund dem amtierenden Papst Paul III., was kein schlechter taktischer Schachzug war.

Das Vorwort, das der Reformator Andreas Osiander dem Werk beim Druck eigenmächtig und ohne seine Namen zu nennen beigefügt hatte, dürfte allerdings nicht im Sinne von Kopernikus gewesen sein. Von einem Schlaganfall gelähmt konnte Kopernikus nicht mehr viel dagegen unternehmen, wenn er es überhaupt mitbekommen hatte – er erhielt sein frisch gedrucktes Werk erst auf dem Totenbett. In dem zugefügten Vorwort wird das neue Weltbild als rein mathematisches Hilfsmittel dargestellt, um die Positionen der Planeten am Himmel leichter berechnen zu können. Es müsse aber nicht unbedingt der Realität entsprechen. Vermutlich glaubte Osiander, nur mit dieser Schutzbehauptung wäre die Veröffentlichung des Werks in Nürnberg überhaupt möglich. Man musste in diesen Zeiten eben vorsichtig sein.

Wie wurde das große Werk von den Zeitgenossen aufgenommen? Die meisten Gelehrten erkannten die Vorteile, die sich aus der neuen Sichtweise für astronomische Berechnungen ergaben. Viele Theologen waren dagegen kritisch, da die neue Weltsicht der Bibel zu widersprechen schien. Gerne wird hier Martin Luther genannt, der bei der Veröffentlichung des Werks 60 Jahre alt war und drei Jahre darauf an einem Herzleiden verstarb. Er soll Kopernikus als „Narren der Astronomie" bezeichnet haben. Die entsprechende geschichtliche Quelle erscheint jedoch mittlerweile als fragwürdig.[5] Vermutlich hatte sich Luther gar nicht sonderlich für Kopernikus interessiert.

Giordano Bruno und das unendliche Universum
Auch wenn das Werk von Kopernikus nicht sofort offiziell verboten wurde, so war es in dieser Zeit der religiösen Konflikte und des Fanatismus immer

---

[5]*Martin Luther nennt Kopernikus einen Narren: Die Geschichte eines fragwürdigen Zitats,* FAZ, 3. Sep. 2003, http://www.physik.uni-halle.de/Fachgruppen/history/FAZ-c.pdf.

Abb. 1.6 Giordano Bruno (1548–1600). (Quelle: https://commons.wikimedia.org/wiki/File:Giordano_Bruno_-_Mentzel.jpg)

gefährlich, das vorherrschende Weltbild und damit die Autorität der Kirche infrage zu stellen. Einer, der dies mit der vollen Härte zu spüren bekam, war der Dominikanermönch und Philosoph Giordano Bruno (Abb. 1.6). Im Jahr 1548 – also fünf Jahre nach dem Tod von Kopernikus – in der Nähe von Neapel geboren, erwies er sich schon früh als Freigeist und Querdenker, der ständig mit den Autoritäten aneinander geriet. Immer wieder musste er vor Verfolgung fliehen und wanderte so von Station zu Station quer durch Europa, wo er überall seine ketzerischen Ideen verbreitete.

So wie Kopernikus war auch Bruno davon überzeugt, dass die Erde nicht im Zentrum der Welt ruht, sondern sich wie die Planeten um die Sonne bewegt. Das allein war schon ketzerisch genug, doch die Vorstellungen von Giordano Bruno gingen noch weit darüber hinaus: Auch die Sonne war für ihn nicht das Zentrum der Welt. Das Universum sei vielmehr ewig und zugleich unendlich groß und besäße demnach gar kein Zentrum, denn jeder Ort im Universum sei gleichberechtigt – eine erstaunlich modernes Symmetrieargument. Die Sonne sei auch gar nichts Besonderes, denn jeder Fixstern am Himmel sei ebenfalls eine Sonne, umkreist von eigenen Planeten, auf denen ebenfalls Leben existieren könne. Im Geiste unternahm er sogar Reisen zum Mond und den Planeten und malte sich aus, wie unsere Welt wohl von dort aus betrachtet aussähe.

Mit seinen Ideen lag Bruno erstaunlich nahe bei unserer modernen Sichtweise vom Kosmos. Ob das Universum unendlich groß ist oder nicht, wissen wir auch heute noch nicht. Vieles spricht dafür, dass es sehr viel größer sein muss als der Teil, den wir mit unseren modernen Teleskopen sehen können. Das für uns sichtbare Universum ist tatsächlich endlich, denn, anders als von Bruno vermutet, ist es keineswegs unendlich alt, sondern entstand – wie wir heute ziemlich genau wissen – mit dem Urknall vor 13,8 Mrd. Jahren und dehnt sich seitdem ständig weiter aus. Das Licht entfernter Galaxien muss also eine ständig wachsende Entfernung überwinden, um bis zu uns zu gelangen. Auch während das Licht bereits unterwegs ist, dehnt sich der Raum zwischen den Galaxien immer weiter aus, und der Weg, den es bis zu uns noch überwinden muss, wird immer größer. Ist eine Galaxie zu weit von uns entfernt, so hatte ihr Licht bis heute keine Chance, uns zu erreichen – sie liegt jenseits der Grenze des für uns sichtbaren Universums. Es ist wie bei einer kleinen Ameise auf der Oberfläche eines sehr großen Luftballons, den man ständig immer weiter aufbläst: Sie ist womöglich schlicht zu langsam, um gegen die Expansion des Luftballons anzulaufen und beispielsweise die andere Seite des Ballons zu erreichen.

Damit ist auch klar, dass ein intelligentes Alien von einer entfernten Galaxie aus einen anderen Ausschnitt des Universums sehen kann als wir auf unserer Erde. Jeder Beobachter hat gleichsam sein eigenes sichtbares Universum, in dessen Mittelpunkt er sich befindet. Dabei sind alle Orte, von denen aus man das Universum betrachten kann, im Prinzip gleichwertig – zumindest haben wir keinerlei Anhaltspunkte, dass dies anders sein sollte. Unser Universum ist in dieser Hinsicht offenbar vollkommen symmetrisch. In diesem Punkt hatte Giordano Bruno also recht!

Für die damalige Zeit waren seine Ansichten jedoch aus Sicht der Kirche geradezu unerträglich: Wo war in einem unendlichen Universum noch Platz für das Jenseits? Wo blieb die Schöpfung, wenn das Universum schon immer da war? Und wo blieb die Bedeutung des Menschen als Ebenbild Gottes, wenn die Erde nur einer von vielen Planeten und die Sonne nur eine von unendlich vielen Sonnen war?

Es kam schließlich, wie es kommen musste: Giordano Bruno wurde 1592 in Venedig von der Inquisition verhaftet und ein Jahr später nach Rom gebracht, wo er in den Kerker der Engelsburg geworfen wurde. Sieben Jahre

Abb. 1.7 Tycho Brahe (1546–1601). Zeitgenössisches Gemälde, anonym, Friederiksborg History Museum. (© akg-images/picture alliance)

lang schmachtete er dort vor sich hin. Da er sich trotz Folter weigerte, seine Irrlehren vollständig zu wiederrufen, wurde er schließlich im Jahr 1600 auf dem Campo de' Fiori in Rom auf dem Scheiterhaufen öffentlich verbrannt. Heute erinnert dort ein Denkmal an das tragische Ende des streitbaren Visionärs, der seiner Zeit zu weit voraus war und dies mit seinem Leben bezahlte.

Die Vermessung des Himmels: Tycho Brahe
So realistisch Giordano Brunos Ideen auch aus heutiger Sicht wirken – es gab ein Problem: Wo waren die Beweise? Er hatte keine, denn er stützte seine Überlegungen allein auf logische und metaphysische Argumente. Doch es gab jemanden, der fest entschlossen war, daran etwas zu ändern: der dänische Adlige und berühmte Astronom Tycho Brahe (Abb. 1.7).

Brahe wurde im Jahr 1546 in der südschwedischen Provinz Schonen geboren, die damals zu Dänemark gehörte. Damit war er nur wenig jünger als Bruno – die beiden waren also nahezu gleich alte Zeitgenossen, interessierten sich aber wohl kaum für einander. Präzise Beobachtungen und mühsame Detailarbeit lagen Giordano Bruno nicht besonders.

Das war bei Tycho Brahe ganz anders. Nachdem er im Jahr 1560 als dreizehnjähriger Junge eine Sonnenfinsternis miterlebt hatte, ließ ihn die Astronomie nicht mehr los. Genau wie vorausberechnet schob sich der Mond vor die Sonne und verdunkelte die Erde. Wie war es möglich, dass der Himmel sich so exakt verhielt? Was genau spielte sich am Himmel ab?

Diese Fragen sollten ihn sein Leben lang beschäftigen. Dabei war er davon überzeugt, dass es nicht genügte, die alten Werke von Aristoteles und Ptolemäus zu lesen. Man musste auch selbst hinschauen und den Himmel so genau wie möglich beobachten. Also besorgte sich Brahe nach und nach die notwendigen Instrumente oder baute sie sogar selbst und begann, die genauen Positionen der Sterne und Planeten am Himmel zu vermessen.

Brahes Fähigkeiten blieben nicht lange unbemerkt. Der dänische König Friedrich II. war begeistert und wurde fortan zum Unterstützer Brahes. Er stellte ihm eine kleine Insel im Öresund zur Verfügung sowie die notwendigen Mittel, sodass Brahe dort eine umfangreiche Sternwarte aufbauen konnte mit allem, was dazu gehört: Werkstätten, wo er eigene Instrumente bauen ließ, Labore für alchemistische Experimente und sogar eine Druckerei, in der er seine eigenen Bücher drucken konnte.

Hier war Brahe in seinem Element. So ließ er einen zwei Meter großen Mauerquadranten bauen, der exakt nach Süden ausgerichtet war – Fernrohre und Teleskope gab es zu dieser Zeit noch nicht. Hier konnte er gewissermaßen über Kimme und Korn einen Stern genau dann anvisieren, wenn er genau im Süden stand und damit seinen höchsten Punkt über dem Horizont erreichte. Auf einer feinen Winkelskala ließ sich dann sein Nord-Süd-Winkel – die sogenannte Deklination – mit einer Genauigkeit von ein bis zwei Bogenminuten ablesen. Zum Vergleich: der Mond hat am Nachthimmel einen Durchmesser von etwa 30 Bogenminuten, also rund einem halben Grad.

Mehr als zwanzig Jahre lang häufte Brahe so einen unermesslichen Schatz an Messwerten über die genaue Position von Sternen und Planeten an, die es in dieser Fülle und mit dieser Präzision nie zuvor gegeben hatte. Allerdings würde nicht Brahe selbst die richtigen Schlüsse daraus ziehen – dazu fehlten ihm die notwendigen mathematischen Fähigkeiten.

Brahe hatte gewisse Sympathien für das Weltbild von Kopernikus, bei dem die Planeten die Sonne umkreisten. Er sah ein, dass sich in diesem Bild die Planetenbahnen viel natürlicher erklären ließen als im alten Weltbild von Aristoteles und Ptolemäus. Was ihn aber störte, war die Bewegung der Erde um die Sonne. Eine solche Bewegung konnte er am Himmel nicht nachweisen, denn die Sterne bewegten sich im Lauf eines Jahres scheinbar überhaupt nicht. Eigentlich müsste sich doch ein näherer Stern

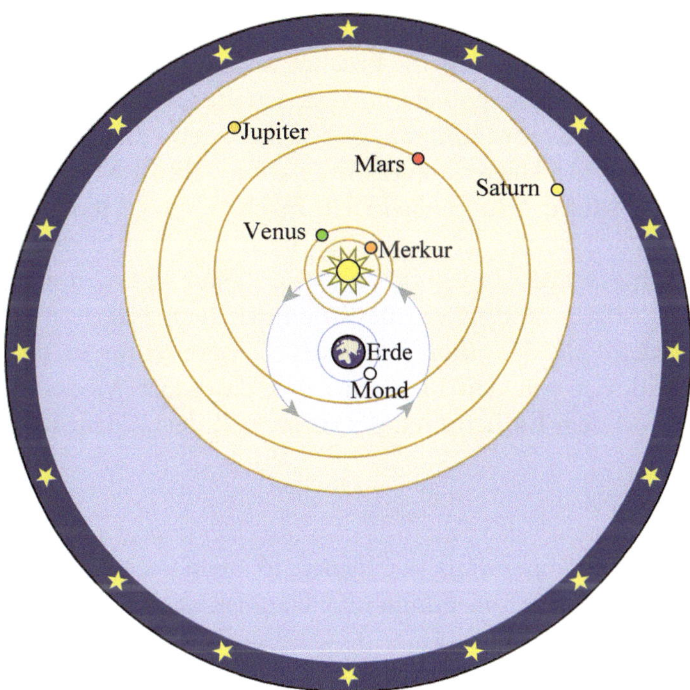

Abb. 1.8   Das Weltmodell von Tycho Brahe mit der ruhenden Erde in der Mitte. (Quelle: https://commons.wikimedia.org/wiki/File:Tychonian_system.svg; Beschriftung ergänzt)

im Vergleich zu weiter entfernten Sternen am Himmel etwas hin und her bewegen, wenn wir ihn mal von der einen und ein halbes Jahr später von der anderen Seite der Sonne aus beobachten – das bezeichnet man als *Parallaxe.* Dasselbe geschieht, wenn wir beispielsweise unseren ausgestreckten Daumen betrachten und dabei abwechselnd das rechte und dann das linke Auge schließen. Der Daumen scheint vor dem Hintergrund hin- und herzuspringen.

Doch Brahe konnte in seinen Beobachtungen keine Sternparallaxe feststellen. Er wusste einfach noch nicht, dass die Sterne zu weit entfernt waren, als dass ihm dies mit seinen technischen Möglichkeiten gelingen konnte. Erst im Jahr 1838 würde der Nachweis der Sternparallaxe dem deutschen Wissenschaftler Friedrich Wilhelm Bessel erstmals gelingen. Er bestimmte die jährliche Parallaxe des Sterns 61 Cygni zu etwa 0,3 Bogensekunden – das lag etwa um eine Faktor 200 unter dem, was Brahe mit seinen Instrumenten gerade noch messen konnte. Bessel hatte damit endlich zweifelsfrei bewiesen, dass sich die Erde um die Sonne bewegt.

Von alldem konnte Brahe noch nichts wissen. Er schloss aus der fehlenden Sternparallaxe, dass die Erde im Raum ruhen müsse. Um die Vorteile des kopernikanischen Weltbildes zu retten, forderte er, dass sich zwar die Planeten auf Kreisen um die Sonne bewegen, die Sonne aber selbst zusammen mit den Planeten um die Erde kreist (Abb. 1.8).

Es war, als würde man zunächst ein mechanisches Modell des Sonnensystems mit der Sonne in der Mitte herstellen, bei dem die Planeten einschließlich der Erde die Sonne umkreisen. Nun legt man das Modell auf eine glatte Eisfläche und fixiert die Erde mit einem Nagel an einem festen Punkt auf dem Eis. Die Sonne befindet sich weiterhin in der Mitte des Modells, umkreist von den Planeten. Aber das ganze Modell rutscht nun kreisförmig auf dem Eis herum, da es ja an der Erde auf dem Eis festgenagelt wurde.

Besonders elegant war Brahes Modell nicht, aber es wurde von vielen seiner Kollegen gerne akzeptiert, da es ohne eine bewegte Erde auskam und dennoch wie bei Kopernikus die Planetenbahnen recht gut reproduzierte. Die relative Bewegung von Sonne und Planeten zueinander war ja dieselbe wie bei Kopernikus.

Ähnliche Symmetrieüberlegungen über relative und absolute Bewegungen würden im Lauf der Geschichte noch eine wichtige Rolle in der Physik spielen. Für die relative Position von Sonne, Erde und Planeten zueinander ist es egal, ob wir die Erde oder die Sonne im Raum ruhen lassen. Das wird erst wichtig, wenn wir auch die Sterne mit einbeziehen und uns fragen, wie sich Erde und Sonne relativ zu den Sternen bewegen. Und da Brahe aufgrund seiner Beobachtungen zu dem Schluss kam, dass die Erde relativ zu den Sternen ruht, nagelte er sein Modell eben an der Erde und nicht wie Kopernikus an der Sonne im Raum fest.

Viele Jahre lang konnte Brahe auf seiner dänischen Insel ungestört seinen Beobachtungen nachgehen. Doch dann starb sein Gönner Friedrich II. und Christian IV. bestieg den Thron. Der junge König hatte wenig Sinn für die astronomischen Spielereien, die Brahe auf seiner Insel veranstaltete. Brahe erhielt immer weniger Unterstützung, bis es ihm schließlich reichte. Er verließ Dänemark und fand in Prag in dem deutschen Kaiser Rudolph II. einen neuen Unterstützer.

Doch sein Glück sollte nicht lange währen – Brahe starb nur zwei Jahre später im Oktober 1601 im Alter von nur 54 Jahren, vermutlich an einer Blaseninfektion. Damit überlebte er Giordano Bruno nur um gut ein Jahr. Glücklicherweise hatte er einen überaus fähigen Nachfolger: den 25 Jahre jüngeren deutschen Mathematiker und Astronomen Johannes Kepler.

Abb. 1.9 Johannes Kepler (1571–1630). (© CPA Media Co. Ltd./picture alliance)

Er würde enthüllen, welche überraschenden Erkenntnisse tief in den unzähligen Beobachtungsdaten von Brahe schlummerten.

Johannes Kepler: Ein Leben in harten Zeiten

Als Johannes Kepler (Abb. 1.9) im Jahr 1571 in der Stadt Weil westlich von Stuttgart geboren wurde, herrschten in Mitteleuropa unruhige und gefährliche Zeiten. Immer wieder kam es zu Konflikten zwischen Katholiken und Protestanten, die sich in Aufständen und kriegerischen Auseinandersetzungen entluden. Zwar hatte man es im Jahr 1555 mit dem Augsburger Religionsfrieden geschafft, die Situation einigermaßen zu befrieden, doch im Verborgenen brodelte es weiter.

Auch das Klima war den Menschen in Mitteleuropa nicht wohlgesonnen. Immer wieder kam es zu langen eisigen Wintern und nasskalten Sommern, die zu Missernten und Hungersnöten führten. Die kleine Eiszeit hatte das Land im Würgegriff, mit einer besonders kalten Zwischenperiode genau in Keplers Lebenszeit. Die warmen Zeiten des Mittelalters waren endgültig vorbei. Noch im Jahr 1540 war es in großen Teilen Europas zum schlimmsten Hitze- und Dürrejahr des zweiten Jahrtausends gekommen, das viele Menschenleben gefordert hatte. Doch bald darauf waren nicht mehr sengende Hitze und Trockenheit das Problem, sondern Kälte und Nässe, die das Getreide auf den Feldern verfaulen ließen. Die Menschen waren verzweifelt. Hier war schwarze Magie am Werk – davon war die große Mehrheit überzeugt. Gnadenlos wurden die vermeintlichen Schuldigen verfolgt und als Hexen auf dem Scheiterhaufen verbrannt.

Als wären Hunger und Kälte nicht schon genug, fielen auch noch Infektionskrankheiten wie die Pocken über die Menschen her. Damals starb fast jedes zehnte Kleinkind in Europa an dieser Krankheit. Noch schlimmer wüteten die Pocken in Amerika unter den Indianern, die dieser für sie neuen Krankheit wenig entgegenzusetzen hatten. Auch der kleine Johannes Kepler erkrankte mit vier Jahren daran. Er überstand die schwere Krankheit zwar, aber sein Sehvermögen blieb seitdem beeinträchtigt. Präzise astronomische Beobachtungen, wie Tycho Brahe sie angestellt hatte, waren ihm daher verwehrt.

Insgesamt war Johannes Kepler auch sonst ein eher kränkliches Kind. Sein Vater Heinrich Kepler hatte es nicht leicht, den Lebensunterhalt seiner Familie sicherzustellen, und war deswegen oft nicht zu Hause. Zu seiner Mutter Katharina, die sich gut in Kräuterkunde auskannte, hatte der kleine Johannes dagegen ein enges Verhältnis. Sie war es auch, die in dem mathematisch begabten Jungen die Begeisterung für die Astronomie weckte und im Jahr 1577 dem Sechsjährigen eine hellen Kometen am Himmel zeigte. Auch Tycho Brahe sah den Kometen und stellte umfangreiche Beobachtungen an. Da er praktisch keine Parallaxe feststellen konnte, schloss er, dass sich der Komet außerhalb der Mondumlaufbahn befinden müsse. Das überraschte die Zeitgenossen – ein plötzlich auftauchendes Objekt in der sonst so geordneten Sphäre der Planeten mit ihren regelmäßigen Kreisbahnen? Konnte das sein? Auch Kepler sollte diese Frage nicht loslassen, und er würde sie schließlich beantworten.

Nach unruhigen Schuljahren, die von mehreren Umzügen geprägt waren, konnte Kepler schließlich ein Stipendium ergattern und in Tübingen Theologie, Mathematik und Astronomie studieren. Dort lernte er den Naturforscher Michael Mästlin kennen, der nicht nur sein Lehrer, sondern auch sein Förderer und Freund wurde. Mästlin war begeisterter Anhänger von Kopernikus, und so wundert es nicht, dass auch Kepler diese Weltsicht übernahm.

Obwohl Kepler eigentlich protestantischer Geistlicher werden wollte, nahm er mit 23 Jahren ein Angebot aus Graz an und wurde Lehrer für Mathematik sowie Landschaftsmathematiker. Dort lernte er auch seine erste Frau Barbara Müller kennen, mit der zusammen er fünf Kinder hatte – nur drei von ihnen sollten die ersten Lebensjahre überstehen.

Die Zeiten wurden immer unruhiger. Die religiösen Konflikte zwischen Katholiken und Protestanten schaukelten sich immer weiter auf, sodass Kepler nach sechs Jahren Graz verließ und einer Einladung von Tycho Brahe nach Prag folgte, wo er sein Assistent wurde.

Brahe brauchte die mathematischen Fähigkeiten des damals knapp dreißigjährigen Kepler, denn auf diesem Gebiet war er selbst nicht allzu beschlagen. Trotzdem war die Zusammenarbeit der beiden großen Männer nicht einfach – zu unterschiedlich waren ihre Persönlichkeiten. Dort wo der adelige Brahe arrogant, cholerisch und hochmütig sein konnte, war der tief gläubige Kepler eher empfindsam und nachdenklich. Zugleich konnte er aber auch sehr standfest sein und war in der Lage, gewohnte Denkschemata hinter sich zu lassen. Brahes ungestümes Temperament war ihm in seiner Jugend übrigens einmal fast zum Verhängnis geworden: Mit 20 Jahren ließ er sich in Rostock, wo er damals studierte, auf ein Duell mit einem Kommilitonen ein, bei dem er zum Glück nur seine Nasenspitze verlor. Fortan soll er eine metallene Nasenprothese getragen haben.

In Prag war Brahe sehr darauf bedacht, dass ihm der jüngere Kepler nicht den Ruhm für Entdeckungen streitig machen konnte, die womöglich tief in seinen mühevoll gesammelten Daten verborgen lagen. Misstrauisch rückte er immer nur einen kleinen Teil seiner Beobachtungen heraus und gab sie Kepler zur weiteren Analyse. Erst als Brahe nach anderthalb Jahren plötzlich starb, hatte Kepler als frisch gebackener kaiserlicher Hofmathematiker bei Kaiser Rudolf II. endlich freie Bahn und vollen Zugriff auf die wertvollen Daten.

Das Jahr 1611 wurde zu einem Schicksalsjahr für den mittlerweile 40-jährigen Kepler, das ihn an die Grenzen seiner Belastbarkeit getrieben haben dürfte. Die Pocken, unter denen er selbst als Kind gelitten hatte, ereilten nun auch seine drei noch lebenden Kinder und rissen seinen sechsjährige Sohn Friedrich in den Tod. Auch seine Frau Barbara starb einige Zeit später. Religiöse Unruhen breiteten sich in Prag aus. Sein Arbeitgeber Kaiser Rudolf II. verlor einen Teil seiner Macht und starb wenig später. Kurz darauf entschloss sich Kepler zur Flucht – in Prag war es einfach zu gefährlich für ihn geworden.

Im eher provinziellen Linz fand er eine Anstellung als Mathematiker. Er heiratete dort seine zweite Frau Susanne Reuttinger, mit der er insgesamt sechs Kinder hatte. Doch die Schicksalsschläge nahmen kein Ende: Wieder starben drei seiner Kinder schon in den ersten Lebensjahren. Hinzu kam, dass seine Mutter Katharina, mit der er ein liebevolles Verhältnis hatte, der Hexerei angeklagt und eingesperrt wurde. Die Lage war hochgefährlich, denn in dieser Zeit der Konflikte, Seuchen und Entbehrungen wurde

Abb. 1.10 Der Komet von 1618 über Augsburg. (Credit: Elias Ehinger (1573–1653). Quelle: https://commons.wikimedia.org/wiki/File:Comet_1618_Augsburg.png)

Europa besonders heftig vom Hexenwahn erfasst. Sechs Jahre lang kämpfte Kepler um ihre Freilassung. Als er seine Mutter schließlich frei bekam, war sie bereits so geschwächt, dass sie im Jahr darauf verstarb.

Auch sonst lief es in Linz nicht rund. Seine Bezahlung blieb immer wieder aus, man zwang die Kinder in die katholische Messe, und mit den protestantischen Hardlinern geriet er aufgrund seiner Lehren und Ansichten in Konflikt. Der Ausbruch des dreißigjährigen Krieges im Jahr 1618, bei dem große Teile Mitteleuropas verwüstet werden sollten, ließ die Lage dann immer kritischer werden. Begleitet wurde der Kriegsausbruch von dem Erscheinen eines hellen Kometen, der von vielen als böses Omen angesehen wurde (Abb. 1.10). Auch Kepler konnte ihn von Linz aus sehen und verfolgte interessiert, wie der Komet am Himmel seine Bahn zog. Doch schließlich wurde es in Linz zu gefährlich für ihn und er musste fliehen.

Seine weithin bekannte Fähigkeit, aussagekräftige Horoskope zu erstellen, führte ihn schließlich ins schlesische Sagan in die Dienste des astrologiegläubigen Generals Albrecht von Wallenstein, der im dreißigjährigen Krieg als Feldherr des Kaisers eine wichtige Rolle spielte. Als Wallenstein bald darauf seine Führungsrolle verlor, versuchte Kepler verzweifelt, die ihm noch zustehenden Zahlungen am Reichstag im entfernten Regensburg einzufordern, und reiste dorthin. Kaum dort angekommen, erkrankte er schwer und starb im November 1630 – er war 58 Jahre alt geworden.

Keplers Weltgeheimnis: platonische Körper und das Universum

Sein dramatisches Leben hielten Johannes Kepler nicht davon ab, zu einem der Begründer der modernen Naturwissenschaft zu werden – zumindest im Rückblick, denn viele seiner Leistungen wurden erst von der Nachwelt erkannt und angemessen gewürdigt. Kepler erkannte als erster, wie sich die Planeten wirklich um die Sonne bewegen. Er erklärte, wie das neue Teleskop Galileis – wir kommen gleich darauf zurück – funktionierte, und er entwickelte neue mathematische Verfahren für seine umfangreichen Berechnungen, bei denen er natürlich noch ohne jede Computerhilfe auskommen musste.

Seine Ideen waren oft religiös motiviert. Gottes Gedanken sollten sich in der Harmonie und Symmetrie der Welt widerspiegeln, und Kepler war entschlossen, sie aufzuspüren. Symmetrien als Leitfaden, um den Bauplan der Welt zu entschlüsseln – damit folgte Kepler einem Pfad, der in der Physik noch sehr erfolgreich werden sollte. Allerdings verwendete er noch nicht den erweiterten Symmetriebegriff der modernen Physik, sondern orientierte sich an geometrisch-ästhetischen Vorstellungen. Ähnlich wie Platon witterte er hinter den sichtbaren Dingen eine verborgene ideale Welt göttlicher Harmonie.

Kepler war ein begeisterter Anhänger des kopernikanischen Weltbildes. Für ihn war es keine Frage, dass die Planeten mitsamt der Erde die Sonne umkreisten. Doch diese Erkenntnis reichte ihm nicht. Wie genau bewegten sich die Planeten um die Sonne? Was bestimmte die Umlaufgeschwindigkeiten und die Radien der Bahnen? Gab es hier einen göttlichen Plan, eine perfekte geometrisch-mathematische Harmonie? Diese Frage würde ihn bis an sein Lebensende immer wieder beschäftigen.

Als junger Mann experimentierte Kepler in Graz mit geometrischen Figuren herum, bis ihm etwas auffiel: Es gab, wie man damals noch glaubte, sechs bekannte Planeten: Merkur, Venus, Erde, Mars, Jupiter und Saturn – die Planeten Uranus und Neptun waren noch unbekannt. Und es gab genau fünf platonische Körper, die schon Platon in seinem Werk *Timaios* ausführlich beschrieben hatte – keinen mehr und keinen weniger. Diese fünf Körper sind perfekt symmetrisch, denn ihre Oberfläche besteht aus identischen gleichseitigen Vielecken: das Tetraeder aus vier Dreiecken, der Würfel aus sechs Quadraten, das Oktaeder aus acht Dreiecken, das Dodekaeder aus zwölf Fünfecken und das Ikosaeder aus zwanzig Dreiecken. Sechs Planeten und fünf platonische Körper – war das Zufall?

Kepler sah hier einen tiefen Zusammenhang und kam auf eine Idee: Konnte er die fünf hochsymmetrischen platonischen Körper als Abstandshalter zwischen den sechs Planetensphären verwenden, auf denen sich die

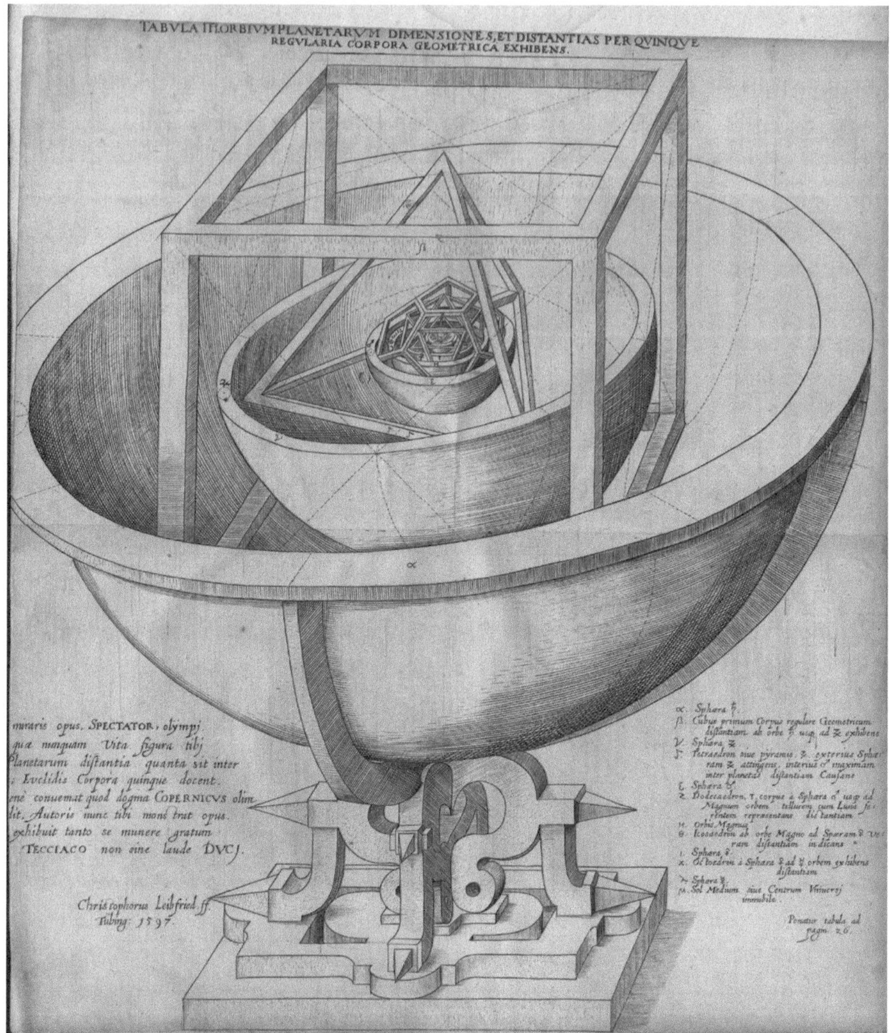

Abb. 1.11 Keplers Modell des Sonnensystems aus seinem Buch *Mysterium Cosmographicum* (Das Weltgeheimnis) von 1596. (Quelle: https://commons. wikimedia.org/wiki/File:Mysterium_Cosmographicum_solar_system_model.jpg)

Bahnen der Planeten befanden? Er experimentierte herum, ob sich dadurch die richtigen Abstandsverhältnisse der Sphären ergaben, und tatsächlich funktionierte es, wenn er nur die jeweils richtigen Körper zwischen die Planetensphären einfügte (Abb. 1.11). Um die Kugel mit der Merkurbahn packte er das Oktaeder, sodass die Merkursphäre von innen die acht Dreiecksflächen des Oktaeders in deren Mitte berührte. Dann fügte er von außen die Venussphäre hinzu, sodass die Ecken des Oktaeders die Sphäre von innen berührten. Als Nächstes wurde das Ikosaeder von außen hinzugefügt, sodass die Venussphäre dieses wieder in der Mitte der Seitenflächen von innen berührte. Um das Ikosaeder kamen die Erdsphäre, dann das Dodekaeder, die Marssphäre, nun das Tetraeder, umhüllt von der Jupitersphäre, drum herum der Würfel und zum Schluss ganz außen herum die Saturnsphäre.

Die aus heutiger Sicht recht abenteuerliche Konstruktion funktionierte erstaunlich gut und reproduzierte tatsächlich die Bahnradien der Planeten mit der damals bekannten Genauigkeit. Dadurch, dass Kepler den Würfel und das Tetraeder zwischen die äußeren Planetensphären eingefügt hatte, konnte er deren relativ große Abstände gut wiedergeben, denn je weniger Ecken ein platonischer Körper hat, umso größere Abstände liefert er zwischen den Sphären.

In dem Glauben, ein tiefes göttliches Mysterium aufgedeckt zu haben, veröffentlichte Kepler seine Erkenntnisse im Jahr 1596 unter dem Titel *Mysterium Cosmographicum* (Das Weltgeheimnis). Er würde der Grundüberzeugung, dass Gott die Welt nach harmonischen Prinzipien erschaffen hat, stets treu bleiben, selbst als er später entdeckte, dass sich die Planeten nicht auf Kreisen, sondern auf Ellipsen um die Sonne bewegen.

Vom Kreis zur Ellipse – Keplers Glanzstück

Auch Tycho Brahe las Keplers Weltgeheimnis und fand es faszinierend, auch wenn er weiterhin seinem eigenen Weltbild mit der ruhenden Erde im Zentrum den Vorzug gab. Offenbar war der mathematisch begabte Kepler in der Lage, tiefe Zusammenhänge in der Welt aufzuspüren. Wenn ihm das auch in Brahes über Jahrzehnte hinweg gesammelten Daten gelänge, könnte Kepler damit vielleicht dem dänischen Astronomen zu neuen Entdeckungen verhelfen. Also holte er ihn zu sich nach Prag, gab ihm aber zunächst nur die Daten des Planeten Mars.

So ärgerlich das für Kepler auch war – in gewissem Sinn war es ein Glück, denn gerade an der Marsbahn lässt sich der elliptische Charakter der Planetenbahnen besonders gut erkennen. So ist der Abstand zwischen Mars und Sonne bei größter Sonnennähe 1,381-mal so groß wie der mittlere Abstand der Erde zur Sonne, bei größter Sonnenferne dagegen 1,666-mal so groß. Die Bahn der Erde ist viel weniger elliptisch; ihr kleinster und größter Sonnenabstand weichen nur um 1,67 % vom Mittelwert ab.

Kepler stürzte sich also in die Arbeit, die ihn mehrere Jahre beschäftigen sollte. Man kann sich kaum vorstellen, welche Mühen Kepler auf sich nahm und wie hartnäckig er trotz aller Schwierigkeiten an seinem Ziel dranblieb.

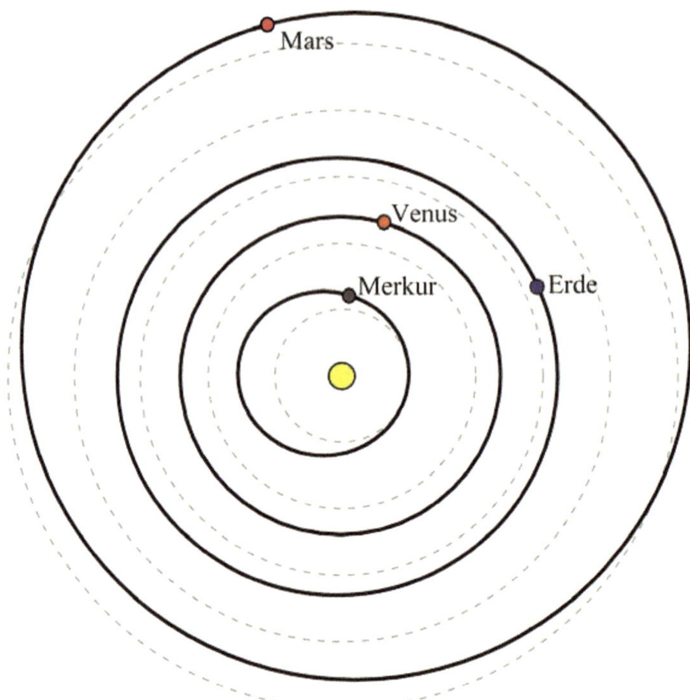

Abb. 1.12 Die Bahnen der inneren Planeten. Während die Bahnen von Erde und Venus nahezu kreisförmig sind, weichen die elliptischen Bahnen von Merkur und Mars deutlich von der Kreisform (gestrichelte Linien) ab. [Quelle: Eigene Grafik nach https://www.universetoday.com/wp-content/uploads/2008/07/innersolarsystem.jpg (NASA)]

Immer wieder stellte er neue Hypothesen über die Form der Planetenbahnen auf und überprüfte sie durch unzählige Berechnungen. Wie sah die Bahn der Erde aus, sodass man von ihr aus die Planeten an den von Brahe beobachteten Positionen wiederfand? Und wie mussten dann die Bahnen der Planeten aussehen? Ein verworrenes Zahlenspiel von gegenseitigen Abhängigkeiten, das kaum zu überblicken war – schon gar nicht mit den mathematischen Hilfsmitteln der damaligen Zeit. Doch Kepler ließ sich von all den Irrwegen, in die er immer wieder geriet, nicht entmutigen. Er würde nicht lockerlassen, bis er das Rätsel geknackt hatte!

Schließlich wurden seine endlosen Mühen belohnt und er entlockte Brahes Daten die Gesetze, nach denen sich die Planeten um die Sonne bewegen: Die Planetenbahnen erwiesen sich weder als einfache noch als zusammengesetzte Kreise, wie man bisher dachte – sie waren *Ellipsen,* mit der Sonne in einem der beiden Brennpunkte (Abb. 1.12). Und die

Verbindungslinie zwischen dem Planeten und der Sonne überstreicht in gleichen Zeiten gleich große Flächen, d. h. der Planet bewegt sich langsamer, wenn er weiter weg von der Sonne ist.

Im Jahr 1609 veröffentlichte Kepler diese Gesetze in seinem Werk *Astronomia Nova* (Neue Astronomie), das er in Frankfurt am Main drucken ließ. Das Werk war nicht leicht zu lesen, und nur wenige Menschen erfassten damals seine Bedeutung. Zudem kratzte Kepler an einem Vorurteil, das seit zweitausend Jahren Bestand hatte: Nur die perfekte Kreisform – verfeinert durch die ebenfalls kreisförmigen Epizykel – kam für die göttliche Welt der Planeten infrage. Wie hässlich war doch eine plattgedrückte Ellipse im Vergleich zu einem wunderbar symmetrischen Kreis! Es war zudem schwer nachzuvollziehen, ob Kepler richtig lag, denn dafür hätte man ähnlich komplexe Rechnungen anstellen müssen wie Kepler selbst, und man hätte den Daten Brahes blind vertrauen oder selbst ähnlich genaue Messungen anstellen müssen.

Keplers begnügte sich in seinem Werk nicht damit, die von ihm entdeckten Gesetze der Planetenbewegung einfach nur aufzuführen, sondern er versuchte auch, sie physikalisch zu erklären. Das war ungewöhnlich, denn die Physik war als Teil der Naturphilosophie bisher nur auf irdische Vorgänge angewandt worden. Die göttlichen Vorgänge des Himmels schienen außerhalb jeder physikalischen Beschreibung zu liegen.

Als versierter Astrologe glaubte Kepler daran, dass die Gestirne auch über weite Entfernungen hinweg Einfluss nehmen konnten, denn nur so konnten sie auch das Schicksal von Menschen auf der Erde beeinflussen. So nahm Kepler beispielsweise bereits an, dass Ebbe und Flut durch den Einfluss des Mondes entstanden. Da war es nur natürlich für ihn, dass auch die große Sonne einen Einfluss auf die Planeten ausübte und sie dadurch auf ihren Bahnen vorantrieb. Letztlich war das für Kepler sogar der Grund, warum sie im Zentrum der Planeten stehen musste – von dort konnte sie alle Planeten zugleich auf ihren Bahnen halten.

Wie das genau geschehen sollte, war Kepler weniger klar. Er glaubte, dass die Sonne rotieren müsse und dass sich ihre Rotation durch irgendeine Art von Wirbel auf die Planeten übertrug, ähnlich wie bei einem Schaufelrad. Er sprach mystisch von der bewegenden Seele *(anima motrix)*, die von der Sonne ausging und die Planeten um die Sonne mit sich zog. Dieser geheimnisvolle Einfluss sollte ähnlich wie das Licht der Sonne umso schwächer werden, je weiter die Planeten von der Sonne entfernt waren – deshalb bewegten sich sonnennahe Planeten schneller als sonnenferne. Vielleicht war es irgendeine Art von Magnetismus, mutmaßte Kepler – immerhin hatte der Brite William Gilbert wenige Jahre zuvor nachgewiesen, dass die gesamte

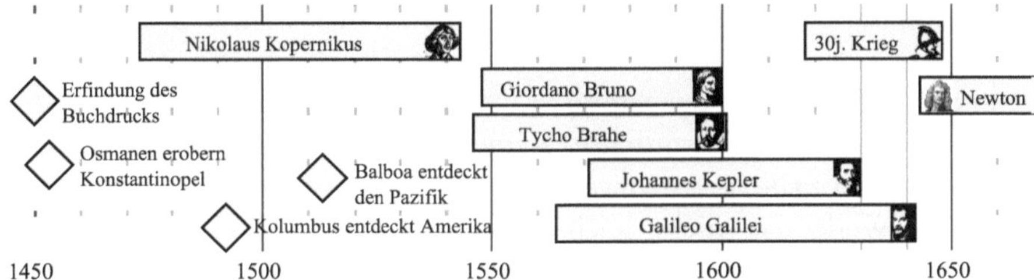

Abb. 1.13   Die frühe Neuzeit von 1450 bis 1650. (Quelle: Eigene Grafik)

Erde ein großer Magnet war; da konnte doch auch die Sonne ein solcher Magnet sein und so die Planeten beeinflussen.

Mit solchen Überlegungen war Kepler seiner Zeit weit voraus. Er glaubte an eine Art von Fernwirkung zwischen den Himmelskörpern, mit der sich der Lauf der Planeten erklären ließ. Nur leider fehlte ihm für seine Theorien noch eine entscheidende Zutat: die Idee der Trägheit. Die Planeten mussten gar nicht auf ihren Bahnen vorangetrieben werden – das war noch das alte Denken von Aristoteles, nach dem jede Bewegung eine Ursache haben müsse. Galilei ging hier einen Schritt weiter, aber auch er würde noch auf halbem Weg stecken bleiben. Erst Isaac Newton würde knapp 80 Jahre später den Weg zu Ende gehen und die Trägheit der Planeten mit der zentralen Anziehungskraft der Sonne kombinieren.

Im Jahr 1619 fand Kepler in seinem Spätwerk *Harmonice mundi* (Harmonik der Welt) sogar noch ein drittes Planetengesetz, das seinen Glauben bestätigte, Gott habe alles harmonisch zusammengefügt: Wenn man bei einem Planeten die dritte Potenz der großen Halbachse seiner Ellipsenbahn durch das Quadrat seiner Umlaufzeit teilt, so kommt immer dieselbe Zahl heraus, egal bei welchem Planeten. Anschaulich bedeutet das, dass ein Planet deutlich länger für einen Umlauf braucht, wenn seine Bahn weiter von der Sonne entfernt verläuft – zum einen, weil die Bahnstrecke für einen Umlauf dann länger ist, und zum anderen, weil er diese Strecke auch noch langsamer durchläuft. Ein Jupiterjahr dauert deshalb 11,863 Erdenjahre, obwohl seine Bahn nur 5,203-mal größer ist als die Erdbahn. Kepler war von diesem Zusammenhang völlig begeistert und fühlte sich von einer unaussprechlichen Verzückung ergriffen ob des göttlichen Schauspiels der himmlischen Harmonie, wie er es ausdrückte. Kepler der große Mystiker! Da war der pragmatische und erfolgsorientierte Galilei aus einem ganz anderen Holz geschnitzt.

1.3   Galilei und die Entdeckung der Trägheit

Als Johannes Kepler geboren wurde, war Galileo Galilei bereits ein kleiner Junge von sieben Jahren, der in Pisa und Florenz aufwuchs (Abb. 1.13). Als junger Mann ging Galilei zum Studium der Medizin nach Pisa, schien aber keinen rechten Spaß an diesem Fach zu finden, denn er verließ nach vier Jahren die Universität ohne Abschluss. Er zog nach Florenz, studierte Mathematik und gab Privatunterricht als Mathematiklehrer. Galilei war vielseitig interessiert und beschränkte sich bei seinen Studien nicht allein auf die Mathematik, sondern befasste sich auch mit Mechanik, Hydraulik und den antiken Lehren von Archimedes. Er knüpfte Kontakte, hielt Vorträge, veröffentlichte Manuskripte, konstruierte eine hydrostatische Waage und wurde schon bald zu einer bekannten Persönlichkeit.

Das Fernrohr schärft den Blick
Nach einem dreijährigen Zwischenspiel als Hochschullehrer in Pisa ergatterte Galilei mit 28 Jahren eine Professur an der Universität Padua. Dabei stach er den 16 Jahre älteren Giordano Bruno aus, der sich ebenfalls Hoffnungen auf die Professur gemacht hatte und der später so tragisch auf dem Scheiterhaufen enden sollte.

Padua gehörte damals zur Republik Venedig – seit Jahrhunderten DIE führenden See- und Handelsmacht im Mittelmeer, auch wenn Venedigs Stern mittlerweile nicht mehr ganz so hell strahlte wie in früheren Zeiten. Der östliche Hauptkonkurrent, das osmanische Reich, war seit der Eroberung Konstantinopels rund 140 Jahre zuvor immer stärker geworden. Hinzu kam, dass sich die globalen Handelswege seit der Entdeckung Amerikas verändert hatten: Das Mittelmeer war nicht mehr so wichtig wie früher, denn mit den neuen Handelsrouten über den Atlantik und um die Südspitze Afrikas herum ließ sich auch viel Geld verdienen.

Die Macht der Kirche war in der unabhängigen Handelsrepublik Venedig nicht so stark wie in anderen Teilen Italiens. Es herrschte ein liberaler Geist, sodass sich Galilei frei entfalten konnte, ohne befürchten zu müssen, mit der Kirche in Konflikt zu geraten. Galilei bekannte sich klar zum kopernikanischen Weltbild und tauschte sich darüber auch mit Johannes Kepler aus. „Unser Lehrer Kopernikus, der verlacht wurde" schrieb er in einem Brief an Kepler. Sein ganzes Leben lang würde er versuchen, dieses Weltbild durch eigene Beobachtungen und physikalische Argumente zu untermauern.

Abb. 1.14 Galileo Galilei (1564–1642) im Alter von etwa 37 Jahren. (© Active Museum/picture alliance)

Dabei kam ihm eine technische Entwicklung zugute, die Tycho Brahe vor Neid hätte erblassen lassen: das Fernrohr. Holländische Brillenmacher waren um das Jahr 1608 auf die Idee gekommen, die verbreiteten Brillengläser auf völlig neue Weise miteinander zu kombinieren und zwei von ihnen – eine konkave und eine konvexe – zu einem Fernrohr zusammenzufügen. Die neue Erfindung verbreitete sich rasend schnell in Europa, und schon bald konnte man auch in Italien die ersten Fernrohre erwerben, deren Qualität und Vergrößerung allerdings noch zu wünschen übrig ließen.

Galilei, der mittlerweile das vierzigste Lebensjahr deutlich überschritten hatte (Abb. 1.14), war begeistert von der neuen Erfindung. Technische Geräte faszinierten ihn schon immer. So hatte er bereits eine hydrostatische Waage, ein einfaches Thermometer und einen Proportionszirkel – ein einfaches Recheninstrument – entwickelt und besonders letzteres auch erfolgreich vermarktet. Galilei war nicht nur ein hervorragender Wissenschaftler, sondern auch ein genialer Erfinder mit einem ausgeprägten Geschäftssinn. Sofort erkannte er das finanzielle Potenzial, das in der neuen Erfindung des Fernrohrs steckte – jeder Fürst, Feldherr und Kapitän würde ein solches Instrument besitzen wollen.

Galilei fackelte nicht lange. Er musste schneller sein als die anderen und dabei so gute Fernrohre herstellen, wie andere sie nicht liefern konnten. Also besorgte er sich möglichst gute Linsen und alles andere Zubehör, das er brauchte, und ging ans Werk. Venedig, seit Jahrhunderten das boomende Zentrum der Glasindustrie in Europa, war nicht weit, sodass er einigermaßen gute Linsen und auch sehr gutes Glas dort bekommen konnte. Aber Galilei war nicht zufrieden mit den käuflichen Linsen – er brauchte die allerbesten Linsen, um die besten Fernrohre der Welt bauen zu können, und so beschaffte er sich schließlich alles notwendige, um selbst Linsen schleifen zu können.

Ein Problem mit den meisten Linsen bestand darin, dass sie zwar in ihrer Mitte gute Eigenschaften aufwiesen und das Licht so ablenkten, wie es notwendig war. Zum Rand hin wurden sie jedoch immer schlechter – das Licht, das dort hindurchging, machte das Bild unscharf und verwaschen. Galilei experimentierte herum und kam auf eine Idee, wie er mit dem Problem fertig werden konnte: Er benutzte möglichst große Objektivlinsen und fertigte eine ringförmige Blende, die den Rand der Linse abschirmte. Das Gesichtsfeld wurde dadurch zwar kleiner, aber das Bild war schärfer. Galilei hatte die entscheidende Bedeutung der Blende für die Bildqualität erkannt und war so seiner Konkurrenz wieder einmal deutlich voraus.

Mit dem Fernrohr zu den Sternen
Im Sommer 1609 führte Galilei sein Fernrohr auf dem Markusplatz in Venedig dem staunenden Publikum vor. Noch ahnte er nicht, welche enorme Wirkung dieses neue Werkzeug auf unser Weltbild habe würde, denn zunächst ging es ihm vor allem darum, sein Instrument bekannt zu machen und es zu vermarkten.

Als Galilei sein Fernrohr dann zum ersten Mal in den Himmel richtete, entdeckte er Erstaunliches. Plötzlich erschien der Mond so nah, dass er auf seiner Oberfläche Berge, Täler und Krater erkennen konnte – fast wie auf der Erde. Keine Spur von einer perfekt glatten symmetrischen Kugel, wie viele zuvor noch angenommen hatten. Der Mond war uneben und rau. Aufgeregt fertigte Galilei entsprechende Zeichnungen an.

Und es gab noch viel mehr zu entdecken. Durch das Fernrohr waren plötzlich viel mehr Sterne sichtbar als mit bloßem Auge. Als Galilei das schwach leuchtende Band der Milchstraße mit seinem Fernrohr betrachtete, löste sich das nebelartige Band auf einmal in eine Unzahl von Sternen auf. Die Milchstraße war gar kein Nebel – sie bestand aus Milliarden einzelnen Sterne. Das neue Werkzeug hatte eine ganz neue Sicht auf die Welt eröffnet. Das, was dem bloßen Auge vorher verborgen war, trat nun klar und für jedermann sichtbar zutage.

Wie war es mit den Planeten? Gab es auch hier etwas Neues zu entdecken? Tatsächlich – als Galilei sein Fernrohr auf den Planeten Venus richtete, sah er keinen hellen Punkt, sondern eine kleine helle Sichel, die ähnlich wie die Sichel des Mondes im Lauf der Zeit verschiedene Phasen durchlief. Wenn man ähnlich dem Vollmond eine nahezu voll leuchtende Venusscheibe sah, war die Venus besonders klein und stand ganz offensichtlich auf der anderen Seite der Sonne. Das ließ nur einen Schluss zu: Die Venus bewegte sich um die Sonne herum und wurde bei ihrem Umlauf mal von rechts oder links, aber auch mal von vorne oder hinten angestrahlt. Für Galilei war das ein klarer Beweis für das kopernikanische Weltbild. Dass auch das Weltbild von Tycho Brahe dieses Ergebnis erklären konnte, verschwieg er.

Seine vielleicht wichtigste Entdeckung machte Galilei, als er sein Fernrohr auf den Planeten Jupiter richtete. In einer Linie sah er bis zu vier helle Lichtpunkte in der Nähe Jupiters, die ihre Position und Anzahl von Tag zu Tag veränderten. Galilei beobachtete das Phänomen über mehrere Wochen hinweg und dokumentierte genau, was er sah. Schließlich wurde ihm klar, was da am Himmel geschah: Um den Jupiter herum kreisten bisher unbekannte Himmelskörper, genau wie der Mond die Erde umkreist. Von der Erde aus sah man diese Umlaufbewegung von der Seite, sodass jeder Jupitermond mal rechts und dann wieder links von Jupiter zu sehen war. Zwischendurch verschwand er, weil er vor oder hinter Jupiter stand und von diesem verdeckt oder überstrahlt wurde. Zu Ehren von Galilei nennen wir diese Himmelskörper heute die *Galilei'schen Monde:* der gelblich gefleckte Vulkanmond Io, der Eismond Europa, der merkurgroße Mond Ganymed und der ebenfalls recht große Eismond Kallisto.

Eilig veröffentlichte Galilei seine astronomischen Beobachtungen über die Milchstraße, den Erdmond und die Jupitermonde im Jahr 1610 in seiner Schrift *Sidereus Nuncius* (Sternenbote) und machte sie so der Welt zugänglich, bevor ein anderer ihm zuvorkommen konnte (die Phasen der Venus entdeckte er etwas später). Jeder, der eines von Galileis Fernrohren besaß, konnte sich nun selbst von Galileis Entdeckungen überzeugen und beispielsweise sehen, wie die neuen Monde sich mit Umlaufzeiten zwischen 1,8 (Io) und knapp 17 Tagen (Kallisto) um den Jupiter bewegten. Neben der Sonne und der Erde gab es offenbar noch weitere Zentren am Himmel, um die Himmelskörper kreisen konnten. Die alte Idee, dass nur die Erde das Zentrum für die Kreisbewegungen der Gestirne sein konnte, erschien damit zunehmend absurd.

Kepler und Galilei

Als Johannes Kepler in Prag von den neu entdeckten vier Wandersternen erfuhr, war er zunächst verwirrt. Sollte es tatsächlich mehr als die bekannten sechs Planeten geben? Dann würde seine schöne Theorie mit den fünf platonischen Körpern als Abstandshaltern zwischen den Planeten in sich zusammenbrechen – die schöne Harmonie des Kosmos aus seinem *Weltgeheimnis* wäre zerstört. Doch dann las er, dass die neuen Objekte nicht wie die anderen Planeten um die Sonne kreisten, sondern um Jupiter. Kepler war erleichtert. Warum sollte nur die Erde einen Begleiter haben? Auch Jupiter stand dieses Recht zu, und womöglich hatte sogar jeder Planet seine eigenen Monde, die ihn umkreisten. Die wunderbare Symmetrie in Keplers Welt war gerettet.

Der Sommer des Jahres 1609 ist aus heutiger Sicht bemerkenswert: Fast zeitgleich mit der Vorführung des Fernrohrs durch Galilei hatte Johannes Kepler seine mathematischen Untersuchungen der Planetenbahnen abgeschlossen und seine Ergebnisse veröffentlicht. Die korrekten Planetenbahnen waren keine Kreise, sondern Ellipsen. Galilei ignorierte diese Erkenntnis bis an sein Lebensende, obwohl ihm sein Fernrohr eine gute Möglichkeit eröffnet hätte, Keplers Theorie zu überprüfen. Für Galilei blieb die symmetrische Kreisbahn der Himmelskörper unantastbar. Die alten Vorstellungen von der perfekt symmetrischen Himmelswelt führten ihn in die Irre.

Mit seiner Ablehnung der keplerschen Ellipsen war Galilei nicht allein. Seit zweitausend Jahren hatte man allein in perfekten Kreisen gedacht, wenn es um den Himmel ging. Der Kosmos erschien wie ein Uhrwerk aus lauter präzisen Kreisbewegungen. Da brauchte es eine neue Generation unverbrauchter Denker, um den neuen Gedanken akzeptieren zu können.

> Eine neue wissenschaftliche Wahrheit pflegt sich nicht in der Weise durchzusetzen, dass ihre Gegner überzeugt werden und sich als belehrt erklären, sondern vielmehr dadurch, dass ihre Gegner allmählich aussterben und dass die heranwachsende Generation von vornherein mit der Wahrheit vertraut gemacht ist.

Diese Worte stammen von dem deutschen Physiker Max Planck, einem der Mitbegründer der Quantentheorie im frühen zwanzigsten Jahrhundert.[6] Sie haben sich im Lauf der Geschichte immer wieder bewahrheitet, egal ob es sich um die zentrale Stellung der Sonne, die Ellipsenbahn der Planeten, die

---

[6]Das Zitat stammt aus seiner Wissenschaftlichen Selbstbiographie, Johann Ambrosius Barth Verlag, Leipzig, 1948, S. 22.

Relativitätstheorie Einsteins oder das merkwürdige Quantenverhalten in der subatomaren Welt handelte.

Nachdem Galilei den Mond, die Sterne und die Planeten durch sein Fernrohr betrachtet hatte, wandte er sich um das Jahr 1612 der Sonne zu. Konnte er auch ihr neue Geheimnisse entlocken? Mit geeigneten Hilfsmitteln gegen ihre gleißende Helligkeit konnte er beobachten, dass die Sonne keineswegs eine makellose gleichmäßig leuchtende Kugel war. Sie hatte dunkle Flecken! Monatelang beobachtete er, wie diese Flecken entstanden, ihre Form veränderten, sich vereinten und aufteilten und sich schließlich irgendwann wieder auflösten. Und er sah, dass die Flecken sich immer in derselben Richtung über die Sonne bewegten. Es sah ganz so aus, als wären die Flecken an die Oberfläche der Sonne gebunden und folgten deren Eigenrotation, und zwar in derselben Richtung, in der auch die Planeten die Sonne umkreisten.

Für Johannes Kepler war die Entdeckung der Sonnenrotation, die Galilei ihm in einem Brief mitteilte, keine Überraschung. Er hatte dies schon zuvor vermutet und Galilei entsprechend informiert. In Keplers Gedankenwelt hing die Rotation der Sonne eng mit dem Umlauf der Planeten zusammen. Wie ein Schaufelrad sollte die rotierende Sonne die Planeten antreiben und gleichsam mitführen. Die Sonnenrotation war für Kepler die Quelle für die Umlaufbewegung der Planeten. Galilei wusste dies, doch er verlor kein einziges Wort darüber. Wie so oft ignorierte er die Leistungen des bescheidenen Mathematikers im fernen Deutschland und überging sie ohne jeden Kommentar. Als erfolgsversessener und oft auch streitbarer Mann war Galilei zu sehr darauf bedacht, seine eigenen Leistungen ins rechte Licht zu rücken. Schon bald sollte ihn diese Eigenschaft in ernste Schwierigkeiten bringen.

Der Dialog über die zwei Weltsysteme

Durch seine Entdeckungen, die er gut zu vermarkten wusste, war Galilei zu einer weithin bekannten Persönlichkeit geworden, die gerne den Kontakt zu den Mächtigen seiner Zeit suchte. Galilei war bestens vernetzt, und so gelang es ihm nach 18 durchaus glücklichen Jahren in Padua, in seine alte Heimat nach Florenz zurückzukehren und im Jahr 1610 dort eine Stellung als Hofphilosoph der Medici anzutreten.

Mit seinen mittlerweile 46 Jahren war Galilei auf dem Höhepunkt seiner Karriere angelangt. Die Mächtigen Italiens lagen ihm zu Füßen und bewunderten seine Leistungen. Das galt auch für viele Würdenträger der katholischen Kirche. Einer von Galileis Bewunderern war Kardinal Maffeo Barberini, der gut ein Jahrzehnt später zum Papst gewählt werden sollte. Galilei traf ihn und viele andere im Jahr 1611 auf einer Romreise, die ein wahrer Triumph für ihn wurde. Er führte den Geistlichen und Gelehrten sein Fernrohr vor und zeigte ihnen den Mond, die Planeten und auch die Monde des Jupiters. Alle waren darüber begeistert, was sie zu sehen bekamen, und bestätigten Galileis Entdeckungen. Der berühmteste Mathematiker und Astronom unter ihnen – der mittlerweile siebzigjährige Jesuitenpater Christophorus Clavius am Collegio Romano – hatte die Phasen der Venus vermutlich sogar schon vor Galilei entdeckt. Galilei hatte also gut daran getan, seine Beobachtungen schnell publik zu machen, denn in Rom waren Clavius und seine Mitarbeiter ihm bereits auf den Fersen gewesen.

Der Wechsel von Padua nach Florenz und der enge Kontakt nach Rom bargen allerdings auch ihre Gefahren, zumal Galilei seine Beobachtungen immer wieder dazu verwendete, um nachdrücklich für das kopernikanische Weltbild zu werben. Im toleranten Umfeld Paduas, das zur Republik Venedig gehörte, hatte er dafür relativ wenig zu befürchten gehabt. Das war in Florenz und Rom, die tief im Einflussbereich der katholischen Kirche lagen, ganz anders. Und so begann die Inquisition, erste Erkundigungen über ihn einzuziehen.

Doch Galilei schlug alle Warnungen seiner Freunde in den Wind und ging mit teilweise fragwürdigen Argumenten immer wieder leidenschaftlich gegen seine Widersacher vor. Er machte sich in dieser Zeit viele Feinde, aber noch konnte er auf seine zahlreichen Unterstützer – auch im Bereich der Kirche – zählen. Als dann noch sein Bewunderer Kardinal Maffeo Barberini im Jahr 1623 unter dem Namen Urban VIII zum Papst gewählt wurde, glaubte sich Galilei wieder auf der Siegerstraße. Über drei Jahre lang arbeitet er an einem Werk, das die Krönung seines Lebenswerks werden sollte. Er würde darin hieb- und stichfest beweisen, dass Kopernikus Recht hatte und dass Archimedes und Ptolemäus mit ihrer unbewegten Erde im Zentrum der Welt falsch lagen.

Im Jahr 1632 erschien schließlich sein großes Werk in italienischer Sprache unter dem Titel *Dialog von Galileo Galilei über die zwei wichtigsten Weltsysteme, das ptolemäische und das kopernikanische* (Abb. 1.15). Darin streiten in Form eines wunderbaren literarischen Dialoges seine beiden Freunde Salvati und Sagredo sowie die ziemlich einfältige Kunstfigur Simplicio über die beiden Weltsysteme, wobei natürlich nur der Dummkopf Simplicio auf der Erde als unbewegtem Zentrum der Welt besteht. Das Modell von Tycho Brahe, das damals von vielen Gelehrten – unter ihnen der Jesuit Clavius – vertreten wurde und das die Positionen der Planeten sowie die Phasen der Venus sehr gut erklären konnte, verschweigt Galilei

Abb. 1.15 Auf dem Titelblatt von Galileis Dialog über die Weltsysteme diskutieren Aristoteles, Ptolemäus und Kopernikus miteinander. (Quelle: https://commons. wikimedia.org/wiki/File:Galilei-weltsysteme_1-621×854.jpg)

ebenso wie die Ellipsenbahnen Keplers. Diese Modelle schienen ihm aufgrund seiner physikalischen Überzeugungen, auf die wir gleich noch zurückkommen, nicht der Rede wert.

Verurteilt – und sie bewegt sich doch!

Nicht alle Argumente, die Galilei in seinem Dialog für das kopernikanische Weltbild ins Feld führte, waren stichhaltig. So glaubte er, dass der Wechsel von Ebbe und Flut ein wesentlicher Beweis dafür sei, dass die Erde rotiert und sich um die Sonne bewegt – ein Irrtum. Anders bei Kepler, der erkannt hatte, dass die Wirkung des Mondes für die Gezeiten verantwortlich sein musste, was Galilei weit von sich wies. Von glasklaren Beweisen kann also nicht die Rede sein.

Das sah auch sein Gönner Papst Urban VIII so, der Galilei zwar durchaus dazu ermuntert hatte, sein Werk zu veröffentlichen, aber eine Vorbedingung stellte: Galilei solle kenntlich machen, dass die Theorie von Kopernikus nur eine Hypothese sei und keineswegs schon die nachgewiesene Wahrheit. Nach damaligem Wissensstand lag der Papst damit gar nicht mal so falsch.

Doch Galilei hielt sich nur rein formal an den Wunsch des Papstes und legte dessen Ansichten ausgerechnet dem dümmlichen Simplicio in den Mund, der somit gleichsam zu einer Karikatur des Papstes wurde.

Urban, der in Rom mit vielen Widersachern zu kämpfen hatte und dessen Autorität ins Wanken geriet, war aufgebracht. Hatte Galilei ihn lächerlich gemacht? Das konnte er sich ausgerechnet jetzt überhaupt nicht leisten. So kam es im Jahr 1633 zum Inquisitionsprozess, in dem Galilei schließlich unmissverständlich aufgefordert wurde, seine Irrlehren zu wiederrufen.

Nun endlich erkannte auch der fast siebzigjährige Galilei die Gefahr. Er hatte den Bogen eindeutig überspannt und es drohte ihm dasselbe Schicksal, das 33 Jahre zuvor Giordano Bruno ereilt hatte: der grausame Feuertod auf dem Scheiterhaufen. Also wiederrief er und entging so der Hinrichtung, wobei er der Legende nach noch gemurmelt haben soll: „Und sie (die Erde) bewegt sich doch!" Seine Strafe wurde in lebenslangen Hausarrest umgewandelt. Für den umtriebigen Galilei, der es gewohnt war, nach Belieben zu reisen und seine Netzwerke zu pflegen, war dies immer noch ein hartes Los und er war zutiefst deprimiert. Sein Absturz vom ehemals gefeierten Günstling des Papstes zum öffentlich Verurteilten war tief gewesen.

Immerhin erreichte es der toskanische Botschafter in Rom, dass Galilei seinen Hausarrest im Palast eines seiner Bewunderer, Erzbischof Piccolomini in Sienna, antreten durfte. Dieser versuchte, den verzweifelten Gelehrten wieder aufzubauen und seine Gedanken erneut auf die Dinge zu lenken, die ihm früher in Padua so viel bedeutet hatten: seine umfangreichen Studien und Experimente zur Mechanik. Sie waren angesichts des Fernrohrs in den Hintergrund getreten. Nun war es an der Zeit, sie wieder hervorzuholen.

Bewegung ohne Antrieb: das Trägheitsprinzip

Ein halbes Jahr nach seiner Verurteilung durfte Galilei in seine Villa in der Nähe von Florenz zurückkehren und musste dort seinen Hausarrest für den Rest seines Lebens verbüßen. So ärgerlich dieser Arrest auch gewesen sein mag, verschaffte die Abgeschiedenheit und Ruhe dem betagten Galilei immerhin die Möglichkeit, sein physikalisch vielleicht wichtigstes Werk zu schreiben: den *Dialog über die Mechanik.*

Die Mechanik bildete für Galilei den Ursprung all seiner Überlegungen zu den Weltsystemen. Anders als Kepler brauchte er keine riesigen Datenmengen, aus denen er mühevoll die Bahnen der Planeten ableiten musste. Nein, Galilei war vielmehr davon überzeugt, dass er verstanden hatte, nach welchen physikalischen Gesetzen sich alle Körper einschließlich der Erde,

Planeten und Monde bewegen. Dies war der Grund für seine Überzeugung, dass das kopernikanische Weltbild richtig sein musste.

Wie alle Naturgelehrten seiner Zeit kannte Galilei natürlich die alten physikalischen Regeln, die auf Aristoteles zurückgingen. Und ihm waren die Widersprüche bewusst, die sich daraus beispielsweise für die Bewegung fallender Körper ergeben (siehe Abschn. 1.1). Es konnte nicht wahr sein, dass ein schwerer Körper immer schneller fällt als ein leichter Körper, wie Aristoteles annahm. Das stimmt zwar in Wasser noch recht gut, wobei manche Körper wie eine Holzkugel sogar überhaupt nicht fallen, sondern nach oben schwimmen. In einem viel dünneren Medium wie Luft stimmt es dagegen schon viel weniger – eine Eisenkugel und eine leichtere Holzkugel fallen nahezu gleich schnell. Im Vakuum stimmt die Annahme von Aristoteles dann gar nicht mehr, wie Galilei folgerte. Hier sollten alle Körper gleich schnell fallen.

Der Legende nach soll Galilei seine These mit Fallversuchen vom schiefen Turm in Pisa überprüft haben, aber dies gehört wohl ins Reich der Phantasie. Die verfügbaren Uhren waren damals noch viel zu ungenau, um echte Fallbewegungen hinreichend genau zu vermessen. Also musste Galilei die Fallbewegungen künstlich verlangsamen. Er tat dies, indem er Kugeln nicht frei herabfallen, sondern eine schiefe Ebene hinabrollen ließ. Dabei hoffte er, dass beide Bewegungen denselben Gesetzen folgten, da sie ja beide durch die Schwere der Kugel verursacht wurden.

Was er herausfand, war erstaunlich: Die Kugeln rollten die Ebene nicht mit einer festen Geschwindigkeit herab, sondern sie wurden umso schneller, je länger sie unterwegs waren. Dabei wuchs der Weg, den sie zurücklegten, quadratisch mit der Zeit an: War die Kugel doppelt so lang unterwegs, so rollte sie viermal so weit. Galilei hatte die Regeln entdeckt, nach denen eine gleichmäßig beschleunigte Bewegung abläuft, und zwar nicht durch rein theoretische Überlegungen, sondern durch konkrete Experimente. Das war neu und keineswegs unumstritten – waren doch manche Gelehrte der Meinung, dass Gott dank seiner Allmacht jederzeit in der Lage sei, den Lauf der Dinge zu verändern. Warum sollte sich also die Natur auf unserer chaotisch wirkenden Erde überhaupt an irgendwelche Regeln halten, die sich durch reines Beobachten entdecken ließen?

Das sah Galilei anders. Er stellte alle möglichen Experimente an, um dem Verhalten fallender Körper oder abgeschossener Fluggeschosse auf die Spur zu kommen. So tauchte er eine Kugel in Tinte und warf sie auf eine schräge Fläche, sodass sich die Bahn der Kugel dank der Tinte auf der Fläche abzeichnete. Die symmetrische parabelförmige Tintenspur, die dabei entstand, entsprach so gar nicht dem, was man beispielsweise anhand der Impetustheorie für Fluggeschosse vermutet hatte.

Galilei grübelte, was wohl hinter all seinen Beobachtungen stecken mochte. Experimente allein reichen nicht, wie er erkannte – man muss sie auch einordnen und theoretisch bewerten. So wusste er, dass eine glatt polierte Kugel auf einer nach rechts geneigten glatten Ebene nach rechts beschleunigt. Ist die Ebene dagegen nach links gekippt und stößt man die Kugel nach rechts an, so rollt sie die Ebene hinauf, wird immer langsamer und kehrt die Bewegung schließlich um. Sie wird gleichsam nach links beschleunigt. Beide Beschleunigungseffekte sind umso schwächer, je weniger die Ebene nach rechts bzw. links geneigt ist. Was sollte also geschehen, wenn die Ebene gar nicht geneigt ist, sondern parallel zum Erdboden verläuft und man die Kugel nach rechts anstößt? Sie sollte weder nach rechts noch nach links beschleunigt werden, sondern ihre Bewegung ohne jede Beschleunigung geradlinig mit konstanter Geschwindigkeit fortsetzen, wenn man Reibungseffekte vernachlässigt.

Mit dieser Schussfolgerung beweist Galilei eine enorme Intuition und Weitsicht. Eine Bewegung ohne jeden Antrieb – war das möglich? Galilei war davon überzeugt und stellte damit die Physik des Aristoteles auf den Kopf.

Nun war es nur noch ein kleiner Schritt, um auch die Bewegung einer abgeschossenen Kanonenkugel zu verstehen. Galilei zerlegte die Bewegung in zwei Anteile: eine waagerechte Bewegung parallel zum Erdboden und eine vertikale Bewegung senkrecht dazu. Die vertikale Bewegung erfolgt nach seinem Fallgesetz, d. h. die Kugel wird gleichmäßig nach unten beschleunigt – und zwar nicht erst am Schluss der Bewegung, wie man noch in der Impetustheorie glaubte, sondern die ganze Zeit über. Die Kugel fällt ständig und bewegt sich dabei umso schneller nach unten, je länger sie bereits unterwegs ist. Die waagerechte Bewegung entspricht dagegen der Bewegung einer perfekten Kugel auf einer polierten, nicht geneigten Ebene. Diese Bewegung wird im Idealfall weder schneller noch langsamer, sondern sie folgt gleichmäßig dem Erdboden. Kombiniert man beide Bewegungen miteinander, so ergeben sich die parabelförmigen Flugbahnen, die Galilei bei den Tintenspuren beobachtet hatte.

Hatte Galilei damit bereits die Bewegungsgesetze entdeckt? War dies bereits das berühmte *Trägheitsgesetz,* das sich in der waagerechten Bewegung der Kanonenkugel manifestierte?

Nicht ganz! Galilei glaubte nämlich, dass die horizontale Bewegung immer dem Erdboden folgen würde. Könnte man die Schwerkraft abschalten, so würde die Kugel weder fallen noch steigen, sondern ihren festen Abstand zum Erdboden beibehalten und mit konstanter Geschwindigkeit den Erdmittelpunkt umkreisen. Es gab also für Galilei kein geradliniges, sondern ein *zirkuläres Trägheitsgesetz,* dem alle Körper folgten, auf die keine Schwerkraft einwirkt. Körper auf der Erde fielen früher oder später herab, während sich die schwerelosen Körper des Himmels auf ewigen Kreisbahnen um die Erde, die Sonne oder den Jupiter bewegten. Auf die Idee, dass die Schwerkraft der Erde bis hinauf zum Mond reichen könnte, kam Galilei nicht.

Ewige Kreise waren für Galilei die natürliche Bewegung aller Körper, die nicht der Schwerkraft oder sonstigen Einflüssen unterlagen. Damit wird klar, warum Galilei die Ellipsenbahnen Keplers ablehnen musste – sie passten nicht zu seinen physikalischen Gesetzen. Da war ihm auch die gute Übereinstimmung von Keplers Bahnen mit den Beobachtungen Tycho Brahes egal. Seine Theorie der Bewegung erschien ihm einfach zu schön, um wegen einiger womöglich fragwürdiger Daten aufgegeben zu werden – ein zutiefst menschliches Phänomen, das man auch heute immer wieder in der Wissenschaft antrifft.

Galileis Schiff

Die Frage, warum sich die Erde ohne Antrieb um die Sonne bewegen konnte, hatte Galilei auf seine Weise gelöst. Die Kreisbewegung der Erde um die Sonne war für ihn einfach die natürliche Bewegung eines Körpers, der keinen äußeren Kräften unterlag. Kräfte wie die Gravitation ließen Kanonenkugeln nach unten beschleunigen – für die ewige Kreisbewegung eines Himmelskörpers brauchte er sie nicht.

Bleibt die Frage, warum wir von der rasanten Bewegung der Erde so gar nichts merken. Uns scheint es so, als ruhe die Erde im Zentrum der Welt, während sich alles andere um sie herum bewegt. Genau das war das Hauptargument von Tycho Brahes Modell gewesen, das damals viele Anhänger hatte. Die relativen Bewegungen der Planeten untereinander sowie relativ zur Sonne entsprachen dem Modell von Kopernikus, nur dass nicht die Sonne, sondern die Erde fest im Mittelpunkt der Welt verankert war. Dieses Modell kam für Galilei nicht infrage, denn die natürliche Bewegung der Planeten war für ihn die Kreisbewegung um den größeren Himmelskörper, also die Sonne – und nicht umgekehrt. Brahes Modell erschien ihm absurd – schließlich wackelt ja auch nicht der Schwanz mit dem Hund.

Wie konnte er begreiflich machen, dass man die Bewegung der Erde nicht spürt? In seinem Dialog über die Weltsysteme greift Galilei dafür zu einer Analogie, die fast jeder kennt: die gleichmäßige Bewegung eines Schiffs.

Galileis Überlegung ist für das Thema dieses Buches so zentral, dass wir sie uns genauer ansehen wollen. Er lässt seinen Freund Salvati sagen:

> Schließt Euch in Gesellschaft eines Freundes in einen möglichst großen Raum unter dem Deck eines großen Schiffes ein. Verschafft Euch dort Mücken, Schmetterlinge und ähnliches fliegendes Getier; sorgt auch für ein Gefäß mit Wasser und kleinen Fischen darin; hängt ferner oben einen kleinen Eimer auf, welcher tropfenweise Wasser in ein zweites, enghalsiges darunter gestelltes Gefäß träufeln lässt. Beobachtet nun sorgfältig, solange das Schiff stille steht, wie die fliegenden Tierchen mit der nämlichen Geschwindigkeit nach allen Seiten des Zimmers fliegen. Man wird sehen, wie die Fische ohne irgendwelchen Unterschied nach allen Richtungen schwimmen; die fallenden Tropfen werden alle in das untergestellte Gefäß fließen.

So weit, so gut – das Schiff ruht ja, also warum sollte es anders sein. Natürlich fallen beispielsweise die Tropfen aus dem Eimer senkrecht nach unten in das darunter aufgestellte Gefäß. Doch nun kommt der entscheidende Gedanke:

> Nun lasst das Schiff mit jeder beliebigen Geschwindigkeit sich bewegen: Ihr werdet – wenn nur die Bewegung gleichförmig ist und nicht hier- und dorthin schwankend – bei allen genannten Erscheinungen nicht die geringste Veränderung eintreten sehen. Aus keiner derselben werdet Ihr entnehmen können, ob das Schiff fährt oder stille steht.

Unter Deck kann man also gar nicht feststellen, ob das Schiff ruht oder sich gleichförmig auf der Oberfläche des Ozeans um den Mittelpunkt der Erde bewegt. Genau dasselbe gilt auch für die Erde, wenn sie mit großer Geschwindigkeit um die Sonne kreist.

Was Galilei hier ausführt, ist eine ganz moderne physikalische Symmetrieüberlegung, die nichts mehr mit den mystischen Gedanken über Symmetrie und Harmonie zu tun hat, wie sie Kepler noch anstellte. Galilei vergleicht zwei verschiedene Situationen – ein ruhendes und ein gleichförmig bewegtes Schiff – und sagt dann, dass beide Situationen unter Deck nicht unterscheidbar sind. Die Bewegung des Schiffs ist nur *relativ* zum Wasser des Ozeans wahrnehmbar, weshalb man auch vom *Relativitätsprinzip* spricht.

Wie kommt Galilei auf diesen Gedanken? Er folgt aus derselben Idee, die auch bei der Kanonenkugel funktioniert hatte: Man kann die Bewegung aufspalten in einen gleichförmigen Anteil, der dem Trägheitsprinzip entspricht – also die Bewegung der Kugel parallel zum Erdboden oder das gleichmäßige Dahingleiten des Schiffs –, und einen Zusatzanteil, also das Beschleunigen der Kugel in Richtung Erdboden oder die Bewegungen unter Deck relativ zum Schiff. Da für den gleichförmigen Bewegungsanteil nach dem Trägheitsprinzip keine Kräfte notwendig sind, bemerkt man ihn unter Deck nicht. Trägheitsprinzip und Relativitätsprinzip bedingen einander also. Galilei, der diese modernen Begriffe noch nicht kannte, beschreibt es so:

> Die Ursache dieser Übereinstimmung aller Erscheinungen liegt darin, dass die Bewegung des Schiffes allen darin enthaltenen Dingen, auch der Luft, gemeinsam zukommt. Darum sagte ich auch, man solle sich unter Deck begeben, denn oben in der freien Luft, die den Lauf des Schiffes nicht begleitet, würden sich mehr oder weniger deutliche Unterschiede bei einigen der genannten Erscheinungen zeigen.

Galilei war gelungen, was seine Vorgänger zweitausend Jahre lang vergeblich versucht hatten: Er hatte erkannt, dass gleichförmige Bewegungen keinen Antrieb erfordern, auch wenn er dabei noch eher an großräumige Kreisbewegungen dachte. Mit seinem Trägheitsprinzip und dem damit eng verknüpften Relativitätsprinzip hatte er den Widerspruch zwischen der scheinbaren Bewegungslosigkeit der Erde und ihrem Lauf um die Sonne, wie Kopernikus sie forderte, aufgelöst. Damit hatte er eine neue Tür geöffnet, die bisher verschlossen war.

Ihm selber war es im hohen Alter nicht mehr vergönnt, diese Tür zu durchschreiten und die wirklichen Bewegungsgesetze zu ergründen – dies blieb seinen Nachfolgern vorbehalten. Einsam und erblindet starb er am 8. Januar 1642 mit 77 Jahren als Gefangener der Kirche in seiner Villa nahe Florenz. Fast genau ein Jahr nach seinem Tod erblickte im fernen England ein Kind das Licht der Welt, das das Werk des großen Gelehrten vollenden würde: Isaac Newton.

1.4   Der Durchbruch: Newtons Gesetze der Bewegung

Isaac Newton wurde am 25. Dezember 1642 – also am ersten Weihnachtstag – im ländlichen Woolsthorpe-by-Colsterworth in der englischen Grafschaft Lincolnshire geboren. Sein Geburtshaus Woolsthorpe Manor, ein kleines Gutshaus aus Kalkstein, steht noch heute dort.

Während man in England an diesem Tag noch Weihnachten feierte, hatte in den katholischen Ländern das neue Jahr bereits begonnen – dort schrieb man bereits den 4. Januar 1643. Es war bereits 60 Jahre her, dass Papst Gregor XIII in den katholischen Ländern den alten julianischen Kalender reformiert und durch den deutlich besseren gregorianischen Kalender ersetzt hatte. Das war auch dringend nötig gewesen, denn der alte Kalender besaß zwar alle vier Jahre einen Schalttag – den 29. Februar –, um die wirkliche astronomische Jahreslänge möglichst gut zu treffen, doch es gab immer noch eine kleine Abweichung von elf Minuten, die sich im Lauf der letzten 1200 Jahre zu insgesamt zehn Tagen aufsummiert hatte. Der alte Kalender hinkte also dem wahren Lauf der Jahreszeiten bereits deutlich hinterher. Folgerichtig hatte der Papst diese 10 Tage bei seiner Reform auf einen Schlag gestrichen, was in den protestantischen Ländern einigen Widerstand gegen die Kalenderreform auslöste. Lieber hinkte man dort dem wahren Lauf der Sonne hinterher, als sich den vernünftigen Argumenten des Papstes anzuschließen. Erst im Jahr 1752 – mehr als hundert Jahre nach Newtons Geburt – würde man sich auch in England besinnen und auf den besseren gregorianischen Kalender umstellen.

Der einsame Junge

Wie viele Menschen im England jener Zeit lebte auch Newtons Familie von Landwirtschaft und Viehzucht. Noch dominierten andere Nationen wie die reichen Niederlande die Weltmeere und den Welthandel, auch wenn das aufstrebende England mit seinen großen Kolonien in Übersee bereits in den Startlöchern stand.

Wenige Monate vor seiner Geburt starb Isaacs Vater, der ebenfalls Isaac hieß. Zum Glück garantierte der Familienbesitz aus Herrenhaus, Ackerland und Schafsherden dem kleinen schwächlichen Sohn und seiner Mutter Hannah Ayscough ein einigermaßen gesichertes Auskommen. Ohne Geschwister dürfte der kleine Isaac eine tiefe Bindung zu seiner Mutter entwickelt haben, die er ganz für sich allein hatte. Es war ein schwerer Schlag für ihn, als sie ihn nach seinem dritten Geburtstag plötzlich in der Obhut seiner Großmutter zurückließ – sie hatte den Heiratsantrag des 63-jährigen Witwers und Geistlichen Barnabas Smith angenommen und war in dessen Pfarrhaus im Nachbarort gezogen. Ihren kleinen Sohn nahm sie nicht mit, was dieser ihr und ihrem neuen Mann später ziemlich übel nahm. Man kann es ihm nicht verdenken. Erst sieben Jahre später, als ihr Mann schließlich gestorben war, kehrte die Mutter zu ihrem mittlerweile 10-jährigen Sohn zurück. Doch es war nicht mehr wie früher, denn sie brachte drei jüngere Geschwister aus ihrer zweiten Ehe mit, mit denen Isaac um ihre Aufmerksamkeit konkurrieren musste. Die Chance auf eine unbeschwerte Kindheit war unwiederbringlich vertan.

Abb. 1.16 Isaac Newton, porträtiert vom Londoner Hofmaler Godfrey Kneller im Jahr 1702. ((c) Fine Art Images/Heritage Image/picture alliance)

Vieles spricht dafür, dass sich Isaac Newton (Abb. 1.16) nie ganz von dieser frühen Verlusterfahrung erholte. Ein tiefes Gefühl der Verlassenheit begleitete ihn sein Leben lang. Immer wieder litt er unter Ängsten und Depressionen, blieb anderen Menschen gegenüber misstrauisch, lebte zurückgezogen und behielt sein Wissen oft lieber für sich, anstatt es mit anderen zu teilen. Was für ein Unterschied zum weltgewandten und umtriebigen Galilei, der ohne Unterlass seine Kontakte und Netzwerke pflegte, um seinen persönlichen Ruhm zu mehren.

Der kleine Isaac war fünf Jahre alt, als in Deutschland der Dreißigjährige Krieg endlich sein Ende fand. Sämtliche Kriegsparteien waren am Ende ihrer Kräfte. Der Wunsch nach Frieden in einem zerstörten und entvölkerten Land hatte nun, da niemand mehr den Sieg erringen konnte, eine echte Chance auf Verwirklichung. Mehrere Jahre lang hatten die verschiedenen Delegationen in Münster und Osnabrück miteinander verhandelt, während der Krieg unvermindert weiter tobte und jede Partei versuchte, auf den letzten Drücker noch Vorteile für sich zu erringen. Nach zähem Ringen war es am 24. Oktober 1648 schließlich soweit: Das Heilige Römische Reich Deutscher Nation, Frankreich und Schweden besiegelten den Friedensschluss mit einem Vertrag, der als der *Westfälische Friede* in die Geschichtsbücher einging. Darin wurde die Zersplitterung Deutschlands in eine Vielzahl weitgehend unabhängiger Fürstentümer, Grafschaften und Kleinstaaten festgeschrieben – der Kaiser hatte nicht mehr allzu viel zu sagen. Katholischer und evangelischer Glaube waren fortan gleichberechtigt. Noch zogen hier und da plündernde Söldner durch die Gegend, aber die großen Kriegsparteien hatten es tatsächlich in einem beispiellosen Kraftakt geschafft, ihre Konflikte beizulegen und dem geschundenen Land den Frieden zu bringen.

In England war man von diesen Veränderungen nicht unmittelbar betroffen. Aber auch dort kam es zu gewaltsamen Konflikten. König Charles I. hatte sich mit dem Parlament angelegt, es immer wieder aufgelöst und wieder einberufen und schließlich sogar einige Parlamentarier verhaften lassen. Der Streit artete im Jahr vor Newtons Geburt in einen Bürgerkrieg aus, in dem sich Anhänger des Königs und des Parlaments gegenseitig bekämpften, wobei auch Konflikte zwischen den verschiedenen Glaubensrichtungen wie Anglikaner, Puritaner und Katholiken eine wichtige Rolle spielten – ganz ähnlich wie im mittlerweile verwüsteten Deutschland.

Anders als in Deutschland dauerte es aber keine 30 Jahre, um den Konflikt in England zu beenden. Im Jahr 1649, nach sieben Kriegsjahren, wurde Charles I. gefangen genommen und schließlich öffentlich hingerichtet. Viele Menschen in Europa waren schockiert – ein König von Gottes Gnaden, einfach so von Revolutionären vor den Toren seines eigenen Palastes hingerichtet. Das war unerhört, und für viele Menschen wurde Charles I. zum Märtyrer. Auch der damals sechsjährige Isaac war entsetzt – er schrieb später sogar ein Gedicht zu Ehren des getöteten Königs und malte ein Bild von ihm.

Newtons Familie überstand die Wirren des Bürgerkrieges ohne größeren Schaden. Anfangs hütete Newton die Schafe der Familie, doch der Beruf des Schafzüchters war nichts für ihn, wie seine Mutter schließlich einsehen musste. Also schickte sie ihn im Alter von 12 Jahren an die King's School nach Grantham, wo er alleine und wohl ziemlich einsam in einer dunklen Dachkammer bei einem Apotheker wohnte. Immerhin konnte er nach der Schule den Apotheker dabei beobachten, wie dieser mit seinen Tiegeln herumhantierte und die verschiedensten Zutaten zu allen möglichen Heilmitteln zusammenrührte. Newton war von den Geheimnissen der Alchemie fasziniert – er blieb es sein Leben lang.

Auch viele andere Dinge interessierten ihn, und er spürte ihnen in der öffentlichen Bibliothek des Ortes nach: Wie kann man Metall schmelzen? Was hat es mit den verschiedenen Farben des Lichts auf sich? Welche Positionen haben die Sterne am Himmel? Wie wirkt sich der Stand der Sonne im Jahresverlauf auf den Schatten eines Stabes bei einer Sonnenuhr aus? Newton begann, sein wachsendes Wissen in einem Notizbuch aufzuschreiben. Auch das kopernikanische Weltbild findet sich dort – es hatte sich mittlerweile weitgehend durchgesetzt, was Galilei und Kepler sicher sehr gefreut hätte.

Student und Professor in Cambridge

Mit 18 Jahren ging Newton schließlich auf das Trinity College in Cambridge, wo auch sein Onkel William studiert hatte. Hier würde er die nächsten 35 Jahre bleiben. Anscheinend bot ihm die Universität, die er später sogar einmal als „geistige Wüste, an der er kein wissenschaftliches Leben feststellen konnte" bezeichnete, einen Ort der Sicherheit und Stabilität – gewissermaßen ein Bollwerk gegen seine tief sitzenden Ängste. Er fand dort sogar in John Wickens einen engen Freund, mit dem er über 20 Jahre lang ein Zimmer am College teilte.

Im Jahr 1665 – Newton war 22 Jahre alt – fiel die Große Pest über den Süden Englands her und raffte etwa ein Fünftel der Bevölkerung Londons dahin. Die Universität wurde für fast zwei Jahre geschlossen, in denen Newton vorübergehend in sein ländlich gelegenes Elternhaus zurückkehrte. Die Ruhe und Abgeschiedenheit dort taten ihm offenbar gut. Das Jahr 1665 wurde zu einer Art *Wunderjahr* für ihn, in dem er eine ganze Reihe mathematischer und naturwissenschaftlicher Entdeckungen machte, wie er Jahre später selbst sagte. In dieser Zeit legte er offenbar die Grundlagen für seinen Zugang zur Infinitesimalrechnung – von ihm Fluxionsrechnung genannt – sowie zur Gravitationstheorie und zur Farbentheorie des Lichts. Er kaufte sich ein Prisma, schloss den Fensterladen seines Zimmers und hielt das Prisma hinter ein kleines Loch im Fensterladen, durch das die Sonne hindurchschien. Das im Prisma gebrochene Sonnenlicht fiel auf die andere Wand des Zimmers, wo das aufgefächerte Spektrum der Spektralfarben wie bei einem Regenbogen sichtbar wurde. Newton wiederholte dieses Experiment in verschiedenen Varianten und kam ganz richtig zu dem Schluss, dass das weiße Licht der Sonne durch das Prisma in seine verschiedenen Farbbestandteile aufgelöst wird. Wenn er diese Farben wieder an einem Punkt zusammenführte, so ergaben sie in Summe wieder weißes Licht. Diese für uns heute so selbstverständliche Tatsache war zu Newtons Zeit etwas vollkommen Neues. Zunächst allerdings behielt er seine Entdeckungen weitgehend für sich.

Trotz aller Verschwiegenheit war Newtons außerordentliches Talent nicht verborgen geblieben, sodass er im Jahr 1669 im Alter von 26 Jahren auf den Lucasischen Lehrstuhl für Mathematik berufen wurde. Es folgten ein Manuskript zur Infinitesimalrechnung, der Bau eines Spiegelteleskops und die Veröffentlichung seiner Farbentheorie des Lichts, wodurch Newton im wissenschaftlichen Umfeld zunehmend bekannt wurde.

Allerdings blieb auch Kritik nicht aus. Besonders seine Farbentheorie wurde von dem sieben Jahre älteren Gelehrten Robert Hooke infrage gestellt. Der empfindsame Newton war frustriert und fühlte sich persönlich angegriffen. Hätte er seine Entdeckungen doch nur für sich behalten! Entnervt zog er sich in seinen Elfenbeinturm zurück und betrieb im Stillen seine alchimistischen Experimente, die er seit seiner Zeit in der Dachkammer des Apothekers so lieben gelernt hatte. Als gläubiger Mensch vertiefte er sich zudem in das Studium der Bibel und früher Texte der Kirchenväter, die er akribisch untersuchte – fast so, wie er als Forscher die Phänomene der Natur unter die Lupe nahm. Er kam zu dem Schluss, dass die kirchliche Lehre von der Dreifaltigkeit im neuen Testament nicht vorkäme und erst später von der Kirche ins Christentum hineingebracht worden sei. Diese Ansicht war in der damaligen Zeit der religiösen Spannungen nicht ganz ungefährlich, aber er schaffte es, alle damit verbundenen Klippen erfolgreich zu umschiffen.

Newton schreibt die Principia

Eine weitere Auseinandersetzung sowie der Tod seiner Mutter setzten Newton weiter zu, sodass er sich immer tiefer in seine Studien zurückzog. Doch langsam wurde die Zeit reif dafür, dass er auf die wissenschaftliche Bühne zurückkehrte. So traktierte ihn ausgerechnet sein Kritiker, der streitbare Chefexperimentator der Royal Society Robert Hooke, immer wieder mit seinen Ideen und forderte Newton auf, sich mit seinem tiefen mathematischen Wissen dazu zu äußern.

Hooke hatte sich Gedanken darüber gemacht, warum die Planeten die Sonne auf elliptischen Bahnen umkreisen, so wie es Johannes Kepler herausgefunden hatte. Dabei hatte er drei Annahmen aufgestellt:

- Sämtliche Himmelskörper ziehen sich gegenseitig an (Gravitation).
- Ein Körper, der einmal in Bewegung gesetzt wurde, bewegt sich so lange geradlinig weiter, bis er durch eine Krafteinwirkung abgelenkt wird (Trägheitsgesetz).
- Die anziehenden Kräfte sind umso stärker, je näher die Körper einander sind.

Hooke ging also, wie auch andere Forscher seiner Zeit – insbesondere der französische Philosoph und Mathematiker René Descartes –, bereits von einem linearen Trägheitsgesetz aus und hatte damit das zirkuläre Trägheitsgesetz Galileis hinter sich gelassen. Und er dachte auch bereits über ein allgemeines Gravitationsgesetz nach, das nicht nur auf der Erde, sondern bis hinauf zu den Planeten wirken sollte. Die bekannte Anekdote, dass Newton ebenfalls auf diese Idee kam, als er einen vom Baum hinabfallenden Apfel sah, gehört wohl eher ins Reich der Phantasie.

Die anziehende Gravitation könne nun laut Hooke die Bahn eines Planeten, die ohne Gravitation einfach geradlinig verlaufen würde, gleichsam umbiegen und in eine Ellipse verwandeln. Als erfahrener Experimentator schlug Hooke als Analogie eine Holzkugel vor, die an einem Faden aufgehängt wird. Lenkt man dieses Fadenpendel aus und stößt die Kugel dann seitlich an, so kreist sie um ihre Ruhelage herum. Die Kraft, die die Kugel in ihre Ruhelage zurücktreibt, lenkt sie zugleich in eine mehr oder weniger kreisförmige Bahn um diese Ruhelage herum ab. Ähnlich wie bei diesem kreisenden Pendel könne auch die Gravitation der Sonne die Planeten auf eine Kreis- oder Ellipsenbahn ablenken.

Mit seinem begrenzten mathematischen Mitteln war Hooke nicht in der Lage, seine Ideen weiter zu konkretisieren. Aber der mathematisch versierte Newton sollte dazu in der Lage sein. Konnte er vielleicht die Planetenbahnen berechnen? Nach einigem Hin und Her machte sich Newton schließlich an die Arbeit. Andere Gelehrte, insbesondere der 13 Jahre jüngere Edmond Halley, bestärkten ihn darin, weiterzumachen – sie waren überaus gespannt, was der geniale, aber zugleich verschlossene Wissenschaftler wohl ausbrüten würde. Konnte er das schwierige mathematische Problem knacken?

Es gelang Newton tatsächlich. Im Jahr 1684 entstand zunächst sein Manuskript *De Motu Corporum*, woraufhin er im Jahr 1687 dann im Alter von 44 Jahren sein eigentliches Meisterwerk veröffentlichte: die *Philosophiae Naturalis Principia Mathematica* (die mathematischen Grundlagen der Naturphilosophie, Abb. 1.17). Auf über 500 Seiten schrieb Newton hier zum ersten Mal in der Menschheitsgeschichte die physikalischen Prinzipien der Mechanik und der Gravitation in präziser und konsistenter Form nieder. Die mehr als zweitausend Jahre lange Suche, die mit Aristoteles begonnen hatte und die Galilei und Kepler weit vorangetrieben hatten, war tatsächlich an ihrem Ziel angekommen. Die grundlegenden Gesetze, die die Bewegung aller Körper von der fliegenden Kanonenkugel bis hin zu den Planeten und Monden des Himmels bestimmen, waren endlich entdeckt.

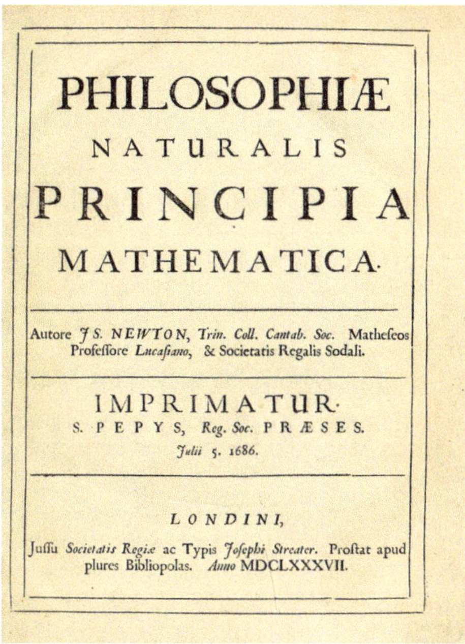

Abb. 1.17   Die Titelseite von Newtons *Principia*. (Quelle: https://commons.wikimedia. org/wiki/File:Prinicipia-title.png)

Die Gesetze der Bewegung

Schauen wir uns genauer an, wie Newton die grundlegenden Gesetze der Bewegung formulierte. Da ist zunächst das Gesetz der Trägheit, das damals schon wohlbekannt war:

- Ein Körper verharrt im Zustand der Ruhe oder der gleichförmig geradlinigen Bewegung, sofern er nicht durch einwirkende Kräfte zur Änderung seines Zustands gezwungen wird.

Newtons zweites Gesetz legt als Nächstes fest, wie ein Körper auf die Einwirkung einer Kraft reagiert:

- Die Änderung der Bewegung ist der Einwirkung der bewegenden Kraft proportional und geschieht nach der Richtung derjenigen geraden Linie, nach welcher jene Kraft wirkt.

Hier ist Newton deutlich präziser als Hooke, denn er sagt auch, wie stark eine Kraft die Bewegung eines Körpers verändert: Die Änderung ist *proportional* zur Kraft! Dabei verwendete Newton im lateinischen Originaltext das Wort *motus,* das wir oben wie üblich mit *Bewegung* übersetzt haben. Nur was genau ist damit gemeint?

Es könnte die *Geschwindigkeit* des Körpers sein, die sich proportional zur einwirkenden Kraft ändert. Die Änderung der Geschwindigkeit ist die *Beschleunigung,* d. h. die Beschleunigung des Körpers wäre proportional zur einwirkenden Kraft. Nun braucht man nur noch die träge Masse als Proportionalitätsfaktor einzufügen, und man erhält die Beziehung *Kraft = Masse mal Beschleunigung.* In dieser Form, die auf den Schweizer Mathematiker Leonhard Euler zurückgeht, lernen wir heute meist Newtons zweites Gesetz kennen.

Aber Newton hatte mit seinem Wort *motus* sehr wahrscheinlich eine Größe im Sinn, die wir heute mit dem Begriff *Impuls* bezeichnen und der für die Bewegungswucht des Objektes steht. Der Impuls eines Körpers ändert sich also proportional zur einwirkenden Kraft, wobei die Änderung in Richtung der Kraft erfolgt, denn der Impuls ist eine gerichtete Größe, die in Bewegungsrichtung zeigt. Eine Kraft kann also eine Bewegung nicht nur beschleunigen oder verlangsamen, sondern auch ihre Richtung verändern.

Bei geeigneten Maßeinheiten kann man sogar einfach sagen, dass die zeitliche Änderung des Impulses *gleich* der wirkenden Kraft ist. Setzt man hier für den Impuls das Produkt aus Masse mal Geschwindigkeit ein und nimmt an, dass die Masse des Körpers konstant ist, so kann man die Änderung des Impulses alleine auf die Änderung der Geschwindigkeit – also auf die Beschleunigung – zurückführen und erhält wieder die bekannte Formel *Kraft = Masse mal Beschleunigung.*

Die Forderung, dass die Masse eines bewegten Körpers konstant ist, erscheint vollkommen natürlich. Und dennoch ist es nur eine Näherung, wie wir später noch sehen werden. Solange ein Körper sehr viel langsamer als das Licht ist – was auf alle Sterne, Planeten und auch Raketen zutrifft – ist diese Annahme gut erfüllt. Wenn ein Körper aber immer schneller wird und sich seine Geschwindigkeit der Lichtgeschwindigkeit nähert, so wächst seine träge Masse immer weiter an. Es wird immer schwieriger, ihn noch weiter zu beschleunigen, sodass er die Lichtgeschwindigkeit nie überschreiten kann. Tag für Tag wird diese Tatsache an den modernen Teilchenbeschleunigern immer wieder bestätigt. Kraft und Beschleunigung sind bei extrem schnellen Objekten nicht mehr proportional zueinander; die bekannte Formel *Kraft = Masse mal Beschleunigung* wird falsch. Die Wirkung der Kraft geht nahe der Lichtgeschwindigkeit immer weniger in eine weitere Beschleunigung des Körpers und immer mehr in eine weitere Steigerung seiner Trägheit ein. Es sollte allerdings noch über zweihundert Jahre dauern, bis Albert Einstein das herausfinden würde.

Newtons Gesetz, dass sich der *motus* (also der Impuls) proportional zur einwirkenden Kraft ändert, bleibt auch bei Einstein weiterhin gültig. Offenbar hatte Newton hier den richtigen Riecher, auch wenn er Einsteins Entdeckung kaum vorhersehen konnte. Der Impuls eines Objekts kann immer größer werden, auch wenn seine Geschwindigkeit in der Nähe der Lichtgeschwindigkeit kaum noch weiter anwächst – stattdessen wird seine Trägheit immer größer.

Newton formulierte noch ein drittes Gesetz, das etwas über den Begriff der Kraft aussagt:

- Die Wirkung ist stets der Gegenwirkung gleich, oder die Wirkungen zweier Körper auf einander sind stets gleich und von entgegengesetzter Richtung.

Newton erläutert weiter, was er damit meint: „Jeder Gegenstand, welcher einen andern drückt oder zieht, wird ebenso stark durch diesen gedrückt oder gezogen." Kräfte treten also immer paarweise auftreten: Übt ein Körper A auf einen anderen Körper B eine Kraft aus *(actio)*, so wirkt eine gleich große, aber entgegen gerichtete Kraft von Körper B auf Körper A *(reactio)*. Es ist also beispielsweise nicht so, dass nur der Mond von der Erde angezogen wird. Auch die Erde wird vom Mond angezogen, und zwar mit derselben Kraft, wenn auch in der entgegengesetzten Richtung. Mond und Erde kreisen beide um ihren gemeinsamen Schwerpunkt, der wegen der 81-mal größeren Masse der Erde noch im Erdinneren liegt. Es ist ganz ähnlich wie bei einem Hammerwerfer, der sein Wurfgerät kurz vor dem Loslassen möglichst schnell kreisen lässt: Um den Schwung der kreisenden Stahlkugel auszugleichen, muss er sich ihr entgegenstemmen, und beide kreisen um ihren gemeinsamen Schwerpunkt. Die Erde ist also gleichsam der Hammerwerfer des Mondes, auch wenn ihre kreisende Bewegung dabei ziemlich langsam ist, denn der Mond und damit auch die Erde brauchen für einen Umlauf um ihren gemeinsamen Schwerpunkt rund einen Monat.

Mit dieser Überlegung konnte Newton endlich die Entstehung von Ebbe und Flut schlüssig erklären: Die langsame Kreisbewegung der Erde um den Erde-Mond-Schwerpunkt führt zu einer schwachen Fliehkraft, die vom Mond weg gerichtet und überall gleich groß ist – was übrigens nichts mit der Eigenrotation der Erde zu tun hat. Ihr gegenüber steht die Anziehungskraft des Mondes, die diese Fliehkraft nahezu ausgleicht. Wie der Hammerwerfer sich dem Zug des Seils zwischen ihm und der Kugel entgegenstemmt, so stemmt sich die Erde mit dieser Fliehkraft der Zugkraft des Mondes entgegen. Der Ausgleich zwischen der Schwerkraft des Mondes und der Flieh-

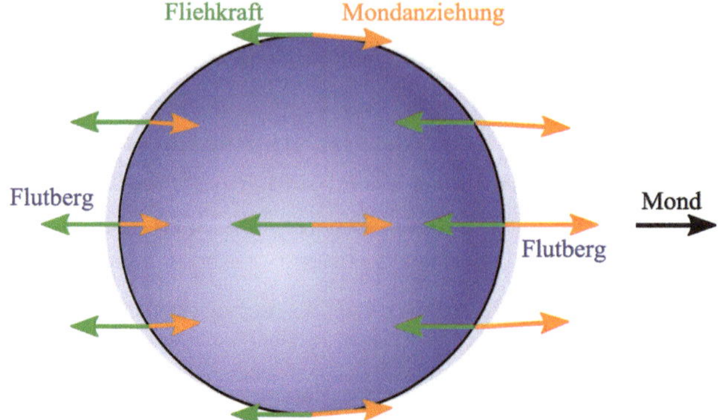

Abb. 1.18 Die Gezeitenkräfte entstehen durch das Wechselspiel zwischen der Mondanziehung und der Fliehkraft, die durch die langsame Kreisbewegung des Erdmittelpunkts um den Erde-Mond-Schwerpunkt hervorgerufen wird. (Quelle: Eigene Grafik)

kraft ist allerdings nicht perfekt, denn die Mondgravitation wirkt umso stärker, je näher man ihm ist. Auf der dem Mond zugewandten Seite der Erde ist die Anziehungskraft des Mondes also etwas stärker und überwiegt die entgegengesetzt gerichtete Fliehkraft, während sie auf der anderen Seite etwas schwächer ist, sodass dort die Fliehkraft überwiegt (Abb. 1.18). Die Erde wird dadurch entlang der Verbindungslinie zwischen Erde und Mond etwas in die Länge gezogen, was sich besonders auf die Ozeane auswirkt, die diesen sogenannten *Gezeitenkräften* gut folgen können und zwei Flutberge ausbilden: einen in Richtung des Mondes und einen auf der entgegengesetzten Seite.

Auch Kepler war bereits davon ausgegangen, dass Ebbe und Flut durch den Einfluss des Mondes entstünden, doch erst Newton hatte die physikalischen Zusammenhänge durchschaut und war in der Lage, *beide* Flutberge schlüssig zu erklären. Galilei, der den Einfluss des Mondes noch abgestritten und Ebbe und Flut als Beweis für die Bewegung der rotierenden Erde um die Sonne gehalten hatte, war da noch völlig auf dem Holzweg gewesen. Erst die richtige Physik, wie Newton sie erkannt hatte, war in der Lage, das Problem zu lösen.

Anders als die ersten beiden Gesetze sagt Newtons drittes Gesetz nichts über den Zusammenhang zwischen Kräften und Bewegungen aus. Es ist vielmehr eine Symmetriebedingung an die Kräfte zwischen den Körpern. Diese Symmetrie hat eine interessante Konsequenz: Da die Kräfte, die zwei Körper aufeinander ausüben, gleich groß, aber entgegengesetzt gerichtet sind, gilt dies nach Newtons zweitem Gesetz auch für die Änderung ihrer Impulse: Das, was Körper A an Impuls hinzugewinnt, gewinnt auch Körper

B hinzu, nur in entgegengesetzter Richtung. In Summe ändert sich der Gesamtimpuls der Körper dabei nicht. Das gilt auch, wenn mehr als zwei Körper beteiligt sind, beispielsweise im Sonnensystem: Die Anziehungskräfte zwischen der Sonne, den Planeten, ihren Monden, den Asteroiden und aller anderen Himmelskörper im Sonnensystem verändern zwar deren Einzelimpulse; der Gesamtimpuls des Sonnensystems bleibt aber unverändert. Unbeirrt von seinen inneren Vorgängen zieht es ruhig seine Bahn innerhalb der Milchstraße.

Wir stoßen hier auf einen sehr wichtigen Zusammenhang, der uns noch öfter in diesem Buch begegnen wird: *Aus einer Symmetriebedingung folgt eine Erhaltungsgröße.* In unserem Fall bedeutet das: Weil die Kräfte zwischen zwei Körpern symmetrisch wirken, ist der Gesamtimpuls der Körper erhalten. Er kann durch die Kräfte zwischen den Körpern nicht verändert werden. Man könnte es auch so ausdrücken: Es ist unmöglich, sich an den eigenen Haaren aus dem Sumpf zu ziehen. Wie tief der Zusammenhang zwischen Symmetrien und Erhaltungsgrößen ist, wird uns allerdings erst im nächsten Kapitel klar werden. Newton selbst hatte noch nicht die notwendigen Mittel, um ihn aufzudecken – es würde noch gut 200 Jahre dauern, bis dies gelingen würde.

Vom Gravitationsgesetz zu den Bahnen der Planeten

Newton hatte mit seinen Bewegungsgesetzen nun alles in der Hand, um auch die Bahnen der Planeten zu bestimmen. Es fehlte nur noch eine einzige Zutat: Er musste wissen, wie die gegenseitige Anziehungskraft zweier Himmelskörper von ihren Massen und ihrem Abstand abhing.

Bei den Massen war der Fall relativ klar: Je größer die Masse beispielsweise eines Steins ist, umso schwerer ist er auch, d. h. umso stärker wirkt die Gravitationskraft der Erde auf ihn ein. Nach Newtons drittem Gesetz muss der Stein dann umgekehrt auch eine gleich große Gravitationskraft auf die Erde ausüben. Die Gravitationskraft, die die Erde auf den Stein und umgekehrt der Stein auf die Erde ausübt, wächst also proportional zur Masse des Steins an. Dasselbe Argument gilt auch in der anderen Richtung, denn Erde und Stein sind vollkommen austauschbare Begriffe. Wir könnten beispielsweise die Erde auf Steingröße schrumpfen lassen und einen erdgroßen Stein verwenden. Also muss die gegenseitige Anziehungskraft zwischen Erde und Stein auch proportional zur Masse der Erde anwachsen.

Bleibt noch die Frage, wie die Gravitationskraft vom Abstand zwischen zwei Körpern abhängt. Schon Robert Hooke hatte vermutet, dass diese Anziehung quadratisch mit dem Abstand abnimmt. Verdoppelt man den Abstand, so schrumpft die Anziehungskraft auf ein Viertel. Newton übernahm diese Idee, auch wenn er dies später aufgrund von Streitigkeiten mit Hooke gerne unter den Teppich kehrte.

Im Detail ist die Sache allerdings komplizierter, da die Erde ein sehr großer Körper ist. Was ist dann mit dem Abstand zwischen Stein und Erde gemeint? Newton musste also die Erde in sehr viele kleine Teile aufteilen und die Gravitationskräfte, die von den einzelnen Bereichen ausgingen, aufsummieren. Dank der von ihm entwickelten Infinitesimalrechnung gelang ihm dieses Kunststück, und das Ergebnis war verblüffend: Man musste für die Gravitation der Erde einfach nur den Abstand zum Erdmittelpunkt verwenden, so als ob die gesamte Masse der Erde dort vereint wäre. Das hätte Hooke in der Tat nicht ausrechnen können – diese Ehre gebührt alleine Newton.

Wie konnte Newton nun die Bahn eines Planeten im Gravitationsfeld der Sonne ausrechnen? Wie konnte eine Fallbewegung in einem Gravitationsfeld überhaupt zu einer kreisförmigen oder elliptischen Flugbahn führen?

Schauen wir uns zum Vergleich noch einmal Galileis Überlegung zum Flug einer Kanonenkugel an, die von einem Turm aus parallel zum Erdboden abgeschossen wird. Galilei hatte diese Bewegung in zwei Anteile zerlegt: eine beschleunigte Fallbewegung in Richtung Erdmittelpunkt und eine gleichmäßige Bewegung parallel zur Erdoberfläche, die in einem Kreis um den Erdmittelpunkt herumführt. Diese Kreisbewegung sollte aufgrund der Trägheit der Kugel niemals enden, solange keine abbremsenden Kräfte auf die Kugel einwirken (Galileis zirkuläres Trägheitsgesetz). Da die Kugel jedoch im Schwerefeld der Erde unweigerlich in Richtung Erdmittelpunkt fiel, musste sie irgendwo auf dem Erdboden aufschlagen. Hätte man die Kugel jedoch auf Höhe der Mondbahn abgeschossen, wo – wie Galilei annahm – die Schwerkraft der Erde nicht mehr wirkt, so würde sie ewig die Erde umkreisen. Elliptische Bahnen, wie Kepler sie gefordert hatte, waren in diesem Szenario nicht möglich, weshalb Galilei sie auch vehement ablehnte.

Auch Newton machte sich in seiner Principia Gedanken darüber, wie eine parallel zum Erdboden abgeschossene Kanonenkugel weiterfliegen würde. Anders als Galilei ging er aber nicht davon aus, dass die Kugel auch ohne die Schwerkraft die Erde umkreisen würde. Sie würde vielmehr einfach geradeaus davonfliegen, so wie das auch bei einem Hammerwerfer geschieht, wenn dieser das Seil der um ihn kreisenden Kugel loslässt. Bei Newton gab es kein zirkuläres Trägheitsgesetz mehr, sondern ein geradliniges Trägheitsgesetz! Eine Kreisbahn konnte also nur durch den Einfluss der Schwerkraft zustande kommen.

Newton überlegte weiter: Solange man die Kugel nicht allzu heftig abschießt, wird sie auf einer nahezu parabelförmigen Bahn nach unten fallen

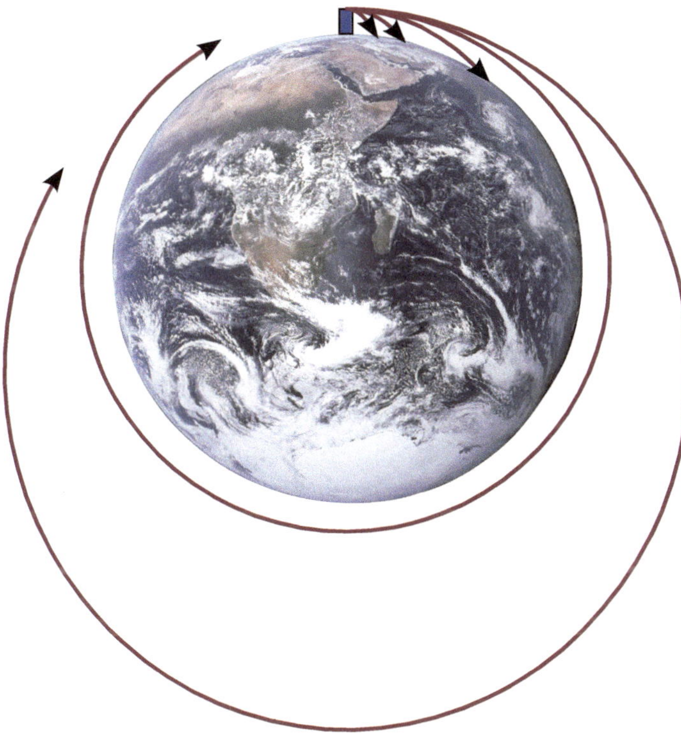

Abb. 1.19 Mit einer ähnlichen Abbildung legte Newton in seiner *Principia* dar, wie eine Kanonenkugel schließlich die Erde umkreisen kann, wenn man sie nur heftig genug abschießt. (Quelle: Eigene Grafik)

und auf dem Erdboden aufschlagen, so wie Galilei es bereits herausgefunden hatte. Je heftiger man sie dabei abschießt, umso weiter fliegt sie. Dabei macht sich irgendwann die Krümmung der Erdoberfläche zunehmend bemerkbar – die Erdoberfläche weicht unter der fallenden Kanonenkugel zurück und die Kugel braucht immer länger, um sie noch zu erreichen. Wenn man die Kugel heftig genug abschießt und den bremsenden Luftwiderstand ignoriert, so erreicht die Kugel den Erdboden irgendwann gar nicht mehr und fliegt komplett um die Erde herum, wie Abb. 1.19 zeigt.

In der Abbildung kann man auch sehen, dass sich nicht zwangsläufig eine kreisförmige Flugbahn um die Erde herum ergibt. Wenn man die Kugel heftig genug abschießt, so kann sie sich auch ein Stück weit von der Erde entfernen und wird erst später wieder tiefer herunterfallen. Das Ergebnis ist eine elliptische Flugbahn, so wie das nach Kepler auch für die Planeten bei ihrem Flug um die Sonne gilt. Dabei reicht die Ellipse umso weiter in den Raum hinaus, je heftiger man die Kugel abschießt. Ist der Abschuss sehr heftig, so kann sich die Ellipse sogar komplett öffnen und in eine Hyperbel verwandeln. Die Kugel fällt dann gar nicht mehr zur Erde zurück, sondern entschwindet in den Weiten des Weltalls.

Nur, wie sollte Newton all dies beweisen? Galileis Idee, die Bewegung in eine kräftefreie kreisförmige Trägheitsbewegung und eine nach unten beschleunigte Fallbewegung zu unterteilen, funktionierte so einfach nicht, denn man wusste ja mittlerweile, dass die Trägheitsbewegung geradlinig und nicht kreisförmig verläuft. Aber Newton fand eine Weg, die Idee passend abzuwandeln: Zunächst teilte er die Bahn in sehr viele winzig kleine Teilstücke auf. Für jedes dieser Teilstücke konnte er nun die Bewegung in zwei Anteile aufteilen: eine geradlinige Trägheitsbewegung, die die Kugel nehmen würde, wenn keine Gravitation aus sie einwirkte, und eine Fallbewegung in Richtung Erdmittelpunkt. Nun musste er nur noch die Teilstücke immer kleiner machen, bis sie im Grenzfall unendlich kleiner – sogenannter *infinitesimaler* – Teilstücke miteinander zu einer glatten Bahn verschmolzen.

Genau dieser Grenzübergang zu unendlich kleinen Teilstücken ist der Knackpunkt, den es mathematisch zu meistern gilt. Die *Infinitesimalrechnung*, die Newton entwickelt hatte, basiert auf genau derselben Idee. Heute gehört diese Art zu Rechnen zum Lehrstoff der höheren Schulklassen – vielleicht erinnern Sie sich noch aus ihrem Schulunterricht an die entsprechenden Begriffe wie das Ableiten von Funktionen, die Berechnung von Integralen oder auch die Kurvendiskussion. Damals war dieses Gebiet der Mathematik aber noch Neuland, das außer Newton nur noch ein anderer Mensch auf der Welt beherrschte: der deutsche Philosoph und Mathematiker Gottfried Wilhelm Leibniz. Er hatte die Infinitesimalrechnung unabhängig von Newton entwickelt, wie wir heute ziemlich sicher wissen. In späteren Jahren verdächtigten sich Newton und Leibniz gegenseitig, ihre Ideen beim jeweils anderen gestohlen zu haben, und es kam zu einem ebenso langwierigen wie unnötigen Prioritätsstreit zwischen den beiden großen Gelehrten.

Streng genommen setzte Newton seine Infinitesimalrechnung in der Principia nicht direkt ein, sondern argumentierte dort eher geometrisch in der Hoffnung, so für seine Zeitgenossen verständlicher zu sein. Seine Erfahrung mit infinitesimalen Größen versetzte ihn dabei in die Lage, alle notwendigen Berechnungen erfolgreich durchzuführen und die Bewegungen der Planeten um die Sonne ebenso zu bestimmen wie den Flug einer abgeschossenen Kanonenkugel, die Bahn eines Kometen oder die Flugbahn des Mondes um die Erde. Seine Ergebnisse versetzten seine Kollegen in Erstaunen. Newton konnte sämtliche Gesetze der Planetenbewegung, die Johannes Kepler aufgrund astronomischer Beobachtungen knapp 80

Jahre zuvor ermittelt hatte, mathematisch herleiten. Die Bewegungsgesetze waren zusammen mit der quadratisch abfallenden Gravitationskraft in der Lage, die Bewegungen der Himmelskörper vollkommen zu erklären. Auch umgekehrt funktionierte es: Aus den durch die Beobachtung bestätigten keplerschen Gesetzen folgte, dass die Gravitationskraft quadratisch mit dem Abstand abfiel, was damit ebenfalls bewiesen war. Es passte alles wunderbar zusammen. Die Physik des Himmels gehorchte denselben Gesetzen wie die irdische Physik, und Newton hatte beides entschlüsselt.

Trotz dieses Erfolges blieb bei Newton und vielen seiner Zeitgenossen ein gewisses Unbehagen zurück. Wie war es möglich, dass die Sonne über riesige Entfernungen hinweg die Planeten zu sich ziehen konnte, ohne dass es irgendeine mechanische Verbindung zwischen ihnen gab? Wie schaffte es die Erde, den Mond zu sich zu ziehen? Welcher Mechanismus wirkte da zwischen den Himmelskörpern?

Anfangs nahm Newton noch an, dass der Weltraum von einer Art Äther erfüllt sei und dass dieser Äther die Kraft zwischen den Himmelskörpern vermittle. Später bekam er jedoch zunehmend Zweifel an dieser Idee, und er nahm die gravitative Fernwirkung zwischen den Himmelskörpern ohne weitere Erklärung im Wesentlichen einfach hin. Sein Unbehagen jedoch blieb. In einem Brief an Richard Bentley von 1692/1693 schreibt er, die Gravitation müsse durch einen Vermittler verursacht werden, welcher beständig und nach bestimmten Gesetzen wirke. Aber die Frage, ob dieser Vermittler materiell oder immateriell sei, wolle er seinen Lesern überlassen. Erst Albert Einstein würde diesen Vermittler aufspüren und die merkwürdige Fernwirkung der Gravitation auf eine physikalische Eigenschaft von Raum und Zeit zurückführen, die die Materie ihnen aufprägt. Doch bis dahin war es noch ein weiter Weg.

Das Wesen von Raum und Zeit

Für Newton hatte Materie keinerlei Einfluss auf Raum und Zeit. Diese bildeten vielmehr die gottgegebene Bühne für alle physikalischen Vorgänge, besaßen aber selbst kein physikalisches Eigenleben. Sie waren unveränderlich und absolut, ähnlich wie es die perfekten „Dinge an sich" in Platons Ideenwelt sind. Für Newton existierten der absolute Raum und die absolute Zeit auch in unserer realen Welt – sie waren nicht nur undeutliche Schatten ihrer perfekten Vorbilder aus der Ideenwelt wie bei Platon. Der absolute Raum und die absolute Zeit waren *real*.

Auf diese Weise sicherte sich Newton ein solides mathematisches Fundament für seine Theorie, auf dem er aufbauen konnte. Die Begriffe Ort und Zeit sowie die davon abgeleiteten Begriffe Geschwindigkeit und

Abb. 1.20 Gottfried Wilhelm Leibniz (1646–1716). (Quelle: https://commons.
wikimedia.org/wiki/File:Christoph_Bernhard_Francke_-_Bildnis_des_Philosophen_
Leibniz_(ca._1695).jpg)

Beschleunigung bedurften keiner weiteren physikalischen Rechtfertigung –
sie waren gleichsam gottgegeben und mathematisch wohldefiniert. In seiner
Principia schreibt er:

- Der absolute Raum bleibt vermöge seiner Natur und ohne Beziehung auf
  einen äußeren Gegenstand stets gleich und unbeweglich.
- Die absolute, wahre und mathematische Zeit verfließt an sich und vermöge ihrer Natur gleichförmig und ohne Beziehung auf irgendeinen
  äußeren Gegenstand.

In Newtons Welt wäre also auch ein absolut leeres Universum vorstellbar,
in dem es dennoch Zeit und Raum gäbe. Der leere Raum, den Aristoteles
und viele andere noch für unmöglich gehalten hatten, war für Newton kein
Problem mehr. In diesem leeren Raum könnte man dann einzelne Gegenstände platzieren, so wie in einem Aquarium. Raum und Zeit blieben davon
vollkommen unbeeinflusst.

Für Newtons Zeitgenossen, den deutschen Philosophen und
Mathematiker Gottfried Wilhelm Leibniz (Abb. 1.20), war diese Vorstellung

vollkommen absurd. Für ihn bildeten Raum und Zeit Relationen – also strukturelle Beziehungen – zwischen den realen Dingen ab:

- Der Raum ist die Ordnung gleichzeitig existierender Dinge, wie die Zeit die Ordnung des Aufeinanderfolgenden ist.

So etwas wie Raum oder Zeit „an sich" existierte für Leibniz nicht. Ohne Bewegung und Veränderung gab es keine Zeit, und ohne materielle Objekte, deren relative Lage zueinander man beobachten kann, gab es keinen Raum. Auch Bewegungen existierten nur relativ zueinander – der eine Körper bewegte sich relativ zum anderen und umgekehrt. Absolute Bewegung oder Ruhe war eine Illusion. „Alles ist relativ" könnte man hier wohl sagen.

Newton und Leibniz gerieten mit ihren völlig unterschiedlichen Auffassungen wiederholt aneinander, was ihren ohnehin schwelenden Prioritätsstreit über die Urheberschaft der Infinitesimalrechnung noch verschärfte. Dabei hatte Newton durchaus gute Argumente: Wie kommt es beispielsweise, dass man die Beschleunigung in einer anfahrenden Kutsche am eigenen Leib spüren kann, ohne dass man dafür aus dem Fenster sehen muss? Und warum bildet das Wasser in einem rotierenden Eimer aufgrund der Fliehkraft eine parabolische, zum Rand hin nach oben gewölbte Oberfläche aus, ohne dabei von anderen Gegenständen außerhalb des Eimers beeinflusst zu werden – Newtons berühmtes Eimer-Argument!

Es ist auch ein Unterschied, ob sich die Sterne einmal täglich um die Erde drehen oder ob die Erde selbst rotiert. Man kann die Erdrotation nämlich nachweisen, ohne dafür in den Himmel schauen zu müssen. Der französische Physiker Léon Foucault hat dies im Jahr 1851 mit seinem berühmten *Foucault'schen Pendel* eindrucksvoll der Öffentlichkeit demonstriert. Heute kann man solche Pendel an vielen Orten auf der Welt bewundern, beispielsweise im Deutschen Museum in München. Man sieht dort mit eigenen Augen, wie sich die Schwingungsebene des Pendels im Lauf des Tages langsam über dem Erdboden dreht. Die Schwerkraft kann dies nicht verursachen, denn sie wirkt nur nach unten. Es muss die Erde selbst sein, die sich unter dem schwingenden Pendel dreht.

Nach Newton kann man all dies nur dadurch erklären, dass sämtliche Bewegungen relativ zum absoluten Raum erfolgen. In der Kutsche beschleunigen wir relativ zum absoluten Raum, Newtons Eimer dreht sich relativ zum absoluten Raum, und auch die Erde rotiert im absoluten Raum. Das wäre auch so, wenn es im gesamten Raum nichts anderes gäbe als die Kutsche, den Eimer oder die Erde.

Das hört sich recht plausibel an, aber nachprüfen kann das natürlich niemand, denn ein leeres Universum gibt es nicht. Umgekehrt haben auch die Argumente von Leibniz etwas für sich, denn bei einer geradlinig-gleichförmigen Bewegung spürt man tatsächlich keinen Unterschied zu einem unbewegten Zustand. Die geradlinig-gleichförmige Bewegung lässt sich nur relativ zu einem anderen unbeschleunigten Objekt erfassen, nicht aber relativ zu einem absoluten Raum. Es gibt aufgrund des Trägheitsgesetzes keinen messbaren Unterschied zwischen einem ruhenden Objekt und einem, das sich mit konstanter Geschwindigkeit in eine bestimmte Richtung bewegt. Beide sind physikalisch gleichberechtigt, zumindest was die Mechanik betrifft. Das hatte schon Galilei mit seinem Schiffsexperiment gezeigt, was natürlich auch Newton wusste.

Trotzdem unterscheidet Newton in seiner Principia zwischen einer „wahren" Ruhe oder Bewegung relativ zum unbewegten Raum und einer „scheinbaren" Ruhe oder Bewegung, wie man sie unter Deck des fahrenden Schiffs wahrnimmt. Auch nimmt er an, dass der gemeinschaftliche Schwerpunkt der Sonne, der Erde und aller Planeten der Mittelpunkt der Welt sein müsse. Dieser Mittelpunkt des Weltsystems befinde sich in Ruhe. Zu Newtons Zeit war dies sicher eine naheliegende Sichtweise.

Beschleunigte Bewegungen – Rotationen eingeschlossen – sprechen also für einen absoluten Raum, wie Newton darlegt, geradlinig-gleichförmige Bewegungen dagegen nicht unbedingt. Newton, der tief religiös war und an einen einzigen unteilbaren Gott glaubte, rechtfertigte daher seine Ideen auch mit metaphysischen Argumenten. In seiner Principa schreibt er, dass Gott stets und überall existiere, und dass er den Raum und die Dauer ausmache. Und an anderer Stelle vergleicht er Raum und Zeit mit dem Sensorium Gottes, durch das er zu allen Zeiten und allen Orten zugleich wirksam sei. Damit erhalten Raum und Zeit einen geradezu göttlichen Charakter.

Die Lage ist also verzwickt. Es ist nicht leicht, das physikalische Wesen von Raum und Zeit jenseits aller metaphysischen Argumente zu ergründen. Und wir sollten auch misstrauisch werden, wenn von der „wahren" Zeit und dem „wahren" Raum die Rede ist. Platons Ideenwelt der perfekten „Dinge an sich" ist nicht die reale Welt. Alle physikalischen Begriffe sind Idealisierungen, mit denen wir versuchen, die reale Welt möglichst angemessen zu beschreiben – da bilden auch Raum und Zeit keine Ausnahme. Es macht also wenig Sinn, sich in metaphysischen Überlegungen zu verlieren. Erst die präzise Beobachtung der Natur verbunden mit soliden physikalischen Theorien wird uns der Antwort näher bringen. Dabei werden wir noch so manche Überraschung erleben.

Die späten Jahre
Seine Principia machte den eher bescheidenen und introvertierten Newton zu einem weithin bekannten und berühmten Mann. Doch Newtons Bedeutung geht über seine physikalischen Leistungen hinaus. So zogen ihn sein Gerechtigkeitsempfinden und seine Prinzipientreue in die Politik hinein. Als in England unter König James II. der katholische Einfluss wuchs und die Autonomie seiner Universität in Cambridge gefährdet war, ging er auf die Barrikaden und protestierte. Treue gebühre dem König gegenüber nur insoweit, wie dieser nach den Gesetzen handle. Das Gesetz stand für Newton über dem König, und alle Menschen seien vor dem Gesetz frei. Als die Rekatholisierung Englands scheiterte und James II. nach Frankreich floh, verließ er sein geliebtes Studierzimmer in Cambridge, ging nach London und zog als Abgeordneter ins Parlament ein. Später wurde er Aufseher und Direktor der königlichen Münzanstalt – eine Aufgabe, die er gewissenhaft und mit unnachgiebiger Strenge gegenüber Falschmünzern ausfüllte. Bei der späteren Vereinigung der Königreiche England und Schottland leitete Newton die Zusammenführung ihrer Münzanstalten – eine Aufgabe, die ihn stark beanspruchte und für physikalische Forschungen kaum noch Raum ließ.

Sein Trübsinn und sein Hang zu Depressionen verließen Newton trotz all seiner Erfolge nie. Durch intensive Studien der Bibel hatte er sich davon überzeugt, dass es mit der Welt abwärts ging und dass ihr baldiges Ende bevorstand. Das Jüngste Gericht würde nicht mehr allzu lange auf sich warten lassen.

Als dann nach mehreren Jahren eine sehr intensive Freundschaft mit einem seiner glühendsten Verehrer – dem 21 Jahre jüngeren Schweizer Mathematiker Nicolas Fatio de Duillier – plötzlich zerbrach, stürzte ihn dies in tiefe Verzweiflung, aus der er nur schwer wieder herausfand. Gut, dass er Freunde wie den englischen Philosophen John Locke und den ehemaligen Präsidenten der Royal Society Samuel Pepys hatte, die ihm dabei halfen, seine Depression zu überwinden.

Obwohl Newton den Ruhm und die Aufmerksamkeit nicht suchte, ging von seiner stets wachen Intelligenz immer eine gewisse Faszination aus, die viele in ihren Bann schlug. So kam es, dass er im Jahr 1703 bis an sein Lebensende zum Präsidenten der *Royal Society* gewählt wurde, der er bereits seit dreißig Jahren angehörte. So erfolgreich Newton auch als Wissenschaftler war – als integrative und empathische Führungsperson war er nicht besonders geeignet. Sein autoritärer Führungsstil, der keinerlei Widerspruch und Kritik ertrug, stieß viele Mitglieder vor den Kopf, und nicht wenige von ihnen kehrten der britischen Wissenschaftsgesellschaft den Rücken.

Schließlich missbrauchte er seine Position sogar, um über eine von ihm einberufene Untersuchungskommission seinen Prioritätsstreit mit Leibniz zu seinen Gunsten zu beeinflussen. Die überlegene Schreibweise von Leibniz in der Infinitesimalrechnung, die wir auch heute noch verwenden, lehnten Newton und seine Gefolgsleute ab, was der Physik in England auf Jahre hinaus Schaden zufügen würde.

Im Jahr 1727 starb Newton im Alter von 84 Jahren unverheiratet und kinderlos. Mit großer Anteilnahme wurde er in der Westminster Abbey in London feierlich beigesetzt. Noch heute kann man dort sein monumentales Grab bewundern, mit dem der Mann geehrt wurde, der als einer der größten Wissenschaftler aller Zeiten in die Geschichte einging. Er mag kein einfacher Mensch gewesen sein, aber er war dennoch derjenige, der zum ersten Mal einen fundamentalen Teil des Schleiers gelüftet hatte, hinter dem sich die wahre Gestalt der Naturgesetze verbirgt.

2

Symmetrie und Relativität: Noether, Maxwell, Einstein

Das Buch der Natur ist in der Sprache der Mathematik geschrieben.

Mit diesem berühmten Zitat aus seiner Schrift *Il Saggiatore* hatte Galilei im Jahr 1623 klargemacht, wie er sich die Beschreibung der Natur vorstellte. Nur mithilfe der Mathematik könne man die Natur verstehen – ohne Mathematik irre man dagegen in einem dunklen Labyrinth herum. Er selbst hatte dies mit seiner Beschreibung fallender Körper eindrucksvoll unter Beweis gestellt und damit die alte Ansicht von Aristoteles, die genaue Schärfe der Mathematik passe nicht für die Wissenschaft der Natur, hinter sich gelassen.

Der endgültige Durchbruch dieser Sichtweise war dann gut 60 Jahre später Isaac Newton gelungen, als er in der *Principia* seine Bewegungsgesetze formulierte. Wenn die wirkenden Kräfte bekannt waren, dann ließ sich damit im Prinzip jede beliebige Bewegung berechnen, sei es nun eine fliegende Kanonenkugel oder ein kreisender Planet. Die Tür war geöffnet, und die mathematische Beschreibungsweise der Naturgesetze zeigte in der Folgezeit ihre ganze Kraft. Ein physikalisches Phänomen nach dem anderen ließ sich in der Sprache der Mathematik ausdrücken. Nach und nach entstanden so die Fachgebiete der Mechanik, der Elektrodynamik und der Thermodynamik und legten die Basis für unsere heutige hochtechnisierte Welt.

Dabei erwies sich der Symmetriegedanke, den Galilei mit seinem Schiffsbeispiel wegweisend demonstriert hatte, als zunehmend fruchtbares Leitbild. Emmy Noether würde damit erklären, warum es erhaltene Größen wie den Impuls, die Energie oder die elektrische Ladung überhaupt gibt, und Albert

© Springer-Verlag GmbH Deutschland, ein Teil von Springer Nature 2020
J. Resag, *Mehr als nur schön*, https://doi.org/10.1007/978-3-662-61810-3_2

Einstein würde damit unsere gewohnten Vorstellungen über Raum und Zeit auf den Kopf stellen. Newtons absoluter Raum und seine mathematische „wahre" Zeit würden sich als Trugbilder erweisen.

2.1   Von Émilie zu Emmy und dem Noether-Theorem

Es dauerte einige Zeit, bis sich die revolutionären Ideen von Isaac Newton durchsetzen konnten. Zu umfangreich war seine Principia, und zu unhandlich war seine geometrische Darstellungsweise, die sich an der Geometrie der Antike orientierte. Zudem gab es einige offene Fragen, die sein Werk nicht beantwortete: Wodurch wird die Gravitation zwischen den Himmelskörpern übertragen? Warum liegen die Bahnen aller Planeten nahezu in einer Ebene – der sogenannten Ekliptik? Warum kreisen sie alle in derselben Richtung um die Sonne? Und warum rotiert sogar die Sonne selbst in dieser Richtung?

Eine vor allem auf dem europäischen Festland populäre Idee, die von dem französischen Philosophen und Mathematiker René Descartes stammte, nahm für sich in Anspruch, die Erklärung liefern zu können. Nach Descartes ist die Welt lückenlos von einer Art himmlischer Äthermaterie erfüllt, die sich wie eine reibungsfreie Flüssigkeit bewegt – die Existenz eines Vakuums schloss er kategorisch aus. In einer solchen Flüssigkeit entstünden nun fast zwangsläufig Wirbel, und das Sonnensystem sei gerade so ein rotierender Ätherwirbel, der die Planeten mit sich reißt. Damit war klar, warum alle Planeten in derselben Richtung um die Sonne kreisen mussten.

Dieses Wirbelbild hat durchaus etwas für sich, nur dass es – wie wir heute wissen – nicht die Physik der Planetenbewegung beschreibt, sondern die Entstehungsgeschichte des Sonnensystems widerspiegelt. Aus einer großen Gas- und Staubwolke, die sich unter dem Einfluss der Schwerkraft langsam zu einer rotierenden Scheibe zusammenzog, bildeten sich vor rund 4,6 Mrd. Jahren die Sonne und ihre Planeten. Die Bewegung dieses Gasstrudels hat sich in der Bahnbewegung der Planeten und in der Sonnenrotation niedergeschlagen und ist bis heute weitgehend erhalten geblieben. Aber das konnten Descartes und seine Zeitgenossen noch nicht wissen.

Es bedurfte also einer gewissen Überzeugungsarbeit, um der Welt die Vorzüge der Newton'schen Physik vor Augen zu führen. Einer außergewöhnlichen französischen Mathematikerin würde dieses Kunststück gelingen.

Die göttliche Émilie

Die göttliche Émilie – so nannte der berühmte französische Philosoph und Schriftsteller Voltaire seine große Liebe Émilie du Châtelet, mit der er viele Jahre lang in einem kleinen Château in der Champagne zusammenlebte (Abb. 2.1). Die beiden unabhängigen Freigeister der frühen Aufklärung passten wunderbar zusammen. Mit ihrer Kritik an den herrschenden feudal-absolutistischen Zuständen und ihrem Eintreten für Vernunft, Toleranz und Menschenrechte übten sie einen beträchtlichen Einfluss aus und inspirierten die Menschen. Die Französische Revolution, die rund 50 Jahre später Frankreich tiefgreifend verändern sollte, warf ihre Schatten voraus.

Abb. 2.1 Émilie du Châtelet (1706–1749). Kopie nach einem Gemälde von Quentin de la Tour. (© akg-images/picture alliance)

Als Émilie im Jahr 1706 in Paris geboren wurde, hatte Newton sein sechzigstes Lebensjahr bereits überschritten. Ludwig XIV., den man auch den Sonnenkönig nennt, regierte Frankreich seit mehreren Jahrzehnten als nahezu gottgleicher Herrscher und hatte es zum mächtigsten Land Europas gemacht. Gut zwanzig Jahre zuvor hatte er seinen Regierungssitz vor die Tore des engen Paris in sein neues prunkvolles Schloss Versailles verlegt, wo er einen riesigen Hofstaat um sich versammelt hatte.

Auch Émilies Vater war als Baron und Offizier Teil dieses Hofstaats. Er förderte seine hochintelligente Tochter nach Kräften und ermöglichte ihr über seine privaten Kontakte eine hervorragende Bildung, die verschiedene Sprachen, Musik, Theater und später auch Mathematik umfasste. Die Universität blieb ihr als Frau allerdings verwehrt, denn dieses Privileg war alleine den Männern vorbehalten.

Schließlich wurde sie bei Hofe eingeführt und mit einem zwölf Jahre älteren Marquis verheiratet, dem sie drei Kinder schenkte. Es war keine Liebesheirat, sondern eine der damals üblichen arrangierten Zweckehen. Wenn Sie nun glauben, eine solche Ehe müsse für eine junge selbstbewusste Frau ein Unglück gewesen sein, dann liegen Sie falsch. Der Marquis war oft auf Reisen, und solange sich Émilie an gewisse Regeln hielt und genügend Nachkommen in die Welt setzte, hatte sie ein gesichertes Auskommen, einen hohen sozialen Status und durchaus gewisse Freiheiten, die ihr sogar eine langjährige Affäre mit Voltaire ermöglichten. Die lebensfrohe und leidenschaftliche Frau, die auch gerne mal gegen den Strom schwamm, kostete diese Freiheiten aus, knüpfte vielfältige Kontakte und lernte so viel über Wissenschaft, Mathematik und Philosophie. Selbstbewusst verschaffte sie sich beispielsweise Zugang zum Café Gradot in Paris, wo sich die Naturphilosophen und Mathematiker trafen, um über die neusten Erkenntnisse zu diskutieren. Als der Besitzer sie das erste Mal mit dem Hinweis NUR FÜR MÄNNER hinauswarf, kehrte sie einfach in schicker Herrengarderobe zurück und verlangte erneut Einlass. Den anwesenden Gästen – unter ihnen der bekannte Mathematiker Pierre-Louis de Maupertuis, der sie unterrichtete und mit dem sie auch eine kurze Liebesaffäre hatte – war durchaus bewusst, wer da vor der Tür stand. Demonstrativ bestellten sie ihr einen Kaffee, sodass dem Besitzer keine andere Wahl bleib, als sie einzulassen. Émilie hatte sich auf ihre ebenso charmante wie entschlossene Art durchgesetzt und war fortan ein willkommener Gast.

Es war für Frauen damals sehr schwierig, in der akademischen Männerwelt Fuß zu fassen, denn sie kamen normalerweise gar nicht erst in den Genuss einer höheren Bildung. Für Émilie war das nicht hinnehmbar, und so engagierte sie sich entschlossen für die Gleichberechtigung von Mann und Frau. In ihrer Übersetzung von Mandevilles Bienenfabel[1] schreibt sie folgenden Kommentar:

> Ich bin überzeugt, dass sich viele Frauen aufgrund ihres Bildungsmangels ihrer Begabungen gar nicht bewusst sind oder dass sie sie verbergen wegen der Vorurteile gegenüber ihren intellektuellen Fähigkeiten. Meine eigene Erfahrung bestätigt dieses: Das Glück brachte mich mit gebildeten Menschen zusammen, die mir die Hand zur Freundschaft reichten. Da begann ich zu begreifen, dass ich ein geistiges Wesen sei.

Zusammen mit Voltaire begann Émilie, sich auch für die Physik Newtons zu interessieren, die sich auf dem von Frankreich dominierten Kontinent bisher schwer tat. Vielleicht fragen Sie sich, wie sich jemand zugleich für Sprachen, Musik und Theater auf der einen Seite und für Naturwissenschaft und Mathematik auf der anderen Seite interessieren kann. Heute ist das ziemlich unüblich, aber damals nahm man diese Bereiche noch nicht so sehr als unterschiedliche Welten wahr wie heute – man sprach ja auch von *Naturphilosophie* und nicht von Naturwissenschaft.[2]

Nachdem Voltaire – vermutlich tatkräftig unterstützt von Émilie – unter dem Titel *Elemente der Philosophie Newtons* ein allgemein verständliches Buch verfasste und so Newtons Physik mehr Aufmerksamkeit verschaffen wollte, wandte sich Émilie der *Principia* zu. Sie übersetzte Newtons Werk aus dem etwas angestaubten Latein in das moderne Französisch, das sich zur vorherrschenden Sprache der Adeligen und Gebildeten Europas gemausert hatte. Französisch war damals „in", so wie Englisch heute. Außerdem fügte sie zahlreiche eigene Kommentare hinzu, um Newtons Gedankengänge verständlicher zu machen, und übertrug seine umständliche geometrische Darstellung in die elegante mathematische Infinitesimal-Notation von Leibniz, die sich – anders als in England – auf dem Kontinent durchgesetzt hatte.

Wie besessen arbeitete die inzwischen wieder schwanger gewordene Émilie Tag und Nacht an ihrem Werk, das sie unbedingt fertigstellen wollte – fast als ob sie geahnt hatte, dass ihr dafür nur noch wenig Zeit blieb. Kaum hatte sie es vollendet und damit den Grundstein für Newtons Erfolg auf dem

---

[1]Siehe Lutz Kasper: *La nature du feu: Nächtliche Szenen mit Émilie du Châtelet,* DOI https://doi.org/10.1515/9783110528114-010, © 2017 Rudolf Freiburg et al., publiziert von De Gruyter, im Internet.

[2]Einen wunderbaren kurzweiligen Beitrag von dem deutschen Philosophen und Publizisten Richard David Precht darüber, wie sich in den 30 Jahren zwischen 1754 und 1784 Natur- und Geisteswissenschaften zunehmend voneinander getrennt haben, finden Sie unter dem Titel *Natur- und Geisteswissenschaften: Genese zweier Welten* unter https://www.spektrum.de/video/warum-natur-und-geisteswissenschaftler-in-zwei-welten-leben/1469461.

Kontinent gelegt, kam ihre kleine Tochter zur Welt und Émilie verstarb mit nur 43 Jahren an den Folgen der Geburt. Es war das Ende eines überaus intensiven und glücklichen Lebens, das leider viel zu kurz gewesen war.

Tote und lebendige Kraft

Émilie du Châtelets Interesse für die Gesetze der Natur beschränkte sich nicht alleine auf die Physik Newtons. Sie begeisterte sich ebenso für die Erkenntnisse seines Widersachers Gottfried Wilhelm Leibniz, dem sie die mathematische Notation für ihre Principia-Übersetzung verdankte. Gab es vielleicht in dem umfangreichen Werk des deutschen Gelehrten etwas, das Newton übersehen hatte?

Als vielseitig interessierter Universalgelehrter hatte Leibniz auch über physikalische Fragestellungen nachgedacht. Anders als bei Newton war dabei allerdings keine in sich geschlossene physikalische Theorie entstanden. Der Kraftbegriff, wie Newton ihn als äußere Ursache für die Veränderung von Bewegungen verwendete, spielte bei Leibniz keine Rolle. Die Ideen des deutschen Gelehrten basierten vielmehr auf Überlegungen, auf die er bei seinen Bergbauprojekten im Harz im Auftrag des Herzogs von Hannover gestoßen war.

Das Hauptproblem bei den Bergwerken war das eindringende Grubenwasser. Dieses wurde mithilfe von Kolbenpumpen entfernt, die ihrerseits wie bei einer Wassermühle von Wasserrädern angetrieben wurden. Um Wasser aus den Gruben nach oben zu pumpen, ließ man also anderes Wasser, das man in höher gelegenen Teichen gesammelt hatte, über die Wasserräder nach unten laufen. Das oben befindliche Wasser der Teiche besaß also das *Potenzial,* ein Wasserrad und damit die Pumpen anzutreiben – die Mühlenbauer sprachen hier von der „toten Kraft" des Wassers. Ließ man dieses oben gespeicherte Wasser nach unten laufen, so verwandele sich diese tote Kraft in die „lebendige Kraft" des bewegten Wassers, folgerte Leibniz. Wenn nun diese lebendige Kraft über Wasserrad und Pumpe dazu verwendet wird, um anderes Wasser nach oben zu pumpen, so entstehe aus der lebendigen Kraft wieder die tote Kraft des hochgepumpten Wassers.

Wie viel Wasser kann man im Idealfall nach oben pumpen, wenn man anderes Wasser nach unten laufen lässt? Leibniz nahm an, dass umso mehr tote Kraft im Wasser steckt, je größer die Wassermenge ist und je höher der Wasserteich liegt. Die tote Kraft wächst also *proportional* zur Wassermenge und der Höhe an. Ein Liter Wasser in zehn Metern Höhe müsste also genauso viel tote Kraft besitzen wie ein halber Liter Wasser in zwanzig Metern Höhe. Also müsste man mit einem Litern Wasser, der am Wasserrad zehn Meter nach unten fällt, im Idealfall einen halben Liter Wasser aus einem zwanzig Meter tiefen Schacht pumpen können, sofern sich tote und lebendige Kraft ohne Verluste ineinander umwandeln lassen und auch sonst keine „Kraft" verloren geht.

Leibniz verglich die Situation mit einem schwingenden Fadenpendel: Lenkt man es aus und hält es fest, so besitzt es mehr tote Kraft als in der Ruhelage. Sobald man es loslässt, wandelt sich immer mehr tote Kraft in lebendige Kraft um, da sich das Pendel immer schneller in Richtung des tiefsten Punktes bewegt. Nach dem Durchgang durch die Ruhelage kehrt sich der Vorgang um: Die lebendige Kraft verwandelt sich wieder in tote Kraft, bis das Pendel schließlich am höchsten Umkehrpunkt wieder genauso viel tote Kraft besitzt wie zuvor. Wenn man Reibungsverluste vernachlässigt, so steigt das Pendel am Umkehrpunkt wieder genauso weit nach oben wie es im Moment des Loslassens war.

Offenbar steckt die lebendige Kraft in der Bewegung eines Körpers. Je schneller sich ein Körper bewegt, umso größer muss auch seine lebendige Kraft sein. War diese lebendige Kraft vielleicht dasselbe wie das, was Newton in seiner Principia mit dem Wort *motus* bezeichnet hatte? Dann müsste die lebendige Kraft von Leibniz so wie bei Newtons *motus proportional* zur Geschwindigkeit anwachsen. Doch Leibniz kam mit folgender Überlegung zu einem anderen Ergebnis.

Seit den Experimenten von Galilei wusste man, dass bei einem fallenden Körper die Geschwindigkeit proportional zur Fallzeit anwächst. Die zurückgelegte Fallstrecke wächst dagegen quadratisch mit der Fallzeit und mit der erreichten Endgeschwindigkeit an. Nach vier Metern im freien Fall ist ein Körper also doppelt so schnell wie nach einem Meter. Dabei muss sich viermal so viel tote Kraft in lebendige Kraft umgewandelt haben wie nach einem Meter, denn die Fallstrecke ist ja viermal so groß – die tote Kraft wächst ja proportional mit der Fallhöhe an.

Eine Verdoppelung der Geschwindigkeit bedeutet also eine Vervierfachung der lebendigen Kraft – die lebendige Kraft wächst *quadratisch* und nicht nur *proportional* mit der Geschwindigkeit an. Es sah also ganz so aus, als sei die lebendige Kraft von Leibniz etwas anderes als der *motus* von Newton. Hinzu kam, dass die lebendige Kraft eine Art Bilanzgröße ohne Richtung war, während dem *motus* eine Richtung zukam, denn Newton kennzeichnete damit sowohl die Stärke als auch die Richtung der Bewegung.

Wer hatte nun Recht? Newton oder Leibniz? Was war die „richtige" Größe, um eine Bewegung zu kennzeichnen?

Viele Gelehrte neigten nach dem Erfolg von Newtons Principia zu der Ansicht, Newtons *motus* sei die maßgebende Bewegungsgröße. Außerdem schien bei Leibniz immer ein wenig von der lebendigen Kraft verloren zu gehen, denn ein reales Pendel schwingt nach und nach immer weniger hoch und bleibt schließlich in seiner Ruhelage stehen. Von einer kompletten Umwandlung von toter in lebendige Kraft und umgekehrt konnte also scheinbar keine Rede sein. Leibniz begründete diese Verluste damit, dass immer etwas lebendige Kraft durch Reibung auf die unentwegte Bewegung kleinster Teilchen in der Materie übergeht. Dass diese Bewegung kleinster Materieteilchen etwas mit Wärme zu tun hat, wie wir heute wissen, konnte Leibniz noch nicht ahnen. Viele seiner Zeitgenossen waren denn auch von seiner Erklärung für die Verluste nicht überzeugt und hielten das Gerede über tote und lebendige Kraft für überflüssig.

Émilie du Châtelet nahm die Überlegungen von Leibniz dagegen ernst – für sie waren sie eine wichtige Ergänzung zu Newtons Mechanik und standen keineswegs im Widerspruch dazu. In dieser Überzeugung wurde sie durch die Experimente von Willem Jacob's Gravesande bestärkt, mit dem sie in Briefkontakt stand. Der Niederländer hatte Messingkugeln mit unterschiedlichen Geschwindigkeiten auf eine glatte Oberfläche aus weichem Ton fallen lassen und dabei festgestellt, dass eine doppelt so schnelle Kugel eine viermal so tiefe Grube im Ton hinterließ. Offenbar wurde die Grube umso tiefer, je mehr lebendige Kraft die Kugel besaß, d. h. die Grubentiefe wuchs proportional zum Quadrat der Geschwindigkeit. Für Émilie war dies ein überzeugendes Indiz für die Richtigkeit von Leibniz' Überlegungen und sie fügte einen entsprechenden Kommentar in ihrer Principia-Übersetzung hinzu.

Unzerstörbare Energie

Wenn Sie jetzt einigermaßen verwirrt sind, dann geht es ihnen ebenso wie den Gelehrten der damaligen Zeit. Es ist ganz offensichtlich ziemlich schwierig, die richtigen Begriffe für die Beschreibung von Bewegungen zu entwickeln und entsprechende Gesetzmäßigkeiten zu formulieren. Wir haben zwar ein gewisses intuitives Gefühl dafür, dass eine Bewegung umso „heftiger" ist, je schneller sie erfolgt und je schwerer der bewegte Körper ist – eine präzise Definition lässt sich daraus aber nur schwer ableiten. Daher zog sich die Debatte über das „wahre Kraftmaß", die Leibniz und Newton angezettelt hatten, über viele Jahre hin, bis sich endlich nach und nach die modernen Begriffe *Kraft, Impuls* (das ist Newtons *motus*, also das Produkt aus Masse mal Geschwindigkeit), *kinetische Energie* (entspricht der lebendigen Kraft und ist gleich der Masse mal dem Quadrat der Geschwindigkeit, geteilt durch 2) sowie *potenzielle Energie* (entspricht der toten Kraft) herausbildeten.

Newtons zweites Gesetz legt dabei fest, wie eine wirkende Kraft den Impuls eines Körpers und damit seine Geschwindigkeit ändert. Aus seinem dritten Gesetz über die Symmetrie zwischen Kraft und Gegenkraft folgt dann, dass der Gesamtimpuls von Körpern, die Kräfte aufeinander ausüben, sich nicht ändert – man spricht von der *Impulserhaltung*. Wenn also ein unvorsichtiger Astronaut bei einem Weltraumspaziergang vergisst, sich anzuleinen, und dann versehentlich in den Weltraum hinaustreibt, dann kann er noch so sehr mit seinen Armen und Beinen zappeln – dies wird nicht verhindern, dass er weiter hinausdriftet.

Laut Leibniz und du Châtelet soll es nun also einen weiteren Erhaltungssatz geben, nach dem die Summe aus kinetischer und potenzieller Energie erhalten bleibt, wenn man Reibungsverluste durch die Bewegungen der kleinsten Materieteilchen vernachlässigt. Was ist der Grund für diese *Energieerhaltung?*

Letztlich hängt die Begründung daran, dass sich überhaupt eine potenzielle Energie definieren lässt. Dafür muss die Kraft eine Bedingung erfüllen: Sie muss sich überall als Steigung aus einem potenziellen Energiegebirge ergeben. Das bedeutet beispielsweise: Egal, auf welchem Weg eine Kugel von einem höher gelegenen zu einem tiefer gelegenen Punkt hinabrollt – es wird jedes Mal dieselbe potenzielle Energie frei, denn diese hängt nur vom Höhenunterschied zwischen den beiden Punkten ab und nicht vom Weg, den die Kugel nimmt. Als Radfahrer kennen Sie das vermutlich: Sie müssen immer dieselbe potenzielle Energie hineinstecken, um einen Berg hinaufzufahren, egal welchen Weg Sie nehmen. Ist ein Weg nur halb so steil wie ein anderer, so ist er dafür doppelt so lang. Wenn die wirkende Kraft diese Eigenschaft besitzt, so kann man mathematisch mithilfe von Newtons zweitem Gesetz ableiten, dass die Summe aus potenzieller und kinetischer Energie sich nicht ändert.

Die Schwerkraft erfüllt diese Bedingung, während Reibungskräfte sie nicht erfüllen. Es war in unserer von Reibung dominierten Welt daher lange unklar, ob der Energieerhaltungssatz in der Natur wirklich gilt. Man musste erst erkennen, dass Reibungskräfte keine fundamentale Rolle in der Natur spielen – sie modellieren lediglich die Übertragung von Energie auf die kleinsten Teilchen der Materie, ganz wie von Leibniz vermutet. Diese Energie der kleinsten Teilchen macht sich als Wärme bemerkbar, wie man schließlich herausfand. Die fundamentalen Kräfte der Natur, so wie sie zwischen den kleinsten Teilchen wirken, erlauben dagegen die Definition einer potenziellen Energie[3] – zwischen Atomen gibt es keine Reibungskräfte.

Kann man anschaulich verstehen, warum man sowohl die Erhaltung der Energie als auch die Erhaltung des Impulses zur Beschreibung von Bewegungsvorgängen braucht? Was ist der Unterschied?

Am besten kann man sich das am Beispiel der Kollision zweier Körper veranschaulichen. Stellen wir uns beispielsweise vor, ein großer Asteroid würde mit einer kleinen Raumsonde zusammenstoßen. Die Raumsonde könnte sich dabei beispielsweise in den Asteroiden hineinbohren und darin komplett steckenbleiben, oder aber sie könnte – wenn sie entsprechend gebaut ist und der Asteroid aus hartem Material besteht – elastisch von ihm abprallen, ähnlich wie ein Gummiball. Im ersten Fall wird viel Bewegungsenergie in Wärme umgewandelt, während im zweiten Fall die Bewegungsenergien der beiden Körper nach dem Abprallen in Summe noch nahezu genauso groß sind wie zuvor. Die Reibungskräfte, die im ersten Fall sehr groß und im zweiten Fall nahezu null sind, legen also fest, wie viel Energie der relativen Bewegung von Sonde und Asteroid entzogen und in Wärme umgewandelt wird.

Für die Impulserhaltung spielen die Reibungskräfte dagegen überhaupt keine Rolle. Der Gesamtimpuls der beiden Körper – also ihr gemeinsamer Bewegungsschwung – ändert sich nicht, egal ob sie sich zu einem Körper vereinen oder voneinander abprallen. Ihr gemeinsamer Schwerpunkt zieht weiterhin unbeirrt seine Bahn. Impuls lässt sich nicht in der Bewegung der kleinsten Teilchen im Inneren der Materie verstecken, Energie dagegen schon – wobei wir diese zweite Aussage im Verlauf dieses Kapitels später noch einmal neu überdenken werden.

Nützliche Erhaltungssätze

Mit ihrer Übersetzung und Bearbeitung von Newtons Principia hatte Émilie du Châtelet eine Lawine ins Rollen gebracht. Ausgerüstet mit den Methoden der Infinitesimalrechnung von Leibniz, stürzten sich nun die Mathematiker auf Newtons Bewegungsgesetze und versuchten, sie mathematisch sauber zu fassen und den verwendeten Begriffen wie *Kraft*, *motus* und *Masse* eine eindeutige Bedeutung zu geben. So formulierte der große Schweizer Mathematiker Leonhard Euler, der nur wenige Monate

---

[3]Genau genommen muss man bei der Energie- und Impulserhaltung noch die Energie- und Impulsbeiträge berücksichtigen, die in den Kraftfeldern stecken, beispielsweise in Magnetfeldern oder in einem Lichtstrahl; mehr dazu später in diesem Kapitel.

älter als Émilie du Châtelet war und mit ihr in Briefkontakt stand, erstmals das zweite Newton'sche Gesetz in der heute gängigen mathematischen Form *Kraft ist gleich Masse mal Beschleunigung*. Außerdem erweiterte er den Anwendungsbereich dieses Gesetzes, indem er beispielsweise die Rotation von größeren Objekten untersuchte. Dabei fiel ihm auf, dass es eine weitere Größe gibt, die bei einem frei rotierenden Objekt erhalten ist: der *Drehimpuls*. So wie der Impuls den Schwung einer geradlinigen Bewegung kennzeichnet, so kennzeichnet der Drehimpuls den Drehschwung der Rotation. Und so wie der Impuls sich unter dem Einfluss einer äußeren Kraft ändert, so ändert sich der Drehimpuls unter dem äußeren Einfluss einer Drehkraft, dem sogenannten *Drehmoment*.

Erhaltungssätze sind sehr nützlich, wenn man etwas über Bewegungsabläufe herausfinden will. Wie schnell muss beispielsweise ein Körper sein, damit er von der Erdoberfläche aus ohne weiteren Antrieb das Gravitationsfeld der Erde überwinden kann, wenn man Reibungsverluste durch die Erdatmosphäre vernachlässigt? Um das herauszufinden, muss man einfach dafür sorgen, dass seine kinetische Energie beim Abschuss größer ist als die potenzielle Energie, die man braucht, um die Erdgravitation hinter sich zu lassen. Das ist ab einer Fluchtgeschwindigkeit von 11,2 km/s der Fall, wie man relativ einfach ausrechnen kann. Ab dieser Geschwindigkeit würde also ein hochgeschossener Körper nicht mehr auf die Erde zurückfallen, sondern ins Weltall davonfliegen. Wenn umgekehrt ein Körper aus dem Weltall auf die Erde fällt, dann erreicht er beim Einschlag auf der Erde diese Geschwindigkeit – vorausgesetzt, er war anfangs nur sehr langsam relativ zur Erde unterwegs. Das trifft beispielsweise ziemlich gut auf die Apollo-Raumkapseln zu, wenn sie von der Mondumlaufbahn aus wieder zur Erde zurückfallen. Beispielsweise erreichte Apollo 10 beim Eintritt in die Erdatmosphäre eine Geschwindigkeit von 11,08 km/s – die höchste Relativgeschwindigkeit, die von Menschen jemals erreicht wurde. Zum Vergleich: Die Internationale Raumstation, die in 400 km Höhe alle 90 min einmal die Erde umkreist, ist mit rund 7,8 km/s unterwegs.

Will man die Bewegungen dynamischer Systeme im Detail analysieren, muss man aber doch auf die genauen Bewegungsgleichungen zurückgreifen, also Newtons Gesetz *Kraft ist gleich Masse mal Beschleunigung* verwenden, um bei bekannten Kräften und Startbedingungen die weitere Bewegung zu berechnen. Im Lauf der Zeit entwickelten Mathematiker wie Leonhard Euler, Joseph-Louis Lagrange, William Rowan Hamilton und viele andere dafür immer raffiniertere mathematische Methoden. Dabei spielte die Suche nach nützlichen Erhaltungsgrößen eine zentrale Rolle.

Ich kann mich noch gut daran erinnern, wie ich in meinem Physikstudium in der Vorlesung „Theoretische Mechanik" diese Methoden
präsentiert bekam – natürlich nicht ohne die obligatorische Klausur am
Ende. Da gibt es beispielsweise die eleganten Euler-Lagrange-Gleichungen,
mit denen man die Bewegungsgleichungen direkt in den passenden
Koordinaten formulieren kann. Das ist sehr nützlich, um beispielsweise
die Bewegung eines Planeten um die Sonne zu berechnen – Newton wäre
begeistert gewesen.[4] Die Drehimpulserhaltung kommt dabei wie von selbst
heraus. Oder es gibt die Hamilton'schen Bewegungsgleichungen, in denen
Ort und Impuls eine symmetrische Rolle spielen – sehr nützlich für den
späteren Übergang zur Quantenmechanik.

Besonders eindrucksvoll fand ich das *Prinzip der kleinsten Wirkung,*
mit dem sich eine Bewegung auf vollkommen andere Weise beschreiben
lässt, nämlich nicht mehr wie bisher durch Bewegungsgleichungen – also
mathematische Differenzialgleichungen, die die Änderung einer Bewegung
in jedem Punkt beinhalten –, sondern durch eine Eigenschaft, die den
gesamten Bewegungsablauf zwischen zwei Punkten auf einmal kennzeichnet.
Was ich damals noch nicht wusste, war, wie grundlegend dieses Prinzip für
die gesamte Physik tatsächlich ist – das wurde mir erst nach und nach im
weiteren Studium klar. Es lohnt sich also, dass wir uns dieses fundamentale
Prinzip genauer ansehen.

Das Prinzip der kleinsten Wirkung

Warum sind die Naturgesetze so, wie wir sie vorfinden? Warum gelten ausgerechnet Newtons Gesetze und keine anderen in der Natur? Hatte Gott bei
der Erschaffung der Welt eine Wahl?

Das sind zentrale Fragen, die uns auch heute noch beschäftigen. Schon
die antiken Philosophen haben nach entsprechenden Antworten gesucht
und geglaubt, sie in den himmlischen Kreisen der Planeten zu finden.
Und auch Johannes Kepler hat versucht, göttlichen Harmonien in den
Bewegungen am Himmel aufzuspüren, und geglaubt, einige von ihnen entdeckt zu haben.

Später haben sich all diese Entdeckungen als haltlos erwiesen – sie
waren entweder falsch, oder sie wurden entzaubert und ließen sich

---

[4]Für die Bewegung eines Planeten um die Sonne bietet es sich beispielsweise an, als Bewegungs-
koordinaten dessen Abstand von der Sonne sowie eine Winkelvariable zu verwenden, die den aktuellen
Winkel der Verbindungslinie zwischen Planet und Sonne relativ zu einer festen Referenzlinie angibt.
Wenn man weiß, wie sich Abstand und Winkel zeitlich entwickeln, kann man daraus die Bewegung des
Planeten leicht rekonstruieren.

problemlos durch Newtons Physik erklären. Doch dafür entdeckte man andere Phänomene, denen ein göttlicher Plan anzuhaften schien. Gott schien die Welt irgendwie „effizient" gestaltet zu haben.

Ein Beispiel für diese Effizienz der Natur können wir bei Lichtstrahlen beobachten. Welchen Weg nimmt beispielsweise ein Lichtstrahl, der von einem Punkt A oberhalb einer Wasserfläche zu einem Punkt B unter Wasser laufen soll? Er nimmt immer denjenigen Weg, den er in der kürzesten Zeit zurücklegen kann, wie der französische Mathematiker und Jurist Pierre de Fermat im Jahr 1662 – also noch vor Newtons Principia – herausfand (Fermat'sches Prinzip). Da Licht in Wasser langsamer vorankommt als in Luft, baut es an der Wasseroberfläche einen Knick ein, um seinen Weg im Wasser zu verkürzen. Es wird also an der Wasseroberfläche gebrochen, um Zeit und damit Aufwand auf seinem Weg zu sparen. Das sieht doch sehr nach einem planvollen Verhalten aus! Da wundert es nicht, dass auch beispielsweise Gottfried Wilhelm Leibniz an einen göttlichen Optimierungsplan glaubte: Gott habe in seiner Vollkommenheit die beste aller möglichen Welten erschaffen.

Für die Physik könnte eine solche bestmögliche Welt bedeuten, dass nicht nur Licht seinen Weg so effizient wie nur möglich wählt. Auch der Flug eines Planeten oder einer Kanonenkugel könnte von Gott so gewählt worden sein, dass der dafür notwendige „Aufwand" so klein wie nur irgend möglich ist. Also machten sich die Gelehrten auf die Suche – was wäre wohl unter dem „Aufwand" für eine Bewegung zu verstehen?

Es war naheliegend, dass der Aufwand etwas mit dem Energiebegriff zu tun haben könnte. Einen ersten Versuch in diese Richtung unternahm bereits Pierre-Louis de Maupertuis im Jahr 1746 – wir haben ihn als Mathematiklehrer und zeitweiligen Geliebten der göttlichen Émilie bereits kennengelernt. Die heute gängige Version dieser Idee, die ich als *Prinzip der kleinsten Wirkung* oder auch als *Hamilton'sches Prinzip* in der Mechanikvorlesung kennengelernt habe, wurde jedoch erst im Jahr 1834 von dem irischen Mathematiker und Physiker William Rowan Hamilton formuliert. Hier ist sie:

Ein Objekt, das sich in einer vorgegebenen Zeitspanne von einem Punkt A zu einem Punkt B bewegen soll, wählt seine Bewegung so, dass die sogenannte Wirkung für den Bewegungsablauf minimal wird.[5]

---

[5]Genau genommen muss die Wirkung nur *extremal* und nicht unbedingt *minimal* werden, doch diese Feinheit wollen wir hier nicht weiter beachten, da *minimal* fast immer stimmt.

Der Begriff *Wirkung* ist dabei nicht im Sinne von Auswirkung oder Ähnlichem zu verstehen. Er soll einfach nur den Aufwand für die Bewegung charakterisieren und ist in der Mechanik definiert als die Differenz aus kinetischer minus potenzieller Energie, zusammengezählt[6] über die vorgegebene Zeitspanne für den Bewegungsablauf – sei er nun real oder fiktiv. Unter allen denkbaren Bewegungsabläufen zwischen den beiden Punkten in der vorgegebenen Zeitspanne ist also der reale Bewegungsablauf dadurch gekennzeichnet, dass er die kleinste Wirkung hat.

Anschaulich bedeutet das, dass das Objekt seinen Weg möglichst so wählt, dass im Mittel die kinetische Energie möglichst klein und die potenzielle Energie möglichst groß ist, wobei das Objekt aber pünktlich zur vorgegebenen Zeit am Ort B ankommen muss. Oder mit den Worten von Leibniz ausgedrückt: Der Aufwand für den Bewegungsablauf ist dann optimal, wenn er im Mittel möglichst wenig lebendige Kraft erfordert und möglichst viel tote Kraft beibehält – das Objekt sollte also möglichst viel Energie in seiner toten Form belassen oder zwischenspeichern und nur möglichst wenig davon in seine lebendige Form umwandeln. Man kann dies wie eine Art Sparsamkeitsprinzip verstehen: Das Abheben von Energie aus dem Konto der potenziellen Energie sollte möglichst sparsam erfolgen, sodass die Bewegung mit möglichst wenig kinetischer Energie auskommt.

Ein hochgeworfener Stein, der sich im Gravitationsfeld der Erde bewegt, wird also gewissermaßen „versuchen", möglichst lange „oben" zu bleiben und sich dort möglichst langsam zu bewegen. Zu langsam darf er aber auch nicht werden, denn er muss ja pünktlich am Zielpunkt ankommen. Je mehr Zeit er dafür hat, umso höher kann er aufsteigen und umso länger kann er dort verweilen. Rechnet man dies alles genau aus, so ergeben sich gerade die parabelförmigen Flugbewegungen, die schon Galilei entdeckt hatte (Abb. 2.2).

Aus dem Prinzip der kleinsten Wirkung ergeben sich generell dieselben Bewegungsabläufe wie nach dem Bewegungsgesetz von Newton. Beide Formulierungen sind in der Mechanik vollkommen gleichwertig. Und doch sieht das Prinzip der kleinsten Wirkung so ganz anders aus. Während Newtons Formulierung beschreibt, wie sich eine Bewegung unter dem

---

[6]Mathematisch präzise müsste man „aufintegriert" sagen, d. h. die Wirkung ist das zeitliche Integral von kinetischer minus potenzieller Energie über die vorgegebene Zeitspanne. Man kann sich die Wirkung daher auch als den zeitlichen Mittelwert dieser Energiedifferenz für die jeweilige reale oder fiktive Bewegung vorstellen, gemittelt über die vorgegebene Zeitspanne (und dann noch multipliziert mit dieser Zeitspanne). Die Maßeinheit der Wirkung ist also eine Energieeinheit (z. B. Joule) mal einer Zeiteinheit (z. B. Sekunde).

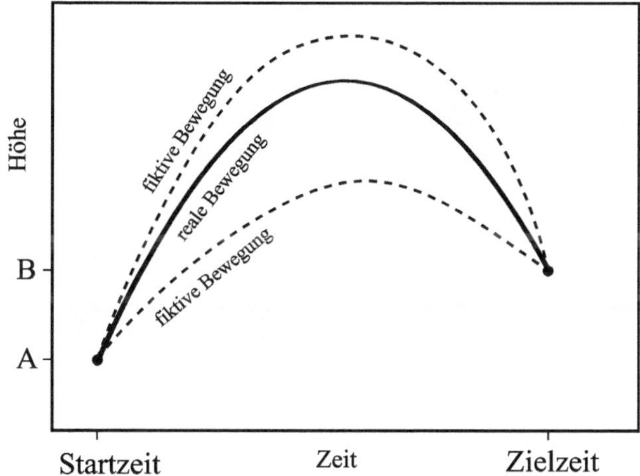

Abb. 2.2 Ein Stein, den man am Punkt A hochwirft und der nach einer vorgegebenen Zeitspanne am Punkt B ankommen soll, wählt von allen denkbaren Bewegungsabläufen denjenigen mit der kleinsten Wirkung

Einfluss einer Kraft zu jedem einzelnen Zeitpunkt ändert, betrachtet das Prinzip der kleinsten Wirkung jeden denkbaren Bewegungsablauf unter den vorgegebenen Randbedingungen als Ganzes und sagt dann, wie man den realen Bewegungsablauf darunter auszuwählen hat.

Man könnte das Prinzip der kleinsten Wirkung nun als interessante mathematische Kuriosität abtun, denn schließlich leistet Newtons Bewegungsgesetz dasselbe. Doch die Bedeutung dieses Prinzips geht weit über die Mechanik Newtons hinaus. Sämtliche heute bekannten fundamentalen Naturgesetze, sei es nun das Verhalten elektromagnetischer Felder, die Krümmung der Raumzeit durch die Gravitation oder die starken und schwachen Kernkräfte, lassen sich auf Basis einer entsprechend verallgemeinerten Wirkung verstehen. Die Wirkung scheint also eine ganz fundamentale Größe und ihre „Optimierung" ein tief verankertes Naturgesetz zu sein. Max Planck, einer der Mitbegründer der Quantenmechanik, hat es in seinem Vortrag *Religion und Naturwissenschaft*[7] im Jahr 1937 so ausgedrückt:

---

[7]Max Planck: *Religion und Naturwissenschaft*, Vortrag gehalten im Baltikum (Mai 1937), 1938 im Johann-Ambrosius-Barth-Verlag (Leipzig) erschienen.

Was wir aber nun als das allergrößte Wunder ansehen müssen, ist die Tatsache, dass die sachgemäßeste Formulierung dieses Gesetzes bei jedem Unbefangenen den Eindruck erweckt, als ob die Natur von einem vernünftigen, zweckbewussten Willen regiert würde.

Hat Gott die Welt also wirklich in diesem Sinn optimiert? Woher weiß eine Kanonenkugel, dass der von ihr gewählte Bewegungsablauf der richtige ist? Riecht sie gewissermaßen die Wirkung anderer denkbarer Bewegungsabläufe und weiß entsprechend, wie sie sich zu verhalten hat?

Wie die Physiker Paul Dirac und Richard Feynman im zwanzigsten Jahrhundert herausgefunden haben, riecht die Kanonenkugel tatsächlich in gewissem Sinn die anderen fiktiven Bewegungsmöglichkeiten, genauso wie ein Lichtstrahl auch andere mögliche Lichtwege bemerkt. Das Prinzip der kleinsten Wirkung ist nämlich ebenso wie das Fermat'sche Prinzip eine Folge davon, dass sich nach den Regeln der Quantenmechanik Materie ebenso wie Licht auf fundamentaler Ebene in Form von Wellen fortbewegt, und Wellen testen eben alle möglichen Wege aus. Sind die betrachteten Gegebenheiten nun sehr viel größer als die winzige Wellenlänge, so führt die Überlagerung der Wellen dazu, dass wir einen Lichtstrahl oder eine fliegende Kanonenkugel zu sehen bekommen. Und da bei der Quantenwelle einer Kanonenkugel die Wirkung die Abfolge der Wellenberge und Wellentäler entlang eines Weges bestimmt, ist sie es auch, die bei der klassischen Bewegung der Kugel minimal wird.[8]

Der Eindruck eines göttlichen Optimierungsplans in Gestalt des Prinzips der kleinsten Wirkung hat sich also als Illusion erwiesen. Es ist die Physik der Wellen, die dieses Prinzip hervorbringt. Dennoch bleibt die Wirkung eine absolut fundamentale Größe in der Physik, die nicht nur die klassische Welt der Mechanik, der elektromagnetischen Felder und der Gravitation regiert. Sie bestimmt auch das Verhalten der Quantenwellen bis hin zur modernen Quantenfeldtheorie des Standardmodells, die durch die Entdeckung des Higgs-Teilchens so glänzend bestätigt wurde. Und sie erklärt sogar, was die tiefere Ursache für die Erhaltungssätze ist, die wir bereits kennengelernt haben und noch kennenlernen werden. Eine bemerkenswerte Frau hat dieses Geheimnis im frühen zwanzigsten Jahrhundert gelüftet.

---

[8]Wer eine ausführliche Erklärung dafür sucht, kann sie beispielsweise in meinem Buch *Feynman und die Physik* finden.

Emmy Noether: Eine Mathematikerin unter Männern

Nach dem Urteil der kompetentesten lebenden Mathematiker war Fräulein Noether das bedeutendste kreative mathematische Genie seit der Einführung der höheren Bildung für Frauen.

Mit diesen Worten ehrte Albert Einstein im Mai 1935 in der New York Times seine große Kollegin Emmy Noether, die kurz zuvor mit nur 53 Jahren an den Folgen einer Krebsoperation verstorben war (Abb. 2.3). Der Tod hatte sie – wie nahezu zwei Jahrhunderte zuvor die „göttliche Émilie" –

Abb. 2.3 Emmy Noether (1882–1935). (Quelle: https://commons.wikimedia.org/wiki/ File:Noether.jpg)

viel zu früh aus einem erfüllten, aber auch schwierigem Leben gerissen. Wie Émilie musste auch Emmy sich in einer von Männern dominierten Welt durchbeißen, die ihr trotz ihrer offensichtlichen Genialität immer wieder Steine in den Weg legten. Doch auch Emmy Noether ließ sich nicht entmutigen – Wissenschaft ist eben, wenn man trotzdem forscht.

Als Emmy Noether im Jahr 1882 in Erlangen geboren wurde, war Albert Einstein gerade drei Jahre alt geworden. So wie Einstein entstammte auch Emmy Noether einer jüdischen Familie. Betrachtet man die beiden herausragenden Persönlichkeiten, so lässt sich so manche Gemeinsamkeit entdecken. Beide waren eigenwillige, liebenswürdige und manchmal etwas verschrobene Menschen, denen wenig an Einfluss oder Geld lag, solange sie nur einigermaßen ihr Auskommen hatten. Ihr äußeres Erscheinungsbild war ihnen zeitlebens ziemlich egal, sie liebten ihre persönliche Freiheit und genossen lange Spaziergänge in Begleitung interessanter Menschen, mit denen sie über alles diskutieren konnten, was sie gerade interessierte. Im Gegensatz zu vielen ihrer kriegsversessenen Zeitgenossen waren beide liberal und pazifistisch eingestellt und verabscheuten gewaltsame Auseinandersetzungen.

Das kaiserliche Deutschland, in das Emmy Noether hineingeboren wurde, machte es ihr nicht immer leicht. Andererseits gab es auch einige Fortschritte, wenn man ihre Situation mit der Lage vergleicht, in der sich Émilie du Châtelet im absolutistischen Zeitalter des französischen Sonnenkönig und seiner Nachfolger noch befunden hatte. So war es Emmy Noether tatsächlich möglich, in Göttingen und Erlangen Vorlesungen im Fach Mathematik zu besuchen – ihr Vater Max Noether war in Erlangen Professor für Mathematik, sodass er sie bei ihrem Vorhaben unterstützen konnte. Zunächst war Emmy im Hörsaal nur geduldet, aber später durfte sie auch ganz offiziell die Vorlesungen besuchen. Mit 25 Jahren promovierte sie schließlich als zweite Frau in der Geschichte Deutschlands im Fach Mathematik in Erlangen, wo sie anschließend für einige Jahre blieb.

In Göttingen, dem damaligen Mekka der Mathematik, waren die beiden bekannten Mathematiker Felix Klein und David Hilbert mittlerweile auf die begabte junge Frau aufmerksam geworden, wobei sicher auch die Freundschaft Felix Kleins zu Emmys Vater hilfreich war. Gerne folgte sie der Einladung in die Hochburg der mathematischen Wissenschaftsgemeinschaft, wo sie dann auch blieb – ein Glücksfall, denn hier konnte sie ihr mathematisches Talent voll entfalten.

Ein unwürdiges Drama begann, als sie auf Anregung von Klein und Hilbert im Juli 1915 einen Antrag auf Habilitation stellte. Frauen durften in Preußen zwar mittlerweile studieren, aber eine Habilitation war da doch ganz etwas anderes. Gegen den Widerstand vieler Professoren stellte man schließlich untertänigst einen Antrag für eine Ausnahmegenehmigung beim preußischen Ministerium: Emmy Noether sei zwar als Mathematikerin bedauerlicherweise eine Frau und man fordere auch gar nicht, dass Frauen grundsätzlich habilitieren dürften, aber sie sei nun einmal eine außergewöhnliches mathematisches Talent, sodass man doch für sie einmalig eine Ausnahme machen könne.

Lediglich David Hilbert hatte die Diskussion darüber, ob Frauen grundsätzlich habilitieren dürften, gründlich satt – Emmy Noether war fachlich über jeden Zweifel erhaben, wo also war das Problem? Eine Fakultät sei doch keine Badeanstalt, wo man nach Geschlechtern trennen müsse, ließ er verlauten.

Das Ministerium ließ sich dennoch nicht erweichen und lehnte den Antrag ab. Frau Noether dürfe zwar aushilfsweise auch Vorlesungen halten, diese müssten aber unter dem Namen von David Hilbert angekündigt werden, dessen Assistentin sie war – ein ziemlich verlogener Kompromiss, aber mehr war damals wohl nicht zu erreichen.

Der erste Weltkrieg ging zu Ende und mit ihm das Deutsche Kaiserreich. In der Weimarer Republik hatten Frauen dann endlich bessere Möglichkeiten – sie erhielten das Wahlrecht, und auch die Chancen auf eine Habilitation besserten sich. Diesmal klappte es, und Emmy Noether habilitierte sich als erste Frau in Deutschland. Albert Einstein, der mit Klein und Hilbert über Fragen der Allgemeinen Relativitätstheorie zusammenarbeitete und so auch Emmy Noether kennengelernt hatte, unterstützte sie darin:[9] „Beim Empfang der neuen Arbeit von Frl. Noether empfand ich es wieder als große Ungerechtigkeit, dass man ihr die *venia legendi* (also die Lehrbefugnis) vorenthält." Einen *bezahlten* Lehrauftrag erhielt sie allerdings erst im Jahr 1923, als die große Inflation ihre Geldmittel vernichtete, von denen sie bisher höchst sparsam gelebt hatte.

Nach und nach baute Emmy Noether in Göttingen eine bedeutende Forschungsrichtung auf, bei der es um hochabstrakte algebraische Themen ging. Die verallgemeinerten Beziehungen zwischen mathematischen Begriffen spielten darin die Hauptrolle, während Formeln nur am Rande vorkamen. Begabte Studenten – von ihr liebevoll als ihre Trabanten oder Noetherknaben bezeichnet und manchmal auch mütterlich umsorgt –

---

[9]Siehe z. B. Reinhard Siegmund-Schultze: *„Göttinger Feldgraue", Einstein und die verzögerte Wahrnehmung von Emmy Noethers Sätzen über Invariante Variationsprobleme* (1918).

machten sich zu ihr, der „Mutter der modernen Algebra", auf den Weg. Auch andere Dozenten kamen aus aller Welt zu ihr, um in ihren Vorlesungen den oft noch unfertigen Gedankengängen zu lauschen, mit denen sie sich gerade beschäftigte. Es waren keine wohlstrukturierten Theorien, die man dort fix und fertig serviert bekam, sondern es war eher ein rasanter Gedankenstrom, mit dem ihr Redefluss kaum Schritt halten konnte, sodass sie oft ganze Silben verschluckte. Es muss anstrengend gewesen sein, ihr dabei zuzuhören, aber es wird sich auch gelohnt haben.

Als die Nationalsozialisten in Deutschland die Macht ergriffen, wurden ihre jüdische Herkunft und ihre liberale Einstellung zum Problem. Die mühsam erworbene Lehrbefugnis wurde ihr entzogen, und so entschloss sie sich, wie viele ihrer jüdischen Kollegen – unter ihnen auch Einstein –, schweren Herzens zur Emigration in die USA. Ihr ehemaliger Göttinger Kollege Hermann Weyl, dem wir in diesem Buch bald wiederbegegnen werden, hatte ihr eine Stelle in der Nähe von Princeton besorgt, wohin auch Einstein geflohen war. Leider konnte sie ihr freies Leben in Amerika aufgrund ihres frühen Todes nicht mehr allzu lange genießen; sie starb am 14. April 1935.

Symmetrien und Erhaltungsgrößen – Emmy Noethers Theorem

Bevor sich Emmy Noether nach ihrer Habilitation in Göttingen den ganz abstrakten Themen der modernen Algebra zuwandte, hatte sie sich intensiv mit einem anderen Forschungsgebiet beschäftigt: den sogenannten *Differenzialinvarianten*. Ihr umfangreiches Wissen auf diesem Gebiet war der Grund dafür gewesen, warum Klein und Hilbert sie nach Göttingen geholt hatten. Die beiden Mathematiker hatten sich zu dieser Zeit nämlich intensiv mit der brandneuen Allgemeinen Relativitätstheorie Einsteins beschäftigt, die wir uns im Verlauf dieses Kapitels noch genauer anschauen werden. Dabei waren sie auf ein Problem gestoßen: Es sah so aus, als ob der Erhaltungssatz der Energie durch die Gravitation verletzt würde, da auch Gravitationsenergie selbst wieder Gravitation erzeugt. Mathematisch ist nun die Energie genau eine der Differenzialinvarianten, mit denen sich Emmy Noether so gut auskannte – konnte sie das Problem mit der Gravitationsenergie vielleicht lösen?

Es gelang ihr tatsächlich. Und nicht nur das – mit ihrem Hang zum Abstrakten hatte sie nicht nur dieses spezielle Problem gelöst, sondern gleich eine ganze Problemklasse. Sie hatte den tieferen Grund dafür gefunden, warum es überhaupt physikalische Erhaltungssätze gibt, wie wir sie für die Energie, den Impuls oder den Drehimpuls beobachten. Das Ergebnis ihrer Untersuchungen veröffentlichte sie im Jahr 1918 in zwei Arbeiten mit den harmlos klingenden Titeln *Invarianten beliebiger Differentialausdrücke* und *Invariante Variationsprobleme*. Sie wurden zu einem Meilenstein der theoretischen Physik, auch wenn ihre fundamentale Bedeutung erst im Lauf der folgenden Jahrzehnte zunehmend erkannt wurde. Als Einstein diese Arbeiten las, war er jedenfalls begeistert. In einem Brief an Hilbert schrieb er[10]:

> Gestern erhielt ich von Fräulein Noether eine sehr interessante Arbeit über Invariantenbildung. Es imponiert mir, dass man diese Dinge von so allgemeinem Standpunkt übersehen kann. Es hätte den Göttinger Feldgrauen nichts geschadet, wenn sie zu Fräulein Noether in die Schule geschickt worden wären. Sie scheint ihr Handwerk gut zu verstehen!

Anders, als oft vermutet, meinte Einstein mit den „Feldgrauen" übrigens nicht die Göttinger Professorenschaft oder gar Hilbert selbst, den er sehr schätzte. Er meinte vielmehr die deutschen Studenten und Dozenten mit ihren feldgrauen Soldatenuniformen, die nach und nach aus dem ersten Weltkrieg zurückkamen – diesen kriegserprobten Männern könnte der Unterricht einer Frau mit pazifistischer Gesinnung aus Einsteins Sicht sicher nicht schaden. Vermutlich war es zugleich eine Anspielung auf die Meinung einiger Göttinger Professoren, eine habilitierte Frau würde den aus dem Felde heimkehrenden Dozenten den Job wegnehmen – mit diesem Argument hatten sie sich zuvor gegen Emmy Noethers Habilitation ausgesprochen.

Schaut man sich Emmy Noethers Veröffentlichungen an, so ist ihr Zusammenhang mit der Physik auf den ersten Blick kaum erkennbar. Da ist von Variationsproblemen die Rede, von kontinuierlichen Lie-Gruppen und von invarianten Funktionen. Aber wenn wir stattdessen vom Prinzip der kleinsten Wirkung, von Symmetrien und von Erhaltungssätzen sprechen, wird der Zusammenhang deutlich. Emmy Noether behauptet nichts anderes, als dass aus Symmetrien der Wirkung die physikalischen Erhaltungssätze folgen. Und da die Wirkung ja über das Prinzip der kleinsten Wirkung festlegt, wie sich ein physikalisches System verhält, können wir auch einfach sagen:

---

[10]Siehe vorherige Fußnote.

- Zu jeder kontinuierlichen Symmetrie eines physikalischen Systems gehört eine Erhaltungsgröße.

Dabei müssen wir den Begriff der Symmetrie so verstehen, wie dies schon Galilei bei seinem Schiffsbeispiel getan hat: Wir tun etwas mit dem physikalischen System, das seine Wirkung und damit sein Verhalten nicht ändert.[11] Beispielsweise können wir das Sonnensystem an einen anderen Ort im Weltall verfrachten, ohne dass sich seine Physik dadurch ändert (sofern wir den sehr schwachen Einfluss anderer Sterne außen vor lassen). Die Planeten werden auch woanders genauso die Sonne umkreisen. Oder wir können in Gedanken das Sonnensystem einige Milliarden Jahre später entstehen lassen und dann den Lauf der Planeten beobachten – sie werden sich genau nach denselben Gesetzen bewegen. Es kommt auch nicht darauf an, wie die Ebene der Planetenbahnen im Raum orientiert ist – ihre Physik ist dieselbe. Das Wort „kontinuierlich" im obigen Satz bedeutet dabei, dass jede dieser Veränderungen beliebig klein gemacht werden kann – wir könnten beispielsweise das Sonnensystem gedanklich nur um den Bruchteil eines Millimeters verfrachten, wenn wir wollen, oder aber auch um viele Lichtjahre.

Der Vorteil von Emmy Noethers Arbeit liegt nun darin, dass wir auch die zugehörigen Erhaltungsgrößen direkt ausrechnen können: Es sind der Impuls, die Energie und der Drehimpuls. Die Eigenschaften der wirkenden Kräfte, die wir bisher für diese Erhaltungssätze verantwortlich gemacht haben, lassen sich also in Invarianzeigenschaften der Wirkung übersetzen und auf Symmetrien von Raum und Zeit zurückführen:

- Aus der Tatsache, dass jeder Zeitpunkt physikalisch gleichberechtigt ist, folgt die Erhaltung der Energie.
- Aus der Tatsache, dass jeder Ort im Raum physikalisch gleichberechtigt ist, folgt die Erhaltung des Impulses.
- Aus der Tatsache, dass jede Richtung im Raum physikalisch gleichberechtigt ist, folgt die Erhaltung des Drehimpulses.
- Aus der Tatsache, dass jede geradlinig-gleichförmige Bewegung gleichberechtigt ist (Galileis Schiffsbeispiel) folgt, dass sich der Schwerpunkt

---

[11]Streng genommen muss die Wirkung nicht zwingend unverändert bleiben, denn es dürfen sogenannte Randterme hinzuaddiert werden, die nur von den fest vorgegebenen Orten und Zeiten am Start- und Zielpunkt abhängen, aber nicht von der Bewegung dazwischen – wir wollen diese Feinheit hier außen vor lassen.

eines Systems geradlinig-gleichförmig bewegt. Innere Kräfte können das System also nicht plötzlich an einen anderen Ort versetzen.[12]

Wer hätte so etwas vorher geahnt! Die Symmetrieeigenschaften von Raum und Zeit, die sich in der Physik der Welt und damit in den Eigenschaften der Kräfte niederschlagen, sind der tiefere Grund dafür, dass sich die Energie, der Impuls und der Drehimpuls beispielsweise des Sonnensystems nicht ändern, wenn wir äußere Einflüsse vernachlässigen. Emmy Noether hatte zum ersten Mal sichtbar gemacht, wie grundlegend der Symmetriebegriff für die Naturgesetze unserer Welt ist.

Erinnern Sie sich noch an das Argument von Aristoteles aus Abschn. 1.1, dass es den leeren Raum nicht geben könne, weil es dann nichts gäbe, was ein einmal in Bewegung gesetztes Objekt zum Stehen bringen würde? Wenn jeder Ort gleichwertig wäre, so Aristoteles, warum sollte es dann eher hier als dort anhalten? Es würde entweder ruhen oder sich bis ins Unbegrenzte weiter bewegen, was für Aristoteles natürlich undenkbar war – also könne es den leeren Raum nicht geben.

Es kommt mir fast unheimlich vor, wie weit Aristoteles hier schon gedacht hatte, wenn auch mit dem falschen Ergebnis. Das Argument ist genau umgekehrt: Weil es den leeren Raum gibt, und weil darin jeder Ort gleichwertig ist, fliegt das Objekt immer weiter – sein Impuls bleibt erhalten. Emmy Noether war es gelungen, die intuitive Argumentation von Aristoteles auf eine solide mathematische Basis zu stellen und so allgemein zu formulieren, dass auch andere Erhaltungssätze zugänglich wurden. Wann immer sich eine kontinuierliche Symmetrie physikalisch zu erkennen gibt, muss es auch eine zugehörige Erhaltungsgröße geben. Die obigen drei Erhaltungssätze bilden da noch nicht das Ende der Fahnenstange. Und auch das Umgekehrte gilt: Wann immer wir auf eine erhaltene Größe stoßen, können wir nach der zugrunde liegenden Symmetrie fragen. Bei dem Erhaltungssatz für die elektrische Ladung werden genau dieser Fragestellung wieder begegnen.

Warum gilt das Noether-Theorem?
Wie hat Emmy Noether dieses Kunststück fertiggebracht? Worin liegt das Geheimnis des Zusammenhangs zwischen Symmetrien und Erhaltungsgrößen? Es gibt tatsächlich ein relativ anschauliches Argument,

---

[12]Siehe z. B. in der englischen Wikipedia: *Noether's theorem,* dort den Abschnitt *Conservation of center of momentum.*

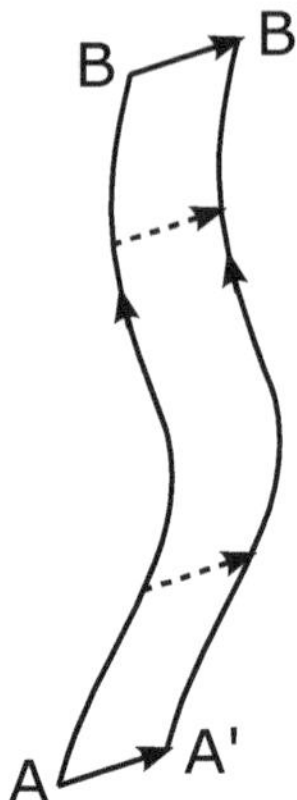

Abb. 2.4 Die Verschiebung einer realen Bahnkurve von A nach B ergibt eine neue reale Bahnkurve von A' nach B'. Zugleich entsteht eine fiktive Bahnkurve von A über A' und B' nach B. Die Verschiebung muss man sich sehr klein vorstellen, also deutlich kleiner als hier dargestellt. (Quelle: Eigene Grafik)

das den inneren Kern in Emmy Noethers Beweis recht gut einfängt und den Zusammenhang zumindest plausibel macht. Der Physiker Richard Feynman hat es in seiner Vorlesung *The Character of Physical Law* sehr schön dargestellt – das Video der Vorlesung und auch die Mitschrift finden Sie im Internet; es lohnt sich! Sie können sein Argument gerne überspringen und zum nächsten Abschnitt übergehen, wenn Sie gerade keine Lust auf die Details haben, aber ich möchte es Ihnen auch nicht vorenthalten, da es ziemlich instruktiv ist. Hier ist also das Argument:

Schauen wir uns ein Objekt an, das sich in einer vorgegebenen Zeitspanne von einem Startpunkt A zu einem Endpunkt B bewegt. Wenn wir seine reale Bahnkurve nun ein kleines Stück verschieben, so entsteht eine neue Bahnkurve, die von dem verschobenen Startpunkt A' zum verschobenen Endpunkt B' führt (Abb. 2.4).

Nun kommt die Symmetrie ins Spiel: Falls die Verschiebung der Bahnkurve eine Symmetrie ist, also die Physik nicht ändert, so muss auch die leicht verschobene Bahnkurve eine physikalisch mögliche Bewegung sein. Die Wirkung der Bahn ändert sich also durch die Verschiebung nicht, d. h. die Wirkung S(AB) der ursprünglichen Bahn von A nach B muss genauso groß sein wie die Wirkung S(A'B') der verschobenen Bahn von A' nach B'.[13]

Jetzt brauchen wir als zweite Zutat noch das Prinzip der kleinsten Wirkung: Von allen denkbaren Bahnkurven, die in der vorgegebenen

---

[13]Wieder ignorieren wir mögliche Randterme, um das Argument nicht zu kompliziert zu machen.

Zeit von A nach B führen, ist die in der Grafik eingezeichnete Bahnkurve diejenige mit der kleinsten Wirkung, denn sie entspricht ja der realen Bewegung. Das bedeutet, dass jede fiktive Bahnkurve von A nach B, die sich nur sehr wenig von der realen Bahnkurve unterscheidet, nahezu die gleiche Wirkung hat wie die reale Bahnkurve. Es ist ganz ähnlich wie in einem großen U-förmigen Tal, in dem man sich am tiefsten Punkt befindet. Wenn man hier einen sehr kleinen Schritt zur Seite macht, muss man praktisch kaum bergauf gehen, denn im Minimum ist der Talboden flach. Das ist am Hang des Tals ganz anders – dort wäre auch ein kleiner Schritt bergauf oder bergab wichtig.

In Abb. 2.4 sehen wir bereits eine solche fiktive Bahnkurve, die sich nur wenig von der realen Bahnkurve unterscheidet. Sie startet bei A, läuft dann entlang der kleinen Verschiebungsstrecke nach A', folgt der verschobenen Bahnkurve nach B' und endet schließlich bei B. Die Wirkung $S(\text{AA'B'B})$ dieser fiktiven Bahnkurve muss also praktisch genauso groß sein wie die Wirkung der realen Bahnkurve $S(\text{AB})$.

Als Letztes brauchen wir noch die mathematischen Eigenschaften der Wirkung, dass man sie aus den Wirkungen der Teilwege zusammensetzen kann und dass sich das Vorzeichen einer solchen Wirkung umdreht, wenn man den Teilweg in der umgekehrten Richtung durchläuft. Wir können also die Wirkung der fiktiven Bahnkurve in drei Bestandteile zerlegen und beim letzten Teil die Richtung und damit das Vorzeichen ändern:

$$S(\text{AA'B'B}) = S(\text{AA'}) + S(\text{A'B'}) + S(\text{B'B}) = S(\text{AA'}) + S(\text{A'B'}) - S(\text{BB'})$$

Aus dem Minimum-Argument hatten wir oben $S(\text{AA'B'B})$ gleich $S(\text{AB})$ gefolgert, was wiederum wegen dem Symmetrieargument gleich $S(\text{A'B'})$ ist, sodass wir diese Terme in der Gleichung rechts wegkürzen können mit dem Ergebnis:

$$0 = S(\text{AA'}) - S(\text{BB'})$$

Also müssen diese beiden Wirkungen der kleinen Verschiebungsstrecken gleich groß sein:

$$S(\text{AA'}) = S(\text{BB'})$$

Es gibt demnach eine Größe, die auf der realen Bahnkurve von A nach B am Punkt B genauso groß ist wie am Startpunkt A. Da wir nun den Punkt B an jeden beliebigen Punkt der realen Bahnkurve legen können, folgt daraus, dass diese Größe während der gesamten Bewegung denselben Wert wie zu Beginn hat – sie ist eine *Erhaltungsgröße*. Wenn man dann noch den Einfluss der kleinen Verschiebungsstrecke herausrechnet, indem man sie infinitesimal klein macht und als Vorfaktor abspaltet, so erhält man die gewünschte Erhaltungsgröße, in diesem Fall also den Impuls des bewegten Objekts.

Wir sehen hier sehr schön, wie alles ineinandergreift. Wenn wir eine Symmetrie der physikalischen Gesetze haben, und wenn sich diese Gesetze aus dem Prinzip der kleinsten Wirkung ableiten lassen, dann gibt es eine zugehörige Erhaltungsgröße. Da nun das Prinzip der kleinsten Wirkung einen sehr universellen Charakter hat und die gesamte klassische Physik bis hin zur Relativitätstheorie umfasst, kann man mit Fug und Recht sagen: Emmy Noether hat die Ursache für die Erhaltungssätze aufgedeckt. Wir wissen endlich, warum beispielsweise die Energie erhalten bleibt.

Das wird sich auch durch die Entwicklung der Quantenmechanik nicht grundlegend ändern, denn auch dort ist die Wirkung eine zentrale Größe, die das Verhalten der Quantenwellen bestimmt. Man muss nur die Argumentation etwas ändern, aber das Ergebnis bleibt im Wesentlichen dasselbe. Die Symmetrien der Welt bestimmen die Erhaltungssätze der Physik.

2.2   Dem Licht hinterher: Einsteins Spezielle Relativitätstheorie

Nachdem Newton mit seiner Principia im Jahr 1687 den Startschuss gegeben und Émilie du Châtelet sein Werk überarbeitet, übersetzt und publik gemacht hatte, gab es kein Halten mehr. Man verstand immer besser, wie sich Materie unter dem Einfluss von Kräften bewegt, seien es nun Planeten, Kanonenkugeln oder auch ausgedehnte Objekte wie rotierende Körper oder gar Flüssigkeiten. Newtons Bewegungsgesetze enthielten im Prinzip alles, was man brauchte – man musste nur noch die geeigneten mathematischen Methoden entwickeln, was auf Basis der Infinitesimalrechnung von Leibniz und Newton kein grundsätzliches Problem mehr war. Mit dem Prinzip der kleinsten Wirkung entdeckte man dabei sogar eine ganz neue Formulierungsmöglichkeit, die schließlich tiefe Einblicke in den Zusammenhang zwischen Symmetrien und Erhaltungsgrößen ermöglichte. Dass dieser Zusammenhang keineswegs leicht zu erkennen war, sieht man schon daran, dass seit der Principia rund 230 Jahre ins Land gingen, bis Emmy Noether ihn mit ihrer mathematischen Kunstfertigkeit aufspürte.

Die Methoden der Mechanik wurden mit der Zeit so erfolgreich, dass man zu glauben begann, man könne die gesamte Natur mit ihren Methoden beschreiben. Wärme war einfach die ungeordnete Bewegung der Atome und Moleküle, Töne waren Druckwellen in der Luft, und Licht erklärte man sich als eine Schwingung des Äthers.

Einen mechanischen Vermittler für die Fernwirkung der Gravitation hatte man allerdings nicht gefunden, was schon Newton sehr bedauert hatte. Und es kamen weitere Kräfte hinzu, wie sie zwischen Magneten oder elektrisch aufgeladenen Objekten wirken. Auch bei ihnen tat man sich mit einer mechanischen Erklärung schwer. Nach und nach schälte sich ein neues physikalisches Konzept heraus, das über die reine Mechanik hinausgeht und das schließlich sogar unser Verständnis von Raum und Zeit grundlegend verändern würde. Dabei sollten Symmetrieüberlegungen, wie sie Galilei bei seinem Schiffsbeispiel angestellt hatte, am Ende eine zentrale Rolle spielen.

Elektrische und magnetische Kräfte verstehen

Was haben die grellen Blitze eines Gewitters, die schmerzhaften Schocks durch einen Zitteraal, eine nach Norden zeigende Kompassnadel oder ein mit einem Wolltuch geriebener Bernstein, der eine Vogelfeder anzieht, gemeinsam? Nicht viel, wie es scheint. Dass all diese Phänomene verschiedene Auswirkungen derselben elektromagnetischen Kräfte sind, ist nicht zu erkennen. Mehr noch als bei der Bewegung der Körper versteckt sich die dahinter liegende Physik tief hinter den vielfältigen Erscheinungen, die durch sie hervorgebracht werden. So konnte Newton zwar Ende des siebzehnten Jahrhunderts die Gesetze der Bewegung und der Gravitation entschlüsseln; das Enträtseln der elektromagnetischen Phänomene würde dagegen seinen Nachfolgern vorbehalten sein und sollte erst fast 180 Jahre später vollständig gelingen.

Der Engländer William Gilbert war der erste, der ganz im Stile des zwanzig Jahre jüngeren Galilei versuchte, den Phänomenen mit wissenschaftlichen Experimenten auf den Grund zu gehen. Geboren im Jahr 1544 als Sohn einer wohlhabenden Familie in England, studierte er Medizin und Mathematik in Cambridge, wurde ein angesehener Arzt in London und brachte es im Jahr 1600 sogar zum Leibarzt des englischen Königshauses. Diese Stellung konnte er allerdings nur wenige Jahre genießen, denn er starb Ende des Jahres 1603 mit 59 Jahren.

Viele Jahre lang stellte Gilbert alle möglichen elektrischen und magnetischen Experimente an und veröffentlichte seine Ergebnisse im Jahr 1600 in seinem Hauptwerk *De Magnete, Magnetisque Corporibus, et de Magno Magnete Tellure* (Über den Magneten, Magnetische Körper und den großen Magneten Erde). So baute er beispielsweise eine kleine magnetische Erdkugel – seine *Terrella*, wie er sie nannte –, die einen magnetischem Nord- und Südpol besaß, und platzierte auf deren Oberfläche kleine Kompassnadeln. Wie er erwartet hatte zeigten diese in Polrichtung, was seine Vermutung, die Erde sei ein riesiger Magnet, eindrucksvoll bestätigte.

Als Johannes Kepler von dieser Entdeckung hörte, war er fasziniert. War vielleicht auch die Sonne ein riesiger Magnet, der mit seinen Kräften die Planeten auf ihren Bahnen vorantrieb?

Gilbert machte noch eine Reihe weiterer Entdeckungen. So fand er heraus, dass, wenn man einen Magneten in zwei Teile zerbricht, auch die Bruchstücke wieder vollwertige Magnete mit Nord- und Südpol waren. Einen isolierten Nord- oder Südpol schien man nicht erzeugen zu können.

Außerdem fiel ihm auf, dass man einen Magneten nicht reiben muss, um ihn „magnetisch aufzuladen", sodass er andere Stoffe anziehen kann. Einen Bernstein muss man dagegen reiben, damit er dies tut. Gilbert sprach deshalb beim Bernstein nicht von Magnetismus, sondern von einer *vis electrica,* abgeleitet vom altgriechischen Wort *élektron* für Bernstein. Diese elektrische Kraft musste anderer Natur sein als die magnetische Kraft – so ließ sie sich beispielsweise durch ein dazwischen gehaltenes Stück Papier beeinflussen, während bei der magnetischen Kraft das Papier keine Rolle spielte.

Im siebzehnten und besonders im achtzehnten Jahrhundert gab es eine Reihe weiterer Fortschritte und Entdeckungen, mit denen man schrittweise immer mehr über das Verhalten der elektrischen Kräfte herausfand. So entdeckte man, dass elektrische Kräfte nicht nur anziehend, sondern auch abstoßend wirken können, man bemerkte den Unterschied zwischen leitenden und nichtleitenden Materialien und ermittelte schließlich, dass es genau zwei unterschiedliche Arten von Elektrizität gibt, die man beispielsweise durch Reiben von Glas und Harz erzeugen konnte. Da sich diese Ladungen gegenseitig neutralisieren konnten, war es naheliegend, sie später als *positiv* und *negativ* zu bezeichnen. Experimente mit geladenen Kugeln zeigten dabei, dass sich gleichnamige Ladungen gegenseitig abstoßen, während sich positive und negative Ladungen gegenseitig anziehen. Sogar das Abstandsgesetz für diese Kräfte konnte man ermitteln: Die elektrischen Kräfte nehmen quadratisch mit dem Abstand der geladenen Kugeln ab, genauso wie bei der Gravitationskraft zwischen Himmelskörpern.

Im Lauf der Zeit wurden immer bessere Maschinen gebaut, die mithilfe von Reibung elektrische Aufladungen erzeugen konnten. Mit der sogenannten Leidener Flasche – einem einfachen Kondensator – fand man zudem eine Möglichkeit, Ladungen zu akkumulieren und zu speichern. Das war nicht nur für die Forschung wichtig, sondern amüsierte auch Mitte des achtzehnten Jahrhunderts das Publikum bei beliebten öffentlichen Vorführungen, in denen Menschen ein elektrischer Schlag versetzt wurde, Federn in der Luft schwebten oder elektrische Funken Spiritus in Brand setzten.

Aus heutiger Sicht muten die damaligen Experimente in ihrer Sorglosigkeit geradezu abenteuerlich an. So starb der deutsche Astronom Johann

Gabriel Doppelmayr im Jahr 1750 an einem heftigen elektrischen Schlag aus einer ganzen Batterie Leidener Flaschen. Bekannt ist auch das Drachenexperiment des amerikanischen Staatsmanns und Erfinders Benjamin Franklin, einem der Gründerväter der Vereinigten Staaten. Franklin hatte die Idee, mit einem aufgestiegenen Drachen in einer Gewitterwolke Elektrizität einzusammeln und zur Erde zu leiten, um so zu beweisen, dass Blitze ein elektrisches Phänomen sind. Bei einem ähnlichen Experiment mit einer in den Himmel ragenden Eisenstange fand der deutsche Physiker Georg Wilhelm Richmann im Jahr 1753 den Tod, als der Blitz in die Stange einschlug und ihn dabei erfasste (Abb. 2.5). Spätestens jetzt war klar, wie gefährlich und sogar tödlich Elektrizität sein konnte.

Zugleich schien Elektrizität aber auch Leben hervorrufen zu können. Der italienische Arzt und Naturforscher Luigi Galvani entdeckte im Jahr 1791 durch Zufall, dass Elektrizität in einem Froschschenkel krampfartige Zuckungen auslösen konnte. Angeregt durch das Drachenexperiment von Benjamin Franklin, verlegte er daraufhin einen Draht vom Giebel seines Hausdachs bis hin zu einem Froschschenkel und stellte fest, dass dieser immer dann zuckte, wenn ein Blitz am Himmel aufleuchtete. Solche Experimente haben offenbar ihre Spuren im Denken der Menschen hinterlassen – wer kennt nicht die eindrucksvollen Filmszenen, in denen Viktor Frankenstein seine Kreatur mit Blitzen zum Leben erweckt.

Ströme erzeugen Magnetismus

Mit Reibungsmaschinen konnte man zwar hohe Spannungen von einigen Zehntausend Volt erzeugen, aber ihre Gesamtleistung war gering – schon nach einer kurzen Entladung war alles verpufft. Was fehlte, war eine Stromquelle, mit der man dauerhaft einen leistungsfähigen elektrischen Strom erzeugen konnte. Man brauchte eine leistungsfähige Batterie oder Akku! Um das Jahr 1800, also zwei Jahrhunderte nach den Pionierarbeiten von William Gilbert, gelang es dem italienischen Physiker Alessandro Volta erstmals, eine solche Batterie zu konstruieren – ein wahrer Meilenstein in der Erforschung der Elektrizität. Diese *Volta'sche Säule* bestand aus mehreren übereinander gestapelten Kupfer- und Zinkblechen, zwischen denen sich in Säure getränkte Textilien befanden. Mit diesem Aufbau konnte Volta die chemischen Unterschiede zwischen den beiden Metallen nutzen, um eine elektrische Spannung zwischen den Enden der Säule aufzubauen, mit der sich dann auch starke elektrische Ströme über längere Zeit antreiben ließen. Jedes Kupfer-Zink-Blechpaar in der Säule lieferte dabei eine Spannung von ungefähr einem Volt. Wenn man genug solcher Bleche übereinander stapelte oder gar mehrere Säulen hintereinander schaltete, konnte man beträchtliche

Abb. 2.5 Tod des deutschen Physikers Georg Wilhelm Richmann durch einen Blitzeinschlag in seine Apparatur, bei der er mit einer langen Eisenstange die Elektrizität von Gewittern einfangen und ableiten wollte (aus Les Grand Inventions, Louis F Guier, 1863 Paris). (Quelle: https://commons.wikimedia.org/wiki/File:Mort_du_Richmann.png)

Spannungen und Stromstärken erzeugen. Das Wort *Spannung* für die elektrische Potenzialdifferenz stammt übrigens auch von Volta – er hatte ein sogenanntes Elektrometer konstruiert, mit dem er solche Spannungen messen konnte. Nicht umsonst trägt die Maßeinheit *Volt* für die elektrische Spannung heute seinen Namen.

Nun, da man endlich eine leistungsstarke Stromquelle hatte, machte die Erforschung der elektromagnetischen Phänomene im neunzehnten Jahrhundert rasche Fortschritte. Überall, wo man es sich leisten konnte, besorgte man sich Volta'sche Säulen und begann, mit elektrischen Strömen herumzuexperimentieren. Bald stellte man fest, dass man nicht nur mit chemischen Prozessen wie in der Säule Strom produzieren konnte, sondern dass es auch umgekehrt möglich war, mit Strom chemische Prozesse auszulösen. So ließ sich beispielsweise Wasser in seine Elemente Wasserstoff und Sauerstoff zerlegen, wobei interessanterweise immer genau doppelt so viel Wasserstoff wie Sauerstoff entstand – ein deutlicher Hinweis auf die atomare Struktur der Materie, auch wenn dies damals noch umstritten war.

Einen besonders interessanten Effekt entdeckte im Jahr 1820 der dänische Physiker und Chemiker Hans Christian Ørsted, als er eine Kompassnadel in die Nähe eines stromdurchflossenen Drahtes brachte: Der elektrische Strom hatte offenbar eine magnetische Wirkung auf die Kompassnadel und lenkte sie ab. Sobald Ørsted den Strom abschaltete, verlor sich diese Wirkung wieder.

Was war hier los? Wie konnte ein elektrischer Strom eine Magnetnadel beeinflussen, obwohl doch schon vor über zwei Jahrhunderten William Gilbert gezeigt hatte, dass Elektrizität und Magnetismus zwei verschiedene Dingen waren? Gab es hier einen Zusammenhang? War dies vielleicht sogar ein Hinweis auf die innere Einheit aller Naturkräfte, von der Ørsted zutiefst überzeugt war?

Als der französische Mathematiker und Physiker André-Marie Ampère, dessen Name später Pate für die Einheit der elektrischen Stromstärke stand, von den Entdeckungen Ørsteds erfuhr, machte er sich sofort an die Arbeit und untersuchte die magnetische Wirkung von Strömen bis ins Detail. Er fand heraus, dass sich die Magnetnadel immer senkrecht zur Richtung des Stromes ausrichtete, sobald dieser stark genug war, um die Wirkung des irdischen Magnetfeldes zu übertreffen. Außerdem konnte er zeigen, dass sich zwei lange parallele Drähte magnetisch anzogen, wenn der Strom in ihnen in dieselbe Richtung floss. Bei entgegengesetzter Stromrichtung stießen sie sich dagegen ab.

Seine Ergebnisse verleiteten Ampère zu der Vermutung, dass letztlich jeglicher Magnetismus auf elektrische Ströme zurückzuführen sei. Es konnte seiner Meinung nach kein Zufall sein, dass ein Stabmagnet und eine stromdurchflossene Drahtspule dieselbe magnetische Außenwirkung hatten. Lag es da nicht nahe, dass auch jedes Molekül in dem Stabmagneten einer winzigen Spule glich, deren Kreisströme in Summe den Magnetismus hervorriefen?

Mit dieser Vermutung bewies Ampère eine erstaunliche Weitsicht, denn er hatte tatsächlich Recht, wie wir heute wissen. Der Magnetismus eines Stabmagneten hat seinen Ursprung im Drehimpuls der geladenen Elektronen in den Hüllen der Atome. Das Bild klassischer Kreisströme, wie es Ampère vorschwebte, ist dabei allerdings zu einfach, denn das Verhalten der Elektronen wird durch die Gesetze der Quantenmechanik bestimmt.

Dem mathematisch versierten Ampère und anderen Mathematikern gelang es Stück für Stück, ein präzises Kraftgesetz zwischen kleinen Stromleiterabschnitten zu formulieren, so wie es bereits ein Kraftgesetz zwischen räumlich kleinen elektrischen Ladungen gab. Damit folgte man der bewährten Vorgehensweise Isaac Newtons, der auf dieselbe Weise die Gravitation zwischen Massen beschrieben hatte. Elektrische und magnetische Kräfte waren demnach nichts anderes als Fernwirkungen zwischen Ladungen und Strömen, so, wie die Gravitation eine Fernwirkung zwischen Massen war. Über einen möglichen Vermittler, der die Kräfte über den Raum hinweg übertrug, musste man sich bei dieser Denkweise keine Gedanken machen. Und doch sollten gerade solche Gedanken schließlich den entscheidenden Fortschritt bringen.

Michael Faraday: Elektromagnetische Induktion und Feldlinien

Wenn elektrische Ströme die Ursache von Magnetfeldern waren, galt dann auch umgekehrt, dass Magnetfelder die Ursache elektrischer Ströme sein konnten? Konnte man mit einem Magnetfeld einen elektrischen Strom erzeugen?

Das war tatsächlich möglich, wie der englische Physiker und Chemiker Michael Faraday (Abb. 2.6) im Jahr 1831 zeigen konnte: Wenn man beispielsweise einen Stabmagneten im Inneren einer Drahtspule auf und ab bewegt, so erzeugt diese Bewegung eine elektrische Spannung im Spulendraht, ganz ähnlich wie wir das von einem Fahrraddynamo her kennen. Faraday hatte die *elektromagnetische Induktion* entdeckt.

Faraday, der im Jahr 1791 in England geboren wurde und im Jahr 1867 im Alter von fast 76 Jahren starb, war ein unglaublich produktiver Forscher. Während ihm die formale Strenge der Mathematik weniger lag, begeisterte ihn das Experiment umso mehr. Am Ende seines Lebens umfassten Faradays Laboraufzeichnungen mehr als sechzehntausend Einträge, die er alle sorgfältig in Büchern gebunden hatte – in seiner Jugend war Faraday mehrere Jahre bei einem Buchbinder in die Lehre gegangen und hatte dort dieses Handwerk von der Pike auf gelernt. Dabei er hatte nicht nur Bücher gebunden, sondern diese auch gelesen und sich so trotz seiner nur rudimentären Schulbildung schließlich Zutritt zur Welt der Wissenschaft verschafft. Einen begabten Menschen kann scheinbar nichts aufhalten.

Abb. 2.6 Michael Faraday (1791–1867). Gemälde von Samuel Cousins 1830. British Museum. (© TopFoto/picture alliance)

Als er erst einmal unter den Gelehrten Fuß gefasst hatte, wandte sich Faraday in seinen Forschungsarbeiten einer Vielzahl von Themen zu: Neben der Induktion entdeckte er beispielsweise die elektrostatische Abschirmung – der berühmte Faraday'sche Käfig –, untersuchte die magnetischen Eigenschaften von Materialien, verflüssigte verschiedene Gase, ermittelte die genauen Gesetze der Elektrolyse, entdeckte organische Substanzen wie das Benzol, suchte nach besseren Rezepturen für die Stahlerzeugung oder experimentierte mit der Herstellung hochwertiger optischer Gläser. Es gab kaum ein Thema, das den rastlosen Experimentator nicht interessierte. Dabei strebte der bescheidene und liebenswürdige Forscher nicht nach Ruhm oder Reichtum. Ihm ging es einfach um die Erkenntnis und das Vergnügen, das der Verstand befriedigt erfährt, wenn er sie um ihrer selbst willen erwirbt – so hat er es selbst einmal ausgedrückt.

Womöglich übertrieb es Faraday in seinem Arbeitseifer zeitweise, denn er klagte öfter über Kopfschmerzen und Gedächtnisverlust. Im Jahr 1839 erlitt sogar einen regelrechten Zusammenbruch, der ihn dazu zwang, mehrere Jahre lang deutlich kürzer zu treten und sich sogar beurlauben zu lassen, um neue Kraft zu tanken. Ob eine mögliche Vergiftung durch das damals häufig verwendete Quecksilber dabei eine Rolle spielte, ist unklar. Man ging damals mit Quecksilber jedenfalls sehr sorglos um. Der verrückte Hutmacher aus Lewis Carrolls Kinderbuch *Alice im Wunderland* ist dafür ein schönes Beispiel – Hutmacher hatten zu jener Zeit oft mit Stoffen zu tun, die mit Quecksilbersalzen behandelt waren, und litten daher oft unter einer als „Hutmachersyndrom" bezeichneten Quecksilbervergiftung. Der Ausdruck *mad as a hatter* (verrückt wie ein Hutmacher) war im englischen Sprachraum eine gängige Redewendung.

Anders als beispielsweise bei Ampère war Faradays mathematisches Wissen ziemlich begrenzt. Diesen Mangel kompensierte er durch seine große Vorstellungskraft, mit der er die wesentlichen physikalischen Zusammenhänge erkannte, ohne sich in aufwendigen Berechnungen zu verlieren. Sein wichtigstes Hilfsmittel war dabei seine Idee der *Feldlinien*. Faraday stellte sich den leeren Raum wie ein Medium vor, dem elektrische Ladungen und Ströme gewisse Eigenschaften aufprägten, die man mit Feldlinien veranschaulichen konnte. Der schottische Physiker James Clerk Maxwell, den wir gleich noch näher kennenlernen werden, hat es in seinem Werk *A Treatise on Electricity and Magnetism* im Jahr 1873 so ausgedrückt:

> Faraday sah im Geiste die den ganzen Raum durchdringenden Kraftlinien, wo die Mathematiker fernwirkende Kraftzentren sahen; Faraday sah ein Medium, wo sie nichts als Abstände sahen; Faraday suchte das Wesen der Vorgänge in den reellen Wirkungen, die sich in dem Medium abspielten, jene waren aber damit zufrieden, es in den fernwirkenden Kräften der elektrischen Fluida gefunden zu haben.

Faradays Feldlinien lassen sich auch ganz praktisch im Experiment sichtbar machen. Wenn man beispielsweise einen Magneten auf ein Stück Papier legt und dann Eisenfeilspäne dazu streut, so lagern sich die Späne zu Linien zusammen, die den Verlauf der magnetischen Feldlinien sichtbar machen (Abb. 2.7).

Die Feldlinien legen nun ihrerseits fest, welche elektrischen und magnetischen Kräfte an den verschiedenen Stellen im Raum wirken. So wird sich eine kleine Kompassnadel immer parallel zu den magnetischen

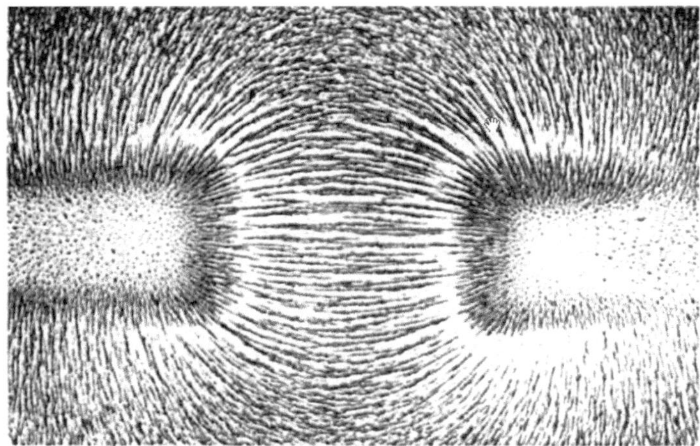

Abb. 2.7 Magnetische Feldlinien, mit Eisenfeilspänen sichtbar gemacht (Alexander Wilmer Duff, et al. (1916) A Textbook of Physics, P. Blakiston's Son & Co., Philadelphia, USA).   (Quelle: https://commons.wikimedia.org/wiki/File:Magnetic_field_of_bar_magnets_attracting.png)

Feldlinien ausrichten, und eine positive oder negative Ladung wird immer eine Kraft in oder gegen die Richtung einer elektrischen Feldlinie erfahren.

Damit hatte Faraday die direkten Fernkräfte, die Ampère und andere Mathematiker zwischen den Ladungen und Strömen postuliert hatten, durch ein Zwei-Schritt-Verfahren ersetzt. Erst erzeugen die Ladungen und Ströme die elektrischen und magnetischen Feldlinien im umgebenden Raum, und dann erzeugen diese Feldlinien am jeweiligen Ort die Kräfte, die andere Ladungen, Ströme und Magneten dort erfahren.

Faradays Verfahren hatte den Vorteil, sehr anschaulich zu sein – ganz anders als die abstrakten mathematischen Fernwirkungsformeln der Mathematiker. Auch konnte Faraday einfache Regeln für die Feldlinien formulieren. Beispielsweise durften sie sich nicht schneiden, und sie lagen in Gebieten mit starken Kräften dichter als in Gebieten mit schwachen Kräften.

Ihre große Nützlichkeit bewiesen die Feldlinien besonders in dynamischen Situationen, die die bisherigen Formeln der Mathematiker noch nicht erfassen konnten. Die von Faraday entdeckte Induktion ist dafür ein gutes Beispiel: Wenn man einen Stabmagneten in eine Drahtspule hineinbewegt, so werden die magnetischen Feldlinien, die der Magnet aussendet, innerhalb der Spule dichter. Sie schneiden deshalb bei der Bewegung des Magneten den gewundenen Draht der Spule und erzeugen laut Faraday dadurch die elektrische Spannung. Diese grandiose Idee bewährt sich auch in vielen anderen Fällen. Wenn man beispielsweise ein gerades Drahtstück so durch ein Magnetfeld bewegt, dass es die Feldlinien schneidet, dann wird auch darin eine elektrische Spannung erzeugt.

Mit solchen anschaulichen Bildern konnte Faraday viele elektrische und magnetische Phänomene qualitativ gut erklären. Dennoch war klar, dass man für die genaue Beschreibung letztlich doch eine präzise mathematische Theorie brauchte. Nur, wer würde in der Lage sein, dieses anspruchsvolle Programm umzusetzen?

Maxwell findet die Gleichungen des elektromagnetischen Feldes
Der Mann, dem dieses Kunststück schließlich gelang, war der schottische Physiker James Clerk Maxwell (Abb. 2.8). Wenn Faraday der vielleicht größte Experimentator des neunzehnten Jahrhunderts war, so war Maxwell wohl der größte Theoretiker jener Zeit.

Als Maxwell im Jahr 1831 in Edinburgh geboren wurde, war Faraday bereits fast 40 Jahre alt. In den 1860er-Jahren würden sie sich an der Royal

Abb. 2.8   James Clerk Maxwell (1831–1879). (Quelle: https://commons.wikimedia.org/wiki/File:PSM_V17_D008_James_Clerk_Maxwell.jpg)

Institution in London regelmäßig begegnen. Zu dieser Zeit befand sich Faraday bereits in seinen Siebzigern und litt zunehmend unter Gedächtnisproblemen, was dem gegenseitigen Respekt der beiden großen Physiker jedoch keinen Abbruch tat.

In seinen frühen Überlegungen versuchte Maxwell, zunächst dem Vorbild Faradays folgend, die elektromagnetischen Phänomene mithilfe eines elastischen Äthermediums zu beschreiben, das den gesamten Raum durchdringt. In seiner Zeit in London traten diese mechanistischen Vorstellungen dann in den Hintergrund und Maxwell ging die Sache mathematisch an, indem er mit elektromagnetischen Vektorfeldern arbeitete, deren Verhalten er schließlich durch Differenzialgleichungen präzise beschreiben konnte. Auch wenn es damals seinen Zeitgenossen wohl noch nicht voll bewusst gewesen war, hatte Maxwell damit den endgültigen Durchbruch geschafft – er hatte tatsächlich die korrekten Gleichungen des elektromagnetischen Feldes entdeckt und sie im Jahr 1864 auch veröffentlicht! Heute kennen wir diese Gleichungen in etwas veränderter Schreibweise als die *Maxwell-Gleichungen*.

Das Schöne an diesen Gleichungen ist, dass sich ihr physikalischer Inhalt auch ohne mathematisches Vorwissen anschaulich verstehen lässt. Hier sind die Details:

Da sind zunächst einmal das elektrische und das magnetische Feld. Das bedeutet, dass wir uns an jedem Ort im Raum zwei Pfeile vorstellen können, die jeder für sich eine gewisse Länge haben und in eine bestimmte Richtung im Raum zeigen. Die beiden Pfeile bestimmen, welche elektrischen und magnetischen Kräfte auf eine Ladung an diesem Ort einwirken.

Bei der elektrischen Kraft ist der Zusammenhang unmittelbar klar: Die Kraft wächst proportional zur Ladung und zur Länge des elektrischen Feldpfeils und wirkt bei positiver Ladung in Richtung des Feldes, bei negativer Ladung entgegen dieser Richtung. Faraday würde sagen: Das elektrische Feld zieht eine Ladung je nach Ladungsvorzeichen in oder gegen die Richtung der Feldlinien, wobei die Feldlinien an jedem Ort die Richtung des Feldes anzeigen. Die Länge des Feldpfeils steht dabei an jedem Ort für die Stärke des Feldes.

Komplizierter ist es bei der magnetischen Kraft, denn diese wirkt nur dann auf eine Ladung, wenn diese sich bewegt. Dabei muss die Bewegung möglichst senkrecht zum magnetischen Feld verlaufen, d. h. die Bewegung muss die magnetischen Feldlinien möglichst optimal schneiden, wie Faraday es ausgedrückt hätte. Die Kraft wirkt immer senkrecht zur Bewegungsrichtung und senkrecht zur Richtung des Magnetfeldes. Ein frei fliegendes geladenes Teilchen würde also in seiner Bewegung ständig seitlich abgelenkt und dadurch in eine Spiralbahn entlang der Feldlinien gezwungen.

Das war der erste Schritt. Nun müssen wir im zweiten Schritt noch wissen, nach welchen Gesetzen die vorhandenen Ladungen und Ströme die Felder erzeugen. Insgesamt brauchen wir dafür vier Gesetze.

Das *erste Gesetz* hätte Faraday vielleicht so formuliert: Positive Ladungen senden elektrische Feldlinien aus und negative Ladungen sammeln sie wieder ein. In der mathematischen Sprache Maxwells bedeutet das, dass positive Ladungen Quellen und negative Ladungen Senken für das elektrische Feld sind, wobei er das mathematisch präzise durch Differenzialgleichungen ausdrücken konnte.

Das *zweite Gesetz* sagt analog etwas über die Quellen und Senken des magnetischen Feldes aus. Es lautet schlicht, dass es solche Quellen und Senken nicht gibt. Magnetische Feldlinien haben also keinen Anfang und kein Ende, sondern sie bilden Kreise, geschlossene Schleifen oder Wirbel. Deshalb konnte William Gilbert auch keinen isolierten Nord- oder Südpol erzeugen, wenn er einen Magneten zerbrach, denn ein solcher isolierter Pol wäre ja eine Quelle oder Senke. Bei einem Magneten treten die Feldlinien immer am Nordpol aus, laufen außen herum in einem Bogen zum Südpol und treten dort wieder in den Magneten ein, um in seinem Inneren wieder zurück zum Nordpol zu laufen.

Nachdem wir also nun über die Quellen und Senken Bescheid wissen, müssen wir noch etwas zur Stärke der Wirbel in den Feldern sagen. Dafür brauchen wir das dritte und vierte Gesetz.

Das *dritte Gesetz* entspricht der elektromagnetischen Induktion, die Faraday entdeckt hatte. Es besagt, dass sich um ein Magnetfeld, das stärker oder schwächer wird, ein elektrisches Wirbelfeld mit in sich geschlossenen Feldlinien bildet, das beispielsweise in einer Spule einen elektrischen Strom antreiben kann. Die Wirbelstärke des elektrischen Feldes entspricht dabei der Änderungsrate des Magnetfeldes, was Maxwell wieder durch passende Differenzialgleichungen ausdrücken konnte. Je schneller sich also ein Magnet in einer Spule hin und her bewegt, umso mehr Strom wird in der Spule erzeugt. Jeder Stromgenerator funktioniert nach diesem Prinzip.

Fehlt noch das *vierte Gesetz* für die Wirbelstärke des Magnetfeldes. Es lautet: Ein elektrischer Strom erzeugt ein magnetisches Wirbelfeld um den Strom herum – genau das hatte Ampère entdeckt. Ein gerader stromführender Leiter wird beispielsweise von kreisförmigen magnetischen Feldlinien umschlossen, die immer senkrecht zur Stromrichtung verlaufen. Wickelt man einen solchen Stromleiter zu einer Spule auf, so kann man daraus wunderbar einen Elektromagneten bauen.

Doch Maxwell fand noch mehr heraus. Er entdeckte, dass mit dem vierten Gesetz etwas nicht stimmen konnte – es fehlte noch etwas! Was geschieht beispielsweise, wenn wir einen stromführenden Leiter an einer Stelle unterbrechen und dort zwei parallele Leiterplatten einbauen, die sich in kurzem Abstand gegenüberstehen (Abb. 2.9)? Trotz der Unterbrechung kann auch bei diesem Aufbau für eine kurze Zeit ein elektrischer Strom fließen, wobei sich die eine Leiterplatte zunehmend positiv und die andere negativ auflädt. Zwischen den Platten baut sich dabei ein elektrisches Feld auf, das immer stärker wird, solange der Strom noch fließt und die Platten weiter auflädt.

Wenn wir uns das zugehörige kreisförmige Magnetfeld anschauen, so dürfte es nach dem vierten Gesetz nur dort existieren, wo auch ein Strom fließt. An der Unterbrechungsstelle fließt aber kein Strom – stattdessen gibt es dort ein stärker werdendes elektrisches Feld. Gibt es dort also kein Magnetfeld?

Das erscheint unnatürlich. Man hat vielmehr den Eindruck, als ob an der Unterbrechungsstelle das stärker werdende elektrische Feld an die Stelle des Stroms tritt, weshalb Maxwell es auch als *Verschiebungsstrom* bezeichnete. Maxwell folgerte, dass auch dieser Verschiebungsstrom – also das sich verändernde elektrische Feld – ein magnetisches Wirbelfeld erzeugen müsse, so als ob der Verschiebungsstrom ein richtiger Strom wäre.

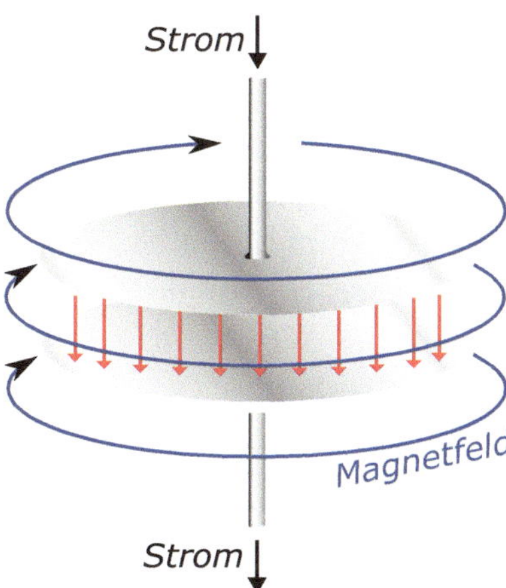

Abb. 2.9 Magnetfeld um einen stromführenden Leiter, der von einem Plattenkondensator unterbrochen wird (abgeleitet vonhttps://commons.wikimedia.org/wiki/File:Displacement_current_in_capacitor_1.svg)

Licht ist eine elektromagnetische Welle

Daraus ergibt sich eine weit reichende Schlussfolgerung: Wenn nach dritten Gesetz ein sich änderndes Magnetfeld ein elektrisches Wirbelfeld erzeugt, dann kann dessen Änderung nach dem vierten Gesetz wiederum ein magnetisches Wirbelfeld erzeugen. Sich ändernde elektrische und magnetische Wirbelfelder können sich also dynamisch gegenseitig am Leben erhalten, wenn sie erst einmal durch schwingende elektrische Ladungen erzeugt wurden. Sie können sich von den Ladungen ablösen und wellenförmig in den Raum hinein ausbreiten, wie Maxwell herausfand. Anhand der bekannten elektrischen und magnetischen Parameter in seinen Gleichungen konnte er berechnen, wie schnell sich diese elektromagnetischen Wellen im Raum bewegen müssen. Das Ergebnis war verblüffend: Die Geschwindigkeit der Wellen entsprach genau der Lichtgeschwindigkeit. Die Konsequenz dieser Entdeckung lag auf der Hand: Auch Licht war sehr wahrscheinlich nichts anderes als eine elektromagnetische Welle!

Man könnte meinen, Maxwells Entdeckungen hätten unter den Gelehrten sofort einen tiefen Eindruck hinterlassen müssen. Aber Maxwells Veröffentlichungen waren selbst für seine Fachkollegen eine schwer zu lesende Kost, deren revolutionärer Inhalt sich dem Leser nicht gleich erschloss. Wie schon bei Isaac Newton fast 180 Jahre zuvor dauert es immer eine gewisse Zeit, bis der Wert einer Theorie erkannt wird und diese sich durchsetzen kann. Dabei spielen oft neue experimentelle Entdeckungen eine entscheidende Rolle. Wenn es einer Theorie gelingt, neue Vorhersagen zu machen, die über die alten Theorien hinausgehen, und wenn sich diese Vorhersagen dann im Experiment auch nachweisen lassen, dann hat die Theorie meist den Durchbruch geschafft.

So war es auch in diesem Fall. Der deutsche Physiker Heinrich Hertz nahm die Vorhersage Maxwells ernst, dass schnell schwingende Ladungen elektromagnetische Wellen abstrahlen sollten. Ihm gelang es im Jahr 1886, einen oszillierenden elektrischen Schwingkreis zu konstruieren und dessen abgestrahlte elektromagnetische Wellen in zehn Metern Entfernung mit einem offenen Drahtring aufzufangen, wo sie an einer winzigen Lücke im Drahtring kleine Funken erzeugten. Damit war der Beweis erbracht – elektromagnetische Wellen waren Realität!

Leider konnte Maxwell den Triumph seiner Theorie nicht mehr selbst miterleben. Im Jahr 1879 – also nur sieben Jahre vor dem Nachweis der Wellen durch Heinrich Hertz – war er im Alter von 48 Jahren an Magenkrebs gestorben. Er teilte dieses Schicksal mit seiner Mutter, die ungefähr im selben Alter dieser grausamen Krankheit erlegen war und den kleinen

James Clerk als achtjähriges Kind in den Händen seines fürsorglichen Vaters zurücklassen musste. Wäre es Maxwell vergönnt gewesen, ein Alter von 74 Jahren zu erreichen, so hätte er sogar die revolutionäre Entdeckung Albert Einsteins noch miterlebt, als dieser im Jahr 1905 in den Gleichungen Maxwells das wahre Wesen von Raum und Zeit erkannte.

Wenn man dem Licht hinterherläuft

Um hinter dieses Wesen von Raum und Zeit zu kommen, müssen wir uns die Maxwell-Gleichungen genauer ansehen. In ihnen taucht immer wieder der Begriff der Bewegung auf, beispielsweise beim elektrischen Strom, der aus bewegten Ladungen besteht, oder bei der magnetischen Kraft, die nur dann auf eine Ladung wirkt, wenn diese sich in einem Magnetfeld auch bewegt.

Aber Bewegung im Vergleich zu was? Relativ zu Newtons absolutem Raum? Oder relativ zu einem ruhenden Äther, der den kompletten Raum lückenlos durchdringt? Das war naheliegend, denn Maxwell und seine Zeitgenossen stellten sich vor, dass das elektromagnetische Feld ein innerer Zustand dieses Äthers sei. Elektrische Ladungen und Ströme sollten in diesem Äther gewisse Spannungen und Wirbel erzeugen, die sich in den elektromagnetischen Kräften auf andere Ladungen niederschlugen. Insbesondere sollte es sich bei Licht um eine wellenförmige Schwingung des Äthers handeln, so wie Schall eine Schwingung der Luft darstellt. Man war also noch ganz dem mechanischen Weltbild verbunden, das seit fast zwei Jahrhunderten die Physik dominierte.

Damit schien allerdings das schöne Symmetrieprinzip, das Galilei mit seinem bekannten Schiffsbeispiel mehr als zwei Jahrhunderte zuvor erdacht hatte, hinfällig geworden zu sein. Es sah ganz so aus, als könne man unter Deck eines Schiffes mithilfe elektromagnetischer Phänomene ermitteln, ob sich das Schiff relativ zum Äther bewegt oder nicht. Man könnte beispielsweise unter Deck zwei positiv geladene Kugeln links und rechts nebeneinander aufstellen, ähnlich wie Fahrer und Beifahrer, also mit demselben Abstand zum Bug. Wenn das Schiff fährt, so wirkt jede Kugel wie ein elektrischer Strom, denn ein Strom ist ja nichts anderes als bewegte Ladung. Entsprechend baut sich um jede der beiden Kugeln ein ringförmiges Magnetfeld auf, das eine magnetische Kraft auf die jeweils andere Kugel ausübt, denn diese bewegt sich ja in diesem Feld. Rechnet man es aus, so entsteht insgesamt eine magnetische Anziehungskraft zwischen den beiden Kugeln, ganz analog zu der magnetischen Anziehung zwischen zwei parallelen Strömen, die André-Marie Ampère entdeckt hatte. Diese Anziehung wirkt der elektrischen Abstoßungskraft zwischen den Kugeln zum Teil entgegen, und sie wird umso stärker, je schneller sich das Schiff mitsamt den beiden Kugeln bewegt. Nun müssen wir nur noch die Gesamtkraft zwischen den beiden Kugeln messen und wir wissen, wie schnell das Schiff fährt – auch ohne aus dem Fenster zu schauen.

Sollen wir so etwas wirklich glauben? Wenn wir unter Deck neben den beiden Kugeln stehen, erscheinen sie uns völlig unbewegt. Ihre relative Position zueinander ändert sich überhaupt nicht, egal ob das Schiff sich bewegt oder nicht. Und dennoch soll sich die Kraft zwischen ihnen ändern, wenn das Schiff fährt? Außerdem ruht das Schiff ja selbst dann nicht, wenn es im Hafen vor Anker liegt, denn es bewegt sich ja mitsamt der Erde um die Sonne. Irgendetwas stimmt hier nicht!

Noch merkwürdiger wird die Situation, wenn wir uns vorstellen, wir würden einem Lichtstrahl hinterherfliegen. Was würde geschehen, wenn wir ihn einholen und parallel mit ihm mitfliegen könnten? Wir müssten ein statisches Wellenfeld aus elektrischen und magnetischen Wirbelfeldern sehen, bei dem sich die Position der Wellenberge nicht verändert. Nun war es aber gerade die ständige Veränderung dieser Felder, die es ihnen nach den Maxwell-Gleichungen ermöglichte, sich gegenseitig am Leben zu halten. Ein statisches elektromagnetisches Wellenfeld ist nach den Maxwell-Gleichungen gar nicht möglich. Das würde bedeuten, dass die Maxwell-Gleichungen nicht mehr für uns gelten, sobald wir uns relativ zum Äther bewegen und den Lichtstrahl im Flug begleiten. Die physikalischen Gesetze des Elektromagnetismus wären unter Deck eines bewegten Schiffes nicht mehr dieselben wie in einem ruhenden Schiff.

Als Galilei in seinem Dialog über die zwei Weltsysteme sein Schiffsbeispiel formulierte, wollte er seinen Lesern damit klarmachen, warum wir die Bewegung der Erde um die Sonne nicht spüren. Wenn nun sein Argument nicht mehr gültig sein sollte und die elektromagnetischen Gesetze vom Bewegungszustand abhingen, so müssten wir die Bewegung der Erde relativ zum ruhenden Äther mit elektromagnetischen Mitteln messen können. Wenn sich unser Labor gerade mitsamt der Erdoberfläche durch den Äther bewegt, dann sollten wir beispielsweise eine Veränderung der Lichtgeschwindigkeit relativ zum Labor feststellen können. Falls wir gerade dem Lichtstrahl hinterherfliegen, so müsste er sich aus unserer Sicht langsamer bewegen.

Genau solche Messungen der Lichtgeschwindigkeit wurden in den Jahren 1881 und 1887 von dem deutsch-amerikanischen Physiker Albert A. Michelson und dem amerikanischen Chemiker Edward W. Morley durchgeführt. Die Messgenauigkeit war dabei groß genug, um den gesuchten Geschwindigkeitseffekt entdecken zu können. Doch das Ergebnis war ernüchternd, denn man fand NICHTS! Die Geschwindigkeit des Lichts relativ zum Labor war immer dieselbe, nämlich rund 300.000 km/s. Es sah ganz so aus, als ob Galileis Schiffsbeispiel auch bei den elektromagnetischen Phänomenen Bestand hatte: Die gleichförmige Bewegung relativ zum absoluten Raum oder dem Äther ließ sich mit Licht nicht nachweisen.

Auch bei den beiden geladenen Kugeln löst sich unser obiges Argument in Luft auf, wenn wir die Situation genauer analysieren. Das Magnetfeld, das um eine bewegte geladene Kugel entsteht, bewegt sich nämlich mit der Kugel mit – es verändert sich also an jedem festen Ort im Raum und erzeugt nach dem Induktionsgesetz ein elektrisches Wirbelfeld, das zum normalen elektrischen Feld der Kugel hinzukommt. In Summe sieht das elektrische Feld der Kugel dann so aus, als hätte man den gesamten Raum um die Kugel herum in Fahrtrichtung zusammengedrückt (Abb. 2.10). Die elektrische Kraft wird also parallel zur Fahrtrichtung schwächer, senkrecht dazu aber stärker. Damit stoßen sich die beiden Kugeln stärker elektrisch ab, wenn sie sich nebeneinander bewegen, was die magnetische Anziehung gerade kompensiert. Die Gesamtkraft zwischen den Kugeln ist dieselbe, egal ob sich das Schiff bewegt oder nicht.

Was sollen wir von alldem halten? Gilt Galileis Schiffsbeispiel auch bei den elektromagnetischen Phänomenen? Bei den beiden geladenen Kugeln leuchtet uns das noch ein, aber was ist mit Licht? Muss ein Lichtblitz für uns nicht langsamer aussehen, wenn wir ihm hinterherfliegen?

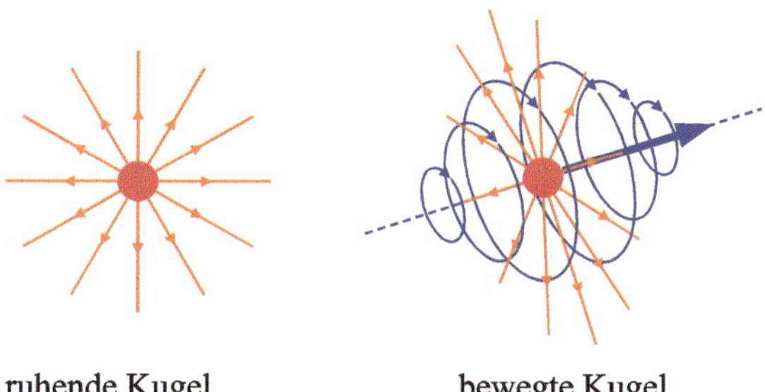

Abb. 2.10 Eine ruhende elektrisch geladene Kugel (links) besitzt ein kugelsymmetrisches elektrisches Feld. Bewegt sich die Kugel (rechts), so entsteht ein magnetisches Wirbelfeld, während das elektrische Feld in Flugrichtung gestaucht wird. (Grafik abgeleitet von https://en.wikipedia.org/wiki/File:Lorentz_boost_electric_charge.svg)

Lorentz-Kontraktion und lokale Zeit

Viele Physiker dachten Ende des neunzehnten Jahrhunderts darüber nach, wie sich diese Fragen lösen ließen. So schlug der niederländische Physiker Hendrik Antoon Lorentz (Abb. 2.11) im Jahr 1892 vor, dass alle physikalischen Objekte in Flugrichtung gestaucht werden, wenn sie sich gegenüber dem Äther bewegen – man spricht hier von der *Lorentz-Kontraktion*. Ein in Bugrichtung ausgerichteter Metermaßstab unter Deck eines Schiffes, das sich sehr schnell bewegt und einem Lichtblitz hinterhereilt, wäre dann also kürzer als ein Meter. Wenn nun ein Matrose

Abb. 2.11 Albert Einstein (1879–1955, links) und Hendrik Antoon Lorentz (1853–1928, rechts) im Jahr 1921, fotografiert von Paul Ehrenfest vor Lorentz' Haus in Leiden. (Quelle: https://commons.wikimedia.org/wiki/File:Einstein_en_Lorentz.jpg)

die Geschwindigkeit des Lichtblitzes unter Deck des bewegten Schiffes bestimmt, so könnte ihm die Verkürzung des Maßstabes vorgaukeln, dass der Lichtblitz immer noch 300.000 km/s zurücklegt, obwohl er relativ zum bewegten Schiff in Wirklichkeit langsamer wäre, da dieses ihm ja hinterhereilt.

Wie kam Lorentz auf diese Idee? Wenn wir uns Abb. 2.10 noch einmal ansehen, so erkennen wir, dass die elektrischen Feldlinien einer bewegten geladenen Kugel in Bewegungsrichtung gestaucht werden. Vielleicht werden analog sämtliche Kräfte zwischen den Atomen und Molekülen in jedem Stück Materie ebenso gestaucht, sodass sich insgesamt die Länge bewegter Objekte in Bewegungsrichtung verkürzt? Das war natürlich eine wilde Spekulation, da man zur damaligen Zeit nur wenig über die atomare Struktur der Materie wusste. Andererseits war man ziemlich verzweifelt – irgendeine Lösung für die vertrackten Probleme musste sich doch finden lassen!

Lorentz fand noch mehr heraus. Er entdeckte, dass er die Maxwell-Gleichungen im bewegten Schiff dann retten konnte, wenn er zusätzlich zur Verkürzung aller Längen in Bewegungsrichtung noch eine künstliche lokale Schiffszeit einführte, die aus Sicht des ruhenden Äthers langsamer ablaufen sollte.

Was es mit dieser lokalen Schiffszeit auf sich hat, können wir am besten verstehen, indem wir den Lichtblitz nicht mehr in Bugrichtung, sondern von Backbord nach Steuerbord und zurück hin und her fliegen lassen. Wir könnten beispielsweise unter Deck links und rechts an der Schiffswand zwei sehr hochwertige Spiegel aufstellen, die den Lichtblitz ständig hin und her spiegeln. An einem der Spiegel könnten wir außerdem einen kleinen Lichtdetektor anbringen, der bei jedem Auftreffen des Lichtblitzes einen Zähler hochzählt und ein hörbares Ticken in einem Lautsprecher auslöst.

Was wir hier gebaut haben, ist im Grunde eine Uhr – genauer eine Lichtuhr. Sie tickt im Rhythmus des hin und her eilenden Lichtblitzes, und das Zählwerk zeigt die Uhrzeit in einer bestimmten Zeiteinheit an, die der Lichtlaufzeit hin und zurück zwischen den beiden Spiegeln entspricht.

Was geschieht nun mit dieser Uhr, wenn das Schiff sich in Bugrichtung durch den Äther bewegt? Der Lichtblitz legt nun eine Zickzacklinie zwischen den beiden bewegten Spiegeln zurück (Abb. 2.12). Die zurückgelegte Strecke zwischen den Reflexionen ist also länger als bei ruhendem Schiff. Da sich der Lichtblitz aber weiterhin mit Lichtgeschwindigkeit durch den Äther bewegt, braucht er für den nun längeren Weg zwischen den Spiegeln auch eine längere Zeit als bei ruhendem Schiff. Die Lichtuhr unter

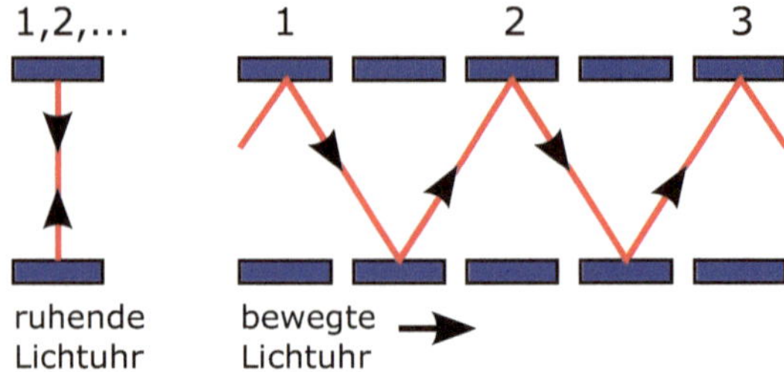

Abb. 2.12 Ruhende und bewegte Lichtuhr. (Quelle: Eigene Grafik)

Deck des Schiffes tickt also langsamer, wenn das Schiff sich bewegt. Sie zeigt nach Lorentz die lokale Zeit unter Deck des Schiffes an.

Für Lorentz war diese lokale Schiffszeit allerdings nichts anderes als eine rein mathematische Rechengröße. Wenn der Matrose die Lichtgeschwindigkeit rechnerisch auf seine lokale Schiffzeit bezieht, so kann auch er sagen, dass der Lichtblitz einmal pro Lichtuhr-Ticken zwischen den Spiegeln hin und her läuft. Das Licht wäre für ihn zwar „eigentlich" langsamer relativ zu den Schiffswänden unterwegs, aber da zugleich auch seine lokale Zeit langsamer abläuft als die „wahre Zeit", gleicht sich dies mathematisch aus. Das ist auch weiter keine Überraschung, denn die lokale Zeit wurde ja mithilfe der Lichtuhr gerade so definiert, dass das hinkommt. Auch der Matrose würde also sagen, dass die Lichtgeschwindigkeit 300.000 km pro lokaler Sekunde beträgt.

Nun sagen die Maxwell-Gleichungen voraus, dass das Licht immer mit 300.000 km/s unterwegs ist. Der Matrose unter Deck muss also seine lokale Zeit in den Maxwell-Gleichungen verwenden, damit das auch für ihn so stimmt. Das war genau das, was Lorentz entdeckt hatte: Wenn man die in Fahrtrichtung verkürzten Längenmaßstäbe und die lokale Zeit als Rechengrößen verwendet, so gelten die Maxwell-Gleichungen in diesen lokalen Maßeinheiten auch unter Deck, egal ob sich das Schiff bewegt oder nicht.

Was aber, wenn nicht nur die Lichtuhr im Inneren des bewegten Schiffes langsamer ginge, sondern auch jeder andere physikalische Vorgang inklusive der Lebensvorgänge des Matrosen? Dann hätte der Matrose keinen Vergleichsmaßstab mehr, um das langsamere Ticken seiner Lichtuhr und die Verlangsamung der Lichtgeschwindigkeit unter Deck festzustellen. Analog wäre es mit den Längenmaßstäben. Die Natur hätte sich gewissermaßen gegen ihn verschworen – sie hätte alle Hebel in Bewegung gesetzt, um zu verschleiern, dass er das Licht eigentlich langsamer wahrnehmen müsste.

Ist das die Lösung? Eine universelle Verschleierungstaktik der Natur mit verkürzten Längenmaßstäben und langsamer laufenden Uhren, um das Licht immer gleich schnell erscheinen zu lassen, egal wie man sich bewegt? Man könnte es fast glauben, aber ein Problem bleibt: Was geschieht, wenn das Schiff immer schneller wird und sich schließlich mit Lichtgeschwindigkeit durch den Äther bewegt? Die Lichtuhr müsste immer langsamer ticken und schließlich sogar stehen bleiben, und alle Maßstäbe müssten in Fahrtrichtung immer kürzer werden und schließlich auf Länge Null schrumpfen, um den Anschein einer konstanten Lichtgeschwindigkeit unter Deck aufrecht zu erhalten. Das ist natürlich Unsinn und bedeutet nichts anderes, als dass sich der Anschein nicht mehr aufrechterhalten lässt – spätestens bei einem mit Lichtgeschwindigkeit fahrenden Schiff müsste die Täuschung auffliegen. Irgendetwas stimmt hier also nicht. Nur was?

Albert Einstein – das Genie im Schweizer Patentamt

Im Jahr 1879 – dem Todesjahr von James Clerk Maxwell – wurde im württembergischen Ulm ein Kind geboren, das zu dem wohl berühmtesten Physiker aller Zeiten heranwachsen sollte: Albert Einstein. Mit einer Mischung aus fast kindlicher Unbefangenheit, Zielstrebigkeit und einer tiefen Intuition für die richtigen Ideen würde es ihm gelingen, die Widersprüche aufzulösen, die sich aus Maxwells Theorie ergaben.

Von alledem war noch wenig zu sehen, als Einstein die Volksschule und anschließend das Luitpold-Gymnasium in München besuchte. Der dort herrschende autoritäre Unterrichtsstil, der auf Zucht und Ordnung basierte, war dem jugendlichen Freigeist zutiefst zuwider. Hinzu kam, dass seine Eltern aus geschäftlichen Gründen ins italienische Mailand zogen und den fünfzehnjährigen Einstein in München zurückließen, damit er dort sein Abitur beenden konnte. Doch daraus wurde nichts. Einstein brauchte eine liberal-freiheitliche Atmosphäre, um sich entfalten zu können, und die gab es im kaiserlichen Deutschland nicht. Also zog er nach kurzer Zeit die Konsequenz, verließ eigenmächtig und ohne Abschluss die gestrenge Erziehungsanstalt und machte sich auf den Weg zu seinen Eltern ins sonnige Italien.

Von dort aus bewarb er sich mit 16 Jahren für einen Studienplatz an der ETH in Zürich. Ohne Abitur musste er sich dort einer Aufnahmeprüfung unterziehen, die er allerdings nicht bestand – sein Französisch war einfach zu schlecht. Auch in seinen späteren Jahren entwickelte Einstein wenig Interesse an anderen Sprachen. Wo immer es ging, bevorzugte er die deutsche Sprache, die er fast schon mit poetischer Ausdruckskraft beherrschte. Einsteins deutschsprachige Texte zu lesen ist auch heute noch ein Genuss!

Um seine Matura nachzuholen, ging Einstein in die Schweiz und besuchte dort die Kantonsschule in Aarau. Hier herrschte ein ganz anderer, viel liberalerer Geist als in Deutschland, und zum ersten Mal in seinem Leben fühlte sich Einstein in der Schule wohl. Dem deutschen Kaiserreich weinte er keine Träne nach. Konsequent wie er war, gab er seine deutsche Staatsbürgerschaft auf und war für einige Jahre staatenlos. Bald darauf bestand er die Matura mit guten bis sehr guten Abschlussnoten – das Gerücht, er sei ein schlechter Schüler gewesen, beruht auf einem Missverständnis, denn in der Schweiz ist die „Sechs" die beste Note.

Nun stand dem mittlerweile siebzehnjährigen Einstein der Weg offen und er schrieb sich an der ETH Zürich für das Fachlehrerstudium in Mathematik und Physik ein. Dabei musste er relativ sparsam leben, denn seine Eltern gerieten in finanzielle Schwierigkeiten, sodass sich Einstein als Belastung für seine Eltern empfand. Doch schließlich fand sein Vater wieder eine Anstellung und die Lage besserte sich.

Insgesamt genoss Einstein das freie Studentenleben, in dem er so ziemlich tun und lassen konnte, was er wollte. Vorlesungen besuchte er nur hier und da, wobei er die Mathematikvorlesungen von Adolf Hurwitz und Hermann Minkowski später besonders lobte. Ansonsten verließ sich Einstein lieber auf sein Selbststudium und brachte sich die Themen, die ihn gerade interessierten, anhand von Büchern selber bei. Als die Abschlussprüfungen näher rückten, wurde seine Eigenwilligkeit allerdings zum Problem, zumal er es hasste, gleichsam auf Befehl vorgegebenen Stoff zu lernen, anstatt frei seinen Interessen nachzugehen. Vorgegebene Lösungsmethoden fand er abstoßend – da war es doch viel spannender, eigene Ideen auszutüfteln. Besonders seinem Professor für Elektrotechnik, Heinrich Friedrich Weber, missfielen Einsteins Alleingänge, sodass er den jugendlichen Eigenbrötler schließlich anraunzte: „Sie sind ein gescheiter Junge, Einstein, ein ganz gescheiter Junge. Aber Sie haben einen großen Fehler: Sie lassen sich nichts sagen!"

Glücklicherweise hatte Einsteins Kommilitone und Freund Marcel Grossmann alle Vorlesungen penibel mitgeschrieben, und er war so nett, sie Einstein für seine Prüfungsvorbereitungen zu überlassen. Im August 1900 bestand Einstein die Prüfungen mit guten Noten.

Dennoch erhielt er – anders als andere Absolventen – keine Anstellung an der ETH. Zu oft war er mit seiner Sturheit bei seinen Professoren angeeckt. Einstein schlug sich daher zunächst als Privatlehrer durch, bis es ihm durch die Vermittlung seines Freundes Marcel Grossmann und dessen Vater gelang, eine Anstellung als technischer Experte dritter Klasse am Schweizer Patentamt in Bern zu ergattern.

Auch ansonsten änderte sich einiges in Einsteins Leben. Endlich erhielt er die Schweizer Staatsbürgerschaft, für deren Erwerb er mehrere Jahre lang gespart hatte. Er würde sie sein Leben lang behalten und blieb der Schweiz, diesem „schönsten Stück Erde, das er kannte", für immer verbunden.

Nun, da er endlich eigenes Geld verdiente, war Einstein auch in der Lage, seine geliebte Freundin und frühere Kommilitonin Mileva Marić aus dem serbischen Novi Sad zu heiraten und mit ihr eine Familie zu gründen (Abb. 2.13). Bei seiner Mutter Pauline stieß diese Verbindung allerdings auf deutlichen Widerstand – sie mochte Mileva nicht sonderlich. Für Einstein, der ein gutes Verhältnis zu seinen Eltern hatte, war dieser Zwist eine Belastung. Als wäre das noch nicht genug, starb sein Vater Hermann kurz vor der Hochzeit an einer Herzkrankheit. Noch auf dem Totenbett erteilte er der Ehe seinen Segen. Wer weiß, ob Albert seine Mileva ohne diese Einwilligung überhaupt geheiratet hätte? Leider stand die Ehe unter keinem guten Stern. Im Lauf der Jahre lebten sich die beiden Eheleute immer mehr auseinander, ihre einstige Liebe schlug in bittere Ablehnung um und nach elf Jahren trennten sie sich schließlich – ein dunkles Kapitel in Einsteins Leben, bei dem er auch selbst nicht immer eine gute Figur abgab. Offenbar

Abb. 2.13 Albert Einstein und seine erste Frau Mileva Marić im Jahr 1912. (© R4820/ PictureLux/The Hollywood Archive/picture alliance)

passten die eher schweigsame und introvertierte Mileva und ihr zwar eigensinniger, aber zugleich geselliger Albert, der liebend gern seine Gedanken mit seinen Freunden und Kollegen teilte und ausdiskutierte, nicht gut zusammen.

Aus ihrer unglücklichen Verbindung gingen zwei Söhne hervor: Hans Albert und sechs Jahre darauf Eduard, der später als junger Mann an Schizophrenie erkrankte. Erst viele Jahre nach Einsteins Tod kam heraus, dass es auch eine gemeinsame uneheliche Tochter gab: Lieserl. Sie war schon vor der Hochzeit in Novi Sad zur Welt gekommen, aber ihre Existenz wurde von den beiden jungen Eltern geheim gehalten – zu groß war wohl die Schande, die einem unehelichen Kind damals anhaftete. Was aus der kleinen Tochter wurde, ist nicht bekannt. Mileva hatte sie bei ihren Eltern in Serbien zurückgelassen – ob freiwillig oder unfreiwillig, ist unklar. Für die junge Ehe dürfte dieser Umstand wohl eine nicht zu unterschätzende Belastung gewesen sein.

Ungeachtet der privaten Turbulenzen fühlte sich Einstein im Schweizer Patentamt insgesamt wohl. Der geregelte Job war, wie sich herausstellte, zu der damaligen Zeit genau das richtige für ihn. Hier hatte er neben seiner Arbeit, die er ernsthaft und mit Interesse betrieb, genügend Zeit, seinen eigenen physikalischen Ideen ohne jede Einmischung von außen nachzugehen. Diese Art von Freiheit, die er auch in seinem späteren Leben immer anstreben würde, sollte sich auszahlen. Vielleicht hat ihm sogar Mileva bei der Ausarbeitung seiner Ideen geholfen. Zumindest wird er sich mit ihr darüber unterhalten haben – schließlich war sie studierte Physikerin wie er. Welchen Anteil sie an seinen Entdeckungen aber tatsächlich hatte, ist bis heute unklar.

Einstein findet die Lösung

Ein phänomenaler Durchbruch, wie er er Einstein gelingen sollte, kommt selten über Nacht. Meist gehen ihm viele Jahre des intensiven Grübelns und Nachdenkens voran, in denen sich Schritt für Schritt die Grundlagen für die Lösung formen. Das war auch bei einem Genie wie Einstein nicht anders. In seiner letzten autobiografischen Skizze kurz vor seinem Tod im Jahr 1955 schrieb er:[14]

Während dieses Jahres in Aarau [Einstein war damals 16 Jahre alt und gerade dem Drill des kaiserlich-deutschen Gymnasiums entronnen] kam mir die

---

[14]Albert Einstein: *Erinnerungen-Souveniers,* Schweizerische Hochschulzeitung 28 (1955), S. 146, http://ethistory.ethz.ch/texte/1955Einstein_SHZ.pdf.

Frage: Wenn man einer Lichtwelle mit Lichtgeschwindigkeit nachläuft, so würde man ein zeitunabhängiges Wellenfeld vor sich haben. So etwas scheint es aber doch nicht zu geben!

Dieser Gedanke sollte ihn über die nächsten zehn Jahre nicht ruhen lassen. Offenbar kann Licht nicht ruhen – es muss sich immer bewegen, auch aus der Sicht eines Beobachters, der ihm nachläuft. Aber was war falsch an der Vorstellung, dass man das Licht einholen könne?

Die Vorschläge von Lorentz und anderen gaben zumindest einen Hinweis auf eine mögliche Lösung: Verkürzte Längenmaßstäbe und lokale Zeiteinheiten könnten es für den nacheilenden Beobachter unmöglich machen, die aus seiner Sicht verminderte Lichtgeschwindigkeit zu beobachten und so die eigene Bewegung relativ zum ruhenden Äther festzustellen. Der französische Physiker und Mathematiker Henri Poincaré (Abb. 2.14) erhob diese

Abb. 2.14 Henri Poincaré (1854–1912). (Quelle: https://en.wikipedia.org/wiki/File: PSM_V82_D416_Henri_Poincare.png)

Unmöglichkeit sogar zu einem allgemeinen Prinzip: „Es scheint, dass die Unmöglichkeit, die absolute Bewegung der Erde im Äther zu bestimmen, ein allgemeines Naturgesetz ist."

Poincaré ging sogar noch weiter und stellte die Existenz einer absoluten Zeit in Frage: „Wir haben keine unmittelbare Anschauung für Gleichzeitigkeit, ebenso wenig wie für die Gleichheit zweier Zeitintervalle." Damit war er dem Durchbruch schon sehr nahe. Doch in einem entscheidenden Punkt blieb er den mechanistischen Ideen der Vergangenheit treu: Für ihn musste es einen absolut ruhenden Äther geben, in dem das Licht sich als schwingende Welle ausbreiten konnte, auch wenn es prinzipiell unmöglich sein sollte, die eigene Geschwindigkeit relativ zu diesem ruhenden Trägermedium zu ermitteln. Und damit repräsentierten natürlich auch die Uhren, die in diesem Äther ruhten, eine „besondere" Zeit.

Vielleicht wussten Lorentz und Poincaré einfach zu viel, um den entscheidenden letzten Schritt zu tun. Sie hatten bereits viel erreicht, aber sie waren noch zu sehr in den traditionellen Denkweisen gefangen. Es brauchte jemanden, der auf ganz unverbrauchte Weise und ohne Vorurteile an die Probleme heranging.

Nach vielen Jahren des Nachdenkens platzte schließlich der Knoten, wie Einstein in seiner Kyoto-Ansprache aus dem Jahr 1922 erzählt. Er diskutierte gerade die Problematik mit seinem Berner Freund Michele Angelo Besso, als er plötzlich verstand, wo der Schlüssel zur Lösung lag. Es lag am Begriff der Zeit. „Die Zeit ist nicht absolut definiert, und es gibt eine unlösbare Verbindung zwischen der Zeit und der Signalgeschwindigkeit [des Lichts]. Diese Auffassung beseitigt die zuvor aufgetretenen Schwierigkeiten völlig."[15]

Innerhalb weniger Wochen arbeitete Einstein seine Ideen fertig aus und veröffentlichte sie im Jahr 1905 unter dem Titel *Zur Elektrodynamik bewegter Körper.* Es war sein Wunderjahr, in dem er noch einige weitere bahnbrechende Entdeckungen veröffentlichte, die allesamt äußerst bemerkenswert sind, aber nicht zum Hauptthema dieses Buches gehören.

Der unscheinbare Titel lässt kaum erahnen, dass es sich dabei um ein Jahrhundertwerk handelt, in dem Einstein auf gerade einmal 31 Seiten die Grundlagen einer vollkommen neuen Auffassung von Raum und Zeit schuf, die wir heute unter dem Namen *Spezielle Relativitätstheorie* kennen.

Kernpunkt ist dabei das *Relativitätsprinzip*, also letztlich Galileis Schiffsbeispiel. Einstein behauptet, „dass dem Begriff der absoluten Ruhe nicht nur

---

[15]Albert Einsteins Gastvortrag an der Universität zu Kyoto am 14. Dezember 1922.

in der Mechanik, sondern auch in der Elektrodynamik keine Eigenschaften der Erscheinungen entsprechen". Unter Deck des Schiffes gelten also grundsätzlich dieselben mechanischen und elektromagnetischen Gesetze, egal ob sich das Schiff gleichförmig bewegt oder nicht. Das gilt auch für die Geschwindigkeit des Lichts, das sich für einen Matrosen unter Deck grundsätzlich immer mit derselben Geschwindigkeit relativ zu den Schiffswänden bewegt, egal wie schnell das Schiff gerade unterwegs ist. Der Matrose kann jederzeit mit Fug und Recht behaupten, sein Schiff würde ruhen und es sei die Welt um ihn herum, die sich gleichmäßig bewegt.

Diese Grundannahmen genügen, um alle Widersprüche aufzulösen, wie Einstein dann im Detail nachweist, wobei er den Lichtäther als „überflüssig" gleich zu Beginn über Bord wirft. Um diesen Nachweis zu führen, muss Einstein ganz anders als Newton vorgehen, der im Sinne von Platons Ideenwelt den absoluten Raum und die wahre Zeit „ohne Beziehung auf irgendeinen äußeren Gegenstand" als Gott-gegeben an den Anfang seiner Theorie stellt. Für Einstein sind Raum und Zeit nicht einfach da, sondern sie müssen durch Bezug auf physikalische Phänomene erst definiert werden. Nur so kann er herausfinden, was seine Grundannahmen für die Begriffe von Raum und Zeit bedeuten und wie sich die scheinbaren Widersprüche auflösen lassen.

„Zeit ist das, was man an der Uhr abliest" – so brachte es Einstein später einmal auf den Punkt. Ohne irgendeinen physikalischen Vorgang – beispielsweise die Schwingung eines Pendels oder unsere Lichtuhr – macht es keinen Sinn, überhaupt von Zeit zu sprechen. Gottfried Wilhelm Leibniz wäre über diese Auffassung hellauf begeistert gewesen.

Allerdings hat man mit einer Uhr nur einen Zeitstandard für den Ort definiert, an dem die Uhr auch steht. Wenn wir beispielsweise einen Asteroiden auf dem Mond einschlagen sehen, so können wir mit einer Uhr auf der Erde nicht ohne Weiteres feststellen, wann das genau geschehen ist, denn das Licht des Einschlags braucht ja Zeit, um zu uns zu gelangen.

Das ist nun genau die Stelle, an der Einsteins Annahme zum Tragen kommt, dass das Licht von der Erde aus gesehen immer dieselbe Geschwindigkeit von rund 300.000 km/s hat, egal wie sich die Erde mitsamt ihrem Mond gerade um die Sonne bewegt und egal, wo sich der Mond gerade auf seiner Erdumlaufbahn befindet.[16] Das Licht verbindet verschiedene Ereignisse in Raum und Zeit miteinander und legt deren räumliche und zeitliche Abstände erst fest.

---

[16]Wir unterstellen hier, dass wir für den betrachteten Zeitraum von wenigen Sekunden die Relativbewegung zwischen Erde und Mond vernachlässigen können.

Beim Mond nutzt man das auch ganz real aus, um seinen Abstand zur Erde jederzeit messen zu können. Zu diesem Zweck haben die Astronauten der Apollo-Missionen sogenannte Retroreflektoren auf der Mondoberfläche aufgestellt, die das ankommende Licht genau in dieselbe Richtung zurückzuwerfen, aus der es kam (Abb. 2.15). Nun braucht man nur noch von der Erde aus einen kurzen Laserpuls zum Mond zu schicken und nachzumessen, wann seine Reflexion wieder auf der Erde ankommt, was nach rund 2,6 s geschieht – wenn Sie wie ich Fan der amerikanischen Sitcom *The Big Bang Theory* sind, dann kennen Sie dieses Experiment vom Ende der dritten Staffel.

Damit wissen wir, dass das Licht vom Mond bis zu uns etwa 1,3 s braucht. Wenn wir also von der Erde aus einen Asteroiden auf dem Mond einschlagen sehen, so schließen wir daraus, dass sich dieses Ereignis 1,3 s zuvor ereignet hat. Was immer wir vor 1,3 s getan haben, erfolgte also *gleichzeitig* mit dem Einschlag des Asteroiden auf dem Mond.

Das klingt trivial, ist es aber keineswegs. Wir haben die Grundannahme der immer gleichen Lichtgeschwindigkeit dazu verwendet, um *festzulegen*, wann wir zwei Ereignisse, die weit entfernt voneinander stattfinden,

Abb. 2.15 Retroreflektor der Apollo-11-Mission auf dem Mond. (Credit: NASA). (Quelle: https://commons.wikimedia.org/wiki/File:Apollo_11_Lunar_Laser_Ranging_Experiment.jpg)

als *gleichzeitig* ansehen wollen. Diese naheliegende Festlegung hat weit reichende Konsequenzen, wie Einstein herausfand.

Raum und Zeit sind relativ

Um mehr über diese Konsequenzen herauszufinden, wollen wir uns genau in der Mitte zwischen Erde und Mond eine kleine Raumstation vorstellen. In der Raumstation befinden sich zwei leistungsfähige Laser, die gleichzeitig einen kurzen Laserpuls in entgegengesetzte Richtungen abschicken – einen zum Mond und einen zur Erde. Da sich die Raumstation genau zwischen Erde und Mond befindet, werden die Laserpulse nach 0,65 s gleichzeitig auf der Erde und dem Mond ankommen. Dass das so ist, kann ein Astronaut in der Raumstation leicht nachprüfen. Beispielsweise könnten Retroreflektoren die Laserpulse auf der Erde und auf dem Mond zur Raumstation zurückspiegeln, sodass der Astronaut sie dort gleichzeitig wieder ankommen sieht.

So weit ist alles klar. Interessant wird es, wenn ein weiterer Beobachter ins Spiel kommt, der sich sehr schnell bewegt. Was würde beispielsweise ein Alien beobachten, das sich in seinem Raumschiff mit halber Lichtgeschwindigkeit in Richtung Mond bewegt und genau in dem Moment an der Raumstation vorbeifliegt, in dem dort die beiden Laserpulse in Richtung Mond und Erde abgefeuert werden (Abb. 2.16)?

Nach Einstein kann das Alien jederzeit behaupten, es selbst würde ruhen und Erde, Raumstation und Mond würden mit halber Lichtgeschwindigkeit an ihm vorbeirasen. Die beiden Laserpulse bewegen sich aber auch aus Sicht des Aliens mit Lichtgeschwindigkeit auf Mond und Erde zu. Es spielt dabei keine Rolle, dass von der Raumstation aus gesehen das Alien dem Mond-Laserpuls mit halber Lichtgeschwindigkeit hinterherfliegt. Für das Alien bewegt sich jeder Laserpuls immer mit Lichtgeschwindigkeit, egal ob er von der Raumstation kommt oder von ihm selbst abgefeuert wurde.

Wann sieht das Alien die Laserpulse auf dem Mond und der Erde ankommen? Beim Abfeuern der Laserpulse sind Erde und Mond noch

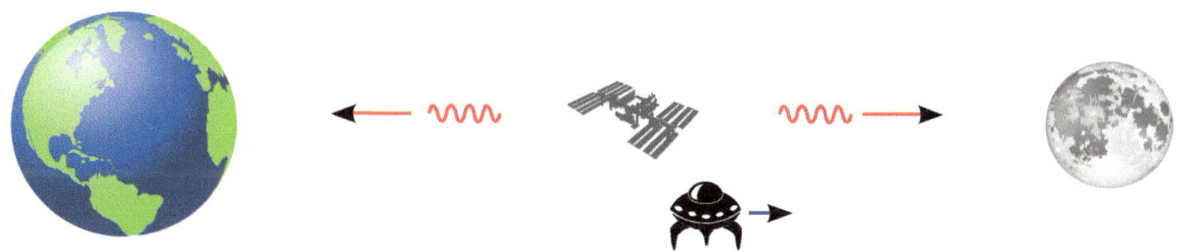

Abb. 2.16 Von einer Raumstation zwischen Erde und Mond werden zwei Laserpulse abgefeuert, während ein Alien-Raumschiff genau in diesem Moment mit halber Lichtgeschwindigkeit vorbeifliegt. (Quelle: Eigene Grafik)

gleich weit von seinem Raumschiff entfernt, da es in diesem Moment gerade an der Raumstation vorbeifliegt. Aber der Mond nähert sich für das Alien mit halber Lichtgeschwindigkeit und fliegt dem Laserpuls entgegen, während die Erde sich auf der gegenüberliegenden Seite mit halber Lichtgeschwindigkeit entfernt und dem Laserpuls davoneilt. Also muss der Laserpuls auf dem Mond deutlich eher ankommen als auf der Erde.

Damit haben wir eine kuriose Situation: Von der Raumstation aus gesehen kommen die beiden Laserpulse gleichzeitig auf Mond und Erde an, während das Alien nachweisen kann, dass der Laserpuls auf dem Mond eher ankommt als der andere Laserpuls auf der Erde.

Wer hat nun recht? Da der Astronaut in der Raumstation und das Alien in seinem Raumschiff nach Einstein beide vollkommen gleichberechtigte Beobachter sind, ist die einzig mögliche Antwort: Beide! Die Frage, ob zwei Ereignisse an verschiedenen Orten gleichzeitig stattfinden oder nicht, ist keine universell festgelegte Eigenschaft dieser Ereignisse. Es hängt vom Beobachter ab, welche Ereignisse für ihn gleichzeitig stattfinden.

Auf so etwas muss man erst einmal kommen! Man muss schon sehr unvoreingenommen und offen an die Probleme herangehen, um die absolute Gleichzeitigkeit von Ereignissen infrage zu stellen. Vielleicht musste erst ein unerschrockener Freigeist wie Einstein daherkommen, um diesen entscheidenden Schritt mit aller Konsequenz zu gehen. Das Relativitätsprinzip – Galileis Schiffsbeispiel – und die immer gleiche Lichtgeschwindigkeit waren die Grundpfeiler, in die Einstein sein Vertrauen setzte, egal was für merkwürdige Folgerungen sich daraus auch ergeben würden.

Eine dieser Folgerungen besteht darin, dass auch räumliche Abstände nicht universell gegeben sind, sondern vom Beobachter abhängen. Wie Lorentz schon vermutet hatte, würde das Alien-Raumschiff für einen Astronauten in der Raumstation in Flugrichtung zusammengestaucht erscheinen, was er mit entsprechenden Messungen auch nachweisen könnte. Dem Alien würde sein Raumschiff dagegen ganz normal erscheinen, während sich Erde und Mond bei entsprechenden Messungen aus seiner Sicht als plattgedrückte Kugeln entpuppen würden. Bei diesen Messungen ist entscheidend, dass sowohl der Astronaut als auch das Alien ermitteln müssen, wo sich die verschiedenen Teile eines Objekts zu einer bestimmten Zeit – also *gleichzeitig* – befinden. Der Astronaut muss beispielsweise nachmessen, wo sich gleichzeitig Bug und Heck des vorbeirasenden Alien-Raumschiffs befinden. Dass dabei etwas anderes herauskommt, als wenn das Alien selber nachmisst, überrascht uns jetzt nicht mehr.

Analog ist es bei der Länge von Zeitintervallen. Auch sie hängen vom Beobachter ab. Die Lichtuhr hat uns das bereits eindrucksvoll gezeigt. Die von ihr angezeigte *lokale Zeit,* die Lorentz rein formal eingeführt hatte, ist nichts anderes als die echte Zeit für jemanden, der sich mit der Lichtuhr mitbewegt. Wenn das Alien also eine solche Lichtuhr mitführen würde, dann würde sie in seinem Raumschiff immer die echte Zeit anzeigen, so wie sie dort auch verstreicht. Jede andere Borduhr muss synchron mit der Lichtuhr mitlaufen. Wäre es anders, dann könnte das Alien am Gangunterschied der Lichtuhr zu den anderen Borduhren erkennen, dass es sich bewegt, und es könnte nicht mehr einfach behaupten, es würde sich selbst in Ruhe befinden.

Für den Astronauten in der Raumstation würde die Lichtuhr im vorbeirasenden Alien-Raumschiff dagegen langsamer laufen als seine eigenen Uhren, denn das Licht braucht aus seiner Sicht für seinen Zickzackweg zwischen den Spiegeln eine längere Zeit, als wenn sich die Lichtuhr in seiner Raumstation befände. Die Zeit selbst scheint aus Sicht des Astronauten im Alien-Raumschiff langsamer zu verstreichen. Das Alien würde dasselbe übrigens über die Zeit in der Raumstation sagen.

Bleibt noch ein letzter Punkt: Kann das Alien-Raumschiff nicht einfach Gas geben und den Laserpuls in Mondrichtung überholen? Dann könnte der Laserpuls aus seiner Sicht doch unmöglich weiterhin mit Lichtgeschwindigkeit in Richtung Mond unterwegs sein.

Einsteins Analysen zeigen, dass dieser Fall nicht eintreten kann. Wir hatten dieses Ergebnis bereits in Abschn. 1.4 kurz angesprochen, als wir uns Newtons Bewegungsgesetze angesehen hatten: Je mehr das Alien-Raumschiff Gas gibt, umso mehr wächst seine Trägheit an, und umso schwieriger kann es weiter beschleunigen. Egal wie sehr es seine Triebwerke auch fordert – es bleibt immer langsamer als der Laserpuls.

Das Geniale an Einsteins Theorie ist, dass sich all dies aus nur zwei Grundannahmen – dem Relativitätsprinzip und der universellen Lichtgeschwindigkeit – ergibt. Und jede dieser Folgerungen lässt sich im Experiment überprüfen. Eine hochgenaue Atomuhr, die sich in einem Flugzeug bewegt, läuft tatsächlich etwas langsamer als eine Atomuhr auf dem Erdboden. Ein instabiles Elementarteilchen lebt im Mittel umso länger, je schneller es unterwegs ist. Und ein nahezu lichtschnelles Teilchen lässt sich kaum noch weiter beschleunigen und wird niemals schneller als das Licht, wie man an den modernen Teilchenbeschleunigern ständig sehen kann. Egal, was man sich auch anschaut: Einsteins Spezielle Relativitätstheorie hat alle Tests glänzend bestanden und bildet heute ein unverzichtbares Fundament jeder modernen physikalischen Theorie.

Felder besitzen Energie und Impuls

Noch im Jahr 1900 hatte Henri Poincaré die Notwendigkeit eines Äthers mit den folgenden Worten begründet: „Wenn das Licht eines entfernten Sternes während mehrerer Jahre zu uns gelangt, so ist es nicht mehr auf dem Sterne und noch nicht auf der Erde, es muss also dann irgendwo sein und sozusagen an irgend einem materiellen Träger haften."[17]

Das hört sich eigentlich ziemlich vernünftig an. Nun hatte Einstein aber dem Glauben an den Äther ein jähes Ende bereitet. Er brauchte ihn in seiner Theorie schlicht und einfach nicht – er war überflüssig und führte nur zu Problemen. Aber was ist dann mit dem Licht, das von dem Stern zu uns unterwegs ist und den leeren Weltraum durchquert? Welche Art von realer Existenz kommt ihm zu, wenn es jahrelang mit keiner Materie in Berührung kommt?

Einstein würde sagen, dass Licht nichts anderes ist als das schwingende elektromagnetische Feld, das sich von seinen erzeugenden Ladungen gelöst hat. Aber reicht uns das? So ein Feld ist doch nur ein mathematisches Werkzeug, um die Kräfte zwischen Ladungen zu beschreiben – eine Art luftiges mathematisches Gespinst, dem ohne Trägermedium keinerlei materielle Entsprechung in der realen Welt zuzukommen scheint. Wie real kann dann das Licht im leeren Weltraum sein?

Hinzu kommt, dass elektrische und magnetische Felder nichts Absolutes sind. Sie haben nur eine relative Existenz, denn sie hängen vom jeweiligen Beobachter ab, der mit ihnen die elektromagnetischen Phänomene beschreibt – genau das haben wir am Beispiel der ruhenden und der bewegten geladenen Kugel in Abb. 2.10 gesehen. Für einen Beobachter, der mit der Kugel mitfliegt, besitzt die Kugel kein magnetisches Feld.

Müssen wir daraus schließen, dass es die Felder „in echt" gar nicht gibt? Dass sie nur Produkte unseres Geistes sind? Spätestens jetzt sollten wir misstrauisch werden, denn wir beginnen wieder nach den „Dingen an sich" zu fragen, wie sie in Platons Welt der Ideen existieren. Physikalische Begriffe sind aber immer Abstraktionen, mit denen wir versuchen, die Welt um uns herum zu begreifen. Fragen wir also lieber: Wie nützlich ist der Begriff des elektromagnetischen Feldes, und welche Eigenschaften können wir ihm zuordnen, ohne dass wir dafür das materielle Bild eines Äthers bemühen müssen?

---

[17]Siehe H. Poincaré: *Wissenschaft und Hypothese,* Seite 170, im Internet unter https://archive.org/details/wissenschaftund00lindgoog/page/n190.

Einen Hinweis darauf, welche Eigenschaften das sein könnten, liefern die Symmetrien, die in Maxwells Theorie stecken: Genau wie bei Newtons Mechanik spielt es auch bei den elektromagnetischen Phänomenen keine Rolle, wo oder wann wir ein Experiment durchführen, oder wie es im leeren Raum orientiert ist. Hinzu kommt, dass man auch Maxwells Gleichungen aus dem Prinzip der kleinsten Wirkung herleiten kann, wenn man aus den Feldern eine passende Wirkung konstruiert.

Damit haben wir alle Voraussetzung für Emmy Noethers Theorem zusammen: Aufgrund der Symmetrien muss es Erhaltungssätze für die Energie, den Impuls und den Drehimpuls geben. Das Noether-Theorem erlaubt es sogar, genau auszurechnen, wie diese Erhaltungsgrößen aussehen und wie sie von den Feldern und den Ladungen abhängen. Dabei kommt heraus, dass wir auch den Feldern eine Energie, einen Impuls und sogar einen Drehimpuls zuordnen müssen.[18] Elektrische und magnetische Felder sind also viel mehr als nur geisterhafte Gespinste – sie tragen Energie, Impuls und Drehimpuls in sich, obwohl sie nicht im üblichen Sinn aus Materie bestehen oder an einen materiellen Äther gebunden sind. Irgendwie macht sie das wieder deutlich realer – oder zumindest sehr nützlich. Ohne die Energie der Felder wäre nämlich beispielsweise der Energieerhaltungssatz nicht zu retten. Wo sonst wäre die Energie, die ein Stern vor Jahren abgestrahlt hat, bevor sie bei uns ankommt? Sie steckt in den oszillierenden Feldern des Lichts, das die Energie bis zu uns transportiert. Ein materieller Träger des Lichts ist dafür nicht nötig.

Erhaltene Größen müssen strömen

Wenn man so darüber nachdenkt, könnte man an dieser Stelle auf einen interessanten Einwand stoßen: Warum muss die Energie überhaupt von dem Stern bis zu uns transportiert werden? Könnte sie nicht einfach auf dem Stern verschwinden und im selben Moment auf der Erde auftauchen? Könnte sie nicht spontan zu uns herüberspringen? Dann wäre doch der Energieerhaltungssatz zu jeder Zeit erfüllt!

Das stimmt – allerdings nur für denjenigen Beobachter, der das Verschwinden der Energie auf dem Stern und ihr Wiederauftauchen auf der Erde als *gleichzeitige* Ereignisse ansieht. Ein Alien-Raumschiff, das an der Erde vorbeirast, würde die beiden Ereignisse aber keineswegs als gleichzeitig ansehen, wie wir oben herausgefunden haben. Je nachdem, wie sich das

---

[18]Dieser Zusammenhang wurde genau genommen bereits im Jahr 1884 von dem englischen Physiker John Henry Poynting entdeckt, also über dreißig Jahre vor dem Noether-Theorem.

Raumschiff bewegt, würde die Energie für das Alien schon auf der Erde auftauchen, bevor sie auf dem Stern verschwindet. Oder aber sie würde auf dem Stern verschwinden und erst deutlich später wieder auf der Erde auftauchen. In jeden Fall wäre der Energieerhaltungssatz aus Sicht des Aliens für eine gewisse Zeit verletzt.

Diese Argumentation gilt nicht nur für die Energie, sondern auch für jede andere Erhaltungsgröße wie Impulse, Drehimpulse oder elektrische Ladungen. Erhaltene Größen können nicht einfach verschwinden und woanders wieder auftauchen, sondern sie müssen von einem Ort zum anderen transportiert werden – sie müssen durch den Raum *strömen.* Es muss Energieströme, Impulsströme, Drehimpulsströme und Ladungsströme geben.

Das ist eine sehr weit reichende Folgerung! Das Erstaunliche ist, dass sie sich zwingend aus den Symmetrieprinzipien ergibt, die Einsteins Spezieller Relativitätstheorie zugrunde liegen. Es steckt eine unglaubliche Kraft in diesen Symmetrien. Sie formen die mögliche Gestalt der Naturgesetze entscheidend mit und geben den Rahmen vor, in dem sich physikalische Theorien bewegen können. Wie weit das gehen kann, werden wir in den weiteren Kapiteln dieses Buches noch kennenlernen.

$$E \quad m \cdot c^2$$

Als Einstein seine Arbeit *Zur Elektrodynamik bewegter Körper* veröffentlichte, hatte er eine zentrale Schlussfolgerung seiner Grundprinzipien vermutlich noch gar nicht entdeckt – zumindest aber hat er sie in seiner Arbeit nicht erwähnt. Kurz darauf holte er dies nach und veröffentliche eine dreiseitige Folgearbeit mit dem Titel *Ist die Trägheit eines Körpers von seinem Energieinhalt abhängig?* Sie enthält die wohl berühmteste Formel der Welt: $E = m \cdot c^2$ (Abb. 2.17).

Dass die Energie eines Feldes etwas mit Trägheit – also mit Masse – zu tun haben könnte, war schon vor Einsteins Arbeit an vielen Beispielen klar geworden. Lorentz, Poincaré und andere hatten beispielsweise gezeigt, dass eine geladene Kugel umso schwieriger zu beschleunigen ist, je stärker ihr elektrisches Feld und damit die darin gespeicherte Energie sind. Die zeitverzögerte Wirkung der elektrischen Kräfte zwischen den verschiedenen Teilen der Kugel sorgt dafür, dass die Kugel einer Beschleunigung einen Widerstand entgegenbringt, analog zu einer trägen Masse. Sie hält sich gewissermaßen an den eigenen Haaren fest. Man sprach auch von der *elektromagnetischen Masse,* unterschied diese aber fein säuberlich von der echten Masse der Kugel.

Abb. 2.17 Albert Einstein und seine berühmte Formel. (Eigene Grafik nach einem Foto von Orren Jack Turner, Princeton, N.J, 1947)

Einsteins Arbeit zeigte nun, dass diese Unterscheidung gar nicht nötig ist, denn *jeder* Energie, die irgendwo im Raum lokalisiert ist, kommt eine Trägheit und damit eine Masse zu. Masse ist letztlich nichts anderes als gespeicherte Energie.

Einsteins Argumentation ist ziemlich einfach. Wir können sie gut nachvollziehen, indem wir uns nochmal unser Beispiel aus Abb. 2.16 ansehen, bei dem eine Raumstation zwischen Erde und Mond zwei Laserpulse in entgegengesetzte Richtungen aussendet.

Von der Raumstation aus gesehen tragen die beiden Laserpulse zusammen eine bestimmte Energiemenge E mit sich, wobei jeder einzelne Laserpuls genau die Hälfte davon trägt. Diese Energie muss sich zuvor in der Raumstation befunden haben, beispielsweise in einer elektrischen Batterie, mit deren Strom die Laserpulse erzeugt wurden.

Interessant wird es nun, wenn wir uns denselben Vorgang aus der Sicht des Aliens ansehen, das mit seinem Raumschiff mit halber Lichtgeschwindigkeit vorbeifliegt und dabei aus Sicht der Raumstation einem der Laserpulse hinterhereilt. Nach Einsteins Relativitätsprinzip kann das Alien sich und sein Raumschiff als ruhend betrachten und sieht entsprechend die Raumstation mit halber Lichtgeschwindigkeit an sich vorbeiziehen. Dabei sieht es, wie im Moment des Vorbeifluges von der Raumstation die beiden Laserpulse ausgesendet werden – einer in und einer gegen die Flugrichtung der Raumstation.

Nach Einsteins Grundannahmen sieht auch das Alien beide Laserpulse mit Lichtgeschwindigkeit davonfliegen. Aber ihre Wellenlänge und damit ihre Energie sind für das Alien nicht dieselbe wie für den Astronauten in der Raumstation. Das Alien sieht einen energiereicheren und einen energieärmeren Laserpuls, wobei der Energiezuwachs des einen Laserpulses größer ist als der Energieverlust des anderen Laserpulses, wie Einstein vorrechnet. In Summe sieht das Alien also eine größere Laserenergie die vorbeiziehende Raumstation verlassen als der Astronaut in der Raumstation.

Um wie viel ist die Laserenergie insgesamt angewachsen? Das Ergebnis, das Einstein errechnet, ist verblüffend: Der Energiezuwachs entspricht aus Sicht des Aliens genau der Bewegungsenergie eines kleinen Objektes, das sich parallel zur Raumstation mitbewegt und das die Masse $m = E/c^2$ besitzt, wobei c die Lichtgeschwindigkeit ist. Um genau diesen Betrag muss aus Alien-Sicht die Bewegungsenergie der vorbeirasenden Raumstation beim Abschicken der Laserpulse abnehmen, damit der Energiezuwachs des Laserpulses erklärt werden kann. Langsamer werden kann die Raumstation aus Alien-Sicht aber nicht, denn die Relativgeschwindigkeit zwischen der Raumstation und dem Alien-Raumschiff liegt fest. Die einzige Möglichkeit ist, dass sich ihre Masse um den Betrag E/c^2 verringert, denn damit verliert sie aus der Sicht des Alien auch die entsprechende Bewegungsenergie und kann diese in die Energie der Laserpulse investieren.

Wir können uns den ganzen Ablauf im Prinzip auch folgendermaßen vorstellen: Kurz bevor wir die Laserpulse erzeugen, holen wir im Inneren der Raumstation aus einem Lagerraum ein winzig kleines Materiekügelchen hervor, dessen Masse $m = E/c^2$ ist. Mit einem geheimnisvollen Gerät vernichten wir das Kügelchen, wobei wir seine Masse m komplett in die Energie $E = m \cdot c^2$ umwandeln und daraus die beiden Laserpulse erzeugen. Dabei nimmt die Gesamtmasse der Raumstation um die Masse m ab – das Kügelchen in ihrem Inneren ist ja beim Erzeugen der Laserpulse verschwunden.

Das Entscheidende ist nun: Nur, wenn wir im Prinzip so vorgehen können und die Erzeugung der Laserpulse tatsächlich mit der Vernichtung einer Masse einhergeht, dann stimmt der Energieerhaltungssatz nicht nur aus Sicht der Raumstation, sondern auch aus Sicht des vorbeifliegenden Aliens. Für das Alien bewegt sich nämlich das Materiekügelchen im Inneren der Raumstation mit dieser mit und trägt entsprechend die Bewegungsenergie eines Objektes mit Masse $m = E/c^2$. Wenn wir das Kügelchen nun vernichten und in die beiden Laserpulse umwandeln, so steht uns dafür nicht nur die Energie E zur Verfügung, die in seiner Masse m steckt, sondern zusätzlich auch dessen Bewegungsenergie. Die Energie der beiden Laserpulse ist daher um genau diese Bewegungsenergie größer als aus Sicht der Raumstation, so wie es nach Einsteins Berechnungen auch sein muss. Um den Energieerhaltungssatz zu retten, müssen wir also den Erhaltungssatz für Massen aufgeben: Massen bleiben nicht erhalten, die Energie dagegen schon, wenn wir die in den Massen enthaltene Energie berücksichtigen.

In Wirklichkeit müssen wir natürlich die notwendige Masse nicht unbedingt in Form eines kleinen Materiekügelchens bereitstellen. Das Prinzip stimmt aber dennoch: Wenn wir die Energie beispielsweise einer Batterie entnehmen, dann wird diese Batterie dabei um die Masse m leichter, so als ob sich ein entsprechendes Materiekügelchen in ihrem Inneren in Energie umgewandelt hätte.

Und was wäre, wenn wir die beiden Laserpulse gar nicht in den Weltraum entlassen, sondern sie im Inneren der Raumstation in einer ideal verspiegelten Kiste einsperren, wo sie ständig zwischen den Spiegelwänden hin und her reflektiert würden? Wäre die Raumstation auch dann um die Masse m des vernichteten Kügelchens leichter geworden?

Das wäre sehr erstaunlich, denn von außen sieht man von den Vorgängen im Inneren der Raumstation ja gar nichts. Tatsächlich kann man mit Einsteins Theorie nachrechnen, dass das eingesperrte Laserlicht im Inneren der Kiste genau dieselbe Trägheit besitzt wie das vernichtete Kügelchen. Es kostet beispielsweise mehr Kraft, die Kiste zusammen mit dem darin eingesperrtem Laserlicht zu beschleunigen, als wenn die Kiste leer wäre. Kurz gesagt: Die in der Kiste eingesperrten Laserpulse wiegen genauso viel wie das Materiekügelchen, aus dem sie hervorgegangen sind. Von außen betrachtet ist eingesperrte Energie von einer Masse also nicht zu unterscheiden. Damit erhalten die elektromagnetischen Felder, aus denen die Laserpulse letztlich bestehen, einen sehr realen Charakter, auch ganz ohne Äther.

Als Einstein seine Arbeit im Jahr 1905 veröffentlichte, war noch nicht klar, ob sich seine Schlussfolgerungen jemals im Experiment nachweisen lassen würden. Das Quadrat der Lichtgeschwindigkeit c in der Formel

$E = m \cdot c^2$ sorgt nämlich dafür, dass schon die Vernichtung einer winzig kleinen Masse eine enorme Energiemenge erzeugt. Die üblichen Energien, die uns im Alltag begegnen, ändern daher die Masse von Objekten nur in unmerklich kleiner Weise. Aber dennoch tun sie es! Energie kann sich nicht mehr im Inneren von Objekten verstecken, wie man zuvor noch glaubte. Eine Batterie, die man auflädt, wird dadurch ein winziges bisschen schwerer, und wenn sie nur genügend viel Energie speichern könnte, würde man das auch irgendwann deutlich an ihrer größeren Masse merken.

Hoffnungsvoll schreibt Einstein denn auch am Ende seiner Veröffentlichung, es sei nicht ausgeschlossen, dass bei Körpern, deren Energieinhalt in hohem Maße veränderlich ist (z. B. bei den Radiumsalzen), eine Prüfung der Theorie gelingen wird.

Dabei dachte Einstein an die radioaktiven Zerfälle von Radium, das sieben Jahre zuvor von Marie und Pierre Curie entdeckt worden war. Da bei den Zerfällen der Radium-Atomkerne millionenfach mehr Energie freigesetzt wird als bei chemischen Prozessen, war Einsteins Hoffnung durchaus berechtigt. Dennoch dauerte es noch bis zum Jahr 1932, als es Cockroft und Walton endlich gelang, die Äquivalenz von Masse und Energie in Kernreaktionen nachzuweisen.

An den heutigen Teilchenbeschleunigern ist die Umwandlung von Masse in Energie und umgekehrt längst zur Routine geworden. Am Large Hadron Collider (LHC) am Forschungszentrum CERN bei Genf nutzt man beispielsweise die verfügbare Energie von sehr heftigen Teilchenkollisionen dazu, massereiche Teilchen wie das berühmte Higgs-Teilchen zu erzeugen, die schon Sekundenbruchteile später wieder in leichtere Teilchen zerfallen. Es gibt sogar Teilchen wie das neutrale Pion, die ihre Masse beim Zerfall komplett in hochenergetische elektromagnetische Strahlung umwandeln. Unser winziges Materiekügelchen von oben, dessen Masse sich komplett in Energie umwandelt, gibt es in diesem Sinn also auch in der Realität.

2.3 Relativität, Gravitation und die Krümmung der Raumzeit

Es dauerte einige Zeit, bis die Tragweite von Einsteins Arbeit erkannt wurde – immerhin war er kein berühmter Professor an einer renommierten Universität, sondern nur ein völlig unbekannter Angestellter eines Patentamtes. Einer der ersten, der sich für die Spezielle Relativitätstheorie interessierte, war der bedeutende deutsche Physiker Max Planck. Er war von der Einfachheit und Absolutheit der Postulate fasziniert, aus denen Einstein alles abgeleitet hatte, und schrieb Einstein einen Brief, in dem er ihn um die Aufklärung einiger „ihm dunkler Punkte" bat. Bald schon stellte Planck seinen Fachkollegen in Berlin die Theorie Einsteins vor und machte sie so zunehmend bekannt. Nach und nach wurde der Fachwelt klar, was für ein außergewöhnlicher Physiker in diesem unbedeutenden Schweizer Patentbeamten steckte.

So jemanden konnte man nicht ewig in einem Patentamt belassen. Im Jahr 1909 nahm Einstein ein Angebot der Universität Zürich an, die ihm eine Professur für theoretische Physik offeriert hatte. Es folgte ein kurzes Zwischenspiel an der Universität Prag, bis er 1912 wieder nach Zürich zurückkehrte.

Doch sein Freund und Bewunderer Max Planck, der die Genialität Einsteins schon früh erkannt hatte, war entschlossen, Einstein zu sich nach Berlin zu holen, was ihm im Jahr 1914 auch gelang. Einstein ging mit gemischten Gefühlen in die deutsche Reichshauptstadt – hatte er doch die militaristische Atmosphäre des kaiserlichen Deutschlands aus seiner Schulzeit nicht gerade in guter Erinnerung. Andererseits war Berlin ein wissenschaftliches Zentrum mit vielen hervorragenden Naturwissenschaftlern. Und noch jemand wartete dort auf ihn: seine Cousine Elsa Löwenthal, mit der sich bald eine romantische Beziehung entwickelte und die er später auch heiraten würde. Für seine Ehe mit Mileva, die zunächst zusammen mit ihren gemeinsamen Kindern mit nach Berlin gekommen war, bedeutete dies das endgültige Ende. Sie und die Kinder verließen Berlin am Abend des 29. Juli 1914 mit dem Zug und reisten frustriert nach Zürich zurück. Einen Monat später brach der erste Weltkrieg aus und Einstein fand sich mit seiner pazifistischen Einstellung in dem aufgeheizten politischen Klima auf einsamer Position wieder.

Der glücklichste Gedanke

All diese beruflichen und privaten Verwicklungen hielten Einstein jedoch nicht davon ab, sich während dieser Jahre weiterhin intensiv mit seinen wissenschaftlichen Ideen zu beschäftigen. Vielleicht bot ihm seine Gedankenwelt, in die er jederzeit tief abtauchen konnte, auch den nötigen Schutzraum vor den Wirren, die ihn ansonsten umgaben. Neben seinen Untersuchungen zur langsam aufkeimenden Quantenmechanik beschäftigte ihn dabei zunehmend ein Problem: Wie ließ sich die zweite damals bekannte grundlegende Naturkraft – die Gravitation – mit den Prinzipien der Speziellen Relativitätstheorie in Einklang bringen?

Bei den elektromagnetischen Kräften war Einstein dies ja bereits gelungen. Es waren sogar umgekehrt die klar sichtbaren relativistischen Eigenarten dieser Kräfte – insbesondere die Konstanz der Lichtgeschwindigkeit – gewesen, die Einstein schließlich auf seine Theorie gestoßen hatten.

Bei der Gravitation gab es dagegen keine so klar erkennbaren relativistischen Effekte. Newtons Gravitationsgesetz funktionierte scheinbar vollkommen zufriedenstellend. So etwas wie Gravitationswellen – also das Gegenstück zu den elektromagnetischen Wellen – hatte noch niemand beobachtet. Erst im Jahr 2015, also gut ein Jahrhundert später, würde mit hohem technischen Aufwand erstmals der Nachweis dieser extrem schwachen Wellen gelingen, die bei der Kollision zweier Schwarzer Löcher in einer fernen Galaxie vor 1,3 Mrd. Jahren entstanden waren – eine Sensation, die in Windeseile um die Welt ging.

Wenn aber die Prinzipien der Speziellen Relativitätstheorie universell gültig sind, dann kann Newtons Gravitationsgesetz bestenfalls eine sehr gute Näherung sein, denn dieses Gesetz geht davon aus, dass die Gravitation sich ohne jede Zeitverzögerung über beliebig große Entfernungen auswirkt. Die *aktuelle* Position der Sonne bestimmt nach Newton, wie stark und in welche Richtung die Erde von ihr angezogen wird. Nach der Relativitätstheorie müsste es aber eigentlich die Position sein, an der sich die Sonne gut acht Minuten zuvor befand, denn so lange braucht das Licht, um von der Sonne bis zu uns zu gelangen. Wenn nach der Relativitätstheorie elektromagnetische Einflüsse sich maximal mit Lichtgeschwindigkeit durch den Raum bewegen, so sollte dies auch für den Einfluss der Gravitation gelten.

Newtons Gravitationsgesetz musste also abgeändert werden – nur wie? Eine neue Idee musste gefunden werden, die von Anfang an mit den Ideen der Relativitätstheorie verträglich war und die das Gesetz der Gravitation auf eine neue physikalische Grundlage stellte. Keiner war besser dafür geeignet, einen solchen fundamental neuen Gedanken aufzuspüren, als Einstein.

Als Einstein im November 1907 auf seinem Stuhl im Berner Patentamt saß und über das Problem der Gravitation nachdachte, stieß er auf die entscheidende Idee, die er später als den glücklichsten Gedanken seines Lebens bezeichnete: So wie beispielsweise ein Beobachter, der sich mit einer geladenen Kugel mitbewegt, kein Magnetfeld wahrnimmt, so besitzt auch das Gravitationsfeld nur eine relative Existenz:[19]

---

[19]Einstein formuliert dies im Jahr 1920 in einem Artikel für die englische Fachzeitschrift *Nature*.

Für einen Beobachter, der sich im freien Fall vom Dach eines Hauses befindet, existiert – zumindest in seiner unmittelbaren Umgehung – kein Gravitationsfeld. Wenn nämlich der fallende Beobachter einige andere Körper fallen lässt, dann befinden sie sich in Bezug auf ihn im Zustand der Ruhe oder gleichförmigen Bewegung, unabhängig von ihrer speziellen chemischen oder physikalischen Natur (bei dieser Betrachtung wird der Luftwiderstand natürlich vernachlässigt). Der Beobachter hat daher das Recht, seinen Zustand als ruhend zu interpretieren.

Heute ist uns dieser Gedanke vollkommen selbstverständlich, denn wir müssen uns dafür nicht mehr vom Dach eines Hauses stürzen. Auch die Internationale Raumstation befindet sich ständig im freien Fall, denn sie überlässt sich ohne jeden Antrieb völlig der Wirkung der Erdgravitation, die sie auf ihrer Umlaufbahn hält. Innerhalb der Raumstation herrscht Schwerelosigkeit – die Gravitation der Erde, deren Oberfläche sich nur rund 400 km unter ihr befindet, ist im freien Fall nicht spürbar.

In einem Raumschiff, das sich ohne Antrieb im freien Fall der Gravitation überlässt, herrschen also dieselben physikalischen Gesetze wie in einem Raumschiff, dass irgendwo weit weg von allen Gravitationsquellen im leeren Weltraum ruht oder sich dort mit konstanter Geschwindigkeit bewegt. Ein Astronaut innerhalb des Raumschiffs kann diese Situationen nicht voneinander unterscheiden, solange er nicht aus dem Fenster sieht.

Und wenn das Raumschiff nun seine Triebwerke zündet? Im leeren Weltraum würde es dann beschleunigen, was der Astronaut sofort bemerken würde: Ein losgelassener Ball würde beispielsweise zu Boden fallen, und auch er selbst würde aufgrund seiner eigenen Massenträgheit durch die Beschleunigung nach unten gedrückt – man spricht hier auch von *Scheinkräften,* die in einem beschleunigten Bezugssystem auftreten.

In einem Gravitationsfeld müsste das Raumschiff dagegen nicht unbedingt beschleunigen. Es könnte den Schub der Triebwerke beispielsweise dazu nutzen, um den Sog der Gravitation zu kompensieren und wie ein Hubschrauber wenige Meter über dem Erdboden in der Luft stillzustehen. Auch jetzt fällt ein losgelassener Ball im Inneren des Raumschiffs zu Boden, und der Astronaut wird nach unten gedrückt – nur dass es diesmal die Gravitation zu sein scheint, die dies bewirkt, und nicht die Beschleunigung der Rakete, denn sie beschleunigt ja von außen betrachtet gar nicht.

Kann der Astronaut diese beiden Fälle anhand der Vorgänge im Inneren des Raumschiffs wirklich voneinander unterscheiden? Einstein kam zu dem Schluss, dass er das nicht kann: Wenn das Raumschiff die Triebwerke zündet, so ist es völlig egal, ob dies zu einer Beschleunigung führt oder ob das Raumschiff in einem Gravitationsfeld stillsteht. Die Wirkung der Gravitation ist von der einer Beschleunigung ohne einen Blick aus dem Fenster nicht zu unterscheiden – träge und schwere Masse sind ein und dasselbe (Abb. 2.18). Sobald das Raumschiff die Triebwerke stoppt, spürt der Astronaut weder eine Beschleunigung noch eine Gravitation – für ihn herrscht Schwerelosigkeit, egal, ob das Raumschiff im leeren Weltraum dahingleitet oder im Gravitationsfeld fällt.

Die Tücken der Mathematik

Wie kann dieser Gedanke, dieses wunderbare neue Symmetrieprinzip, das man auch als *Äquivalenzprinzip* bezeichnet, bei der Suche nach einer neuen Gravitationstheorie weiterhelfen?

Der Trick ist, dass wir die Physik innerhalb des Raumschiffs für den Fall ohne Gravitation mithilfe der Speziellen Relativitätstheorie bereits berechnen können. Wir können genau ausrechnen, wie sich Längenmaßstäbe und Uhren in einem Raumschiff verhalten, das mit eingeschalteten Triebwerken beschleunigt. Aus diesem Verhalten folgt beispielsweise, wie die Flugbahn eines losgelassenen Balls im Inneren des Raumschiffes aussieht. Dabei stellt sich heraus, dass sich der Ball zwischen zwei vorgegebenen Punkten im Raumschiff bei vorgegebener Start- und Zielzeit immer so bewegt, dass die Zeitspanne auf einer Uhr, die der Ball mit sich führt, möglichst groß wird. Der Ball trödelt gewissermaßen so viel wie möglich, weshalb man auch manchmal vom *Trödelprinzip* spricht. Fügt man noch ein negatives Vorzeichen hinzu, sodass aus dem Maximum ein

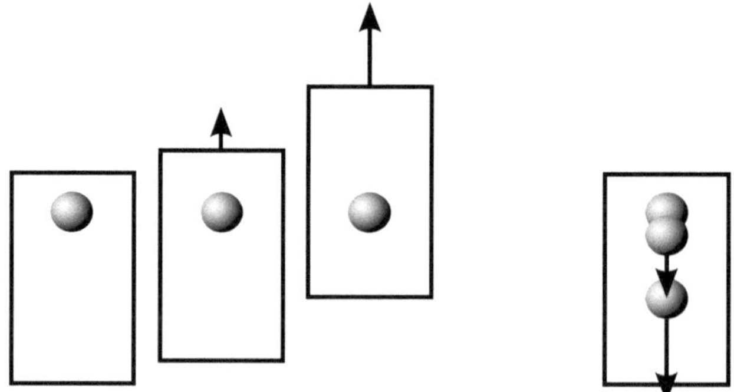

Abb. 2.18 Das Äquivalenzprinzip sagt aus, dass man im Inneren eines kleinen Raumschiffs nicht entscheiden kann, ob der Ball aufgrund einer Beschleunigung des Raumschiffs zu Boden fällt (links) oder aufgrund der Gravitation (rechts). (Quelle: Eigene Grafik)

Minimum wird, so entspricht dieses Trödelprinzip dem Prinzip der kleinsten Wirkung, dass wir bereits kennengelernt haben – nur dass die Wirkung hier im Wesentlichen die (negative) Zeit auf der mitgeführten Uhr ist.

Die Eigenschaften von Raum und Zeit bestimmen also die Bewegung des Balls. Nach dem Äquivalenzprinzip gilt dies auch, wenn anstelle einer Beschleunigung ein Gravitationsfeld auf das Raumschiff einwirkt – wir beschreiben die Gravitation im Inneren des Raumschiffs einfach mathematisch genau so, als würde das Raumschiff ohne Gravitation beschleunigen. Raum und Zeit müssen durch die Gravitation innerhalb des Raumschiffs dieselben Eigenschaften erhalten wie bei einer Beschleunigung ohne Gravitation. Beispielsweise folgt daraus, dass die Zeit in einem Gravitationsfeld weiter oben etwas schneller verstreicht als weiter unten. Mit den modernen hochpräzisen Atomuhren lässt sich dieser winzige Effekt heutzutage problemlos nachweisen.

Nach dem Trödelprinzip wird ein Ball unter dem Einfluss der Gravitation versuchen, sich möglichst lange möglichst weit oben aufzuhalten, da dort die Zeit etwas schneller verstreicht und er so die Zeit auf seiner mitgeführten Uhr maximieren kann. Eine Gravitationskraft wie bei Newton brauchen wir dabei überhaupt nicht, um die Bewegung des Balls zu beschreiben. Und auch der Ball selbst spürt keinerlei Kraft, wenn er frei fällt. Raum und Zeit selbst legen die Bewegung fest – sie sind die Vermittler der Gravitation, nach denen Newton vergeblich gesucht hatte.

Als Einstein sich ungefähr ab dem Jahr 1911 der Aufgabe zuwandte, all diese Zusammenhänge in konkreten Formeln auszudrücken, stieß er schnell an die Grenzen seiner mathematischen Fähigkeiten. Besonders die Frage, wie die vorhandene Materie Raum und Zeit beeinflusst, um darin die Gravitation hervorzurufen, bereitete ihm großes Kopfzerbrechen. Immer wieder folgte er Irrwegen, glaubte sich manchmal schon fast am Ziel und musste dann doch wieder umkehren und andere Wege einschlagen. Es war eine Schinderei, doch Einstein verfolgte unbeirrbar seinen Weg. Wie einst Johannes Kepler drei Jahrhunderte zuvor wollte auch Einstein unbedingt die innere Harmonie und Schönheit der Welt entschlüsseln, die der Struktur von Raum und Zeit zugrunde liegt, und das war jede Mühe wert. Davon konnte ihn auch Max Planck nicht abhalten, der ihn warnte:[20] „Als alter Freund muss ich Ihnen davon abraten, weil Sie

---

[20]Abraham Pais: *Raffiniert ist der Herrgott – Albert Einstein. Eine wissenschaftliche Biographie,* Vieweg (1986), Kap. 14a, S. 240.

einerseits nicht durchkommen werden; und wenn Sie durchkommen, wird Ihnen niemand glauben." Einstein war das egal. Die Gravitation musste mit der Speziellen Relativitätstheorie vereint werden – es war schlicht eine logische und ästhetische Notwendigkeit. Einstein war wie besessen von diesem Ziel. So schrieb er Ende Oktober 1912 in einem Brief an den Physiker Arnold Sommerfeld:

> Ich beschäftige mich jetzt ausschließlich mit dem Gravitationsproblem und glaube nun, mit Hilfe eines hiesigen befreundeten Mathematikers aller Schwierigkeiten Herr zu werden. Aber das eine ist sicher, dass ich mich im Leben noch nicht annähernd so geplagt habe und dass ich große Hochachtung für die Mathematik eingeflößt bekommen habe, die ich bis jetzt in ihren subtileren Teilen in meiner Einfalt für puren Luxus ansah! Gegen dies Problem ist die ursprüngliche Relativitätstheorie eine Kinderei.

Der befreundete Mathematiker war Einsteins Studienfreund Marcel Grossmann, der mittlerweile Professor für Mathematik in Zürich geworden war (Abb. 2.19). Einstein hatte sich auf der Suche nach den geeigneten mathematischen Methoden verzweifelt an Grossmann gewandt: „Grossmann, du musst mir helfen, sonst werd' ich verrückt!" Als Spezialist für Geometrie erkannte Grossmann, dass die Mathematik der gekrümmten Räume eine geeignete Methode sein könnte. Mathematiker wie Bernhard Riemann, Elwin Bruno Christoffel, Gregorio Ricci-Curbastro und Tullio Levi-Civita hatten diese anspruchsvolle Theorie in der zweiten Hälfte des neunzehnten Jahrhunderts ausgearbeitet. Unter den Physikern der damaligen Zeit war sie aber praktisch unbekannt, und auch Einstein musste sie erst mühsam lernen. Gut, dass ihm Marcel Grossmann mit seinem mathematischen Wissen dabei zur Seite stand.

Raum und Zeit vereinen

Wenn wir das Wort „Geometrie" hören, denken wir normalerweise an die übliche Geometrie des dreidimensionalen Raums. Eines der wichtigsten Kennzeichen dieser Geometrie ist für uns so selbstverständlich, dass wir kaum darüber nachdenken: Zwei Punkte auf einem Blatt Papier haben immer einen festen Abstand voneinander, egal, wie man das Papier auch dreht und wendet und egal, ob man sich relativ zum Papier bewegt oder nicht.

Abb. 2.19 Marcel Grossmann (1878–1936). (Quelle: eth Zürich, e-pics)

Genau diese zweite Eigenschaft geht in der Speziellen Relativitätstheorie aber verloren. Damit verliert der Raum seine gewohnte geometrische Struktur – Newtons absoluter Raum existiert nicht. Genauso ergeht es auch der absoluten Zeit, denn die Beurteilung von Zeitintervallen hängt ebenfalls von der Bewegung des Beobachters ab.

Es scheint, als würden wir den Boden unter den Füßen verlieren, wenn die verlässlichen Strukturen von Raum und Zeit sich auflösen. Doch dieser Eindruck täuscht, wie Einsteins früherer Mathematikprofessor Hermann Minkowski herausfand (Abb. 2.20). Minkowski hatte Einsteins Arbeit über die Elektrodynamik bewegter Körper gelesen und war sowohl überrascht als auch beeindruckt. So etwas hatte er seinem ehemaligen Studenten gar nicht zugetraut: „Früher war Einstein ein richtiger Faulpelz. Um die Mathematik hat er sich überhaupt nicht gekümmert."

Abb. 2.20 Hermann Minkowski (1864–1909). (Quelle: https://commons.wikimedia. org/wiki/File:De_Raum_zeit_Minkowski_Bild.jpg)

Wie Minkowski erkannte, war es aufgrund von Einsteins Erkenntnissen sinnvoll, Raum und Zeit nicht mehr getrennt voneinander zu betrachten, sondern sie mathematisch zu einer vierdimensionalen *Raumzeit* zu vereinen. In einem berühmten Vortrag aus dem Jahr 1908 drückte er es so aus:[21]

Von Stund' an sollen Raum für sich und Zeit für sich völlig zu Schatten herabsinken und nur noch eine Art Union der beiden soll Selbständigkeit bewahren.

Jeden Punkt in dieser vereinten Raumzeit könnte man als ein *Ereignis* bezeichnen, denn mit seinen drei räumlichen und seiner zeitlichen

---

[21]Hermann Minkowski: *Raum und Zeit,* Vortrag, gehalten auf der 80. Versammlung Deutscher Naturforscher und Ärzte zu Köln am 21. September 1908, https://de.wikisource.org/wiki/Raum_und_ Zeit_(Minkowski).

Koordinate kann man kennzeichnen, wann sich wo etwas ereignet. Die Raumzeit ist also der Raum aller Ereignisse im Universum.

Dass die Raumzeit mehr ist als nur ein einfaches Aneinanderkleben von Raum und Zeit merkt man dann, wenn man sie wieder in Raum und Zeit aufteilen will. Dabei spielt es nämlich eine Rolle, welche Ereignisse man als gleichzeitig ansieht. „Der Raum ist die Ordnung gleichzeitig existierender Dinge“ – so hatte es Leibniz ausgedrückt. Zwei relativ zueinander bewegte Beobachter definieren aber unterschiedliche Ereignisse als gleichzeitig, d. h. sie zerschneiden die Raumzeit in unterschiedlicher Weise in Scheiben (oder besser Räume) der Gleichzeitigkeit.

Der verallgemeinerte Abstand von Ereignissen
Bei seinen Analysen hatte Minkowski eine interessante geometrische Struktur in der Raumzeit entdeckt. Es ist nämlich möglich, zwischen zwei Ereignissen eine Art verallgemeinerten Abstand zu definieren, der für alle ruhenden oder gleichförmig bewegten Beobachter immer gleich groß ist, auch wenn diese den zeitlichen und räumlichen Abstand der beiden Ereignisse unterschiedlich beurteilen. Damit wird sichergestellt, dass die Lichtgeschwindigkeit für jeden Beobachter immer denselben Wert hat.

Stellen Sie sich beispielsweise vor, Sie würden auf der Erde einen Laserpuls in Richtung Mond abschicken, und 0,5 s später schlägt ein Asteroid auf dem Mond ein. Da der Laserpuls für die 390.000 km lange Strecke bis zum Mond 1,3 s benötigt, erfolgt der Einschlag also, noch bevor der Laserpuls den Mond erreicht.

Den verallgemeinerten Abstand (genauer dessen verallgemeinertes Quadrat) zwischen dem Abschicken des Laserpulses auf der Erde und dem Einschlag des Asteroiden auf dem Mond definieren wir nun so: Wir quadrieren den zeitlichen Abstand zwischen den beiden Ereignissen – das sind 0,5 s hoch zwei – und ziehen davon die quadrierte Zeit ab, die das Licht bei 300.000 km/s benötigt, um den räumlichen Abstand zwischen ihnen zu überwinden – das sind 1,3 s hoch zwei. Das Ergebnis sind 1,2 s hoch zwei mit zusätzlichem Minuszeichen davor, denn $0,5^2 - 1,3^2 = 0,25 - 1,69 = -1,44 = -1,2^2$ (rechnen Sie es ruhig mit einem Taschenrechner oder Excel einmal selbst nach).

Ein schnell vorbeifliegendes Alien würde den zeitlichen und räumlichen Abstand dieser beiden Ereignisse allerdings ganz anders beurteilen, als Sie das von der Erde aus tun. Wenn das Alien mit der richtigen Geschwindigkeit fliegt, dann erfolgen das Abschicken des Laserpulses auf der Erde und der Einschlag des Asteroiden auf dem Mond für das Alien sogar gleichzeitig. Das geht allgemein immer dann, wenn die Ereignisse zeitlich so eng beisammen liegen, dass das Licht in dieser Zeit den räumlichen Abstand zwischen ihnen nicht überbrücken kann, sodass der verallgemeinerte Abstand negativ ist. Für das Alien wäre der zeitliche Abstand der Ereignisse also null. Nun muss das Alien aber nach derselben Rechenregel denselben verallgemeinerten Abstand von $-1{,}2^2$ herausbekommen. Der räumliche Abstand muss also einer Lichtlaufzeit von 1,2 s entsprechen, denn $0^2 - 1{,}2^2 = -1{,}2^2$. Für das Alien sind demnach bei dieser Geschwindigkeit Erde und Mond nur 1,2 Lichtsekunden oder 360.000 km voneinander entfernt. Die beiden Himmelskörper rücken für das Alien enger zusammen, weil sie sich aus seiner Sicht schnell an ihm vorbeibewegen. Das entspricht genau der Lorentz-Kontraktion bewegter Maßstäbe, die wir bereits kennengelernt haben.

Man kann sich noch viele weitere Beispiele ausdenken, die zeigen, wie nützlich der verallgemeinerte Abstandsbegriff – die sogenannte *Metrik* – der Raumzeit ist. Was wäre beispielsweise, wenn Sie von der Erde aus beobachten, wie ein Alien mit halber Lichtgeschwindigkeit erst an der Erde und 2,6 s später am Mond vorbeifliegt? Quadrieren wir diesen zeitlichen Abstand und ziehen davon die quadrierte Lichtlaufzeit von 1,3 s zwischen Erde und Mond ab, so erhalten wir $2{,}6^2 - 1{,}3^2 = 5{,}07 = 2{,}25^2$ für den verallgemeinerten Abstand der Ereignisse (wobei der letzte Wert gerundet ist).

Wie sieht das Alien die ganze Sache? Es mag vielleicht etwas überraschend sein, aber für das Alien ist der räumliche Abstand der beiden Ereignisse gleich null. Es empfindet sich nämlich selbst als ruhend und sieht erst die Erde und dann den Mond an sich vorbeifliegen. Mit dem verallgemeinerten Abstand können wir nun leicht ausrechnen, wie groß der zeitliche Abstand für das Alien sein muss, denn es muss ja wieder $2{,}25^2$ für den verallgemeinerten Abstand herauskommen, und der räumliche Abstand ist null: $2{,}25^2 - 0^2 = 2{,}25^2$. Also müssen auf der Uhr des Alien rund 2,25 s vergehen, während für Sie auf der Erde 2,6 s verstreichen, damit das Alien von der Erde bis zum Mond kommt. Die bewegte Borduhr des Alien geht langsamer, genau wie wir das anhand der Lichtuhr bereits früher vermutet hatten.

Geschafft: Wie Materie die Raumzeit krümmt

Einstein konnte der eleganten mathematischen Formulierung seines Lehrers Minkowski zunächst nur wenig abgewinnen und tat sie als „überflüssige Gelehrsamkeit" ab. Doch da war er auf dem Holzweg, wie er später erkennen musste. Ohne die Geometrie der Raumzeit mit ihrer universellen Metrik zwischen den Ereignissen war ein Vordringen zu einer Beschreibung der Gravitation kaum möglich.

Die Grundidee, die Gravitation einzubeziehen, ist nun folgende: In einer kleinen Raumstation, die sich im freien Fall um die Erde befindet, ist keine Gravitation spürbar, d. h. die Raumzeit darin hat dieselbe Metrik wie in der Speziellen Relativitätstheorie. Man sagt auch, die Geometrie der Raumzeit ist flach, was sich beispielsweise darin äußert, dass sich alle Objekte innerhalb der Raumstation schwerelos bewegen. Doch das gilt nur, wenn die Raumstation im Vergleich zur Erde sehr klein ist. Wäre die Raumstation mehrere Hundert Kilometer groß, so könnte ihr freier Fall nicht mehr überall die Wirkung der Gravitation kompensieren, denn die Gravitation ändert sich von Ort zu Ort. So würden Objekte, die sich näher an der Erde befinden, in der riesigen Raumstation merklich nach unten fallen.

Mathematisch kann man das dadurch beschreiben, dass man der Raumzeit eine geometrische Krümmung zuordnet, wie Grossmann vorschlug. In einer kleinen Raumstation merkt man noch nichts von dieser Krümmung. Die Raumzeit erscheint flach und man kann die Gravitation kompensieren, indem man sich fallen lässt. Aber das geht nicht mehr für große Objekte wie eine riesige Raumstation. Es ist ganz analog wie bei der Krümmung der Erdoberfläche: Im eigenen Garten merkt man noch nichts davon, aber wenn man einen ganzen Kontinent betrachtet, wird die Krümmung sichtbar.

Einstein vertiefte sich mit Grossmanns Hilfe in die Mathematik der gekrümmten Raumzeit und versuchte, zu ergründen, wie die im Raum vorhandene Materie diese Krümmung hervorruft. Das muss so geschehen, dass sich die Gravitation maximal mit Lichtgeschwindigkeit ausbreitet und dass im Grenzfall nicht zu großer, langsam fliegender Massen Newtons Gravitationsgesetz als Näherung herauskommt. Ende 1912 hatte Einstein zwischenzeitlich sogar schon die richtigen Gleichungen gefunden, aber er verwarf sie wieder, da er glaubte, sie seien fehlerhaft. Schließlich saß ihm dann auch noch mit David Hilbert einer der größten Mathematiker der damaligen Zeit im Nacken. Hilbert, der eng mit Minkowski befreundet war, hatte in Göttingen ebenfalls begonnen, sich für die Krümmung der Raumzeit zu interessieren, und er machte dabei enorme Fortschritte. Also verfiel Einstein in einen wahren Arbeitsrausch und konnte am 25. November 1915 endlich die korrekten Feldgleichungen präsentieren. Nahezu gleichzeitig veröffentlichte David Hilbert die „Wirkung" der Gravitation, aus der sich die Feldgleichungen mit dem Prinzip der kleinsten Wirkung ableiten lassen. Das Fundament der Allgemeinen Relativitätstheorie der Gravitation war gefunden. Als dann im Mai 1919 eine der zentralen Vorhersagen Einsteins – die Ablenkung des Sternenlichts im starken Gravitationsfeld der Sonne – bei einer Sonnenfinsternis bestätigt wurde und nach und nach alle großen Zeitungen auf ihren Titelseiten über diese wissenschaftliche Sensation berichteten, wurde Einstein innerhalb kurzer Zeit zu einem berühmten Mann. Eine „neue Größe der Weltgeschichte" war erschienen und hatte mit ihren umwälzenden Erkenntnissen zu Raum, Zeit und Schwerkraft selbst den großen Isaac Newton hinter sich gelassen.

Viele weitere Vorhersagen von Einsteins Theorie haben sich im Lauf der Zeit bestätigt: die Drehung der Bahnellipse des Planeten Merkur ebenso wie die Existenz Schwarzer Löcher und zuletzt die Existenz von Gravitationswellen. Die Theorie kann sogar Aussagen über das Universum im Ganzen machen und sie liefert zugleich einen physikalischen Mechanismus, der die enorme Anfangsexpansion des Universums während des Urknalls erklären kann. Das hatte noch keine andere Theorie zuvor geschafft – und hier sind die Details.

Materieformen und ihre Gravitation im Universum
Wie Einsteins Gleichungen zeigen, üben nicht nur Massen eine Gravitationswirkung aus. Es ist vielmehr der sogenannte Energie-Impuls-Tensor, der die Raumzeit krümmt. Das hat folgenden Grund:

Zunächst einmal ist Masse von eingesperrter Energie nicht zu unterscheiden, sodass von jeglicher Energie eine anziehende Gravitation ausgeht. Was nun für den einen Beobachter eine ruhende Energie ist, ist für einen bewegten Beobachter ein Energiestrom – da wundert es nicht, dass auch Energieströme eine Gravitationswirkung haben, so wie analog elektrische Ladungsströme ein Magnetfeld erzeugen. Nun transportiert ein Energiestrom zusammen mit der Energie auch Trägheit, sodass er eine Impulsdichte besitzt. Und weil der Impuls eine erhaltene Größe ist, muss es zur Impulsdichte auch passende Impulsströme geben, die dann ebenfalls eine Gravitationswirkung haben. Masse, Energie und Impuls sind eben in der Relativitätstheorie eng miteinander verwoben, und dasselbe gilt auch für die Gravitation, die von ihnen ausgeht.

Impulsströme hängen nun wiederum mit Zug- und Druckkräften innerhalb der Materie zusammen, denn diese Kräfte lassen gewissermaßen die Impulse im Inneren der Materie strömen. Im Endergebnis kommt dabei heraus, dass innere Druckkräfte eine anziehende Gravitation bewirken, starke innere Zugkräfte wie bei einem gespannten Gummiband dagegen abstoßende Gravitationskräfte. Es gibt also nicht nur anziehende, sondern auch abstoßende Gravitation!

Bei normaler Materie ist die Gravitation immer anziehend, denn der zusätzliche Einfluss der Zug- und Druckkräfte auf die Gravitation ist vernachlässigbar klein. Bei bestimmten Energiefeldern kann sich das aber ändern. Besonders interessant wird das, wenn der gesamte Raum von einem

Energiefeld durchdrungen wird, das sehr starke innere Zugkräfte besitzt. Ein solches extrem dichtes Energiefeld könnte in den ersten Sekundenbruchteilen des Urknalls das gesamte Universum durchdrungen haben und mit seiner stark abstoßenden Gravitation den Raum wie einen Luftballon nahezu explosionsartig auseinandergetrieben haben. Als das Feld kurz darauf zerfiel, entstand aus seiner Energie die gesamte Materie des Universums. Man bezeichnet dieses populäre Szenario als *inflationäre Expansion.* Obwohl es spekulativ ist, kann es doch viele Eigenschaften unseres Universums plausibel erklären. Es könnte also durchaus so gewesen sein.

Auch im heutigen Universum scheint es ein solches Energiefeld mit inneren Zugkräften zu geben, das das gesamte Universum gleichmäßig durchdringt und zunehmend auseinandertreibt. Man spricht auch geheimnisvoll von der *Dunklen Energie,* da man sie nicht sehen kann und auch nicht wirklich weiß, worum es sich dabei handelt. Dieses dunkle Energiefeld ist allerdings viel schwächer als das sehr starke Energiefeld, das während des Urknalls existiert haben könnte. Andererseits umfasst die Dunkle Energie immerhin rund 70 % aller Energie, die es im Universum inklusive der in sämtlichen Massen gespeicherten Energie überhaupt gibt, sodass seine abstoßende Gravitation die anziehende Gravitation der übrigen Materie überwiegt (Abb. 2.21). Unser Universum expandiert also nicht nur, sondern es tut dies im Lauf der Jahrmillionen auch immer schneller, wie moderne astronomische Beobachtungen zeigen.

Die in der Masse der Atome eingesperrte Energie umfasst nur rund 5 % aller Energie im Universum und fällt daher kaum ins Gewicht. Die restlichen etwa 25 % bezeichnet man als *Dunkle Materie.* Eigentlich sollte man besser unsichtbare Materie sagen, denn man kann sie nicht sehen. Ihre anziehende Gravitation lässt sich aber überall im Kosmos nachweisen. Die Wolken der Dunklen Materie bilden gewissermaßen die Gravitationsmulden, in denen sich auch die normale Materie ansammelt und dort zu Sternen, Galaxien und Galaxienhaufen verdichtet. Wie leuchtende Schaumkronen schwimmen die Sterne und Galaxien in den Wogen der Dunklen Materie.

Was die Dunkle Materie ist, wissen wir ebenso wenig wie bei der Dunklen Energie. Sicher ist nur, dass beide vollkommen unterschiedlich sein müssen und auch nichts mit den Teilchen zu tun haben, aus denen Atome bestehen. Während die Dunkle Energie eine Art mysteriöse Quantenenergie des leeren Raums sein könnte, besteht die Dunkle Materie vermutlich aus noch unbekannten massiven Teilchen, die kaum mit normaler Materie wechselwirken und daher problemlos durch uns hindurchfliegen können, ohne dass wir davon etwas merken. Viele der

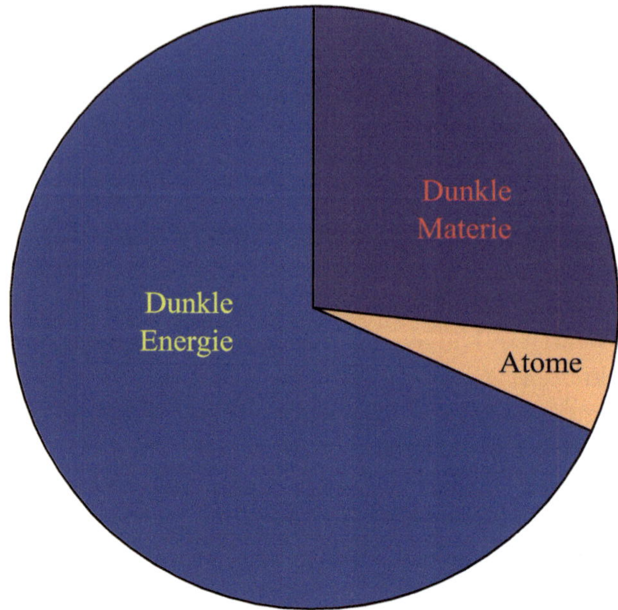

Abb. 2.21 Die drei Materieformen im heutigen Universum. Die normale Materie aus Atomen und die sogenannte Dunkle Materie bewirken eine anziehende Gravitation, während die Dunkle Energie gravitativ abstoßend wirkt und das Universum auseinandertreibt. (Quelle: Eigene Grafik)

modernen physikalischen Theorien fordern die Existenz solcher Teilchen, sodass man heute mit großem Aufwand versucht, sie aufzuspüren – bisher leider vergeblich. Doch früher oder später wird uns sicher eines von ihnen ins Netz gehen.

Ist alles relativ?

Durch Einsteins Spezielle und Allgemeine Relativitätstheorie hat sich unser Verständnis von Raum und Zeit grundlegend gewandelt. Sie sind zur Raumzeit zusammengewachsen, und es hängt vom Beobachter ab, was Gleichzeitigkeit bedeutet und wie Raum- und Zeitabstände beurteilt werden. Geradlinig-gleichförmige Bewegungen sind nur relativ zueinander definiert, denn einen Zustand der absoluten Ruhe gibt es nicht. Nimmt man die Gravitation hinzu, so wird sogar der Zustand der Beschleunigung in einem bestimmten Sinn relativ: Wenn man in einer Raumkapsel durch eine Kraft zu Boden gedrückt wird, so weiß man nicht, ob dies an einer Beschleunigung oder an der Wirkung der Gravitation liegt.

Ist damit alles relativ geworden? Lassen sich Bewegungen nur noch relativ zueinander definieren?

Einstein war in seinen frühen Jahren von diesem Leitgedanken fasziniert und er hoffte, ihn in seiner Allgemeinen Relativitätstheorie realisieren zu können. Doch dies ist ihm wohl nur zum Teil gelungen. Zwar haben Raum und Zeit einzeln ihren absoluten Charakter verloren, doch dieser Charakter lebt im Begriff der Raumzeit mit ihrem verallgemeinerten Abstand zwischen Ereignissen fort. Nach wie vor kann man beispielsweise die Rotation der Erde nachweisen, ohne dafür in den Himmel schauen zu müssen. Und auch in Newtons rotierendem Eimer wird das Wasser nach wie vor an den Rand gedrückt, ohne dass man dafür dessen Umgebung verantwortlich machen muss. Selbst bei Einbeziehung der Gravitation liefert der freie Fall immer noch lokale Bezugssysteme wie die Internationale Raumstation, relativ zu denen man den Begriff der Beschleunigung lokal definieren kann, ohne aus dem Fenster schauen zu müssen.

Man kann darüber spekulieren, ob es die im Universum vorhandene Materie ist, die der Raumzeit diese Struktur verleiht – immerhin verbiegt und krümmt die vorhandene Materie ja die Raumzeit. Aber legt sie deren Struktur komplett fest? Oder ist auch eine komplett leere, materiefreie Raumzeit denkbar, relativ zu der sich Rotationen und Beschleunigungen definieren lassen?

Viele theoretische Untersuchungen sind dazu angestellt worden, und es hängt sehr von den verwendeten Annahmen über die Struktur des Universums ab, was dabei herauskommt – suchen Sie gerne einmal im Internet nach dem „Mach'schen Prinzip", dann werden Sie einen Eindruck von der Vielfalt der möglichen Antworten bekommen.

Die kosmische Hintergrundstrahlung und das expandierende Universum

Ob sich auch in einem ansonsten leeren Universum die Erdrotation oder die Rotation von Newtons Eimer noch nachweisen lassen, werden wir nie ausprobieren können, denn ein leeres Universum ist für uns nicht zugänglich. In unserem realen Universum sind Raumzeit und Materie[22] zusammen im Urknall entstanden und seitdem untrennbar miteinander verbunden. Es gibt im Universum sogar ein absolutes Bezugssystem für Bewegungen: die *kosmische Hintergrundstrahlung*. Diese nur rund 2,7 K warme – oder besser

---

[22]Inklusive jeder Strahlung, die wir wegen der Äquivalenz vom Masse und Energie mit zur Materie zählen.

kalte – schwache Mikrowellenstrahlung erreicht uns von jedem Punkt des Himmels. Sie wurde rund 380.000 Jahre nach dem Urknall von dem damals noch glühend heißen Wasserstoffgas freigesetzt, das das Universum erfüllte, lange bevor es sich zu Sternen und Galaxien verdichten konnte. Zu dieser Zeit war es nämlich mit rund 3000 K erstmals „kalt" genug, sodass sich die herumschwirrenden Elektronen und Protonen zu elektrisch neutralen Wasserstoffatomen vereinen konnten. Dadurch wurde das Universum durchsichtig und gab die glühende Wärmestrahlung frei. Seitdem durchquert sie die Weiten des Universums und hat sich durch dessen Expansion bis heute um mehr als das Tausendfache abgekühlt.

Die Bewegung unseres Sonnensystems relativ zu dieser Strahlung können wir nun daran erkennen, dass die Strahlung in Flugrichtung durch den Dopplereffekt ein kleines bisschen wärmer und in der Gegenrichtung entsprechend kälter erscheint. Daher wissen wir, dass wir uns mit rund 370 km/s relativ zu dieser Strahlung durch den Raum bewegen. Das ist zwar immer noch eine Bewegung „relativ zu etwas", aber dieses „etwas" hat schon einen ziemlich universellen Charakter im Universum, denn es gibt sie überall – fast wie der mysteriöse Äther, den Einstein über Bord geworfen hatte.

Interessant wird es, wenn wir uns fragen, was das universelle Bezugssystem der kosmischen Hintergrundstrahlung für das expandierende Universum bedeutet. Unser Universum dehnt sich ja seit dem Urknall immer weiter aus – es expandiert. Das bedeutet, dass der Abstand zwischen weit voneinander entfernten Galaxien mit der Zeit anwächst, und zwar umso schneller, je weiter die Galaxien bereits voneinander entfernt sind. Oft hört man, dass die Galaxien mit großer Geschwindigkeit auseinanderfliegen würden, doch diese Vorstellung ist irreführend. Die Galaxien selbst bewegen sich nämlich meist nur mit Geschwindigkeiten von wenigen Hundert Kilometern pro Sekunde relativ zur kosmischen Hintergrundstrahlung, obwohl der Abstand zwischen ihnen wesentlich schneller anwachsen kann. Daran erkennen wir, dass es der Raum selbst ist, der expandiert und dabei sowohl die Galaxien als auch die kosmische Hintergrundstrahlung mitnimmt. Einsteins Allgemeine Relativitätstheorie ist problemlos in der Lage, diesen expandierenden Raum mathematisch zu beschreiben. Es ist ganz ähnlich wie bei der Oberfläche eines Luftballons, den wir aufblasen. Dabei bewegen sich die Punkte auf der Oberfläche ja selber auch nicht – es ist der Luftballon, der sich ausdehnt.

Es macht offenbar einen Unterschied, ob wir sagen, dass sich die Galaxien im Raum auseinander bewegen, oder ob wir sagen, dass sich der Raum zwischen ihnen ausdehnt. Ihre Bewegung ist nicht nur relativ zueinander definiert, sondern auch der Raum selbst spielt eine physikalische Rolle.

Das sieht man beispielsweise daran, dass der Abstand zwischen zwei sehr weit voneinander entfernten Galaxien sogar mit Überlichtgeschwindigkeit anwachsen kann, was bei einer rein relativen Bewegung der Galaxien unmöglich wäre. Der Abstand wächst so schnell an, dass die Galaxien keinerlei Kontakt mehr zueinander haben. Nichts kann die rasant wachsende Entfernung jemals überbrücken. Die Galaxien befinden sich zwar noch im selben Raum, aber dennoch in verschiedenen Welten, die nichts mehr voneinander merken. Mag der Raum auch vielleicht unendlich sein – das für uns sichtbare Universum ist es jedenfalls nicht.

3

Eichsymmetrie und die Geburt der Quantenmechanik

> Meine Geometrie ist die wahre Nahegeometrie. [...] Behalten Sie [gemeint ist Albert Einstein] für die wirkliche Welt Recht, so bedaure ich, den lieben Gott einer mathematischen Inkonsequenz zeihen zu müssen.[1]

Die Fertigstellung der Allgemeinen Relativitätstheorie durch Albert Einstein im Jahr 1915 war so etwas wie der krönende Abschluss der sogenannten klassischen Physik, die neben den mechanischen Bewegungsgesetzen auch die Gesetze der Gravitation und des Elektromagnetismus umfasst[2] – und das sogar in relativistisch korrekter Art und Weise!

Viele spürten das Bedürfnis, dieses Gebäude noch runder und schöner zu machen und eine Verbindung zwischen Gravitation und Elektromagnetismus zu finden. Waren sie vielleicht zwei Seiten derselben Medaille, so wie man das von den elektrischen und magnetischen Kräften her kannte? Gab es eine Verbindung?

Der Mann, der die oben zitierten Worte im Jahr 1918 in einem Brief an Albert Einstein richtete, glaubte diese Verbindung in der „wahren Geometrie der Raumzeit" aufgespürt zu haben – eine Verallgemeinerung von Einsteins gekrümmter Raumzeit. Eine solche Leistung war diesem Mann durchaus zuzutrauen, denn es handelte sich um den bedeutenden deutschen

---

[1]Dieses und viele weiter Zitate dieses Kapitels von Hermann Weyl und seinen Kollegen findet man in Norbert Straumann: *Zum Ursprung der Eichtheorien bei Hermann Weyl*, Physikalische Blätter (Nov. 1987), https://onlinelibrary.wiley.com/doi/abs/10.1002/phbl.19870431107.

[2]Andere Teilgebiete wie die Thermodynamik lassen wir hier außen vor, da sie nicht Thema dieses Buches sind.

© Springer-Verlag GmbH Deutschland, ein Teil von Springer Nature 2020

J. Resag, *Mehr als nur schön,* https://doi.org/10.1007/978-3-662-61810-3_3

Mathematiker, Physiker und Philosophen Hermann Weyl. Seinen Freund Einstein konnte Weyl allerdings nicht von seiner sogenannten Eichtheorie überzeugen, denn Einstein bezweifelte, dass sie für die wirkliche Welt zutraf. Doch Weyl kämpfte weiter – seine neue Theorie war einfach zu schön, um falsch zu sein. Das müsse doch sicher auch der liebe Gott einsehen, wie sein Zitat oben zeigt.

Einstein sollte mit seinen Bedenken Recht behalten. So schön die neue Eichtheorie der Raumzeit auch war, sie entsprach nicht der Wirklichkeit. Wäre es dabei geblieben, so wäre die Eichtheorie wohl sang- und klanglos in der Versenkung verschwunden. Aber die Grundidee, die Weyl bei seiner Theorie im Sinn gehabt hatte, war nicht nur schön – sie enthielt auch einen wahren Kern.

Die Lösung kam aus einer ganz unerwarteten Richtung. Bereits seit Längerem war klar, dass die klassische Physik in Schwierigkeiten steckte, sobald Atome im Spiel sind: Atome können Licht nur in bestimmten Energiepaketen abgeben, Moleküle können sich nur mit bestimmten Energiewerten um ihre Achse drehen, und Elektronen können in den Atomen nur mit bestimmten Energien um die Atomkerne kreisen. Dieses Auftreten von quantisierten Energiewerten, wie man es nannte, war ein Rätsel, das schließlich um das Jahr 1925 von einer neuen Generation junger Physiker wie Louis de Broglie, Werner Heisenberg, Erwin Schrödinger und anderen gelöst werden konnte. Ihre neue Theorie der Quantenmechanik bedeutete für die Physik eine Zeitenwende. Klassische Bewegungen wie bei einer fliegenden Kanonenkugel hatten in der Welt der Atome ausgedient, denn dort bewegen sich Teilchen nicht auf klassischen Bahnen, sondern sie werden durch sogenannte Quantenwellen beschrieben. Teilchen und Wellen sind in der Quantenmechanik untrennbar miteinander verbunden.

Erst die Entdeckung der Quantenmechanik stellte schließlich den Rahmen bereit, in dem Weyls Idee ihre volle Kraft entfalten konnte. Seine Eichtheorie führte zwar auch dort nicht zu der erhofften Vereinigung von Gravitation und Elektromagnetismus, aber dennoch entwickelte sie sich im Lauf der Zeit zur tragenden Säule der gesamten modernen Teilchenphysik. Alle fundamentalen Wechselwirkungen zwischen Teilchen würden sich mit der Eichtheorie beschreiben lassen – nur die Gravitation nicht.

3.1 Hermann Weyl: Uhren und Maßstäbe umeichen

Als der große Physiker John Archibald Wheeler überlegte, wie er Hermann Weyl (Abb. 3.1) wohl mit einem einzigen Wort beschreiben könne, fiel ihm folgende altmodische Bezeichnung ein: *nobility,* was man hier vielleicht mit *Edelmann* übersetzen könnte. Damit meinte er nicht nur Qualitäten wie Mut, Großzügigkeit und Ehrenhaftigkeit, die Weyl zweifellos auszeichneten, sondern auch seine visionäre Kraft, die grundlegenden Prinzipien aufzudecken, die unserer Welt zugrunde liegen.

Herman Weyl war ein Meister der Symmetrien: „Ein Ding ist symmetrisch, wenn man es einer bestimmten Operation aussetzen kann und es danach als genau das Gleiche erscheint wie vor der Operation" – so hat er es sinngemäß ausgedrückt. Virtuos verwendete er die entsprechenden mathematischen Werkzeuge – insbesondere die sogenannte *Gruppentheorie*[3] –, um den Symmetrien nachzuspüren, sei es in unserer realen Welt oder auch in der abstrakten Welt der Mathematik.

Anders als bei seinem sechs Jahre älteren Freund Albert Einstein wurde Weyls naturwissenschaftliche Begabung bereits in der Schulzeit sichtbar. Dem Direktor des Gymnasiums in Altona, das Weyl besuchte, fiel besonders Weyls mathematische Begabung auf, sodass er diesem empfahl, in Göttingen Mathematik zu studieren. Dort lehrte damals der große Mathematiker David Hilbert, der uns in diesem Buch schon mehrfach begegnet ist. Hilbert war zugleich ein Cousin des Gymnasialdirektors – ein glücklicher Zufall für Weyl, der auf diese Weise in Göttingen bei den größten mathematischen Koryphäen der damaligen Zeit studieren konnte. Nebenbei interessierte er sich auch für Physik und Philosophie – eine Passion, die er sein Leben lang beibehalten würde.

Überhaupt ließ sich Weyl zeitlebens nur ungern auf ein einziges mathematisches oder physikalisches Fachgebiet festlegen. Nach seinem Wechsel nach Zürich beschäftigte sich ebenso mit Differenzialgleichungen wie mit der Geometrie gekrümmter Räume und der Allgemeinen Relativitätstheorie, unterstützte seinen Zürcher Kollegen und Freund Erwin

---

[3]Symmetrieoperationen – beispielsweise Drehungen oder Verschiebungen im Raum – haben mathematisch die Struktur einer sogenannten Gruppe. In einer Gruppe kann man nämlich nach bestimmten Regeln zwei Elemente miteinander verknüpfen und erhält so wieder ein Element aus der Gruppe. Das spiegelt beispielsweise wider, dass zwei Drehungen, nacheinander ausgeführt, in Summe wieder eine Drehung ergeben.

Abb. 3.1 Hermann Weyl (1885–1955). (Quelle: eth Zürich, e-pics)

Schrödinger bei der Formulierung der Quantenmechanik, untersuchte quantenmechanische Symmetrien mithilfe der Gruppentheorie und schreckte auch vor rein mathematischen Themen wie der Zahlentheorie und den mengentheoretischen Grundlagen der Mathematik nicht zurück. Immer wieder gelang es ihm, auf diesen so unterschiedlichen Gebieten Erstaunliches zu leisten. Übrigens hatte Weyl mit Schrödingers Ehefrau Anny sogar eine langjährige Beziehung, während Weyls Ehefrau Helene mit Paul Scherrer anbandelte. Der Freundschaft zwischen den Ehepaaren Weyl und Schrödinger tat das keinen Abbruch, denn beide lebten in offenen Beziehungen und tolerierten die Aktivitäten der Ehepartner. Erstaunlich, was vor hundert Jahren schon alles möglich war!

Als Hilbert im Jahr 1930 in Göttingen in den Ruhestand ging, bat man Weyl, seine Nachfolge anzutreten – eine Ehre die er nicht ausschlagen konnte, auch wenn er gerne im liberalen Zürich geblieben wäre. Wie Albert Einstein, der nach Berlin gegangen war, fühlte sich auch Hermann Weyl im zunehmend radikaler werdenden Deutschland nicht besonders wohl. Vor der Göttinger Mathematischen Verbindung bekannte er: „Nur mit einiger Beklemmung finde ich mich aus ihrer [der traditionell demokratischen

Schweiz] freieren und entspannteren Atmosphäre zurück in das gähnende, umdüsterte und verkrampfte Deutschland der Gegenwart."[4]

Als drei Jahre später die Nationalsozialisten endgültig die Macht übernahmen, war für Weyl klar, dass er Deutschland verlassen musste – nicht zuletzt, um seine jüdische Frau vor Verfolgung zu schützen. Weyl fühlte sich in Göttingen mittlerweile endgültig „fehl am Platze", wie er von Zürich aus in seinem Entlassungsgesuch schreibt. Einstein, der mittlerweile Deutschland in Richtung Amerika verlassen hatte und am Institute for Advanced Study in Princeton untergekommen war, verschaffte seinem Freund ebenfalls eine Anstellung an diesem Institut und entzog ihn und seine Frau so dem Zugriff der Nazis. Es ist schon bitter, im Nachhinein zu sehen, wie gründlich man es damals im einstigen Land der Dichter und Denker verstand, die Besten aus dem Land zu treiben. Man hatte mit Albert Einstein nicht nur den damals wohl berühmtesten Physiker verjagt, sondern auch die bedeutenden Mathematiker Hermann Weyl, Emmy Noether, Kurt Gödel und John von Neumann sowie die Kernphysiker Hans Bethe und Lise Meitner vertrieben – und sehr viele andere mehr. Für Menschen mit wachem Geist und liberaler Gesinnung war kein Platz mehr in Deutschland.

Nach dem Ende des Krieges zog es Hermann Weyl immer wieder zurück in sein geliebtes Zürich. Dort feierte er im Jahr 1955 auch seinen siebzigsten Geburtstag, zu dem er unzählige Glückwunschschreiben aus aller Welt erhielt, die er gewissenhaft beantwortete. Kaum hatte er die Antwortschreiben zum Briefkasten gebracht, ereilte ihn auf dem Rückweg unerwartet ein Herzanfall. Weyl brach zusammen und verstarb. Er folgte damit Albert Einstein, der wenige Monate zuvor in Princeton einem gerissenen Aneurysma an der Aorta erlegen war.

Was ist die wahre Geometrie der Raumzeit?

Durch seine enge Beziehung zu Hilbert und Einstein war Weyl schon früh mit den Ideen der Allgemeinen Relativitätstheorie in Berührung gekommen. Als Mathematiker interessierte er sich besonders für die mathematische Struktur dieser Theorie, die er 1918 in seinem Buch *Raum, Zeit, Materie* erstmals durchgängig in systematischer Weise darstellte. Weyl war fasziniert davon, wie die abstrakte mathematische Theorie der gekrümmten Räume, die bisher keinerlei Berührungspunkte mit den Naturgesetzen unserer realen Welt zu haben schien, plötzlich zu einer der Säulen des physikalischen Weltbildes geworden war. Wie er im Vorwort seines Buches schreibt, wolle er mit

---

[4] Hermann Weyl: *Gesammelte Abhandlungen,* Band IV, S. 651–654, Springer-Verlag 1968.

seinem Werk „ein Beispiel geben für die gegenseitige Durchdringung philosophischen, mathematischen und physikalischen Denkens, die ihm sehr am Herzen liege.“

Als Weyl versuchte, die mathematischen Prinzipien von Einsteins Theorie möglichst klar herauszuarbeiten, fiel ihm etwas auf: Die Geometrie der Raumzeit, die Einstein verwendete, hatte ihren Ursprung in der Mathematik gekrümmter Flächen wie beispielsweise der Oberfläche einer Kugel. Bei seiner Suche nach einer geeigneten mathematischen Sprache für seine Ideen war Einstein mit der Unterstützung von Marcel Grossmann auf diese Art von Mathematik gestoßen und hatte sie für seine Zwecke angepasst. Doch war dies die allgemeinste Art und Weise, wie die wahre Geometrie der Raumzeit aussehen konnte? Oder gab es hier zusätzliche Spielräume, die womöglich neben der Gravitation auch die zweite damals bekannte Wechselwirkung – die elektromagnetischen Kräfte – erklären konnten?

Schauen wir uns dazu als Beispiel eine gekrümmte Fläche an, die wir gut kennen: die Oberfläche unserer Erde. Vom Mond aus betrachtet kann man unmittelbar sehen, dass diese Oberfläche gekrümmt ist, denn die Erde ist offensichtlich eine Kugel. Für uns, die wir auf dieser Oberfläche leben, ist ihre Krümmung dagegen weniger offensichtlich, und manche Zeitgenossen behaupten bis heute unbeirrt, die Erde sei flach wie ein Pfannkuchen. Wie also lässt sich die Krümmung der Erdoberfläche feststellen, ohne diese verlassen zu müssen?

Eine Möglichkeit wäre es, immer geradeaus zu laufen oder – wenn wir einem Ozean begegnen – mit dem Schiff geradeaus zu schwimmen. Nach einer vollen Umrundung würden wir wieder an unserem Ausgangspunkt ankommen, was auf einer flachen Oberfläche nicht möglich wäre. Es gibt allerdings auch gekrümmte Oberflächen wie beispielsweise eine bis ins Unendliche ausgedehnte Sattelfläche, bei denen diese Methode nicht funktioniert. So einfach geht es also nicht immer.

Die Krümmung erkennen

Eine allgemeinere Methode ist die folgende: Wir begeben uns auf eine Rundreise und führen dabei einen Richtungszeiger oder Pfeil mit uns, der immer in Richtung Horizont zeigt und sich während unserer Wanderschaft nicht dreht, also seine ursprüngliche Richtung zum Horizont immer beibehält. Wenn wir auf unserem Weg die Richtung ändern, dann zeigt der Richtungszeiger unbeirrt in dieselbe Richtung wie zuvor, dreht sich also nicht mit uns mit. Mathematisch nennt man das übrigens die *Parallelverschiebung* oder auch den *Paralleltransport* eines Vektors.

Wir wollen unsere Rundreise an der Atlantikküste des afrikanischen Staats Gabun starten – das liegt am Äquator bei etwa 10 Grad östlicher Länge, auf demselben Längengrad wie Hamburg (Abb. 3.2). Unser Richtungszeiger soll nach Osten in Richtung des Äquators zeigen. In diese Richtung machen wir uns nun auf den Weg, immer am Äquator entlang geradeaus nach Osten quer durch Afrika und über den Indischen Ozean bis zur indonesischen Insel Sumatra, die bei etwa 100 Grad östlicher Länge liegt. Auf unserem Weg haben wir dabei 90 Längengrade zurückgelegt, also ein Viertel des Erdumfangs. Unser Richtungszeiger zeigt nach wie vor nach Osten.

Nun ändern wir die Richtung, wenden uns nach Norden und wandern den 100. östlichen Längengrad entlang quer durch Thailand, China, die

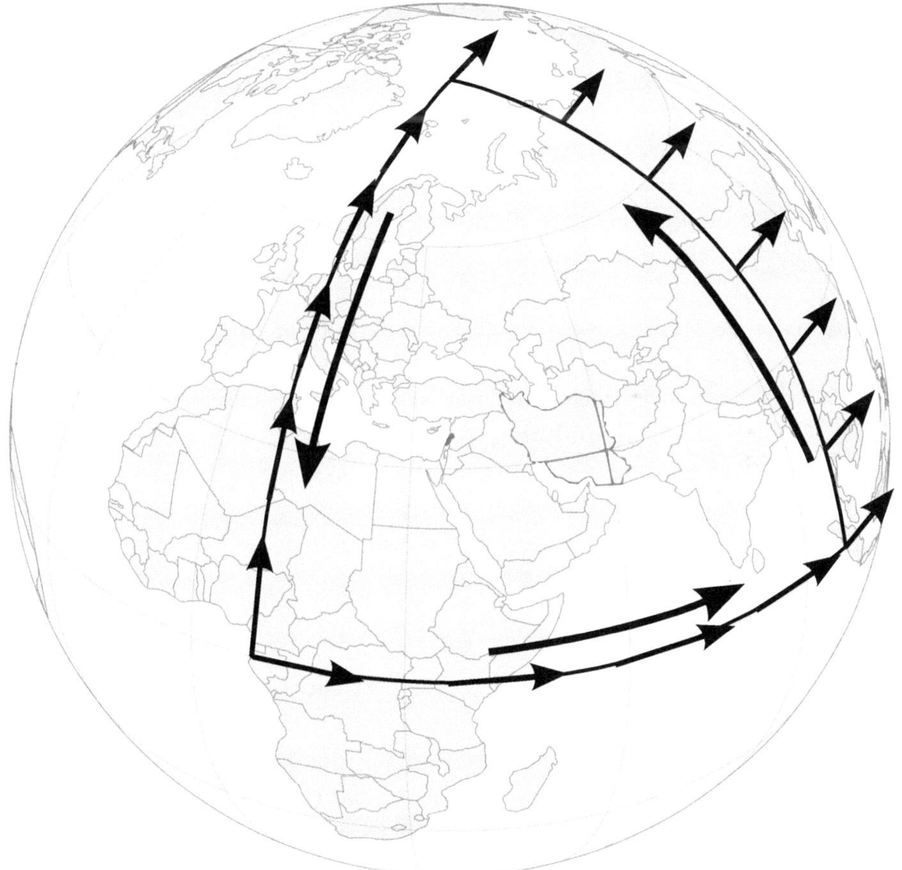

Abb. 3.2 Mit dieser Rundreise kann man die Erdkrümmung nachweisen. [Quelle: abgeleitet von https://commons.wikimedia.org/wiki/File:Iran_Lebanon_(orthographic_projection).svg (Credit: Gringer)]

Mongolei und Sibirien bis zum Nordpol. Wieder legen wir dabei ein Viertel des Erdumfangs zurück, und ständig zeigt unser Richtungszeiger nach Osten, also von uns aus gesehen nach rechts. Am Nordpol selbst verliert der Begriff „Osten" dann seinen Sinn, denn von hier aus führen alle Wege nach Süden.

Vom Nordpol aus wollen wir nun auf direktem Weg wieder zu unserem Ausgangspunkt nach Gabun zurückreisen. Dafür müssen wir wie zuvor die Richtung ändern und eine Vierteldrehung nach links machen. Der Richtungszeiger dreht sich dabei nicht mit, sondern zeigt nun genau nach hinten entgegen unserer neuen Wegrichtung. Wir reisen also mit nach hinten gerichtetem Zeiger entlang des 10. östlichen Längengrades nach Süden über Oslo, Hamburg, das Mittelmeer und Tunesien bis nach Gabun. Dort angekommen, zeigt unser Richtungszeiger weiterhin nach Norden in die Richtung, aus der wir gekommen sind.

Kommt Ihnen das nicht auch merkwürdig vor? Als wir in Gabun in Richtung Osten losgelaufen sind, zeigte unser Richtungszeiger noch nach Osten. Als wir in Sumatra und später am Nordpol unsere Laufrichtung geändert haben, haben wir den Richtungszeiger nicht mitgedreht, sondern ihn in seiner ursprünglichen Richtung belassen. Wir haben also niemals den Zeiger gedreht, und dennoch zeigt er am Ende unserer Rundreise nicht mehr in dieselbe Richtung wie zuvor. Probieren Sie das gerne mit einem Zahnstocher als Richtungszeiger und einem Globus oder Ball selbst einmal aus – er ist verblüffend.

Wäre die Erde eine flache Scheibe, dann würde dieser Effekt nicht eintreten. Es liegt an der Krümmung der Erdoberfläche, dass sich die Richtung des Zeigers auf unserer Rundreise ändert. Wir müssen unsere Erde also gar nicht vom Mond aus betrachten, um zu wissen, dass ihre Oberfläche gekrümmt ist – eine Rundreise genügt. Ob sich damit die Anhänger einer flachen Erde wohl überzeugen lassen?

Wenn Längen relativ wären

Was sich auf der Rundreise nicht ändert, ist die *Länge* des Zeigers. Wenn Sie es mit einem Zahnstocher auf einem Globus oder Ball selbst ausprobiert haben: Die Länge des Zahnstochers ist nach der Rundreise natürlich noch dieselbe wie vorher – nur seine Ausrichtung hat sich am Ende der Rundreise im Vergleich zur Startausrichtung geändert. Es gibt ja auch keinerlei Grund, warum sich die Länge des Richtungszeigers – sprich Zahnstochers – auf der Reise ändern sollte.

Das ist auch in Einsteins Allgemeiner Relativitätstheorie so: Die Krümmung der Raumzeit kann auf einer Rundreise zwar die Richtung des Zeigers ändern, nicht aber seine Länge. Das liegt daran, dass Einstein im Prinzip dieselbe Mathematik verwendet, wie man sie auch für die Krümmung der Erdoberfläche benötigt. Aber muss das so sein? Könnte man nicht eine allgemeinere Mathematik verwenden, die auf der Rundreise auch die Länge des Zeigers verändert? Was würde das physikalisch bedeuten?

Das waren genau die Fragen, die sich Hermann Weyl stellte, als er die mathematischen Grundlagen der Allgemeinen Relativitätstheorie untersuchte. Und je mehr er sich damit beschäftigte, umso überzeugter war er, dass man auch die Längenänderung zulassen sollte. Es gab schlicht keinen mathematischen Grund, der das verhindern könnte. Die Mathematik mit Längenänderung war viel schöner und allgemeiner als die Mathematik, die Einstein verwendet hatte. Warum sollte der Herrgott auf diese wunderbare Möglichkeit verzichten, wenn doch nichts dagegensprach?

Die physikalische Motivation für diese Idee lag für Weyl in der folgenden Frage: Woher wissen wir eigentlich, dass zwei Objekte, die sich an verschiedenen Stellen im Universum befinden, gleich groß sind? Wie sollen wir ihre Größe vergleichen, wenn sie weit voneinander entfernt sind? Seine Schlussfolgerung lautete, dass wir das nicht können! In seinem Buch *Raum, Zeit, Materie* schreibt Hermann Weyl dazu in Kap. 34:

> Von der gleichen Evidenz wie die Relativität der Bewegung ist das Prinzip von der Relativität der Größe; man muss den Mut haben, dieses Prinzip, nach welchem durch die Größe eines Körpers in einem Augenblick seine Größe in einem andern Moment ideell nicht bestimmt ist, trotz der Existenz der starren Körper aufrecht zu erhalten.

Weyl glaubte also, dass man die Länge von Maßstäben nur an ein und derselben Stelle miteinander vergleichen kann, nicht aber an zwei verschiedenen Stellen im Raum. Größen seien relativ, und der Vergleichsmaßstab könne an jedem Punkt im Raum anders definiert sein. Woher soll ein Alien auf Alpha Centauri wissen, was wir unter einem Meter oder einer Sekunde verstehen? Könnte auf Alpha Centauri nicht einfach alles doppelt so groß sein wie bei uns? Vielleicht ist Alpha Centauri eine Welt der Riesen, die in riesigen Häusern leben und riesige Erdbeeren essen und die ihre Welt keineswegs größer einschätzen als wir unsere Welt.

Das erinnert uns sehr daran, wie ein Mensch auf der Erde und ein vorbeirasendes Alien räumliche und zeitliche Abstände unterschiedlich beurteilen. Aber es gibt dabei immer noch eine Größe, die für beide Beobachter gleich groß ist: der verallgemeinerte Abstand (die Metrik) zweier Ereignisse. Weyl fordert nun nichts anderes, als dass sich auch diese Größe nicht ohne

Weiteres vergleichen lässt, wenn wir von unserem Sonnensystem zu Alpha Centauri hinüberwechseln. Man kann diese Größe *umeichen,* wenn man den Ort wechselt – hierin liegt der Ursprung des Begriffs der *Eichtheorie,* der uns oben schon begegnet ist.

Eichfelder verändern Längenmaßstäbe

Ich habe lange hin und her überlegt, wie man diese Idee der relativen Größen bei unserer Zeiger-Rundreise oben veranschaulichen kann. Es ist nicht perfekt, aber die Idee des Zeigerschattens scheint mir dafür einigermaßen passend zu sein.

Stellen Sie sich also vor, der Zeiger – von mir aus gerne ein überdimensionaler Zahnstocher – würde bei der Rundreise wie ein Flugzeug immer in derselben Höhe relativ zum Meeresspiegel fliegen, beispielsweise in 10 km Höhe über Normalnull, wie man auch sagt. Und stellen Sie sich weiter vor, an dem Zeiger wäre mit einem kleinen Gestell senkrecht darüber eine kleine starke Projektorlampe festmontiert, sodass der Zeiger immer einen Schatten senkrecht nach unten auf den Erdboden oder die Meeresoberfläche wirft. Je weiter der Boden von dem Zeiger entfernt ist, umso größer ist der Zeigerschatten – ganz ähnlich wie bei einem Dia-Bild oder einem Kinofilm, den man mit einem Projektor auf eine Leinwand projiziert.

Über dem Meer ist der Abstand nach unten am größten, d. h. dort hat man auch den größten Zeigerschatten. Würde der Zeiger aber beispielsweise gerade über dem 8848 m hohen Mount Everest schweben, dann wäre sein Abstand zum Berggipfel nur noch 1152 m groß – sein Schatten wäre also sehr viel kleiner.

Stellen Sie sich nun vor, Sie könnten den Zeiger selbst gar nicht sehen, sondern nur seinen Schatten am Boden. Wenn Sie den Schatten nun auf seiner Rundreise begleiten, so wird er mal größer und mal kleiner sein, je nachdem, wie hoch Sie und der Schatten sich gerade über dem Meeresspiegel befinden. Im Gebirge ist der Schatten, den der hoch oben fliegende Zeiger wirft, kleiner als im Flachland.

Nun wissen Sie vielleicht gar nicht, in welchen Höhen Sie und der Schatten sich gerade aufhalten. Aber Sie bemerken Folgendes: Immer, wenn Sie bergab laufen – die Schwerkraft sie also nach vorne den Hang hinabziehen möchte – wird der Schatten größer. Wenn Sie dagegen bergauf laufen und gegen die nach hinten ziehende Schwerkraft ankämpfen, wird der Schatten kleiner. Die Zugrichtung der Schwerkraft den Hang hinunter bestimmt also, wie sich der Schatten beim Weiterlaufen verändert. Laufen Sie in Zugrichtung, also bergab, wird er größer, laufen Sie gegen die Zugrichtung, also bergauf, wird er kleiner.

In Weyls Theorie ist der Schatten das Sinnbild für die in seinen Augen frei wählbare Größe von Längenmaßstäben an verschiedenen Punkten im Raum. So wie der Schatten mal größer und mal kleiner sein kann, so können auch die Längenmaßstäbe an verschiedenen Stellen unterschiedlich „geeicht" sein. Und wie sich diese Maßstäbe entlang eines Weges durch den Raum verändern, das stellte Weyl durch ein sogenanntes *Eichfeld* dar – in unserem Zeigerschattenbild entspricht es der nach vorne oder hinten ziehenden Schwerkraft, die mit einer Vergrößerung oder Verkleinerung des Schattens beim nächsten Schritt einhergeht.

Was das Eichfeld physikalisch sein soll, müssen wir noch herausfinden. Bitte stellen Sie sich nicht vor, dass da wirklich etwas nach vorne oder hinten zieht – das war nur in unserem Zeigerbeispiel so, um klarzumachen, dass das Eichfeld eine Richtung besitzt. Vermutlich sollte man besser sagen, dass das Eichfeld auf die Längenmaßstäbe „einwirkt". Wenn es von hinten einwirkt, werden die Längenmaßstäbe beim nächsten Schritt größer, wenn es von vorne einwirkt, werden sie kleiner, und wirkt es von der Seite, so bleiben sie unverändert.

Kehren wir noch einmal zu unserem Zeigerschatten auf der Rundreise über die Erde zurück. Wenn wir die Rundreise beendet haben und wieder am Ausgangspunkt der Reise angekommen sind, müsste der Zeigerschatten wieder genauso groß sein wie zu Beginn. Die Vergrößerungen und Verkleinerungen des Schattens während der Reise heben sich am Ende gegenseitig auf, denn die Zeigerlänge selbst hat sich ja nicht geändert. Oder anders gesagt: Das Eichfeld wirkt während der Rundreise genauso oft nach hinten wie nach vorn. Was man bergab geht, muss man auch wieder bergauf gehen.

Wir wären also sehr überrascht, wenn am Ende der Rundreise der Zeigerschatten länger oder kürzer als zu Beginn ist. Und was, wenn doch? Dann muss mit dem Zeiger während der Reise irgendetwas „physikalisch Reales" geschehen sein, auch wenn wir nur seinen Schatten und nicht ihn selbst sehen können. Zu der ziemlich willkürlichen Größe des Schattens je nach Abstand zum Boden ist etwas „Echtes" hinzugekommen, das den Zeiger selbst betrifft.

Stellen Sie sich beispielsweise vor, der Zeiger würde bei Rückenwind entlang des Weges länger und bei Gegenwind kürzer werden – warum auch immer das so sein sollte, es ist nur ein Bild. Also: Wenn wir auf der Rundreise meist Rückenwind haben, dann wird an deren Ende der Zeiger und auch sein Schatten länger sein als zuvor. Diese Windkomponente kommt zu der Schwerkraftkomponente, die uns bergab ziehen möchte, hinzu und beeinflusst die Veränderung der Schattenlänge auf unserem Weg. Geht es bergab und haben wir dazu noch Rückenwind, dann wächst der Zeigerschatten schneller als ohne Rückenwind, denn der Zeiger wird länger.

Für ein Eichfeld, das die Veränderung der Längenmaßstäbe – also im Zeigerbild die Schattengröße – beim Weitergehen bestimmt, bedeutet das Folgendes: Zu der Bergauf-Bergab-Komponente, deren Wirkung sich entlang einer Rundreise insgesamt aufhebt, kann eine sogenannte Wirbelkomponente – das entspricht dem Wind – hinzukommen, deren Wirkung sich auf der Rundreise am Ende nicht aufhebt. Weyl nennt diese Wirbelkomponente auch „Streckenkrümmung". Ein Eichfeldwirbel macht etwas physikalisch Reales mit den Längenmaßstäben in Weyls Theorie, das über das willkürliche „Umeichen" von Ort zu Ort hinausgeht, denn der Längenmaßstab würde sich ja auf einer Rundreise im Vergleich zu seiner Startlänge verändern.

Da nun Weyls Theorie eine Verallgemeinerung der Relativitätstheorie Einsteins ist, sind Raum und Zeit eng miteinander verbunden. Daher muss es darin nicht nur ein Eichfeld für räumliche Maßstäbe geben, sondern auch ein Eichfeld für die Länge von Zeitintervallen. In Weyls Theorie kann also eine Sekunde auf Alpha Centauri etwas ganz anderes sein als eine Sekunde auf der Erde. Das mag überraschen, aber wenn man davon ausgeht, dass die Sekunde eine willkürliche Maßeinheit ist, die man ganz unterschiedlich definieren kann, dann kann man durchaus auf eine solche Idee kommen.

Eichtheorie, elektromagnetische Potenziale und Ladungserhaltung

Vermutlich fragen Sie sich immer noch, was denn die Eichfelder in Weyls Theorie nun eigentlich physikalisch sein sollen – das Bild mit dem Zeigerschatten und der Bergauf-Bergab-Komponente sowie der Wind-Wirbel-Komponente im Eichfeld war ja nur eine Veranschaulichung.

Als sich Weyl die mathematischen Eigenschaften seiner Eichfelder genauer ansah, war er fasziniert: Sie verhielten sich mathematisch exakt wie die sogenannten elektromagnetischen Potenziale. Diese Potenziale sind eng mit den elektromagnetischen Felder verknüpft: Kennt man die Potenziale, so kennt man die elektromagnetischen Felder. Falls Sie aus der Schule noch den Begriff der Stammfunktion zu einer vorgegebenen Funktion kennen:[5] Die Stammfunktion entspricht den Potenzialen, ihre Ableitung – also die

---

[5]Etwas Mathematik, die Sie vielleicht aus der Schule kennen: Wenn Sie irgendeine Funktion $f(x)$ vor sich haben, dann ist deren Stammfunktion $F(x)$ dadurch definiert, dass deren Ableitung $F'(x)$ – also deren Steigung – gleich der vorgegebenen Funktion $f(x)$ ist: $F'(x) = f(x)$. Zur Funktion $f(x) = 2 \cdot x$ gehört also beispielsweise die Stammfunktion $F(x) = x^2$. Aber auch $F(x) = x^2 + 1$ ist eine gültige Stammfunktion, denn beim Ableiten fällt die 1 ja weg. Die Stammfunktion ist also nicht eindeutig.

vorgegebene Funktion – entspricht den elektromagnetischen Feldern. Nur dass man hier dreidimensional ableiten muss, was die Sache komplizierter macht. Vielleicht wissen Sie auch, dass die Stammfunktion nicht eindeutig definiert ist, da man zu ihr immer eine konstante Zahl hinzuaddieren kann, ohne ihre Ableitung zu verändern.

Bei den Potenzialen ist es ganz analog: Sie sind ebenfalls nicht eindeutig, da immer eine beliebige Bergauf-Bergab-Komponente hinzuaddiert werden kann. Das passt wunderbar zu den Eichfeldern in Weyls Theorie, bei denen eine Bergauf-Bergab-Komponente ja nur zu einer willkürlichen Umeichung der Längenmaßstäbe an verschiedenen Orten führt. Erst eine Wirbelkomponente im Eichfeld – in unserem Beispiel oben war das der Wind – ist physikalisch relevant, da sie zu einer Änderung eines Längenmaßstabes auf einer Rundreise führt. Analog ist auch in den Potenzialen nur die Wirbelkomponente physikalisch relevant, denn sie allein bestimmt die zugehörigen elektromagnetischen Felder – wobei wir das im Licht der Quantenmechanik später in diesem Kapitel noch etwas genauer beleuchten werden.[6]

Für Weyl sah all dies absolut stimmig aus, sodass er zu dem Schluss kommen musste, seine erweiterte Raumzeit-Geometrie liefere eine simultane Erklärung sowohl für die Gravitation als auch für den Elektromagnetismus. So, wie die Raumkrümmung die Gravitation hervorrufe, so bringe die Streckenkrümmung – also die Wirbelstärke der Eichfelder – den Elektromagnetismus hervor. Die Eichfelder waren für Weyl nichts anderes als die elektromagnetischen Potenziale.

Es kam sogar noch besser, denn Weyls Theorie enthält ja eine neue Symmetrie: die sogenannte *Eichsymmetrie,* die besagt, dass sich Längen- und Zeitmaßstäbe lokal unterschiedlich umeichen lassen. Aus einer Symmetrie folgt nun nach dem Noether-Theorem die Existenz einer Erhaltungsgröße, wie Weyl sehr wohl wusste. Er rechnete nach und fand zu seiner großen Befriedigung, dass es die elektrische Ladung war, die in seiner Theorie erhalten war. Aus der Existenz der Eichsymmetrie folgt also, dass man elektrische Ladungen in Summe weder erzeugen noch vernichten kann. Zwar können sich positive und negative Ladungen gegenseitig kompensieren, aber niemals wird man eine positive Ladung ohne ihr

---

[6]Im Detail ist es folgendermaßen: Die räumliche Wirbelstärke des sogenannten Vektorpotenzials, das dem Eichfeld für räumliche Maßstäbe entspricht, ergibt das Magnetfeld. Nimmt man das skalare Potenzial hinzu, das dem Eichfeld für die zeitlichen Maßstäbe entspricht, dann kann man auch das elektrische Feld durch die raum-zeitliche Wirbelstärke der beiden Potenziale beschreiben. Wir beschränken uns in diesem Buch aber weitgehend auf das Vektorpotenzial und das zugehörige Magnetfeld.

negatives Gegenstück erzeugen können. Genau das beobachten wir auch in der Natur.

Weyl war von diesem Ergebnis tief beeindruckt. Überzeugt davon, ein großes Rätsel der Natur gelöst zu haben, schrieb er seine Erkenntnisse sorgfältig auf und schickte das Manuskript im Jahr 1918 nach Berlin an den Schöpfer der Relativitätstheorie: Albert Einstein. Gewiss würde dieser die Schönheit und Tiefe seiner Ideen erkennen.

Einstein widerspricht

Einsteins war tatsächlich beeindruckt und schickte mehrere Postkarten zurück: „Ihre Abhandlung ist angekommen. Es ist ein Genie-Streich ersten Ranges." „Ihr Gedankengang ist von wunderbarer Geschlossenheit." Aber auch: „Abgesehen von der Übereinstimmung mit der Wirklichkeit ist es jedenfalls eine grandiose Leistung des Gedankens."

Hoppla – abgesehen von der Übereinstimmung mit der Wirklichkeit? Das hatte sich Weyl anders vorgestellt. Einstein begründet seine Bedenken etwas später auf einer Postkarte mit den folgenden Worten:

> So schön Ihr Gedanke ist, muss ich doch offen sagen, dass es nach meiner Ansicht ausgeschlossen ist, dass die Theorie der Natur entspricht. Das ds [also der verallgemeinerte Abstand zweier eng benachbarter Ereignisse] selbst hat nämlich reale Bedeutung. Denken Sie sich zwei Uhren, die relativ zueinander ruhend nebeneinander gleich rasch gehen. Werden sie voneinander getrennt, in beliebiger Weise bewegt und dann wieder zusammengebracht, so werden sie wieder gleich rasch gehen, d. h. ihr relativer Gang hängt nicht von der Vorgeschichte ab.

In Weyls Theorie kann jedoch auf einer Rundreise ein Zeiger seine Länge und eine Uhr die Länge der durch sie gemessenen Zeitintervalle ändern. Die beiden Uhren könnten also, wenn man sie voneinander trennt, unterschiedlich bewegt und wieder zusammenführt, nach Weyls Theorie durchaus unterschiedlich schnell gehen. Das erschien Einstein absurd. Als Rettung bliebe nur, die geometrischen Größen in Weyls Theorie physikalisch anders zu interpretieren. Doch „lässt man den Zusammenhang des ds mit Maßstab- und Uhr-Messungen fallen, so verliert die Relativitätstheorie überhaupt ihre empirische Basis", wie Einstein weiter ausführt.

Einstein weist auch darauf hin, dass es in der Natur durchaus natürliche Uhren gibt, deren Gang sich über weite Abstände hinweg verfolgen lässt: Es sind die Atome der verschiedenen chemischen Elemente mit den für sie typischen Spektrallinien. Wasserstoffatome auf der Sonne strahlen

Licht mit denselben typischen Frequenzen ab wie in einem Labor auf der Erde oder auf Alpha Centauri – sie schwingen alle gleich schnell. Hinge ihre Schwingungsgeschwindigkeit von ihrer Vorgeschichte ab – von all den verschlungenen Wegen, den diese Atome im Lauf ihres Lebens zurückgelegt haben – dann könne es keine universellen Spektrallinien im Universum geben. Deshalb „scheint mir die Grundhypothese der Theorie leider nicht annehmbar, deren Tiefe und Kühnheit aber jeden Leser mit Bewunderung erfüllen muss" – so Einstein.

Weyl gab nicht so schnell auf und versuchte, seine elegante Eichtheorie mit den unterschiedlichsten Argumenten irgendwie noch zu retten. Doch Einstein war mehr denn je davon überzeugt, dass Weyl auf einen ganz bedenklichen Holzweg geraten war, wie er es ausdrückte. Weyl lege zu viel Wert auf die schönen Erhaltungssätze, zu denen die Eichinvarianz führt. Mathematische Schönheit, die sich in den Symmetrien einer Theorie manifestiert, kann also auch durchaus in die Irre führen. Es ist gar nicht so leicht, zu erkennen, was die wirklichen Symmetrien unserer Welt sind. Das lokale Umeichen von räumlichen und zeitlichen Maßstäben gehört offenbar nicht dazu. Ein Wasserstoffatom ist durchaus in der Lage, solche Maßstäbe überall im Universum zu liefern – da gibt es nichts mehr umzueichen.

Denkt man genauer darüber nach, so wird relativ schnell klar, dass die Größe eines Objektes nicht nur relativ zu einem anderen Objekt erkennbar ist. Eine Ameise kann mühelos das Mehrfache ihres Körpergewichtes tragen, ein Elefant dagegen nicht. Wenn wir eine Ameise einen Artgenossen tragen sehen, so wissen wir, dass sie klein sein muss, denn eine elefantengroße Ameise wäre dazu niemals in der Lage. Das liegt daran, dass Schwere etwas mit dem Volumen von Objekten zu tun hat, während die Kraft von Muskeln proportional zu ihrem Querschnitt anwächst. Vergrößert man eine Ameise auf Elefantengröße, so nimmt ihr Gewicht viel schneller zu als die Kraft ihrer Muskeln. Kein Wunder also, dass ein angespülter Wal am Strand von seinem eigenen Gewicht erdrückt werden kann.

Weyl und Pauli

Im Nachhinein erscheint es mir schwer verständlich, warum Weyl noch mehrere Jahre an seiner geliebten Theorie festhielt. „Das erste Prinzip ist, dass du dich nicht selbst täuschen darfst – und du bist die am einfachsten zu täuschende Person."[7] Dieser bekannte Satz des Physikers Richard Feynman zeigt, woran es gelegen haben könnte: Weyl tat alles, um seine Kollegen und

---

[7] *The first principle is that you must not fool yourself – and you are the easiest person to fool.*

auch sich selbst darüber hinwegzutäuschen, dass seine Theorie so nicht zu halten war. Die Illusion war zu schön, um aufgegeben zu werden.

Einer von Weyls jüngeren Kollegen war in seinem Urteil über dessen Arbeit weniger taktvoll als Einstein: Wolfgang Pauli, einer der bedeutendsten Physiker des frühen zwanzigsten Jahrhunderts (Abb. 3.3). Schon in der Schule wurde die Begabung dieses mathematischen Wunderkindes sichtbar. Kaum hatte er das Abitur mit 18 Jahren bestanden, verfasste Pauli eine Arbeit über Weyls Theorie, die ja auch Einsteins Allgemeine Relativitätstheorie umfasst. In einem Briefwechsel heißt Weyl den 14 Jahre jüngeren Pauli als Mitstreiter herzlich willkommen. Es sei ihm jedoch fast unvorstellbar, wie es Pauli in einem so jungen Alter gelungen sein könne, alle Wissensmittel und auch die notwendige gedankliche Freiheit zu erlangen, die notwendig ist, um die Relativitätstheorie zu verinnerlichen.

Nun, der junge Pauli war zu so einer Leistung offenbar durchaus in der Lage, und er würde auch bei der Entwicklung der Quantentheorie noch eine bedeutende Rolle spielen – mehr dazu später in diesem Buch. Bei aller Genialität war Pauli zugleich ein schwieriger Mensch, der gerne die Fehler seiner Kollegen brandmarkte und ihre Theorien schonungslos als „ganz falsch" oder – noch schlimmer – als „nicht einmal falsch" bezeichnete. Auch

Abb. 3.3 Wolfgang Pauli (1900–1958). (© RDB/ullstein bild/picture alliance)

Weyl erging es mit seiner Theorie später, als Pauli etabliert war, nicht viel besser. Im Jahr 1929 schreibt Pauli in einem Brief an Weyl über dessen treue, aber unglückliche Liebe zur Physik. Weyl möge ihm verzeihen, wenn er ihn weiterhin als Mathematiker betrachte, dessen Maß an Begeisterung für die Physik nicht mit dem Umfang übereinstimme, in dem sich seine Vorschläge in der Physik bisher bewährt hätten.

Das war schon ziemlich unverschämt. Im Vorwort zu seinem wegweisenden Buch *Gruppentheorie und Quantenmechanik* schreibt Weyl denn auch später:

> Ich kann es nun einmal nicht lassen, in diesem Drama von Mathematik und Physik – die sich im Dunkeln befruchten, aber von Angesicht zu Angesicht so gerne einander verkennen und verleugnen – die Rolle des (wie ich genugsam erfuhr, oft unerwünschten) Boten zu spielen.

Die Quantenmechanik, um deren Symmetrien es in Weyls Buch geht, war es denn auch, die ihm die Gelegenheit geben würde, seine Idee zu retten und tatsächlich physikalisch nutzbar zu machen – wir werden uns das gleich noch genauer ansehen. Auch Pauli erkannte dies schließlich an und schrieb in einem für ihn ungewohnt freundlichen Ton:

> Im Gegensatz zu den Bosheiten ist aber der sachliche Teil meines letzten Briefes inzwischen stark überholt. [...] Aus diesem Grunde habe ich es nachher sogar bedauert, den Brief an Sie abgeschickt zu haben. Nach dem Studium dieser Arbeit glaube ich das, was Sie wollen und anstreben, nun wirklich verstanden zu haben.

Pauli fährt fort, Weyls frühere Theorie sei noch reine Mathematik gewesen, und Einstein hätte sie zu Recht kritisiert. Nun aber sei die Stunde der Rache für Weyl gekommen, denn Einstein habe sich mittlerweile auf der erfolglosen Suche nach der „Weltformel" in Theorien (dem sogenannten Fernparallelismus) verirrt, die auch nur reine Mathematik seien und nichts mehr mit Physik zu tun hätten. Nun sei es an der Zeit für Weyl, über Einstein zu schimpfen.

Man darf also nicht nur in der reinen Mathematik verharren, wie es zunächst Weyl und später dann Einstein passiert ist. Man kommt erst dann wirklich weiter, wenn man auch eine physikalische Idee hat, die es mathematisch zu formulieren gilt. Man muss die Symmetrieprinzipien erkennen, die in unserer Welt tatsächlich gelten. Die Eichsymmetrie der Längen- und Zeitmaßstäbe gehört nicht dazu, wohl aber eine andere

Eichsymmetrie. Um sie zu erkennen, musste allerdings erst die notwendige Basis dafür geschaffen werden. Es war notwendig, zu verstehen, wie sich unsere Welt im Reich der Atome und Teilchen wirklich verhält. Der Weg dorthin war mühsam, aber er lohnte sich, denn an seinem Ende stand die wohl größte Umwälzung in der Geschichte der Physik.

3.2   Die Geburt der Quantenmechanik

Damit Weyls Idee der Eichtheorie Früchte tragen konnte, war eine völlig neue, revolutionäre Entwicklung notwendig: die Quantenmechanik. Doch nach einer solchen Revolution sah es zunächst gar nicht aus. Im Gegenteil: Durch die Erkenntnisse von Newton, Maxwell, Einstein und anderen konnte man sogar den Eindruck gewinnen, als wären die meisten Geheimnisse der Natur bereits entschlüsselt. Die sogenannte klassische Physik, wie wir sie heute nennen, war zu einer ziemlich runden Sache geworden. Man besaß wunderbar funktionierende, mathematisch gut ausgearbeitete Theorien, von denen Galilei und Kepler nur hatten träumen können.

Allerdings war die Struktur der Materie noch nicht endgültig geklärt. Am Ende des neunzehnten Jahrhunderts betrachteten manche Gelehrte Materie sogar immer noch als ein kontinuierliches Medium. So pflegte der österreichische Physiker und Philosoph Ernst Mach auf die Frage nach der Existenz der Atome schnippisch zu antworten: „Ham se welche gesehen?" Viele seiner Kollegen glaubten dagegen bereits zu dieser Zeit an die Existenz der Atome. Im frühen zwanzigsten Jahrhundert ließ sich diese Frage durch eine Vielzahl von Experimenten dann endgültig klären. Die Atome trugen den Sieg davon, und auch ihre innere Struktur wurde zunehmend entschlüsselt. Und damit begannen die Probleme: Sobald Atome im Spiel sind, gerät die klassische Physik in ernste Schwierigkeiten.

Etwas stimmt nicht mit der klassischen Physik

Auf eine solche Schwierigkeit stießen die Physiker, als sie sich die folgende Frage stellten: Wie viel Wärme kann Materie bei einer bestimmten Temperatur speichern? Die Antwort war bereits durch James Clerk Maxwell, Ludwig Boltzmann und andere auf Basis der Atomvorstellung gefunden worden, nach der Wärme nichts anderes ist als die zufällige Bewegung der Atome und Moleküle.

Nehmen wir als Beispiel das Gas, das uns alle umgibt: Luft. Unsere Luft besteht zu 99 % aus den beiden Gasen Stickstoff und Sauerstoff, deren Moleküle wiederum jeweils aus zwei Stickstoff- oder zwei Sauerstoffatomen bestehen. Wir können uns diese Moleküle wie kleine Hanteln vorstellen, die aufgrund der Wärme wild durcheinanderfliegen, zusammenstoßen und voneinander abprallen und sich auch wie kleine Propeller drehen können.

Bei ihren Analysen stellten die Physiker nun fest, dass sich durch die ständigen zufälligen Zusammenstöße die vorhandene Energie im statistischen Mittel gleichmäßig auf alle Moleküle verteilen sollte. Mehr noch: Sie sollte sich sogar gleichmäßig auf die verschiedenen Bewegungsmöglichkeiten verteilen, die ein jedes Molekül hat. Dabei enthält jede Bewegungsmöglichkeit bei einer gegebenen Temperatur im Mittel dieselbe Energiemenge. Das nennt man auch den *Gleichverteilungssatz*.

Wäre Luft ein Edelgas wie Helium und würde entsprechend nur aus einzelnen Atomen bestehen, dann hätte jedes dieser Atome drei voneinander unabhängige Bewegungsmöglichkeiten, entsprechend den drei Richtungen im Raum (hoch – runter, rechts – links oder vor – zurück). Bei einer bestimmten Temperatur würde ein Edelgas dann das Dreifache der Energiemenge speichern, die in jeder einzelnen dieser Bewegungsmöglichkeiten steckt.

Aber könnten sich die Atome nicht auch um die eigene Achse drehen? Könnten die Atome nicht auch Energie in ihrer Rotationsbewegung speichern? Eigentlich müsste es auch diese Möglichkeiten geben, doch davon ist bei den gemessenen Wärmemengen von Edelgasen nichts zu sehen. Es ist, als würden die Atome von dieser Möglichkeit keinen Gebrauch machen, so, als wollten sie einfach nicht rotieren.

Nun ist Luft kein Edelgas und besteht auch nicht aus einzelnen Atomen, sondern aus hantelförmigen Molekülen, die als Ganzes rotieren können. Tatsächlich zeigen die gespeicherten Wärmemengen diesmal, dass die Luftmoleküle von dieser Bewegungsmöglichkeit Gebrauch machen. Sie speichern tatsächlich Energie in Form von Rotationsenergie.

Wie schon bei der linearen Flugbewegung gibt es auch bei der Drehbewegung der Hantelmoleküle drei Möglichkeiten. Wenn wir uns die Längsachse der Hantel, die die beiden Atome miteinander verbindet, für einen kurzen Moment senkrecht ausgerichtet vorstellen, so könnte das Molekül bei seiner Drehbewegung entweder nach rechts oder links kippen, oder aber nach vorne oder hinten, oder es könnte sich auch um seine Längsachse drehen. Es gibt also drei voneinander unabhängige Rotationsmöglichkeiten. Diese kommen zu den drei linearen Bewegungsmöglichkeiten hinzu, sodass Luft das Sechsfache der Energiemenge speichern sollte, die in jeder einzelnen Bewegungsmöglichkeit steckt.

Messen wir nach, so finden wir jedoch nur die fünffache Energiemenge. Eine Drehbewegung wird nicht genutzt, und zwar die Drehung um die

Längsachse. Nur wenn sich auch die Längsachse mitbewegt und die beiden Atome des Moleküls einander umkreisen, dann wird diese Drehbewegung auch ausgeführt. Bleiben die Atome des Moleküls dagegen an Ort und Stelle und könnten sich nur synchron um ihre gemeinsame Verbindungsachse drehen, dann bleibt diese Bewegungsmöglichkeit ungenutzt. Das ist eigentlich auch kein Wunder, denn von einer Drehbewegung der Atome um sich selbst war ja schon bei den Edelgasen nichts zu sehen. Da ist es dann auch egal, wenn man sie zu einem Molekül „zusammenklebt".

Die Atome oder Moleküle in einem Gas nutzen also nicht alle Bewegungsmöglichkeiten, die ihnen nach der klassischen Physik eigentlich zur Verfügung stehen müssten. Man sagt auch, manche Freiheitsgrade sind *eingefroren.*

Dieses Verhalten ist absolut rätselhaft. Was hält die Teilchen davon ab, gewisse Bewegungen auszuführen? Sind diese Bewegungsformen vielleicht im Reich der Atome verboten? Oder reicht die verfügbare thermische Energie nicht aus, um bestimmte Bewegungen auszulösen? Die klassische Physik kann dieses Verhalten jedenfalls nicht erklären.

Das Problem mit der Wärmestrahlung

Noch ein weiteres, ebenfalls mit Wärme verbundenes Problem beschäftigte am Ende des neunzehnten Jahrhunderts die Forscher, und auch hier war die klassische Physik eindeutig in Schwierigkeiten. Es geht um die elektromagnetische Wärmestrahlung, die ein jeder Körper bei einer bestimmten Temperatur abstrahlt. Um diese Strahlung in Reinform zu messen, baut man am besten einen geschlossenen Ofen und betrachtet die Strahlung darin durch ein kleines Loch in dessen Wand. Da es bei Zimmertemperatur im Ofen stockdunkel ist, sieht dieses Loch von außen schwarz aus, weshalb man auch von einem idealen schwarzen Körper spricht.

Wenn wir den Ofen nun langsam und gleichmäßig aufheizen, so wird die Wärmestrahlung, die von den Wänden in seinem Inneren ausgeht, immer intensiver und heißer. Schließlich beginnen die Wände sichtbar zu glühen. Erst ist es nur ein schwaches rötliches Glimmen, dann ein rotes Glühen und schließlich sogar ein hellgelbes Strahlen. Das Innere des Ofens ist nun nicht mehr dunkel wie zuvor, sondern es wird darin immer heller, je heißer es ist. Würde der Ofen die steigenden Temperaturen weiter aushalten, so könnten wir sogar ein grelles bläuliches Licht in seinem Inneren erzeugen, ähnlich wie bei einem Schneidbrenner.

Die Strahlung im Ofen verändert sich also mit steigender Temperatur. Erst ist es unsichtbare Infrarot-Wärmestrahlung, zu der dann ein immer stärkerer sichtbarer Lichtanteil hinzukommt. Unsere Sonne, die an ihrer

Oberfläche fast 6000 Grad heiß ist, sendet neben wärmender Infrarotstrahlung und sichtbarem Licht sogar noch kurzwelligere unsichtbare Ultraviolett-Strahlung (UV) aus, die einen heftigen Sonnenbrand auslösen kann.

Wenn wir uns anschauen, wie sich die Strahlungsenergie im Ofen auf die verschiedenen Wellenlängen verteilt, so finden wir bei einer bestimmten Wellenlänge ein Maximum, das sich bei steigender Temperatur zu immer kürzeren Wellenlängen hin verschiebt (Abb. 3.4). Erst liegt das Maximum bei infraroter Wärmestrahlung, dann bei rötlichem Licht, schließlich bei gelblichem Licht und so weiter. Links und rechts vom Maximum wird die Energie, die auf die entsprechende Wellenlänge entfällt, dann immer geringer.

Ist es möglich, diese Verteilung der Strahlungsenergie im Rahmen der klassischen Physik auszurechnen? Probieren wir es:

Nach Maxwell müssten sich im Ofen elektromagnetische Schwingungen ausbilden, bei denen in jeder Raumrichtung eine, zwei, drei oder auch mehr Wellenlängen in den Ofen hineinpassen – ähnlich wie bei den Grund- und Oberschwingungen einer Gitarrensaite. Da all diese Schwingungen ständig thermische Energie mit den Wänden des Ofens austauschen, sollte auch hier wieder der Gleichverteilungssatz von oben gelten: Jede dieser elektromagnetischen Schwingungsmöglichkeiten müsste im Mittel dieselbe

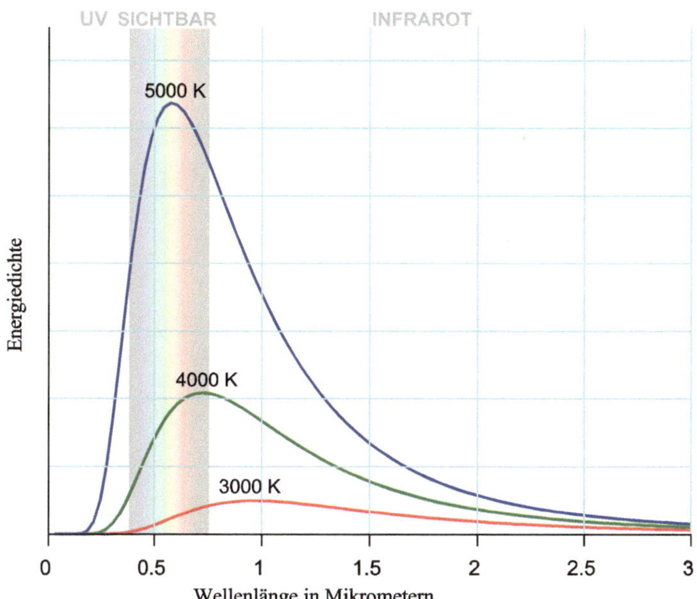

Abb. 3.4 Energiespektrum der elektromagnetischen Strahlung in einem heißen Ofen bei verschiedenen Temperaturen (Planck'sches Strahlungsgesetz). (Quelle: abgeleitet von https://commons.wikimedia.org/wiki/File:Black_body.svg)

Energie speichern. Nun braucht man nur noch auszurechnen, wie viele Schwingungsmöglichkeiten es pro Wellenlängenbereich gibt, und man erhält die Strahlungsenergie pro Wellenlängenbereich.

Bei großen Wellenlängen funktioniert diese Rechnung tatsächlich sehr gut – das Ergebnis stimmt mit der gemessenen Verteilung überein. Bei kürzeren Wellenlängen wird diese Übereinstimmung allerdings immer schlechter. Besonders schlägt dabei zu Buche, dass die berechnete Verteilung kein Energiemaximum besitzt. Da es beliebig viele Schwingungsmöglichkeiten mit immer kürzeren Wellenlängen gibt, und da jede dieser Schwingungen nach dem Gleichverteilungssatz immer wieder dieselbe mittlere Energie speichern sollte, müsste in der Strahlung des Ofens sogar unendlich viel Energie stecken. Das kann nicht sein! Die Kombination aus klassischer Physik und Gleichverteilungssatz hat erneut ein absurdes Ergebnis geliefert.

Max Planck findet das Strahlungsgesetz

Wer war in der Lage, am Ende des neunzehnten Jahrhunderts das Problem zu lösen? Es war jemand, der sich in den klassischen Gesetzen der Thermodynamik bestens auskannte, ein deutscher Konservativer, der eigentlich vor zu radikalen Neuerungen eher zurückschreckte, der ehrlich, pflichtbewusst und vielleicht auch ein bisschen steif war, der die Musik und das Bergsteigen liebte: Max Planck (Abb. 3.5).

Abb. 3.5 Max Planck (1858–1947, rechts) zusammen mit Albert Einstein (links) im Jahr 1931 in Berlin. (Quelle: Ausschnitt aus https://commons.wikimedia.org/wiki/File:Nernst,_Einstein,_Planck,_Millikan,_Laue_in_1931.jpg)

Von so jemandem hätte man vielleicht nicht erwartet, dass er die Fesseln der klassischen Physik sprengen und die Quantennatur der Strahlung enthüllen würde. Doch Planck hatte auch eine starke Vorliebe für die grundlegenden Probleme der Physik. Nicht umsonst interessierte er sich als einer der Ersten für die Relativitätstheorie des damals noch unbekannten, 21 Jahre jüngeren Albert Einstein, den er im Jahr 1914 nach Berlin holen würde. Die Relativitätstheorie war etwas Absolutes, Fundamentales, und das war genau das, was Planck sein Leben lang faszinierte. Die Energieverteilung der Wärmestrahlung zu ergründen war ein ebenso fundamentales Problem, das jede Anstrengung lohnte. Also machte sich Planck im Jahr 1897 an die Arbeit.

Man kannte damals bereits einige mathematische Eigenschaften der gemessenen Energieverteilung, doch eine präzise Formel, die all diese Eigenschaften umfasste und die auch allen experimentellen Überprüfungen standhielt, fehlte noch. Planck experimentierte mit verschiedenen Formeln herum, traf geeignete thermodynamische Annahmen und präsentierte im Oktober 1900 schließlich eine Formel, die allen Anforderungen gerecht wurde. Die neue Formel von Planck, die wir heute als *Planck'sches Strahlungsgesetz* bezeichnen, schien korrekt zu sein.

Allerdings hatte Planck die Formel mehr erraten als aus physikalischen Prinzipien hergeleitet. Was steckte hinter der Formel? Und was bedeutete der ominöse Faktor *h,* den Planck darin hatte einfügen müssen und den er erst einmal schlicht als *Hilfsgröße* bezeichnete (daher die Abkürzung *h*)?

Die Energie ist gequantelt

Das wollte Planck unbedingt herausfinden, doch es war keineswegs einfach. Bald stellte er fest, dass er mit der klassischen Thermodynamik allein nicht weiterkam. Er musste neue Wege gehen und statistische Überlegungen mit einbeziehen: Wie wahrscheinlich war es, dass bestimmte Energiemengen von den Wänden des Ofens ins Innere abgestrahlt wurden? Da die atomare Struktur der Materie noch nicht ausreichend etabliert war, stellte sich Plank vereinfacht vor, dass schwingende Ladungen – sogenannte Oszillatoren – in den Atomen der Ofenwände elektromagnetische Strahlung derselben Schwingungsfrequenz aussenden und wieder absorbieren. So etwas konnte man im Rahmen der klassischen Physik berechnen. Dann versuchte Planck, die statistische Energieverteilung dieser schwingenden Ladungen im thermischen Gleichgewicht auszurechnen. Dafür ersann er einen genialen Trick: Er teilte die Schwingungsenergie versuchsweise in viele kleine Energiepakete auf. Solche Energiepakete konnte die schwingende Ladung dann jederzeit ins Ofeninnere aussenden oder daraus absorbieren.

Planck war bei seinem Rechentrick davon ausgegangen, dass er die Energiepakete zum Schluss seiner Rechnung beliebig klein würde machen können und so wieder zurück zur klassischen Physik gelangen würde, in der auch beliebig kleine Energiemengen Sinn machen. Doch da täuschte er sich. Er erhielt nur dann die richtige Formel für das Energiespektrum der Wärmestrahlung, wenn die Energiepakete eine bestimmte Größe haben, die proportional zur Schwingungsfrequenz anwächst. Schnell schwingende Ladungen müssen also größere Energiepakete an das Ofeninnere abgeben und daraus aufnehmen als langsam schwingende Ladungen. Zu einer doppelt so großen Schwingungsfrequenz gehören auch doppelt so große Energiepakete. Daraus folgt, dass, wenn man die Energie eines Pakets durch die zugehörige Schwingungsfrequenz teilt, immer dieselbe Zahl herauskommt. Diese physikalische Konstante ist genau die Hilfsgröße h, die Planck für seine Berechnung brauchte und die wir heute als *Planck'sches Wirkungsquantum* oder auch als *Planck-Konstante* bezeichnen. Sie verknüpft die Schwingungsfrequenz f mit dem zugehörigen Energiepaket E über die Beziehung $E = h \cdot f$.

Die elektromagnetischen Wellen im Ofeninneren, die von den schwingenden Ladungen ausgesendet werden, enthalten also nur Energiepakete, deren Größe proportional zur Frequenz der Welle anwächst. Infrarotstrahlung enthält kleine Pakete, rotes Licht größere Pakete, blaues Licht noch größere Pakete und Ultraviolettstrahlung wiederum größere Pakete. Kein Wunder also, dass die Ultraviolettstrahlung der Sonne einen Sonnenbrand hervorruft, denn deren UV-Energiepakete sind groß genug, um entsprechenden Schaden in unseren Hautzellen anzurichten.

Damit gilt auch der Gleichverteilungssatz der klassischen Physik, nach dem alle elektromagnetischen Schwingungsformen im Ofen dieselbe Energie aufweisen sollten, nicht länger. Für große Energiepakete ist nämlich irgendwann nicht mehr genug thermische Energie in den schwingenden Ladungen der Wände vorhanden, als dass sie noch nennenswert entstehen können. Kleine Energiepakete und damit langsame Schwingungen sind wahrscheinlicher als große.[8] Man braucht also schon eine Temperatur wie auf der Sonnenoberfläche, damit UV-Energiepakete überhaupt entstehen können.

---

[8]Das Maximum im Energiespektrum der Wärmestrahlung kommt dann dadurch zustande, dass es bei größeren Frequenzen mehr räumliche Schwingungsmöglichkeiten für die elektromagnetischen Wellen im Ofen gibt als bei kleinen. Bei größeren Frequenzen ist also mehr Platz für die Energiepakete da, sodass deren Zahl bei wachsender Frequenz erst einmal zunimmt. Schließlich wird aber die Wahrscheinlichkeit, dass sie energetisch überhaupt noch erzeugt werden können, immer geringer, sodass ihre Anzahl nach einem Maximum wieder abnimmt.

Eine Kerzenflamme erzeugt keine UV-Strahlung und auch keinen Sonnenbrand. Übrigens ist die Zahl der Energiepakete, die selbst eine schwache Kerzenflamme aussendet, gigantisch und liegt bei vielen Tausend Milliarden Paketen pro Sekunde. Die Energie jedes einzelnen Energiepakets ist für sich genommen also winzig klein, doch im Reich der ebenfalls winzigen Atome wird die Quantelung der Energie relevant.

Wir sehen also, dass hochfrequente Schwingungen gewissermaßen eingefroren sind, ganz ähnlich wie wir es oben bei den Drehbewegungen der Atome und Moleküle beobachtet haben. Die thermische Energie ist nicht groß genug, um die entsprechenden Energiepakete bereitzustellen, und die Vermutung liegt nahe, dass dies auch der Grund für das Einfrieren bestimmter Drehbewegungen ist.

Max Planck war zunächst nicht allzu glücklich mit seinem Ergebnis. Später bezeichnete er die Einführung seines Wirkungsquantums h sogar als regelrechte Verzweiflungstat. Als konservativer Mensch versuchte er viele Jahre, sein Wirkungsquantum in den Rahmen der klassischen Physik einzugliedern – vergeblich. Ohne es zu wollen hatte Planck die Tür zu einer neuen Art von Physik aufgestoßen, doch er blieb lange skeptisch, ob die klassische Physik hier wirklich am Ende ihrer Möglichkeiten war. Daher sollte es jüngeren Physikern wie seinem Freund Albert Einstein und später besonders Erwin Schrödinger und Werner Heisenberg vorbehalten sein, diese Tür zu durchschreiten und die neue Welt der Quanten endgültig zu betreten.

Einstein und das Photon

Als Planck im Jahr 1900 seine Hypothese aufstellte, dass die Energieabstrahlung schwingender Ladungen nur in einzelnen Energiepaketen erfolgen kann, hatte Einstein gerade sein Studium in Zürich beendet und trat bald darauf seine Stelle am Berner Patentamt an. Hier hatte er neben seiner Arbeit ausreichend Zeit, um in Ruhe über die verschiedensten physikalischen Probleme nachzudenken, die sich damals stellten. Dabei interessierte ihn die Bedeutung der Maxwell'schen Gleichungen für Raum und Zeit ebenso wie Plancks neue Energiequanten. Was bedeutete die Existenz der Energiequanten für die Natur des Lichts, das sich doch so vortrefflich mit Maxwells Gleichungen als elektromagnetische Welle beschreiben lässt?

Die Jahre des intensiven Nachdenkens lohnten sich, denn Einstein veröffentlichte in seinem Wunderjahr 1905 nicht nur seine Spezielle Relativitätstheorie, sondern auch eine Arbeit, in der er die grundlegende Quantennatur des Lichts offenlegte. Diese Arbeit trug den unscheinbaren

Titel *Über einen die Erzeugung und Verwandlung des Lichtes betreffenden heuristischen Gesichtspunkt.* Der zentrale Satz in dieser Arbeit ist folgender:

> Es scheint mir nun in der Tat, dass die Beobachtungen über die „schwarze Strahlung", Photolumineszenz, die Erzeugung von Kathodenstrahlen durch ultraviolettes Licht und andere die Erzeugung bez. Verwandlung des Lichtes betreffende Erscheinungsgruppen besser verständlich erscheinen unter der Annahme, dass die Energie des Lichtes diskontinuierlich im Raume verteilt sei. Nach der hier ins Auge zu fassenden Annahme ist bei Ausbreitung eines von einem Punkte ausgehenden Lichtstrahles die Energie nicht kontinuierlich auf größer und größer werdende Räume verteilt, sondern es besteht dieselbe aus einer endlichen Zahl von in Raumpunkten lokalisierten Energiequanten, welche sich bewegen, ohne sich zu teilen und nur als Ganze absorbiert und erzeugt werden können.

Bei Einstein war die Existenz der Energiequanten nicht mehr nur eine Eigenschaft des Vorgangs, bei dem die schwingenden Ladungen in den Ofenwänden Strahlung abgeben oder aufnehmen. Für Planck war ein Energiepaket, einmal abgestrahlt, immer noch im kompletten Innenraum des Ofens verteilt, denn die entsprechende elektromagnetische Welle existierte ja im gesamten Innenraum. Nicht so bei Einstein, dessen mutige Schlussfolgerung viel weiter ging. Er hatte sich verschiedene physikalische Phänomene angeschaut und war zu dem Schluss gekommen, dass man diese am besten verstehen konnte, wenn Licht selbst aus einer „endlichen Zahl von in Raumpunkten lokalisierten Energiequanten" besteht – sprich: aus Lichtteilchen, die wir heute auch *Photonen* nennen. Die Atome des Ofens konnten eben nur ganze Lichtteilchen aussenden oder absorbieren.

Ein Argument in Einsteins Arbeit war der sogenannte *Photoeffekt:* Lichtteilchen können aus einer Metalloberfläche einzelne Elektronen herausschlagen und dabei umso mehr Energie auf sie übertragen, je höher die Frequenz des Lichts ist. Würde man Licht dagegen klassisch als schwingendes elektrisches Feld beschreiben, so müsste der Energieübertrag mit wachsender Feldstärke anwachsen, nicht aber mit wachsender Schwingungsfrequenz.

Ein anderes Argument war die sogenannte Entropie der Wärmestrahlung im Ofen, die Einstein aus deren Energieverteilung für große Frequenzen ableitete. Sie verhält sich genauso wie die Entropie eines normalen Gases. Beispielsweise ist die Wahrscheinlichkeit, dass sich alle Photonen und damit die gesamte Strahlungsenergie nur in der linken Hälfte des Ofens befinden, genauso groß wie für ein Gas, dessen Atome sich alle in der linken Hälfte befinden. Die Wärmestrahlung im Ofen verhält sich diesbezüglich genauso wie ein Gas aus Lichtteilchen.

Das waren alles durchaus überzeugende Argumente. Übrigens hatte schon Isaac Newton mehr als 200 Jahre zuvor die Idee, dass Licht aus Teilchen bestünde, offensiv vertreten. Dann aber hatten viele andere Experimente gezeigt, dass sich Licht sehr gut als elektromagnetische Welle verstehen lässt, weshalb man Newtons Idee schließlich fallen gelassen hatte. Doch nun brachte Einstein sie überraschend zurück auf die Tagesordnung. Von 1905 bis 1922 blieb er allerdings so ziemlich der Einzige, der die Lichtquanten ernst nahm. Wie sollte auch die Idee von Lichtteilchen mit der bewährten Wellenbeschreibung von Licht zusammenpassen?

Das Photon existiert

Die Meinungen änderten sich, als im Jahr 1922 der US-amerikanische Physiker Arthur Compton hochenergetische Röntgenstrahlen auf Graphit richtete. Die Röntgen-Photonen sind sehr viel energiereicher als die Photonen von Licht oder UV-Strahlung. Daher werden sie – anders als die Licht- oder UV-Photonen beim Photoeffekt – nicht komplett von der Materie verschluckt, wenn sie ihre Energie auf einzelne Elektronen in der Materie übertragen. Sie übertragen vielmehr nur einen Teil ihrer Energie auf die Elektronen und werden dabei aus ihrer Bahn abgelenkt. Es ist ganz ähnlich wie bei einer schnellen Billardkugel, die mit einer ruhende Billardkugel zusammenprallt.

Nach dem Zusammenprall mit dem Elektron fliegt das abgelenkte Photon mit geringerer Energie davon, wobei sein Energieverlust vom Ablenkwinkel abhängt. Man kann sich das ganz analog wie bei Billardkugeln vorstellen und auch entsprechend ausrechnen. Da nun laut Planck und Einstein eine geringere Photonenergie mit einer geringeren Schwingungsfrequenz der zugehörigen Röntgenstrahlung einhergeht, muss also die abgelenkte Röntgenstrahlung eine entsprechend niedrigere Frequenz aufweisen. Genau das stellte Compton bei seinen Experimenten fest!

Mit elektromagnetischen Wellen allein lässt sich dieses Ergebnis nicht erklären – mit den von Einstein geforderten Lichtteilchen kommt es dagegen wie von selbst heraus. Das überzeugte die Kritiker. Die Idee des Photons hatte seine Bewährungsprobe bestanden. Licht und auch jede andere elektromagnetische Strahlung besitzt zugleich Teilchen- und Welleneigenschaften. Allerdings wusste niemand, wie ein Strom von Lichtteilchen zugleich Wellenerscheinungen erzeugen kann – es blieb nach wie vor rätselhaft.

Quantenbahnen im Atom

Auch bei der Struktur der Materie hatte man zu Beginn des zwanzigsten Jahrhunderts große Fortschritte gemacht. Mittlerweile war unstrittig, dass Atome und Moleküle existierten. Sogar die innere Struktur der Atome war weitgehend aufgeklärt: Im Jahr 1911 hatte der Neuseeländer Ernest Rutherford in seinem berühmten Streuexperiment nachgewiesen, dass Atome aus einem massiven, aber zugleich winzigen Atomkern bestehen, der positiv geladen ist. Ihn umkreisen negativ geladene Elektronen, die tausendfach leichter und noch winziger als der Atomkern sind. Man stellte sich das Atom ähnlich wie das Sonnensystem vor mit dem Atomkern als Sonne und den Elektronen als Planeten.

Allerdings schienen nur bestimmte Kreisbahnen für die Elektronen erlaubt zu sein. Anders wäre es nicht zu erklären, dass die Atome nur bei bestimmten Frequenzen – den sogenannten Spektrallinien – Licht aussenden oder absorbieren, wobei Elektronen ihre Bahn im Atom wechseln. Beispielsweise kann ein Elektron von einer äußeren auf eine innere Bahn hinabfallen und dabei ein Photon mit der entsprechenden Energie und Frequenz aussenden. Tiefer als bis zur untersten Bahn kann das Elektron aber nicht hinabstürzen. Wäre es anders, so würde das Elektron alle Energie abstrahlen und in den Atomkern hineinfallen – stabile Atome wären unmöglich. Die Materie würde kollabieren.

Dem dänischen Physiker Niels Bohr gelang es im Jahr 1913, für das einfachste aller Atome – das Wasserstoffatom – die Lage und Energie dieser Bahnen zu erraten, indem er eine einfache Forderung aufstellte: Der Bahndrehimpuls des Elektrons bei seinem Umlauf um den Kern muss auf der untersten Bahn gleich dem Planck'schen Wirkungsquantum h geteilt durch $2 \cdot \pi$ sein. Auf der nächsthöheren Bahn muss der Bahndrehimpuls dann doppelt so groß sein, auf der dritten Bahn dreimal so groß usw.

Mit diesem Modell konnte Bohr die gemessenen Spektrallinien von Wasserstoff sehr gut reproduzieren – es war ein großer Erfolg. Bei anderen Atomen mit mehr Elektronen funktionierte das Modell allerdings weniger gut. Außerdem blieb rätselhaft, warum nur bestimmte Bahnen zulässig sein sollten.

De Broglies Materiewellen

Die Lage war ziemlich verwirrend. Da war das Licht – ein Strom aus Photonen und zugleich eine Welle. Da waren die eingefrorenen Drehbewegungen der hantelförmigen Luftmoleküle um ihre Längsachse. Und da waren die Kreisbahnen der Elektronen im Atom, von denen nur ganz bestimmte Bahnen zulässig waren. Die besten Physiker zerbrachen sich ihre

Köpfe und versuchten, sich einen Reim auf diese merkwürdige Gemengelage zu machen. Doch es sollte wieder einmal ein Unbekannter sein, der mit fast jugendlichem Leichtsinn den entscheidenden Anstoß gab: der französische Adelige und Physiker Louis de Broglie (Abb. 3.6 rechts).

Die de Broglies waren eine bedeutende französische Adelsfamilie, in deren Reihen man Marschälle ebenso finden kann wie Gesandte und Minister. Der kleine Louis, der im Jahr 1892 das Licht der Welt erblickte, wuchs ganz im Sinne konservativer adeliger Familientraditionen auf. Nach dem frühen Tod des Vaters im Jahr 1906 kümmerte sich sein 17 Jahre älterer Bruder Maurice – selbst ein erfahrener Physiker – um die Erziehung von Louis und begeisterte ihn schließlich für die Physik.

Seine Einberufung als Ingenieur im ersten Weltkrieg unterbrach sein Physikstudium, das er erst nach Kriegsende im Jahr 1919 fortsetzen konnte. Die Quantennatur der Materie und des Lichts faszinierten ihn, und er begann schon bald, sich seine eigenen Gedanken zu den Rätseln zu machen, vor denen die Physiker damals standen. Wenn Licht aus einem Strom von Teilchen besteht, so fragte er sich, was ermöglicht es dann, eine Frequenz zu definieren? Die Wellennatur des Lichts zwingt einen aber zu diesem Schritt. Andererseits muss sich ein Elektronen in einem Atom so bewegen, dass sein Bahndrehimpuls von Bahn zu Bahn in wohldefinierten Schritten zunimmt. Solche Schrittabfolgen kennt man in der Physik eigentlich nur von Schwingungen wie bei einer Gitarrensaite, bei denen die Frequenz von der Grundschwingung zu den einzelnen Oberschwingungen ebenfalls schrittweise zunimmt. Da lag für de Broglie die Idee nahe, dass man nicht nur den

Abb. 3.6 Max Planck (links) und Louis de Broglie (rechts) zusammen mit ihren berühmten Formeln, mit denen sie die den Grundstein für die Quantenmechanik legten. (Quelle: Eigene Grafik)

Photonen, sondern auch den Elektronen eine Periodizität zuschreiben muss, also eine Art von Schwingung.

De Broglie arbeitete seine Idee weiter aus und erkannte, dass man sowohl den Photonen als auch den Elektronen eine Welle zuordnen kann, deren Wellenlänge λ umso kürzer wird, je größer ihr Teilchenimpuls p ist. De Broglies berühmte Formel $\lambda = h/p$ drückt diesen Zusammenhang mathematisch aus. Dabei ist es wie schon bei dem Zusammenhang $E = h \cdot f$ zwischen der Teilchenenergie E und der Wellenfrequenz f wieder das Planck'sche Wirkungsquantum h, das die Verbindung zwischen Teilcheneigenschaften und Welleneigenschaften herstellt.

De Broglie erkannte auch, wie eine Wellenbewegung zu einer Teilchenbahn führen kann: Es ist genauso wie beim Licht! Dessen Ausbreitung kann man unter normalen Bedingungen – beispielsweise im Inneren eines Teleskops – ja auch sehr gut mit Lichtstrahlen darstellen, ohne seine Wellennatur berücksichtigen zu müssen. Der Wellencharakter des Lichts wird erst dann relevant, wenn man dessen Verhalten bei mikroskopisch kleinen Abständen verstehen möchte, die in derselben Größenordnung liegen wie die Wellenlänge. Ähnlich ist es bei den Elektronen: In dem Elektronenstrahl in einer alten Fernsehröhre verhalten sich die Elektronen wie klassische Teilchen – ihre sehr kleine Wellenlänge fällt dort nicht weiter auf. Im Inneren eines Atoms ist das ganz anders. Dort bilden sie stehende Wellen wie bei den Schwingungen einer Gitarrensaite.

Als de Broglie diese Ideen im Rahmen seiner berühmt gewordenen Doktorarbeit im Jahr 1924 vorlegte, war die Prüfungskommission verständlicherweise überfordert: Was sollte man von den kühnen Vorschlägen des jungen Adeligen halten? Warf da nicht ein noch unerfahrener angehender Physiker etwas leichtsinnig alle etablierten Vorstellungen über Bord? Trotz dieser Bedenken rangen sich die Prüfer schließlich dazu durch, de Broglies Arbeit anzuerkennen. Albert Einstein war dagegen die Genialität der Arbeit de Broglies schon früh klar gewesen. Gut möglich, dass Einstein als „Erfinder" des Photons bereits selber über ähnliche Ideen nachgegrübelt hatte. In einem berühmten Brief an Langevin schrieb er im Dezember 1924:[9] „Die Arbeit von de Broglie hat großen Eindruck auf mich gemacht. Er hat einen Zipfel des großen Vorhangs gelüftet."

---

[9]Henning Sievers: *Louis de Broglie und die Quantenmechanik* (1998), https://arxiv.org/abs/physics/9807012v2.

Die Quanten verstehen

Die Ideen de Broglies bedeuteten nach fast einem Vierteljahrhundert des Umherirrens endlich den Durchbruch. Nicht de Broglie selbst, sondern andere Physiker setzten sich dabei an die Spitze der Entwicklung. Nahezu gleichzeitig entstanden im Jahr 1925 zwei mathematisch gleichwertige Formulierungen der neuen Quantenmechanik.

Die erste von ihnen, die sogenannte Matrizenformulierung der Quantenmechanik (kurz Matrizenmechanik) von Werner Heisenberg, Max Born und Pascual Jordan, basiert nicht direkt auf den Materiewellen de Broglies, sondern auf mathematischen Beziehungen zwischen beobachtbaren atomaren Größen wie beispielsweise den Spektrallinien.

Allerdings erschien die Matrizenmechanik den meisten Wissenschaftlern damals wie abstrakte mathematische Zauberei, deren Grundlage ziemlich mysteriös blieb. Daher waren sie froh, dass der österreichische Physiker Erwin Schrödinger (Abb. 3.7) eine zweite Formulierung der Quantenmechanik entdeckte, die leichter zu verstehen war und von der er zugleich zeigen konnte, dass sie gleichwertig zur Matrizenmechanik ist. Diese zweite Formulierung ist nichts anderes als eine Differenzialgleichung, die das räumliche und zeitliche Verhalten der Elektronenwelle in einem Atom beschreibt. Solche Wellengleichungen waren den Physikern von anderen Wellenphänomenen her durchaus vertraut, sodass sie Schrödingers Wellengleichung – die wir heute kurz *Schrödinger-Gleichung* nennen – gut akzeptieren konnten.

Dass seine Gleichung gut funktionierte, demonstrierte Schrödinger auch sogleich am Beispiel des Wasserstoffatoms, wo er die verschiedenen Eigenschwingungen der Elektronenwelle im anziehenden elektrischen Feld des Atomkerns bestimmte – eine Rechnung, die jeder Physikstudent während seines Studiums heutzutage kennenlernt. In einer Fußnote dankte Schrödinger seinem Freund und Züricher Kollegen Hermann Weyl, der ihm bei der mathematischen Lösung der Gleichung geholfen hatte. Solche Differenzialgleichungen waren Weyls Spezialgebiet – er hatte sich in seiner Habilitation intensiv mit ihnen beschäftigt.

Seitdem hat die Quantenmechanik einen wahren Siegeszug hingelegt und in Verbindung mit der Speziellen Relativitätstheorie die gesamte moderne Physik durchdrungen. Lediglich die Gravitation hat sich als widerspenstig erwiesen – ihre Vereinigung mit der Quantenmechanik ist heutzutage das wohl größte ungelöste Rätsel der Physik; mehr dazu am Ende dieses Buches.

Trotz ihres unglaublichen Erfolges bleibt die Quantenmechanik aber nach wie vor rätselhaft. Wie kann eine Welle zugleich ein Teilchen beschreiben? In den entsprechenden Experimenten stellte sich heraus, dass die Intensität

Abb. 3.7   Erwin Schrödinger (1887–1961). (Credit: Nobel foundation)

einer Quantenwelle an jedem Ort für die Wahrscheinlichkeit steht, dort das Teilchen anzutreffen – man muss allerdings auch wirklich nachschauen, also eine entsprechende Messung durchführen. Bei einer solchen Ortsmessung materialisiert sich das Teilchen gewissermaßen spontan an irgendeinem Ort der Welle, wobei es umso wahrscheinlicher dort auftaucht, wo die Quantenwelle entsprechend stark schwingt. Aber warum tut es das? Wo ist das Teilchen vorher? Was ist der Grund dafür, dass wir nur noch von Wahrscheinlichkeiten sprechen können? Gibt es womöglich eine tiefer liegende Theorie, die wir bloß noch nicht kennen und die genau festlegt, wo sich das Teilchen zu jeder Zeit befindet?

Niemand kann heute diese Fragen beantworten. Vieles spricht dafür, dass der Zufall eine fundamentale Rolle in der Natur spielen könnte und dass das Teilchen vor der Ortsmessung gewissermaßen selbst noch nicht weiß, wo es sich materialisieren soll. Albert Einstein, selbst einer der Wegbereiter der Quantenmechanik, konnte sich mit dieser Sichtweise allerdings niemals anfreunden. In einem Brief an Max Born schrieb er im Dezember 1926:[10]

> Die Quantenmechanik ist sehr achtunggebietend. Aber eine innere Stimme sagt mir, dass das noch nicht der wahre Jakob ist. Die Theorie liefert viel, aber dem Geheimnis des Alten (gemeint ist Gott) bringt sie uns kaum näher. Jedenfalls bin ich überzeugt, dass der nicht würfelt.

Auch wenn Einsteins Ansicht angesichts der großen Erfolge der Quantenmechanik etwas aus der Mode gekommen ist, so mag doch etwas Wahres in ihr stecken. Wir haben bis heute noch nicht verstanden, wo die Wahrscheinlichkeit in der Quantenmechanik letztlich herkommt und was bei einer quantenmechanischen Messung wirklich geschieht, auch wenn die moderne Forschung einige neue Erkenntnisse dazu geliefert hat. Der „wahre Jakob" liegt also wohl immer noch im Dunkeln. Nach wie vor gilt, was der Physiker Richard Feynman im Jahr 1967 gesagt hat: „Niemand versteht die Quantenmechanik."[11]

3.3 Eichsymmetrie und Quantenwellen

Als Erwin Schrödinger in Zürich seine quantenmechanische Wellengleichung entwickelte, war sein Freund Hermann Weyl an seiner Seite und unterstütze ihn mit seinem umfangreichen mathematischen Wissen. Wie schon bei der Allgemeinen Relativitätstheorie interessierte sich Weyl dabei besonders für die mathematische Struktur der neuen Quantentheorie. Was sind Quantenwellen für mathematische Objekte, wie stehen sie mit beobachtbaren Größen in Beziehung und wie verhalten sie sich beispielsweise bei Drehungen im Raum? Besonders der letzte Aspekt, der eng mit dem Symmetriegedanken verbunden ist, fesselte Weyl. Er erkannte, dass das mathematische Gebiet der sogenannten Gruppentheorie hier voll zur Geltung kommt – Drehungen bilden beispielsweise mathematisch eine Gruppe, da zwei Drehungen zusammen wieder eine Drehung ergeben und da sich Drehungen auch wieder rückgängig machen lassen. Wieder

---

[10]Albert Einstein, Hedwig und Max Born: *Briefwechsel 1916–1955.* Rowohlt Taschenbuchverlag, Reinbek bei Hamburg, 1972, S. 97 f.

[11]Richard Feynman: *The Character of Physical Law,* MIT-Press 1967, Kap. 6 (deutsche Ausgabe: *Vom Wesen physikalischer Gesetze,* Piper 2012).

einmal konnte Weyl es nicht lassen, die Rolle des „oft unerwünschten" Boten zwischen Mathematik und Physik zu spielen, wie er schreibt, und brachte mit seinem genialen Buch *Gruppentheorie und Quantenmechanik* den Physikern die Gruppentheorie und den Mathematikern die Quantenmechanik nahe.

Weyl dachte auch darüber nach, wie sich die neue Quantentheorie zur Allgemeinen Relativitätstheorie der Gravitation und zur Maxwell'schen Theorie der elektromagnetischen Kräfte verhielt. Gravitation und Elektromagnetismus hatte Weyl ja schon früher zu vereinigen versucht, indem er die lokale Umeichung von Längen- und Zeitmaßstäben als neue Symmetrie der Natur gefordert hatte. Doch Einstein hatte vehement widersprochen, wie wir gesehen haben, denn die vermeintliche Eichsymmetrie der Maßstäbe war keine physikalische Symmetrie der Natur.

Bot die neue Quantentheorie vielleicht eine Chance, seine alte Idee abzuwandeln und alle drei Theorien unter einem gemeinsamen Dach miteinander zu vereinen? Weyl machte sich an die Arbeit und schrieb ein schwergewichtiges Werk, dass er im Jahr 1929 unter dem Titel *Elektron und Gravitation* veröffentlichte. „In dieser Arbeit entwickle ich in ausgeführter Form eine Gravitation, Elektrizität und Materie umfassende Theorie", schreibt er dort. Die Quantenwelle übernehme jetzt die Rolle, welche in seiner alten Theorie die lokalen Raum- und Zeitmaßstäbe (das „Einstein'sche d*s*") spielten.

Aus heutiger Sicht ist auch dieses Werk nur ein historischer Zwischenschritt und keineswegs schon eine allumfassende Theorie, denn nur die Materie wird darin durch Quantenwellen beschrieben, nicht aber die Gravitation oder der Elektromagnetismus. Doch die zentrale Idee ist bis heute richtig: Man kann tatsächlich die Quantenwellen lokal „umeichen" und so in gewissem Sinn die Existenz der elektromagnetischen Kräfte begründen. Und nicht nur das: Auch alle anderen heute bekannten fundamentalen Kräfte der Natur mit Ausnahme der Gravitation lassen sich in ähnlicher Weise als *Eichtheorie* beschreiben. Weyl war auf ein Grundprinzip der modernen Physik gestoßen.

Quantenwellen umeichen

Was könnte es bedeuten, eine Quantenwelle umzueichen – haben Sie eine Idee? Es muss eine Welleneigenschaft sein, die an jedem Punkt im Raum nicht absolut, sondern nur relativ zu einer anderen Welle eine physikalische Bedeutung hat. Wenn man beide Wellen in gleicher Weise lokal verändert und damit umeicht, muss der Unterschied derselbe bleiben. Was könnte das für eine Eigenschaft sein?

Wenn wir die Schwingung einer Welle an einem Ort charakterisieren wollen, dann brauchen wir dafür zwei Größen: die Amplitude und die Schwingungsphase, in der sich die Welle gerade befindet. Die Amplitude sagt dabei, wie hoch die Wellenberge und wie tief die Wellentäler werden können. Die momentane Schwingungsphase sagt wiederum, ob wir dort gerade einen Wellenberg, ein Wellental oder etwas dazwischen vorfinden.

Wir können uns die Schwingungsphase an einem festen Ort anhand einer Uhr mit nur einem Zeiger veranschaulichen (Abb. 3.8): Ist der Zeiger oben, dann haben wir dort gerade einen Wellenberg vor uns – die Welle hat dort also zu dieser Zeit gerade ihren höchsten Punkt erreicht. Ist der Zeiger dagegen unten, dann liegt dort gerade ein Wellental vor. Und steht der Zeiger auf 3 Uhr oder auf 9 Uhr, dann befindet sich die Welle gerade zwischen Berg und Tal. Während sich der Zeiger dreht, schwingt die Welle also auf und ab – pro Umdrehung genau ein Mal.

Von oben wissen wir bereits, dass die Intensität einer Quantenwelle an jedem Ort für die Wahrscheinlichkeit steht, das Teilchen dort anzutreffen. Wie man zeigen kann, ist die Intensität proportional zum Quadrat der Amplitude, also zur quadrierten Höhe der Wellenberge und Wellentäler. Die Amplitude hat also eine unmittelbare physikalische Bedeutung. Hier gibt es nichts umzueichen.

Bei der Schwingungsphase ist das anders: Es ist für die Wahrscheinlichkeit, ein Teilchen an einem Ort anzutreffen, völlig egal, ob wir dort gerade einen Wellenberg, ein Wellental oder etwas dazwischen vorfinden – Hauptsache die Welle schwingt fleißig auf und ab. Wenn wir also bei einer Quantenwelle den

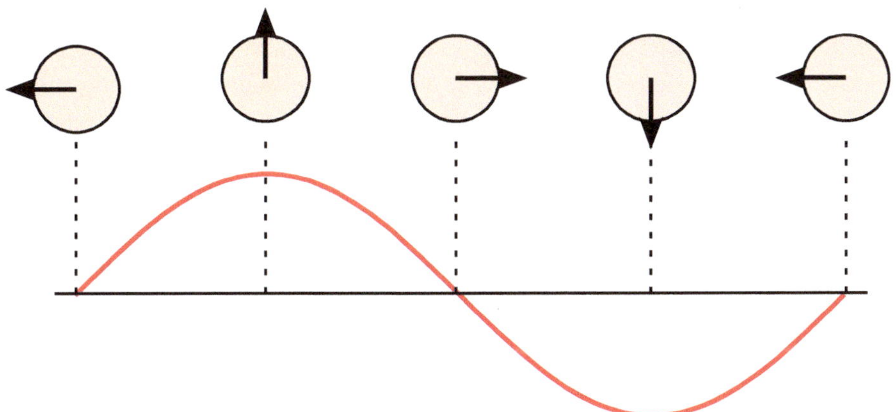

Abb. 3.8 Die Phase einer Welle kann man an jedem Ort durch einen Uhrzeiger darstellen, dessen Umläufe das Auf- und Abschwingen der Welle widerspiegeln. (Quelle: Eigene Grafik)

Zeiger an jedem Ort beispielsweise um eine halbe Drehung vorstellen und so Wellenberge und Wellentäler vertauschen, dann ist die Wahrscheinlichkeit immer noch dieselbe. Auch jede andere Verstellung des Zeigers ist zulässig. Es sind also nicht mehr die Längen- und Zeitmaßstäbe aus Weyls alter Theorie, sondern es ist die Schwingungsphase der Quantenwelle, die man umeichen kann.

Die entscheidende Forderung, die Weyl nun aufstellte, ist folgende: Man kann die Phase einer Quantenwelle an jedem Ort auf verschiedene Art und Weise umeichen, also den Zeiger auf der Phasenuhr *an verschiedenen Orten unterschiedlich* verstellen[12], ohne dass man das physikalisch merkt. Genau dasselbe hatte er früher für Längen- und Zeitmaßstäbe gefordert, bis ihm Einstein nachwies, dass man ein solches lokales Umeichen der Maßstäbe physikalisch eben doch bemerken würde. Nun forderte Weyl stattdessen, dass man die Phase einer Quantenwelle *lokal* unterschiedlich umeichen kann, ohne dass sich das physikalisch auswirkt. Auf Alpha Centauri könnte man beispielsweise Wellenberge in Wellentäler umwandeln und umgekehrt, während man hier auf der Erde die Welle unverändert lässt.

Wie kam Weyl auf die Idee, dass diese Forderung berechtigt sein könnte? Die Schwingungsphase selbst hat keine direkte physikalische Bedeutung – das hatten wir bereits gesagt. Was aber sehr wohl eine physikalische Bedeutung hat, ist der Phasenunterschied zu einer anderen Quantenwelle. Wenn sich nämlich zwei Wellen an einem Ort überlagern, so bestimmt der Phasenunterschied zwischen ihnen, ob Wellenberge der einen Welle auf Wellenberge oder auf Wellentäler der anderen Welle treffen. Im ersten Fall schwingen die beiden Wellen gleichphasig und verstärken sich gegenseitig, im zweiten Fall schwingen sie gegenphasig und löschen sich gegenseitig aus. Die Schwingungsphase einer Quantenwelle ist also an jedem Punkt im Raum nicht absolut, sondern nur relativ zu einer anderen Quantenwelle von physikalischer Bedeutung. Genau so eine Welleneigenschaft hatten wir oben gesucht.

Wenn wir jetzt die Schwingungsphase beider Wellen in gleicher Weise verändern, bleibt ihre gegenseitige Verstärkung oder Auslöschung davon unbeeinflusst, denn ihr Phasenunterscheid bleibt ja überall derselbe. Dabei darf die Phasenänderung durchaus lokal unterschiedlich ausfallen, solange sie nur für beide Wellen dieselbe ist. Wir dürfen die beiden Wellenphasen also lokal umeichen, ohne dass dies physikalisch auffallen sollte.

---

[12]Das darf natürlich nicht völlig wirr im Raum geschehen, d. h. bei benachbarten Orten muss sich das Verändern der jeweiligen Wellenphase umso weniger unterscheiden, je enger die beiden Orte zusammenliegen. Man sagt auch, das Umeichen muss räumlich stetig-differenzierbar geschehen.

Das hört sich durchaus überzeugend an. Dennoch ist keineswegs sofort klar, ob diese Forderung in der Natur tatsächlich gerechtfertigt ist. Würde man die Phase einer jeden Quantenwelle *überall* in gleicher Weise verdrehen, dann gäbe es keine Probleme, denn die räumliche Struktur der Wellenzüge und damit ihre Frequenzen und Wellenlängen blieben unverändert. Verändert man die Phase dagegen an dem einen Ort mehr und an einem anderen Ort weniger stark, dann hat das einen großen Einfluss auf die Welle insgesamt. So könnten sich ihre Frequenz und Wellenlänge verändern, was einen direkten Einfluss auf die Energie und den Impuls der zugehörigen Teilchen haben könnte. Würde das wirklich nicht auffallen?

In seiner Arbeit versucht Weyl, diese Forderung der *lokalen Eichsymmetrie* der Wellenphase mit verschiedenen Argumenten zu rechtfertigen. Aus heutiger Sicht sind diese Argumente allerdings fragwürdig, so wie es auch seine früheren Argumente für die lokale Eichsymmetrie der Längen- und Zeitmaßstäbe waren. Man kann eben nicht von vorne herein wissen, ob man wirklich eine physikalische Symmetrie vor sich hat oder nicht – allen Plausibilitätsargumenten zum Trotz.

Dieses Mal lag Weyl mit seiner Idee allerdings richtig. Nach allem, was wir heute wissen, ist die lokale Eichsymmetrie der Wellenphase tatsächlich eine echte Symmetrie der Natur. Das hat weitreichende Konsequenzen für die Form der Naturgesetze – es lohnt sich also, wenn wir uns das genauer ansehen.

Elektromagnetische Potenziale in der Quantenwelt

Wenn wie Schwingungsphase einer Quantenwelle an verschiedenen Orten unterschiedlich verändern, so entsteht eine neue „umgeeichte" Quantenwelle, die physikalisch gleichwertig zur ursprünglichen Quantenwelle sein soll. Nun wird das Verhalten einer Quantenwelle durch die Schrödinger-Gleichung beschrieben, wie wir bereits wissen. Und damit haben wir ein Problem: Auch wenn die ursprüngliche Quantenwelle durch die Schrödinger-Gleichung beschrieben wird, so gilt das noch lange nicht für die neue umgeeichte Quantenwelle. Sie muss aber unbedingt ebenfalls eine Lösung der Schrödinger-Gleichung sein, damit sie überhaupt eine physikalisch mögliche Quantenwelle ist und gleichwertig zur ursprünglichen Quantenwelle sein kann.

Ist damit Weyls Idee bereits gescheitert? Nicht unbedingt, denn es gibt eine Lösung: Wir brauchen wieder unser bekanntes Eichfeld, das wir in die Schrödinger-Gleichung einbauen können und das auf diese Weise das Umeichen der Wellenfunktion in der Gleichung beschreibt.

Das funktioniert ganz analog zur Veränderung der Längen- und Zeitmaßstäbe, nur dass es diesmal die Schwingungsphase der Welle betrifft. Stellen wir uns dazu vor, wir würden die Zeit für einen Moment anhalten und die Welle dadurch gewissermaßen einfrieren. Dann ist überall auch die zugehörige Schwingungsphase der Welle eingefroren. Diese Phase wollen wir nun an verschiedenen Orten unterschiedlich verdrehen und so die Gesamtform der Welle verändern. Das Eichfeld soll diese Veränderung hervorrufen, wenn wir auf irgendeinem Weg quer durch das eingefrorene Wellenfeld laufen. Dabei kann das Eichfeld wieder von hinten, von vorne oder auch von der Seite einwirken und so die Wellenphase verändern. Wirkt das Eichfeld von hinten und wir laufen auf unserem Weg weiter, dann wird der Uhrzeiger der Wellenphase entsprechend vorwärts verdreht. Wirkt das Eichfeld von vorne, ist es genau umgekehrt und der Zeiger auf der Phasenuhr wird beim nächsten Schritt rückwärts verdreht. Und wirkt es von der Seite, wird auf diesem Wegstück die Phase gar nicht geändert und bleibt so wie sie ist.

Wenn unser Weg nun ein Rundweg ist, der uns wieder an unseren Ausgangspunkt zurückführt, dann kompensieren sich die Phasenänderungen durch das Eichfeld und wir landen am Ende wieder bei derselben Phase wie zu Anfang. Es ist wie bei unserem Zeigerschatten von früher, wenn wir nur dessen Bergauf-Bergab-Änderungen beachten und kein Wind weht: Der Phasengewinn bergab wird durch den Phasenverlust bergauf wieder aufgezehrt.

Man kann es auch anders ausdrücken: Wenn wir in einer Hügellandschaft von einem Ort A zu einem anderen Ort B laufen, dann ist es egal, welchen Weg von A nach B wir nehmen: Wir müssen in jedem Fall denselben Höhenunterschied überwinden, d. h. die zusätzliche Verdrehung der Wellenphase – analog zum Zeigerschatten – ist am Ende aller Wege von A nach B gleich groß.

Wie schon in Weyls alter Theorie eröffnet uns das Eichfeld nun eine weitere Möglichkeit: Es kann eine zusätzliche Wirbelkomponente enthalten, deren Einfluss sich entlang eines Rundweges in Summe nicht kompensiert. Im früheren Bild mit dem Zeigerschatten schalten wir also nun den Wind ein. Jetzt hängt es vom jeweiligen Weg von A nach B ab, welchen Beitrag das Eichfeld zu einer Wellenphase beiträgt. Wir können günstige Wege mit viel Rückenwind wählen oder ungünstige Wege, bei denen wir oft gegen den Wind ankämpfen müssen.

Was soll das nun alles physikalisch bedeuten? Weyl wusste das schon aus seiner alten Theorie: Das Eichfeld verhält sich mathematisch genau wie das sogenannte Vektorpotenzial des Magnetfeldes. Das Magnetfeld erzeugt dabei die Wirbel im Vektorpotenzial, also gewissermaßen dessen Wind-Komponente. Man kann dem Vektorpotenzial auch jederzeit eine zusätzliche

Bergauf-Bergab-Komponente hinzufügen und so ein lokales Umeichen der Quantenwelle bewirken, ohne das Magnetfeld und damit die Physik zu ändern. In ähnlicher Weise kann man auch beim elektrischen Feld und seinem zugehörigen Potenzial vorgehen.

Hermann Weyl war erleichtert: Seine alte Idee mit der lokalen Eichsymmetrie von Längen- und Zeitmaßstäben war zwar falsch gewesen, aber er hatte diese Idee auf die Schwingungsphase von Quantenwellen übertragen und so retten können. Diesmal sah alles viel besser aus – es schien tatsächlich zu funktionieren, wie auch Wolfgang Pauli zugeben musste. Die lokale Eichsymmetrie der Wellenphase erzwingt die Einführung eines Eichfeldes in der Schrödinger-Gleichung, und dieses Eichfeld eröffnet dann die Möglichkeit für zusätzliche Wirbel, mit denen sich die elektromagnetischen Felder in die Quantentheorie einbinden lassen. „Aus der Unbestimmtheit des Eichfaktors [also der Schwingungsphase] in der Quantenwelle ergibt sich die Notwendigkeit der Einführung elektromagnetischer Potenziale [also des Eichfeldes]“, schreibt Weyl in *Elektron und Gravitation.*

In der klassischen Physik sind das elektrische und magnetische Potenzial lediglich mathematische Hilfsgrößen, die für manche Rechnungen nützlich sein können. Ihnen kommt keine direkte physikalische Bedeutung zu. Wichtig sind allein das daraus abgeleitete elektrische und magnetische Feld, denn deren Werte bestimmen an jedem Ort, welche Kraft dort auf eine elektrische Ladung wirkt.

In der Quantenwelt scheint das nun anders zu sein: Es ist das elektrische und magnetische Potenzial – also das Eichfeld –, das die Schwingungsphase einer Quantenwelle direkt beeinflusst und auf sie einwirkt. Der Begriff der Kraft und damit des elektromagnetischen Feldes spielt in der Quantenmechanik dagegen keine Rolle mehr, denn es gibt keine Flugbahnen von Teilchen, an denen eine solche Kraft ansetzen könnte. Die Potenziale und nicht mehr die Felder sind jetzt die zentralen Größen. Das hat überraschende Folgen!

Das Potenzial einer Spule

Schauen wir uns als einfaches Beispiel eine lange Spule an, durch die ein elektrischer Strom fließt. Der Strom erzeugt ein Magnetfeld, dessen Feldlinien dichtgedrängt durch das Innere der Spule hindurchlaufen, am einen Ende der Spule austreten und in weitem Bogen außerhalb der Spule zum anderen Ende zurücklaufen. Wenn wir die Spule sehr lang machen, dann können wir die Feldlinien außerhalb der Spule beliebig ausdünnen und immer schwächer machen, sodass wir in guter Näherung davon ausgehen können, der Außenraum sei feldfrei.

Wie sieht das magnetische Vektorpotenzial – also das Eichfeld – der Spule aus? Oben hatten wir gesagt, dass das Magnetfeld Wirbel im Vektorpotenzial erzeugt. Wenn wir uns das Vektorpotenzial wieder wie einen Wirbelwind vorstellen, dann umkreist dieser Wind die magnetischen Feldlinien, wobei er umso stärker ist, je mehr magnetische Feldlinien er umkreist (Abb. 3.9). Stellen Sie sich das gerne so vor, als würden sich die magnetischen Feldlinien wie rotierende Achsen um sich selbst drehen und dabei die Luft um sie herum mitziehen, sodass ein Wirbelwind um die Feldlinien herum entsteht.

Halten wir also fest: Nur innerhalb der Spule gibt es ein Magnetfeld, während das Vektorpotenzial auch außerhalb der Spule existiert und diese gleichsam umkreist.

In der klassischen Physik ist dies nichts anderes als eine mathematische Kuriosität, denn das Vektorpotenzial übt ja selbst keine physikalischen Kräfte aus. Ein Elektron muss schon in das Innere der Spule eindringen, um von dem Magnetfeld dort beeinflusst zu werden. Aber wie ist das in der Quantenmechanik, wo das Vektorpotenzial die Phase einer Quantenwelle direkt beeinflusst? Was geschieht, wenn wir eine Elektronenwelle außen an der Spule vorbeilaufen lassen, ohne dass sie in das Innere der Spule eindringen kann? Spürt sie das Vektorpotenzial im Außenraum der Spule, obwohl ihr der Zutritt zum Magnetfeld im Spuleninneren verwehrt ist? Das folgende Experiment kann diese Frage beantworten.

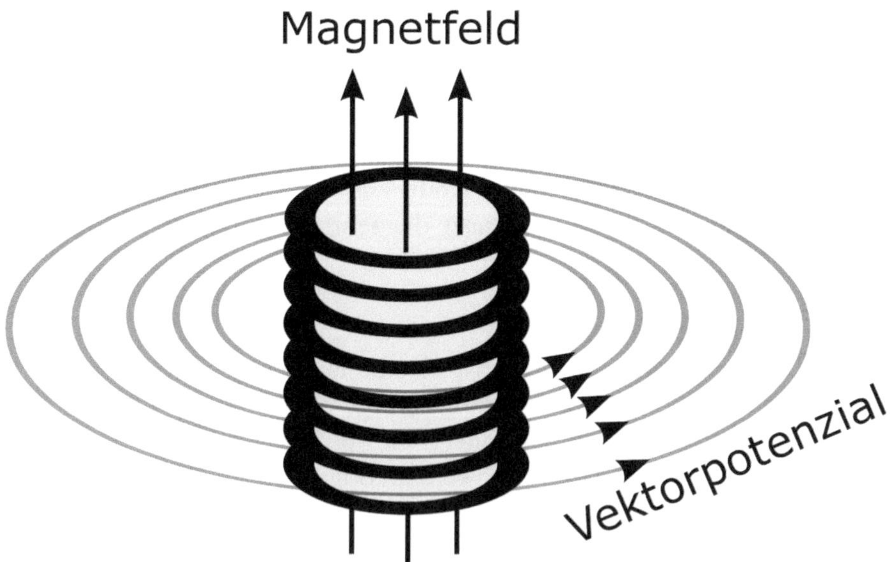

Abb. 3.9 Das magnetische Vektorpotenzial existiert auch außerhalb der Spule, anders als das Magnetfeld. Man kann es sich wie einen Wirbelwind um die Spule herum vorstellen, der von den magnetischen Feldlinien erzeugt wird. (Quelle: Eigene Grafik)

Elektronen am Doppelspalt

Am deutlichsten tritt der Wellencharakter einer Quantenwelle – und auch jeder anderen Welle – im sogenannten Doppelspaltexperiment in Erscheinung. Nehmen wir als Beispiel einen Elektronenstrahl, der ja nach der Quantenmechanik einer Elektronenwelle entspricht. Diese Welle richten wir auf eine Abschirmplatte, die zwei winzig kleine parallele Spalte enthält, durch die die Welle hindurchdringen kann. Hinter jedem der Spalte entstehen dadurch annähernd halbkreisförmige Quantenwellen, die sich mit den Wellen des jeweils anderen Spaltes überlagern. Dabei gibt es Bereiche, in denen immer Wellenberge der einen Kreiswelle auf Wellenberge der anderen Kreiswelle treffen. Die Wellenberge addieren sich und die Welle schwingt dort besonders stark. In anderen Bereichen treffen dagegen immer Wellenberge auf Wellentäler, sodass die Quantenwelle dort kaum oder gar nicht schwingt. Das ist das Besondere an Wellen: Welle plus Welle kann null ergeben, wenn Wellenberge auf Wellentäler treffen.

Dort, wo die Welle stark schwingt, gibt es eine große Wahrscheinlichkeit dafür, ein Elektron anzutreffen. Wo die Welle kaum schwingt, werden sich die Elektronen dagegen nur selten aufhalten. Allerdings müssen wir auch wirklich nachschauen, wo die Elektronen sind, denn nur dann entscheiden sie sich auch für einen Ort. Dazu bauen wir in einigem Abstand hinter den Spalten einen Detektorschirm auf, auf dem die ankommenden Elektronen kleine Trefferpunkte hinterlassen.

Wenn wir das Experiment starten, dann treffen nach und nach immer mehr Elektronen auf dem Detektorschirm auf und hinterlassen dort ihre Trefferpunkte. Anfangs sieht das Muster der Trefferpunkte noch ziemlich zufällig aus, doch je mehr Elektronen eintreffen, umso deutlicher werden Streifen in diesem Muster sichtbar. Streifen mit vielen Treffern wechseln sich mit Streifen aus wenigen Treffern ab. Mit unserer Quantenwelle können wir das ganz leicht verstehen: In den Streifen mit vielen Treffern sind die Abstände zu den beiden Spalten gerade so, dass Wellenberg auf Wellenberg trifft. In den Streifen dazwischen trifft dagegen Wellenberg auf Wellental.

Das Doppelspaltexperiment ist schon für sich allein ziemlich bemerkenswert. Es beweist, dass wir die Elektronen durch eine Quantenwelle beschreiben müssen, denn sonst gäbe es das Streifenmuster nicht – wir würden stattdessen ein mehr oder weniger scharfes Abbild der beiden Spalte im Trefferbild sehen. Dennoch kommen aber immer einzelne Elektronen auf dem Detektorschirm an und hinterlassen dort ihre Trefferpunkte. Elektronen sind also eindeutig Teilchen, aber ihr Trefferbild lässt sich nur durch eine Welle erklären. Wundern Sie sich nicht – kein Mensch kann erklären, warum das so ist.

Das ist nun der Moment, an dem unsere Spule von oben ins Spiel kommt. Wir montieren sie auf der Rückseite der Abschirmung genau zwischen die beiden Spalte, sodass die Elektronen, die durch die Spalte dringen, links und rechts an der Spule vorbeifliegen. Sie können also nicht ins Innere der Spule gelangen. Notfalls isolieren wir die Spule noch passend, um sicherzugehen. Was geschieht nun, wenn wir den Strom in der Spule einschalten?

Der Aharonov-Bohm-Effekt

Sobald wir den Strom einschalten, entsteht innerhalb der Spule das zugehörige Magnetfeld. Zugleich entsteht das Vektorpotenzial, das – anders als das Magnetfeld – auch außerhalb der Spule existiert und sich dort wie ein Wirbelwind um die Spule herum windet.

Die halbkreisförmige Elektronenwelle, die hinter jedem Spalt entsteht, bewegt sich nun je nach Spalt entweder rechts oder links an der Spule vorbei und trifft dann auf dem Detektorschirm auf, wo sie sich mit der Welle des anderen Spalts überlagert und so das Streifenmuster im Trefferbild erzeugt. Dabei wird ihre Phase von dem Vektorpotenzial der Spule beeinflusst: Auf der einen Seite der Spule wirkt das Vektorpotenzial von hinten auf die Welle und sorgt so dafür, dass die Wellenberge enger zusammenrücken. Auf der anderen Seite der Spule ist es genau umgekehrt: Das Vektorpotenzial wirkt von vorne auf die Welle und lässt die Wellenberge weiter auseinanderrücken.

Damit ändert sich das Streifenmuster auf dem Detektorschirm. Wo bei ausgeschaltetem Strom noch ein Wellenberg, der die Spule links passiert hat, auf einen Wellenberg traf, der rechts an der Spule vorbei wanderte, könnte nun ein Wellenberg auf ein Wellental treffen, sodass sich die Welle dort auslöscht. Wenn wir den Spulenstrom langsam höher drehen, dann verschiebt sich das Streifenmuster immer mehr – so sollte es zumindest sein, wenn das magnetische Vektorpotenzial tatsächlich existiert und sich so auf die Quantenwelle auswirkt, wie wir das von einem Eichfeld erwarten (Abb. 3.10). Bleibt die spannende Frage, ob die Natur sich auch an unsere schöne Theorie hält.

Eigentlich war schon bei der Formulierung der Schrödinger-Gleichung im Jahr 1926 klar gewesen, dass man darin das magnetische Vektorpotenzial und nicht das Magnetfeld benötigt, um magnetische Effekte zu beschreiben. Man kann dies aus Analogien zur klassischen Physik schließen, wenn man diese auf bestimmte Weise mithilfe des Vektorpotenzials formuliert. Doch man hielt dies viele Jahre lang für ein rein mathematisches Phänomen. Allerdings scheiterten alle Versuche, das Vektorpotenzial in der Schrödinger-Gleichung durch das gewohnte Magnetfeld zu ersetzen. Ab dem Jahr 1939

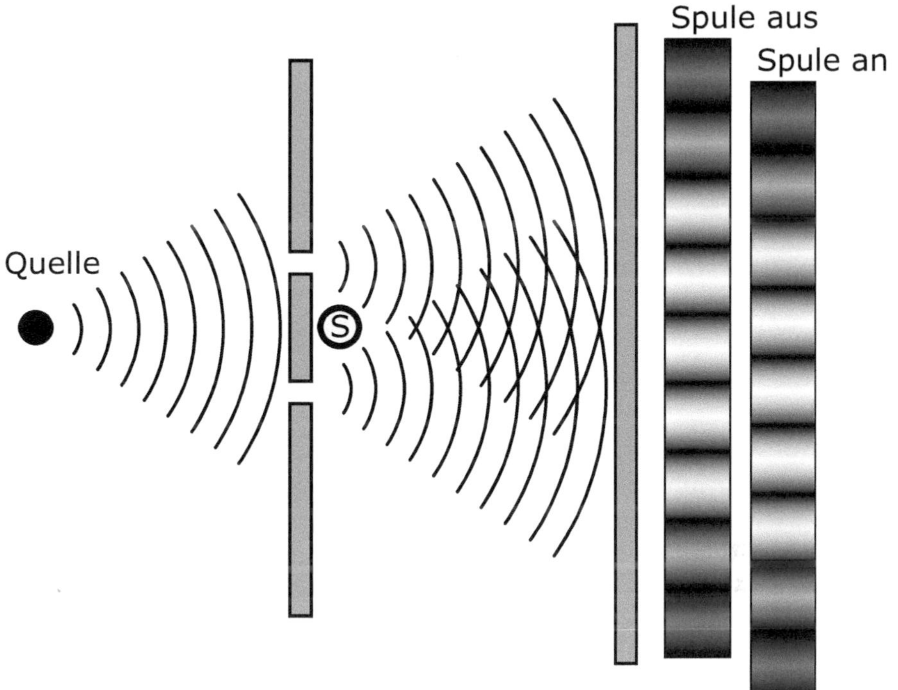

Abb. 3.10 Doppelspaltexperiment mit Elektronen und einer Magnetspule hinter dem Doppelspalt. In der Darstellung sehen wir die Spule von oben als Kreis, markiert mit dem Buchstaben S. Rechts sehen wir das jeweilige Streifenmuster im Trefferbild der Elektronen mit aus- und eingeschalteter Spule – je heller, umso mehr Treffer. (Quelle: Eigene Grafik)

gab es dann vereinzelt erste Überlegungen in die Richtung, wie wir sie oben angestellt haben. Doch in wirklich überzeugender Weise wurde der Effekt erst im Jahr 1959 durch die Physiker David Bohm und Yakir Aharonov herausgearbeitet, weshalb man heute vom *Aharonov-Bohm-Effekt* spricht. Es ist schon erstaunlich: Mehr als dreißig Jahre waren seit der Entstehung der Quantenmechanik vergangen, bevor dieser fundamentale Quanteneffekt endlich klar erkannt wurde. Das Vorurteil, dass das Magnetfeld und nicht das Vektorpotenzial das eigentliche physikalische Feld ist, hatte die Physiker blind werden lassen für die erstaunliche Erkenntnis, dass es anders sein könnte.

Aharanov und Bohm hatten das Glück, dass der von ihnen vorhergesagte Effekt schon wenig später von Robert Chambers und seinen Kollegen im Experiment nachgewiesen werden konnte. Es ist ein sehr schwieriges Experiment, denn die Wellenlänge von Elektronen ist deutlich kleiner als die von Licht, sodass man mikroskopisch kleine Spalte in winzigem Abstand braucht. Eigentlich wäre auch eine winzige Spule notwendig gewesen, doch so kleine Spulen gibt es nicht. Man behalf sich mit bestimmten Eisenkristallen in Form mikroskopisch dünner langer Fäden, deren Inneres sich wie bei einer Spule magnetisieren lässt. Der Erfolg des Experimentes ließ schon bald alle Kritiker verstummen, die noch an ihrem geliebten Magnetfeld festhielten. Am Vektorpotenzial und damit auch an der Grundidee der Eichsymmetrie kam nun niemand mehr vorbei.

Sind die Potenziale real?

Die Frage, ob etwas in der Physik „real" ist, begegnet uns in der Geschichte dieser Wissenschaft immer wieder. So hatten wir uns im vorherigen Kapitel gefragt, in welchem Sinn elektrische und magnetische Felder existieren. Sind sie einfach nur luftige Konstrukte unseres Geistes, oder kommt ihnen eine reale Existenz in der Natur zu? Was soll eine elektromagnetische Welle denn sein, die im Weltall viele Jahre lang von einem fernen Stern bis zu uns unterwegs ist? Muss es da nicht etwas geben, das „wirklich" schwingt, also einen Äther?

Solche Fragen nach den „Dingen an sich" wie in Platons Ideenwelt führen schnell in die Irre, wie die lange Diskussion über den Äther gezeigt hat. Viel besser ist die Frage, wie *nützlich* der Begriff des elektromagnetischen Feldes ist. Und da gibt es in der klassischen Physik keinen Zweifel: Elektromagnetische Felder sind so ungemein nützlich für die Beschreibung der elektrischen und magnetischen Phänomene, dass wir sie uns mit der gebotenen Vorsicht als Teil der Realität vorstellen können. Besonders schwer wiegt dabei der Umstand, dass sie uns eine *lokale* Beschreibung ermöglichen. Wir müssen nicht mehr berechnen, wie sich Ladungen und Ströme aus der Ferne gegenseitig beeinflussen. Diese Art der *Fernwirkung* wird überflüssig, wenn wir aus den Ladungen und Strömen zunächst die Felder im Raum berechnen. Deren lokale Werte bestimmen dann an jedem Ort, welche elektrischen und magnetischen Kräfte dort auf Ladungen wirken.

Der Aharanov-Bohm-Effekt zeigt nun, dass sich dieser Vorteil der elektromagnetischen Felder in der Quantenmechanik in Luft auflöst. Das Magnetfeld erlaubt keine lokale Beschreibung der Physik mehr, denn die Elektronenwelle kommt ja nirgends mit dem Magnetfeld in Berührung. Nur das magnetische Vektorpotenzial, das auch im Außenraum der Spule existiert, kann die Quantenwelle noch lokal beeinflussen. Das ist der Grund dafür, warum wir in der Quantenmechanik das Vektorpotenzial für „realer" halten als das Magnetfeld.

Allerdings dürfen wir es mit dieser Interpretation auch nicht übertreiben. Wie die Phase einer Quantenwelle ist auch das Vektorpotenzial an einem Ort nicht direkt messbar. Wir können nur seinen Einfluss auf eine Quantenwelle entlang verschiedener Wege von A nach B miteinander vergleichen. Fügen wir dem Vektorpotenzial durch Umeichen der Quantenwelle einen Bergauf-Bergab-Anteil hinzu, so verändert das die Wellenphase entlang aller Wege von A nach B in derselben Art und Weise, sodass der Phasenunterschied zwischen den Wegen derselbe bleibt. Das Streifenmuster ändert sich dadurch also nicht. Nur wenn wir das Magnetfeld einschalten und dem Vektorpotenzial auf diese Weise eine Wirbelkomponente hinzufügen, hat dies einen Einfluss auf das Streifenmuster. Weyl hatte mit seiner Idee also Recht: Auch wenn das Vektorpotenzial die Quantenwelle lokal beeinflusst, bleiben ein Umeichen der Quantenwelle und die zugehörige Änderung des Vektorpotenzials physikalisch unsichtbar. Die so verstandene Eichsymmetrie scheint in der Tat eine echte Symmetrie der Natur zu sein.

Vielleicht mag es Sie überraschen, aber wenn man unbedingt will, dann kann man auch in der Quantenmechanik auf das Vektorpotenzial verzichten und wieder zum Magnetfeld zurückkehren. Der Unterschied in der Wellenphase für die Wellen, die links oder rechts an der Spule vorbeiwandern, hängt nämlich nur davon ab, wie viele magnetische Feldlinien durch die Spule laufen. Je mehr magnetische Feldlinien sich innerhalb der Spule befinden[13], umso stärker verschiebt sich das Streifenmuster auf dem Detektorschirm. Diese Art der Beschreibung wäre aber nichtlokal, da sich Quantenwelle und Magnetfeld nie begegnen. Also müsste das Magnetfeld eine direkte Fernwirkung auf die Quantenwelle ausüben, so wie bei Newton die Erde mit ihrer Gravitation eine direkte Fernwirkung auf den Mond ausübt.

Sobald zeitliche Veränderungen ins Spiel kommen, werden solche Fernwirkungen sehr schnell unhandlich, denn deren Einfluss darf sich nach der Speziellen Relativitätstheorie maximal mit Lichtgeschwindigkeit ausbreiten, was kaum in den Griff zu bekommen ist. Erst die Einführung der elektromagnetischen Felder durch Faraday und Maxwell ermöglichte eine relativistische Beschreibung der elektromagnetischen Kräfte in der klassischen Physik, und erst die Einführung der Raumzeitkrümmung durch Albert Einstein ermöglichte eine relativistische Beschreibung der Gravitation. Letztlich

---

[13]Mathematisch korrekt müsste man sagen: je stärker der Fluss des Magnetfeldes durch den Querschnitt der Spule ist.

ist es daher die Spezielle Relativitätstheorie, die eine lokale Beschreibung der Natur ohne direkte Fernwirkungen so wünschenswert macht. Wir tun also gut daran, in der Quantenmechanik die elektromagnetischen Potenziale zu verwenden und nicht das elektromagnetische Feld, denn nur so erhalten wir auch dort eine lokale Beschreibung der Natur.

4

Quantensymmetrie

Es ist in der Tat kaum möglich, die Rolle der Symmetrieprinzipien in der Quantenmechanik zu überschätzen.

Diese Worte stammen aus der Nobelpreisrede des chinesisch-amerikanischen Physikers Chen Ning Yang, der in diesem Kapitel noch eine wichtige Rolle spielen wird. Dass er damit Recht hat, wurde schon im vorherigen Kapitel deutlich, denn erst die Quantentheorie ermöglicht es der Idee der Eichsymmetrie, in der Physik Fuß zu fassen.

In dem aktuellen Kapitel soll es jedoch nicht um die Eichsymmetrie gehen – sie wird erst im nächsten Kapitel wieder unser Thema sein. Wir wollen uns vielmehr der Frage zuwenden, welche Bedeutung die Symmetrien von Raum und Zeit in der Quantentheorie haben.

Dabei werden wir auf Phänomene stoßen, die in der klassischen Physik undenkbar sind und die die Bedeutung des Symmetriebegriffs für die Quantentheorie unterstreichen. So werden wir dem Spin begegnen – eine Art ewige Eigendrehung der Teilchen, die sich nur quantenmechanisch verstehen lässt. Der Spin beeinflusst ganz entscheidend, wie sich die Teilchen physikalisch verhalten, ob sie sich gerne zusammentun wie die Photonen in einer Lichtwelle oder ob sie sich eher gegenseitig meiden wie die Elektronen in den Hüllen der Atome. Warum das so ist, liegt tief in den relativistischen Raum-Zeit-Symmetrien der Quantentheorie verborgen. Es war Wolfgang Pauli, der den Grund für diesen fundamentalen Zusammenhang fand – auch er wird eine besondere Rolle in diesem Kapitel spielen.

Die relativistischen Raum-Zeit-Symmetrien haben noch weitere Konsequenzen in der Quantenphysik. Sie sind der Grund dafür, dass es zu

© Springer-Verlag GmbH Deutschland, ein Teil von Springer Nature 2020
J. Resag, *Mehr als nur schön*, https://doi.org/10.1007/978-3-662-61810-3_4

jedem Teilchen ein entgegengesetzt geladenes Antiteilchen gibt, das diesem in nahezu allen Eigenschaften gleicht. Als man allerdings genauer hinsah, entdeckt man Unterschiede. Eine Welt aus Antimaterie ist nicht identisch mit einer Welt aus Materie. Zudem fanden Yang, Lee, Wu und andere heraus, dass die als unumstößlich geltende Spiegelsymmetrie zwischen rechts und links nicht immer erfüllt ist. Manche der fundamentalen physikalischen Gesetze machen einen Unterschied zwischen rechts und links, was insbesondere für Wolfgang Pauli ein Schock war.

Interessant wird es, sobald man Antimaterie und die Spiegelung des Raums zusammenbringt. Wenn man eine Welt aus Antimaterie in einem Spiegel betrachtet, könne man den Unterschied zur normalen Welt nicht mehr erkennen – so dachte man zumindest für einige Zeit. Doch selbst diese Symmetrie ist nicht perfekt, wie man erkennen musste. Man fand feine Abweichungen, gut versteckt, aber doch nachweisbar. Nur wenn man auch noch die Zeit rückwärts laufen lässt, wird die Übereinstimmung perfekt, wie Wolfgang Pauli und Gerhart Lüders mit ihrem berühmten CPT-Theorem nachwiesen. Würde man alle Teilchen im Universum durch ihre Antiteilchen ersetzen und zudem noch Raum und Zeit spiegeln, dann wären die physikalischen Gesetze exakt dieselben wie zuvor. Es wäre die perfekte Antimaterie-Spiegelwelt.

4.1   Pauli und der Spin

Die Geschichte des Spins beginnt noch vor dem großen Durchbruch, als Louis de Broglie, Erwin Schrödinger und andere um das Jahr 1925 den engen Zusammenhang zwischen Teilchen und Wellen erkannten und damit die moderne Quantenmechanik begründeten. Es war die Zeit, in der man sich noch vorstellte, die Elektronen in einem Atom würden den Atomkern auf fest vorgegebenen Bahnen umkreisen. Der dänische Physiker Niels Bohr hatte dieses Atommodell bereits im Jahr 1913 formuliert, und der deutsche Mathematiker und Physiker Arnold Sommerfeld hatte es seitdem immer weiter ausgearbeitet und verfeinert. Das Bahnenmodell war nicht perfekt, aber so manche Eigenschaft der Atome ließ sich damit zumindest im Ansatz verstehen. Und beim einfachsten aller Atome – dem Wasserstoffatom – funktionierte das Modell sogar ziemlich gut.

Natürlich gab es auch Probleme. Das wundert uns nicht, denn man hatte ja die Wellennatur der Elektronen noch nicht erkannt und schlug sich stattdessen mit Kreis- und Ellipsenbahnen herum. Ab 1925 würde man die einzelnen Bahnen dann durch verschiedene Schwingungsformen der

Elektronenwelle ersetzen. Sie können also auf den nächsten Seiten das Wort „Bahn" gerne jederzeit im Geiste durch „schwingende Elektronenwelle" ersetzen.

Abgesehen von der Wellennatur der Elektronen fehlte noch etwas im Modell von Bohr und Sommerfeld: Man hatte nämlich eine weitere ganz wesentliche Eigenschaft der Elektronen noch nicht erkannt, die für die Struktur der Atome unverzichtbar ist. Dabei spielt eine bestimmte Zahl eine zentrale Rolle: Es ist die Zahl 2.

Die magische Zahl 2 im Periodensystem der Elemente

Eine der Stellen, an denen man auf diese Zahl 2 stößt, ist das Periodensystem der Elemente, in dem die Atome aller Elemente aufsteigend nach der Zahl ihrer Elektronen[1] aufgelistet sind – vielleicht kennen Sie das noch aus Ihrem Chemieunterricht. Am Anfang kommt Wasserstoff (H) mit einem Elektron, danach Helium (He) mit zwei Elektronen, anschließend Lithium (Li) mit drei Elektronen und so fort.

Interessant ist dabei, dass periodisch immer wieder Elemente mit ähnlichen Eigenschaften auftreten. So ist das zweite Element ein Edelgas (Helium), das zehnte Element ist wieder ein Edelgas (Neon) und so fort – daher auch der Name „Periodensystem".

Im Atommodell von Bohr und Sommerfeld kann man das Auftreten dieser Perioden dadurch erklären, dass die einzelnen Elektronenbahnen in Gruppen mit annähernd gleicher Energie auftreten. Man nennt diese Bahngruppen auch *Hauptschalen*. Wenn man nun im Periodensystem von Element zu Element voranschreitet, dann werden nach und nach die einzelnen Bahnen mit Elektronen gefüllt, und immer, wenn eine Hauptschale – also eine Gruppe von Elektronenbahnen vergleichbarer Energie – mit Elektronen komplett aufgefüllt ist, dann ist die entsprechende Periode zu Ende und man ist bei dem nächsten Edelgas angekommen. Dieses wunderbare Schema funktioniert aber nur, wenn in jede Elektronenbahn genau 2 Elektronen hineinpassen, wie Abb. 4.1 zeigt. Da ist sie also: die magische Zahl 2.

Die magische Zahl 2 im Licht der Atome

Die magische Zahl 2 zeigt sich auch in dem Licht, das die Atome vieler Elemente aussenden, sobald ihre Elektronen von einer Bahn zur anderen

---

[1]Diese Zahl der Elektronen ist bei neutralen Atomen identisch mit der Zahl der Protonen im Atomkern, die streng genommen das eigentliche Sortierkriterium im Periodensystem bilden.

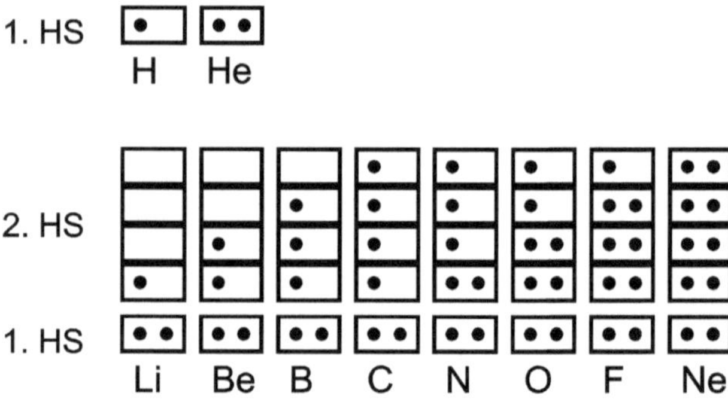

Abb. 4.1 Oben ist die erste und darunter die zweite Periode im Periodensystem der Elemente dargestellt. Mit jedem weiteren Element werden die Elektronenbahnen (Kästchen) der ersten und zweiten Hauptschale (HS) mit einem weiteren Elektron (kleine schwarze Kreise) aufgefüllt. Die erste Hauptschale enthält dabei nur eine Bahn, die zweite Hauptschale umfasst schon vier Bahnen mit ähnlicher Energie. Bei den Edelgasen Helium und Neon sind dann alle Bahnen (Kästchen) der entsprechenden Hauptschale komplett aufgefüllt. (Quelle: Eigene Grafik)

wechseln. Vielleicht kennen Sie das gelbliche Licht der sogenannten Natriumdampflampen, mit denen nachts so manche Straße und so mancher Parkplatz beleuchtet wird. Ich habe dieses Licht immer als ziemlich unangenehm empfunden, denn es sind keine Farben außer Gelb erkennbar, auch wenn die Lampen relativ hell sind. Die Straßen erscheinen wie auf einem Schwarz-Weiß-Bild, nur eben in Schwarz-Gelb.

Das liegt daran, dass die Natriumatome nur eine einzige Spektrallinie aussenden: gelbes Licht mit einer Wellenlänge von knapp 590 nm, also gut einem halben tausendstel Millimeter. Keine andere Wellenlänge und damit keine andere Farbe kommt in diesem Licht vor. Wenn Sie einen Gasherd oder einen Gasgrill haben, können Sie dieses Licht auch leicht selbst erzeugen: Tauchen Sie einfach eine leicht angefeuchtete Grillzange in etwas Kochsalz und halten sie die Zange anschließend in die Gasflamme – die Flamme wird hellgelb leuchten und dasselbe Licht aussenden wie eine Natriumdampflampe.

Schaut man mit einem guten Spektrometer sehr genau hin, dann kann man erkennen, dass die gelbe Spektrallinie eigentlich aus zwei eng benachbarten Linien besteht, die bei Wellenlängen von 589,00 und 589,59 nm liegen – die berühmte Natrium-Doppellinie (Abb. 4.2). Letztlich steckt hinter diesem Phänomen wieder die Tatsache, dass zwei Elektronen in eine Bahn hineinpassen, wobei sie zwar fast, aber nicht ganz genau dieselbe Energie darin haben. Wenn sie dann die Bahn wechseln und dabei Energie

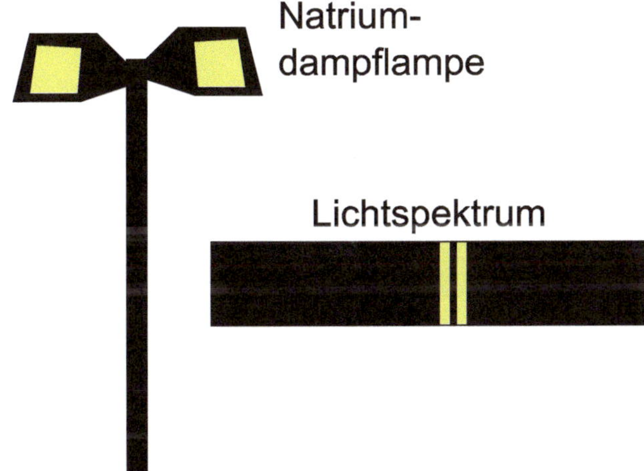

Abb. 4.2 Natrium-Dampflampen senden nur eine Spektrallinie mit gelber Farbe aus. Diese entpuppt sich bei genauem Hinsehen als Doppellinie. (Quelle: Eigene Grafik)

in Form von Licht abstrahlen, sieht man diesen feinen Unterschied in der Wellenlänge des Lichts.

Die magische Zahl 2 bei der Ablenkung im Magnetfeld

Falls Sie noch einen weiteren Beweis für die Bedeutung der Zahl 2 brauchen, wenn es um Elektronen geht – hier ist er:

Im Jahr 1922 – also rund drei Jahre vor dem entscheidenden Durchbruch in der Quantenmechanik – führten die deutschen Physiker Otto Stern und Walther Gerlach in Frankfurt ein berühmtes Experiment durch, das als *Stern-Gerlach-Experiment* in die Geschichte der Physik einging. Sie erhitzten Silber in einem kleinen Ofen auf rund 1000 °C und ließen die verdampfenden Silberatome durch eine kleine Öffnung in ein Vakuum austreten, sodass sich dort ein Strahl aus Silberatomen bildete. Diesen Strahl schickten sie durch den Spalt zwischen den Polschuhen eines Magneten, wobei das Magnetfeld zum oben liegenden Nordpol des Magneten hin stärker wurde – man sagt auch, das Magnetfeld ist inhomogen, also nicht überall gleich stark.

Würde das Magnetfeld die Silberatome aus ihrer Bahn lenken? Um das zu erkennen, platzierten Stern und Gerlach hinter dem Magneten eine senkrechte Glasscheibe, auf der sich die Silberatome niederschlagen konnten (Abb. 4.3). Sie ließen das Experiment einige Stunden laufen und öffneten anschließend das Vakuumgefäß, um die Glasplatte zu entnehmen und den Zielbereich des Strahls durch ein optisches Vergrößerungsinstrument zu

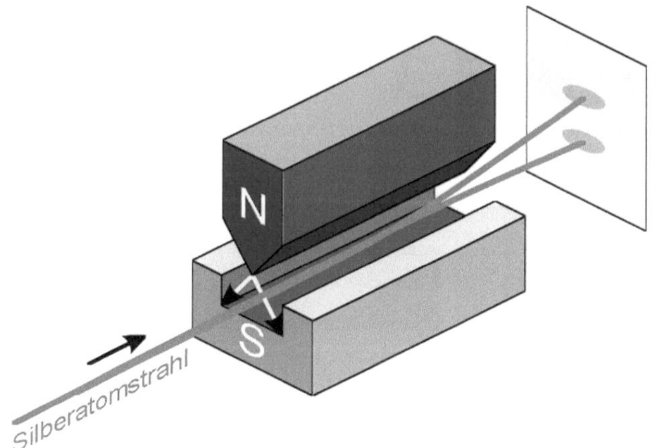

Abb. 4.3 Der Stern-Gerlach-Versuch: Ein Strahl aus Silberatomen teilt sich in einem inhomogenen Magnetfeld in zwei Teilstrahlen auf. (Quelle: Eigene Grafik)

untersuchen. Was würden sie dort wohl sehen? Die Antwort war ziemlich enttäuschend, denn leider war auf der Platte nichts zu erkennen. Offenbar hatten sich zu wenige Silberatome auf der Platte angesammelt, um sichtbare Spuren dort zu hinterlassen.

Stern sah sich die Platte daraufhin noch einmal genauer an, und zu seiner Überraschung beobachtete er, wie allmählich die Silberspuren dort auftauchten. Schließlich wurde ihm klar, was geschehen war: Da er im Labor ständig ziemlich billige Zigarren rauchte – was heute undenkbar wäre –, enthielt sein Atem viel Schwefel, der die wenigen, nahezu transparenten Silberspuren auf der Platte in tiefschwarzes Silbersulfid verwandelte. „Es war wie die Entwicklung eines fotografischen Films", erinnerte sich Stern später.[2]

Was Stern und Gerlach sahen, waren *zwei* dunkle Bereiche auf der Glasplatte. Ihr Abstand betrug zwar nur 0,2 mm, doch die Trennung war mit dem Vergrößerungsglas deutlich zu sehen. Offenbar hatte sich der Strahl beim Durchgang durch das Magnetfeld in zwei Teilstrahlen aufgeteilt, von denen der eine in Richtung Nordpol, der andere in Richtung Südpol abgelenkt worden war. Die Silberatome verhielten sich demnach wie kleine Magnetnadeln, die sich entweder parallel oder antiparallel zum Magnetfeld ausrichteten.

---

[2]Bretislav Friedrich, Dudley Herschbach: *Stern and Gerlach: How a Bad Cigar Helped Reorient Atomic Physics,* Physics Today, December 2003, S. 53.

Dass dieses Ergebnis auf den Spin und das damit verbundene magnetische Moment eines einzelnen Elektrons im Silberatom zurückzuführen ist, erkannten die Physiker damals noch nicht – auch wenn in den modernen Lehrbüchern das Stern-Gerlach-Experiment gerne als das Paradebeispiel schlechthin für den Spin dargestellt wird.[3] Stern und Gerlach kannten den Spin noch gar nicht und nahmen stattdessen an, ihr Ergebnis hätte etwas mit der Bahnbewegung eines Elektrons im Silberatom zu tun. Es sollte noch fünf Jahre dauern, bis die richtige Interpretation gefunden war, denn dafür muss man erst einmal erkennen, was es mit dieser magischen Zahl 2 eigentlich auf sich hat. Wo kommt sie her? Was hat sie zu bedeuten?

Wolfgang Pauli, das „Gewissen der Physik"

An dieser Stelle kommt nun Wolfgang Pauli ins Spiel (Abb. 4.4). Wir haben ihn bereits im letzten Kapitel kennengelernt und gesehen, wie respektlos er mit seinem älteren Kollegen Hermann Weyl umging und dessen frühe Versuche mit der Eichsymmetrie scharf kritisierte.

Pauli erblickte im Jahr 1900 in Wien das Licht der Welt. Wie wir wissen, fiel seine mathematische Begabung bereits in der Schule auf, wo er mit 13 Jahren die Werke von Euler und Mach las. Später schreckte er auch vor der Speziellen und Allgemeinen Relativitätstheorie Einsteins und der Eichsymmetrie Hermann Weyls nicht zurück und verfasste kurz nach seinem Abitur eine entsprechende Abhandlung, die auch Weyl beeindruckte. Man muss sich das einmal vorstellen, was es bedeutet, derart schwierige Theorien bereits in so jungen Jahren so tief zu durchdringen, dass man sich mit den Verfassern nahezu auf Augenhöhe befindet. Hätten Sie sich vorstellen können, mit 19 Jahren die Relativitätstheorie zu verstehen? Man ahnt schon, wer da gerade die Bühne der Physik betreten hatte.

Pauli war keineswegs nur an Physik interessiert, sondern er begeisterte sich auch für Literatur und in späteren Jahren sogar für Psychologie. Schließlich trug sein Interesse für die Physik den Sieg davon, und er ging an die Universität nach München, wo er bei Arnold Sommerfeld studierte und so dessen verfeinerte Version des Bohr'schen Atommodells aus erster Hand kennenlernte. Die theoretische Physik wurde sein Steckenpferd, während er sich als Experimentalphysiker überhaupt nicht eignete. Pauli war handwerklich und praktisch absolut unbegabt – er benötigte allein hundert Fahrstunden für seinen Führerschein. In späteren Jahren machte sogar der Scherz

---

[3]Wir kommen im Zusammenhang mit der Dirac-Gleichung noch einmal auf das magnetische Moment des Elektrons zurück.

Abb. 4.4 Wolfgang Pauli (1900–1958) im Jahr 1945. (Credit: Nobel foundation; Quelle: https://commons.wikimedia.org/wiki/File:Pauli.jpg)

die Runde, es sei unmöglich, dass sich Pauli und ein funktionierendes Laborgerät im selben Raum befinden könnten.[4]

Sommerfeld erkannte jedoch schnell, was für ein Ausnahmetalent in seiner Vorlesung saß. So bat er Pauli darum, ein anspruchsvolles Kapitel über Relativitätstheorie für die *Enzyklopädie der mathematischen Wissenschaften* zu schreiben. Die Qualität dieser Arbeit beeindruckte auch Albert Einstein, der in einer Rezension schrieb, wie sehr er Paulis Verständnis für die Ideenentwicklung, die Sicherheit der mathematischen Deduktion und

---

[4]Das war natürlich eine Anspielung auf das Pauli-Ausschlussprinzip, das wir in Kürze kennenlernen.

die Systematik der Darstellung bewundere – zumal der Verfasser ein Mann von nur 21 Jahren sei.

Kurz darauf legte Pauli seine Promotionsarbeit vor und wechselte anschließend nach Göttingen, wo er Assistent von Max Born wurde. Auch Born erkannte schnell das Genie Paulis und befürchtete schon, „einen so guten Assistenten werde er nie wieder kriegen". Zugleich war ihm aber auch bewusst, dass Pauli kein einfacher Mensch war: „Ich wusste, dass er ein Genie war, nur vergleichbar mit Einstein. Als Wissenschaftler war er sogar größer als Einstein. Aber er war ein völlig anderer Typ Mensch, der in meinen Augen nicht Einsteins Größe erreichte."

Pauli war in der Tat seinen Kollegen gegenüber nicht gerade feinfühlig und hielt sich mit kritischen bis sarkastischen Bemerkungen keineswegs zurück. Oftmals war diese Kritik auch noch berechtigt, denn Pauli besaß ein tiefes Gespür für die richtigen physikalischen Ideen. Wenn man es schaffte, mit dieser Kritik richtig umzugehen, konnte man durchaus seinen Nutzen daraus ziehen, weshalb man Pauli in seinen späteren Jahren auch als das „Gewissen der Physik" bezeichnete.

Der italienisch-amerikanische Physiker Emilio Segrè erzählt dazu in seinem Buch *Die großen Physiker und ihre Entdeckungen* die Geschichte, wie Pauli ihn nach seinem Vortrag beiseite nahm und an den Kopf warf, er habe noch nie eine schlechtere Rede als seine heutige gehört. Dann wandte er sich an einen dabeistehenden Kollegen und raunte diesem zu: „Mit Ausnahme Ihrer Antrittsvorlesung in Zürich." Segrè ließ sich davon jedoch nicht beeindrucken, denn er hatte an Paulis typisch wiegender Bewegung während des Vortrags erkannt, dass dieser ihm aufmerksam zugehört hatte – und das war wichtiger als alle seine bissigen Kommentare. Paulis erste Reaktion auf eine neue Idee war fast immer: „Quatsch!" Wenn man sich aber nicht beeindrucken ließ und seine Ideen mit guten Argumenten untermauern konnte, dann konnte man in Pauli einen enorm hilfreichen Mitstreiter gewinnen, der mit seiner Genialität viele neue Gesichtspunkte beisteuerte. Trotz seiner eigenwilligen Art war der unkonventionelle Pauli nämlich durchaus auch humorvoll, hilfsbereit und immer integer, sodass er viele Freunde hatte, die ihn zu nehmen wussten, unter ihnen seine Göttinger Kollegen Werner Heisenberg und Pascual Jordan. Die Frage „Was würde Pauli dazu sagen?" entwickelte sich bald zu einem wichtigen Prüfstein für neue Theorien. Pauli war jemand, dem man seine Einfälle vorlegen konnte, „ohne ausweichende Höflichkeit befürchten zu müssen", wie der schwedische Physiker Oskar

Klein schrieb.[5] Ein klares Wort zur rechten Zeit kann eben bisweilen durchaus hilfreich sein.

Warum Pauli diesen speziellen Charakter besaß, ist schwer zu sagen. Seine spätere zweite Ehefrau Franca Pauli erklärte es so: „Er war leicht verletzlich und verbarg sich hinter einem Vorhang." Dafür spricht auch, dass Pauli nur selten seine eigenen Ideen veröffentlichte und sie lieber in unzähligen Briefen mit seinen Kollegen diskutierte. „Ich kann es mir leisten, nicht zitiert zu werden", wie er es ausdrückte. Pauli war Perfektionist und traute sich nur ungern mit halbgaren Ideen an die Öffentlichkeit. Daher ist er auch bis heute weniger bekannt als beispielsweise Einstein oder Heisenberg, auch wenn seine Beiträge und Ideen von großer Bedeutung für die Physik sind.

Dass Pauli zumindest zeitweise einige persönliche Probleme hatte, wurde besonders deutlich, als sich seine Mutter im Jahr 1927 mit Gift das Leben nahm – sein Vater hatte eine Affäre mit einer anderen gehabt. Pauli weitete daraufhin seine nächtlichen Kneipentouren, die er schon immer geliebt hatte, deutlich aus und versuchte, seine Probleme und seine Trauer mit Alkohol und nächtlichen Eskapaden zu betäuben. Eine dieser Sauftouren gipfelte sogar in einer kurzzeitigen Ehe mit einer Tänzerin, die aber schon bald darauf wieder geschieden wurde. Schließlich wurde ihm klar, dass es so nicht weitergehen konnte. Also begab er sich in psychoanalytische Behandlung bei Carl Gustav Jung und dessen Assistentin Erna Rosenbaum. Mit Jung verband ihn fortan eine lebenslange Freundschaft, die in ihm ein lebhaftes Interesse für die Psychologie weckte.

Wirklich geholfen hat ihm die psychologische Behandlung allerdings nicht. Erst als er seine zweite Frau Franciska (Franca) Bertram kennenlernte und sie im Jahr 1934 heiratete, besserte sich sein Zustand. Franca verstand ihren Wolfgang und wusste offenbar, was er brauchte, um wieder auf die Beine zu kommen.

Die Machtübernahme durch die Nazis in Deutschland ließ die Lage für den „Halbjuden" Pauli immer schwieriger werden, sodass auch er im Jahr 1940 in die USA nach Princeton floh, wo Einstein, Weyl, Gödel und viele andere bereits auf ihn warteten. Wieder hatte ein weiterer großer Wissenschaftler das geistig ausblutende „Dritte Reich" verlassen. Als dann allerdings die USA mit ihrer neu entwickelte Atombombe die japanischen Städte Hiroshima und Nagasaki in Schutt und Asche legten, begann Pauli auch an

---

[5]Wolfgang Steinicke: *Wolfgang Pauli – Leben und Werk,* http://www.klima-luft.de/steinicke/Artikel/Wolfgang%20Pauli.pdf.

den USA zu zweifeln, sodass er nach Kriegsende zurück nach Zürich ging, wo er schließlich im Jahr 1958 mit nur 58 Jahren einem Krebsleiden erlag.

Zweideutige Elektronen und das Pauli-Prinzip

Pauli hatte sich während seiner Promotionszeit bei Sommerfeld in München intensiv mit dessen Atommodell beschäftigt – ihm waren die Schwächen dieses Modells also sehr wohl bewusst. Dieser Eindruck verstärkte sich bei ihm, als er sich zwischen 1923 und 1924 in Hamburg im Rahmen seiner Habilitation mit dem Periodensystem der Elemente beschäftigte. Sommerfelds Modell konnte zwar die einzelnen Perioden im Periodensystem der Elemente durch Hauptschalen – also Gruppen von Elektronenbahnen ähnlicher Energie – erklären, aber es passte nur dann gut zusammen, wenn zwei Elektronen pro Bahn erlaubt waren, wie wir oben gesehen haben. Dieses halbintuitive „Herumbasteln" mit den Elektronenbahnen war dem Perfektionisten Pauli zuwider. Eine radikale Veränderung war notwendig, das spürte er. Tatsächlich stand die Formulierung der „wahren" Quantenmechanik durch de Broglie, Heisenberg, Schrödinger und andere kurz bevor – die physikalische Revolution lag also schon in der Luft.

Doch schon kurz vorher gewann Pauli durch sein eigenes „Herumbasteln" mit Sommerfelds Modell eine zentrale Erkenntnis: Die magische Zahl 2, die sich sowohl im Periodensystem als auch an anderen Stellen immer wieder zeigt, lässt sich erklären, wenn man dem Elektron eine „klassisch nicht beschreibbare Art von Zweideutigkeit" zuordnet, die man durch eine neue sogenannte Quantenzahl kennzeichnen kann. Aus der gelben Natrium-Doppellinie und anderen Mehrfachlinien kann man dann ableiten, dass diese neue Quantenzahl nur die beiden Werte $+1/2$ und $-1/2$ annehmen kann.

Nun musste Pauli nur noch fordern, dass auf jeder Elektronenbahn maximal zwei Elektronen Platz haben – eines mit dem Wert $+1/2$ und eines mit dem Wert $-1/2$ für die neue Quantenzahl. Diese beiden Elektronen könnten dann beispielsweise im Natriumatom eine leicht unterschiedliche Energie haben und so die Natrium-Doppellinie erklären.

Pauli drückte sein Ergebnis noch etwas anders aus: Da sich in Sommerfelds Modell jede Elektronenbahn durch eine Kombination aus drei Quantenzahlen eindeutig kennzeichnen lässt, kann man jedes Elektron in einem Atom eindeutig durch diese drei Quantenzahlen sowie Paulis neue vierte Quantenzahl charakterisieren. Zu jeder Kombination dieser vier Quantenzahlen gibt es also genau ein Elektron im Atom. Ende 1924 formulierte Pauli diese Erkenntnis in seinem berühmten Ausschlussprinzip, das wir heute meist einfach nur als *Pauli-Prinzip* bezeichnen:[6]

> Es kann niemals zwei oder mehrere äquivalente Elektronen im Atom geben, für welche die Werte aller Quantenzahlen übereinstimmen.

Warum dieses Prinzip gilt, konnte Pauli allerdings nicht erklären – es würde noch viele Jahre dauern, bis ihm dies gelingen würde. Außerdem war unklar, warum das Elektron diese merkwürdige Zweideutigkeit aufweist. Pauli war sich allerdings ziemlich sicher, dass eine Erklärung im Rahmen klassisch-mechanischer Modelle ähnlich dem Bahnmodell Sommerfelds nicht möglich ist. Das ist zwar strenggenommen richtig, machte Pauli jedoch zunächst blind für die Erklärungsversuche seiner Kollegen, die dieser Zweideutigkeit des Elektrons eine physikalische Bedeutung geben wollten.

Elektronen haben einen Spin

Der Erste, der dieses Vorurteil Paulis zu spüren bekam, war der vier Jahre jüngere deutsch-amerikanische Physiker Ralph Kronig[7]. Im Januar 1925 schlug er bei einem Aufenthalt in Tübingen vor, die merkwürdige Zweideutigkeit des Elektrons könne man mit einer Art quantisierter Drehung – dem sogenannten *Spin* – dieses Teilchens um die eigene Achse erklären, so wie auch die Erde um die eigene Achse rotiert. Dabei könnte es ja sein, dass, wie bei der Kreisbewegung der Elektronen um den Atomkern, auch bei deren Eigendrehung nur bestimmte Drehimpulswerte erlaubt sind. Es könnten genau die beiden Werte $+1/2\ \hbar$ und $-1/2\ \hbar$ sein, die Pauli benötigte, wobei die quantenmechanische Drehimpulseinheit $\hbar$ (sprich: *h-quer*) gleich dem Planck'sche Wirkungsquantum h geteilt durch $2 \cdot \pi$ ist, also $\hbar = h/(2 \cdot \pi)$. In dem einen Fall würde sich das Elektron mit einer halben Drehimpulseinheit links herum um die eigene Achse drehen, im anderen Fall rechts herum. Die beiden Drehrichtungen würden damit die Zweideutigkeit des Elektrons erklären.

Pauli fand die Idee durchaus interessant, hatte aber ernste Bedenken, die er auch deutlich äußerte. Ein Elektron ist nämlich ein sehr leichtes Teilchen – rund zweitausendmal leichter als ein Proton – und es ist extrem winzig. Bis

---

[6]Pauli, W.: *Über den Zusammenhang des Abschlusses der Elektronenbahnen im Atom mit der Komplexstruktur der Spektren*, Z. Phys. 31, 765–785 (1925).

[7]Physiker und Ingenieure kennen Ralph Kronig von der Kramers-Kronig-Beziehung, die beispielsweise einen Zusammenhang zwischen der Absorption und Brechung von Licht herstellt. Auch bei vielen anderen Wellenphänomenen spielt sie eine wichtige Rolle.

heute hat man keinerlei Ausdehnung bei einem Elektron feststellen können. Wie aber soll ein sehr leichtes und zugleich extrem winziges Elektronen genügend Drehschwung entwickeln, um die geforderten Drehimpulswerte bereitstellen zu können? Es müsste dafür wahnsinnig schnell rotieren! Rechnet man es mit den Methoden der klassischen Mechanik aus, dann müsste sich ein solches Elektron an seinem Äquator mit Überlichtgeschwindigkeit drehen. Das ist Unsinn, wie Pauli unumwunden feststellte – also war Kronigs Idee zwar witzig, aber offensichtlich falsch. Paulis Überzeugung, dass man die Zweideutigkeit des Elektrons klassisch-mechanisch nicht erklären kann, hatte sich bestätigt.

Kronig war von Paulis Kritik so beeindruckt, dass er auf eine Veröffentlichung seiner Idee verzichtete, was er Pauli im Übrigen später nicht übelnahm. Die beiden jungen holländischen Physikstudenten George Uhlenbeck und Samuel Goudsmit waren da etwas mutiger. Sie hatten in Leiden dieselbe Idee und gingen damit zu ihrem Professor Paul Ehrenfest, der ein enger Freund Albert Einsteins war. Ehrenfest fand die Idee interessant und ermutigte seine beiden Studenten, sie zu veröffentlichen – anders als Pauli war Ehrenfest jemand, der anderen Menschen immer Mut zusprach und sie niemals entmutigen würde. Etwas später besprachen Uhlenbeck und Goudsmit ihre Idee dann mit dem großen Leidener Physiker Hendrik Antoon Lorentz, den wir aus Abschn. 2.2 bereits kennen. Auch Lorentz hatte ähnlich wie Pauli ernste Bedenken, sodass es die beiden Studenten mit der Angst zu tun bekamen. Doch Ehrenfest hatte ihre Arbeit bereits zur Veröffentlichung eingereicht und bemerkte schlicht: „Sie sind beide jung genug, um sich eine Dummheit leisten zu können."

Das war die richtige Einstellung. Wer wie die beiden Studenten noch gar keine Reputation in der wissenschaftlichen Welt besitzt, der hat auch nichts zu verlieren und kann sich ruhig etwas trauen. So kam es, dass Uhlenbeck und Goudsmit heute als die Entdecker des Elektronenspins gelten.

Den Spin verstehen

Nun hatte Pauli aber durchaus recht mit seinen Bedenken. Man kann sich das Elektron nicht wie eine klassisch rotierende kleine Kugel vorstellen. Wie aber soll dann der Drehimpuls des Elektrons zustande kommen? Was dreht sich denn da eigentlich?

Die übliche Antwort, die man auf diese Frage meist zu hören bekommt, lautet ganz im Sinne Paulis: Der Spin ist ein rein quantenmechanischer Drehimpuls, den man sich nicht anschaulich vorstellen kann. Er kann nur durch den mathematischen Formalismus der Quantenmechanik erfasst werden, was Pauli im Übrigen im Jahr 1927 mit seinen „Pauli-Matrizen" auch tat.

Genau genommen stimmt das auch. Ich kann mich noch gut daran erinnern, wie ich in meinem Physikstudium die entsprechende Mathematik kennengelernt habe. Ausgangspunkt ist die Drehsymmetrie, also die Tatsache, dass man ein physikalisches Quantensystem beliebig im Raum orientieren kann, ohne dass sich dessen Physik ändert. Die entsprechende Erhaltungsgröße – der Drehimpuls – hat dann in der Quantenmechanik bestimmte Eigenschaften, die man mathematisch herleiten kann. Unter *Wikipedia: Drehimpulsoperator* können Sie sich gerne selbst einen Eindruck von der Art dieser Berechnungen verschaffen. Dort finden Sie auch die entscheidende Formel, die dabei herauskommt: $j = n/2$, d. h. der Drehimpuls j (wie immer angegeben in der quantenmechanischen Drehimpulseinheit $\hbar$) muss die Hälfte einer beliebigen natürlichen Zahl n einschließlich der Null sein, also entweder 0 oder 1/2 oder 1 (gleich 2/2) oder 3/2 usw.. Der Wert 1/2 für den Spin ist also erlaubt und ergibt sich automatisch als Möglichkeit, wenn man die Drehsymmetrie im Rahmen der Quantenmechanik analysiert. Das ist ein gutes Beispiel dafür, wie wichtig Symmetrieüberlegungen in der Quantenmechanik sind.

Die Mathematik kommt also mit dem halbzahligen Spin in der Quantenmechanik gut zurecht. Da wir Menschen aber nun einmal visuelle Wesen sind, haben wir ein starkes Bedürfnis danach, uns irgendein anschauliches Bild vom Spin zu machen. Wenn man in die gängigen Fachbücher schaut, dann findet man auch unterschiedliche Veranschaulichungen, die jeweils einen bestimmten Aspekt des Spins hervorheben. Wenn Sie möchten, schauen Sie sich mal auf Wikipedia den Artikel über die *Bloch-Kugel* an, mit der man den Spin mit einer räumlich ausgerichteten Drehachse in Verbindung bringen kann.

Ich möchte es in diesem Abschnitt mit einem anderen Bild versuchen. Dabei möchte ich den Spin mit dem quantenmechanischen Bahn-Drehimpuls vergleichen, den die Elektronenwellen aufgrund ihrer Umlaufbewegung um den Atomkern besitzen. Die folgenden Überlegungen sind nicht ganz einfach, und es schadet auch nichts, wenn Sie darauf momentan keine Lust haben – Sie können sie gerne überspringen. Die entscheidende Botschaft lautet: Bei einer vollen Drehung wechselt die Quantenwelle eines Teilchens mit Spin 1/2 das Vorzeichen, und erst nach einer zweiten Volldrehung sieht sie wieder so aus wie zuvor. Das hat weitreichende Konsequenzen, wie wir noch sehen werden.

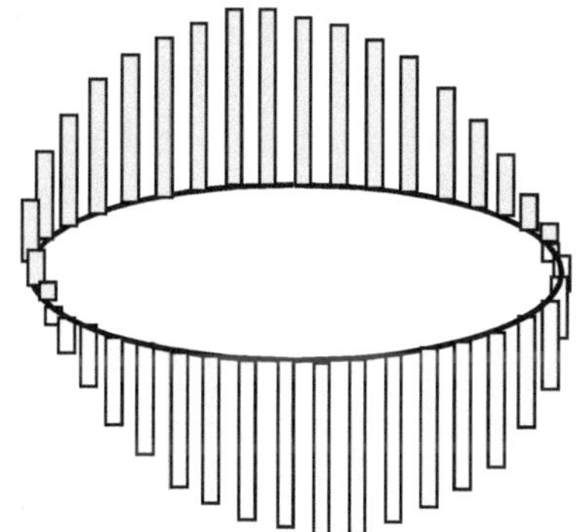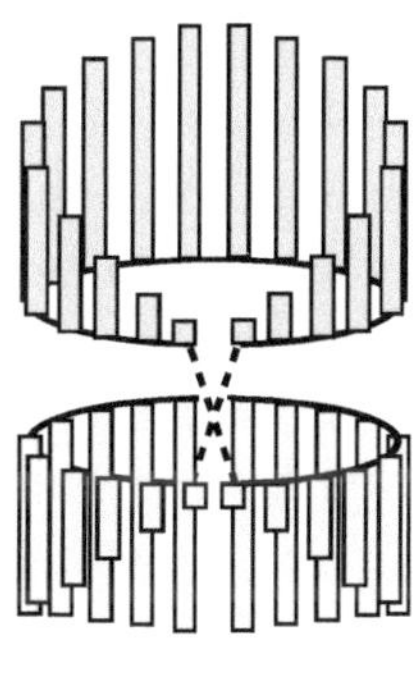

Abb. 4.5 Im Beispiel links ist eine Wellenlänge – also ein Wellenberg und ein Wellental – auf dem Kreisumfang untergebracht, was den quantenmechanischen Drehimpuls 1 ergibt. Würde man die Wellenlänge auf zwei Kreisumfängen unterbringen – also den Wellenberg auf dem ersten Kreisumfang oben und das Wellental auf dem zweiten Kreisumfang unten – dann ergäbe sich rechnerisch der quantenmechanischen Drehimpuls 1/2, was dem inneren Spin des Elektrons entspricht. (Quelle: Eigene Grafik)

Also – wenn Sie Lust haben, ist hier der Versuch einer halbwegs anschaulichen Erklärung für diese überraschende Eigenschaft von Spin-1/2-Quantenwellen:

Als Erstes zeichnen wir eine kreisförmige Bahn um den Atomkern. Entlang dieser Linie zeichnen wir die quantenmechanische Elektronenwelle ein, die den Atomkern umrunden soll. Dabei soll es keinerlei Sprünge oder Knickstellen im Wellenzug geben, d. h. es soll entlang der Kreislinie immer gleichmäßig Wellenberg auf Wellental folgen. Wir können also beispielsweise einen Wellenberg samt zugehörigem Wellental auf dem Kreis unterbringen (Abb. 4.5 links), oder zwei, oder drei, oder noch mehr. Anders ausgedrückt: Wir können eine ganze Zahl von Wellenlängen auf dem Kreisumfang auftragen, nicht aber beispielsweise eine Drittel Wellenlänge, denn dann würde sich der Wellenzug auf dem Kreis nicht schließen.

Mit de Broglies Beziehung zwischen Impuls und Wellenlänge können wir leicht den Drehimpuls dieser Kreiswelle ausrechnen: er ist 1 (natürlich wie immer mal der Drehimpulseinheit $\hbar$) oder 2 oder allgemein n, wenn wir n Wellenlängen auf dem Kreis unterbringen.[8] Damit ist klar, warum der

---

[8]Die Rechnung geht so: Ein Elektron mit Impuls p, das im Abstand r (dem Kreisradius) den Atomkern umrundet, hat den Drehimpuls $L = r \cdot p$. Die entsprechende Elektronenwelle hat nach de Broglie die Wellenlänge $\lambda = h/p$, was wir nach dem Impuls p freistellen ($p = h/\lambda$) und im Drehimpuls einsetzen können: $L = r \cdot h/\lambda$. Wenn wir nun n Wellenlängen auf dem Kreisumfang $2\pi r$ unterbringen, muss die Wellenlänge der n-te Bruchteil des Kreisumfangs sein, also $\lambda = 2\pi r/n$. Das können wir in der L-Formel

Bahndrehimpuls für ein Elektron im Atom immer ein ganzzahliges Vielfaches der Quanten-Drehimpulseinheit $\hbar$ sein muss: Es liegt daran, dass wir immer eine ganzzahlige Anzahl von Wellenlängen auf den Kreisumfang unterbringen müssen, damit sich die Welle auf dem Kreis sauber schließt. Dabei ist übrigens auch der Wert null erlaubt, wie man herausfand – die Quantenwelle schwingt dann überall auf dem Kreis synchron auf und ab und hat den Drehimpuls null. Man kann im Übrigen den Bahndrehimpuls auch noch mit einem Vorzeichen versehen und so kennzeichnen, ob die Welle von oben gesehen im oder gegen den Uhrzeigersinn um den Atomkern kreist.

Nun zum Spin: Was müssen wir tun, um das obige Bild einer Kreiswelle auch für den inneren Drehimpuls anzuwenden, den das Elektron besitzt, ganz unabhängig von seiner Bewegung um den Atomkern? Wir suchen also nach einer Kreiswelle, die in Analogie zur Bewegung des Elektrons um den Atomkern nun die innere „Eigendrehung" des Elektrons – also seinen Spin – darstellt.

Also: Zuerst einmal müssen wir uns den Kreis sehr klein vorstellen, denn das Elektron besitzt ja keinerlei messbare Ausdehnung und die Kreiswelle soll ja irgendwie unser Elektron darstellen – zumindest was seinen Spin betrifft. Möglicherweise wäre die Kreiswelle sogar unendlich klein, aber das soll uns erst einmal nicht beunruhigen – wir suchen ja nur nach einer halbwegs plausiblen Veranschaulichung für den Spin.

Als Nächstes müssen wir dafür sorgen, dass der Drehimpuls der winzigen Elektronenwelle nur die Werte $+1/2$ oder $-1/2$ annimmt, wobei das Vorzeichen die Umlaufrichtung der Welle angibt. Unsere obige Überlegung zeigt uns, wie das geht: Wir müssen eine halbe Wellenlänge auf dem Kreis unterbringen – das wäre beispielsweise ein einzelner Wellenberg ohne Wellental. Allerdings wäre eine solche Welle unvollständig und hätte einen Knick, würde sich also nach einem Umlauf nicht geschmeidig schließen – sie wäre also verboten. Wir können aber einen kleinen Trick anwenden und einen doppelten Kreis zeichnen. Es gäbe also einen ersten und einen zweiten Umlauf auf unserem Doppelkreis, auf dem wir die gesamte Wellenlänge unterbringen können. Nun funktioniert unsere Konstruktion, denn im ersten Umlauf würden wir den Wellenberg und im zweiten Umlauf das Wellental einzeichnen (Abb. 4.5 rechts). Diese Welle hätte dann tatsächlich

---

einsetzen, wobei sich der Kreisradius r weg kürzt: $L = n \cdot h/(2\pi) = n \cdot \hbar$. Wie man sieht, spielt der Kreisradius keine Rolle bei dieser Überlegung – es ist egal, wie groß oder klein wir den Kreis wählen.

einen Drehimpuls von $+1/2$ oder $-1/2$, so, wie das beim Spin des Elektrons sein muss.[9]

Für den Bahndrehimpuls des Elektrons wäre dieser Trick nicht erlaubt, denn die räumlich ausgedehnte Quantenwelle muss einen eindeutigen Wert auf dem Kreis haben, um den Umlauf des Elektrons um den Atomkern darzustellen. Beim Spin, also der Eigendrehung des Elektrons um die eigene Achse, könnte das aber anders sein, denn das Elektron ist so winzig, dass wir die zugehörige Doppelkreiswelle wohl nie zu Gesicht bekämen – sie ist gleichsam im Inneren des Elektrons verborgen.

Natürlich ist all dies nur ein anschauliches Bild, das man nicht überinterpretieren darf. Machen Sie sich also besser nicht zu viele Gedanken darüber. Immerhin macht es aber den halbzahligen Wert des Spins einigermaßen greifbar. Und es liefert noch etwas anderes: Angenommen, wir starten bei einem Wellenberg und legen auf dem Doppelkreis einen ersten Umlauf zurück – dann landen wir bei einem Wellental, d. h. die Quantenwelle wechselt nach einem Umlauf das Vorzeichen. Erst nach dem zweiten Umlauf sind wir wieder bei unserem Wellenberg angekommen.

Das ist eine ganz zentrale Eigenschaft bei halbzahligem Spin: Bei einer vollen Drehung wechselt die Quantenwelle das Vorzeichen, und erst nach einer zweiten Volldrehung sieht sie wieder so aus wie zuvor. Der Physiker Stephen Hawking hat es in seinem bekannten Buch *Eine kurze Geschichte der Zeit* einmal sinngemäß so ausgedrückt: Ein Teilchen mit Spin 1/2 sieht nach einer Umdrehung noch nicht wieder gleich aus – es sind dazu vielmehr zwei vollständige Umdrehungen erforderlich!

Wie wir in Kürze sehen werden, ist es genau diese Symmetrieeigenschaft, die das Pauli-Prinzip mit begründet und die so dafür sorgt, dass Elektronen einander aus dem Weg gehen. Zuvor müssen wir uns allerdings noch mit einem weiteren wichtigen Aspekt der Quantentheorie beschäftigen: Kann man eigentlich ein bestimmtes Elektron in der Hülle eines Atoms wiedererkennen, wenn man es zuvor schon einmal dort aufgespürt hat?

---

[9]Falls Sie auf die Idee kommen sollten, eine Wellenlänge beispielsweise auf einem Dreifachkreis unterzubringen und so einen Drehimpuls von 1/3 zu konstruieren, dann haben Sie das Prinzip verstanden. Allerdings gibt es solche Spins im dreidimensionalen Raum nicht, denn man muss eigentlich nicht nur eine Kreiswelle, sondern eine dreidimensionale Kugelwelle konstruieren – unser Kreisbild ist also hier zu einfach. Im zweidimensionalen Raum wäre ein drittelzahliger Spin (und auch andere Spinwerte) dagegen durchaus möglich – suchen Sie mal im Internet nach dem Begriff *Anyon* (mit „y").

Die Symmetrie ununterscheidbarer Teilchen

Normalerweise sind wir daran gewöhnt, dass sich einzelne Dinge in unserer Umgebung eindeutig identifizieren und verfolgen lassen. Manchmal geraten wir dabei allerdings in Schwierigkeiten – beispielsweise bei eineiigen Zwillingen. Die eigenen Eltern können ihre Zwillingskinder zum Glück normalerweise auseinanderhalten, denn sie sind nicht wirklich absolut gleich.

Was aber geschähe, wenn die Zwillinge einander so gleichen würden, dass niemand in der Lage wäre, sie voneinander zu unterscheiden – auch die eigenen Eltern nicht? Stellen Sie sich vor, Sie wären die Eltern solcher Zwillinge. Wenn Sie dann abends nachschauen, ob ihre beiden Zwillinge wohlbehalten zu Hause in ihren Kinderzimmern sind, dann wüssten Sie nicht, ob wirklich jeder in seinem eigenen Zimmer ist. Vielleicht haben die beiden Scherzbolde ja ihre Zimmer getauscht und amüsieren sich köstlich darüber, wenn Sie das wieder einmal nicht bemerken.

Natürlich könnten Sie versuchen, die beiden Kinder unterschiedlich anzuziehen, aber das ist keine sichere Methode – die Zwillinge könnten ja ihre Kleidung untereinander tauschen. Wenn Sie absolut sicher sein wollen, dann müssten Sie zu guter Letzt ständig hinter einem der Zwillinge herlaufen, denn nur so wissen sie mit Bestimmtheit, dass es immer derselbe Zwilling ist. Natürlich würden Sie das in Wirklichkeit niemals tun, denn Sie respektieren die Privatsphäre Ihrer Kinder – aber prinzipiell möglich wäre es.

Was aber geschieht, wenn dieses ständige Hinterherlaufen auch prinzipiell nicht ginge? Stellen Sie sich vor, wir wären Teil der Zauberwelt von Harry Potter und ihre Kinder besäßen die Fähigkeit, beide gleichzeitig zu „disapparieren" – sich also spurlos in Luft aufzulösen – und kurz darauf an anderen Orten wieder aufzutauchen. Welcher Zwilling ist dann wo erschienen? Wenn Ihre Zwillinge wirklich absolut identisch sind, dann hätten Sie jetzt ein Problem.

In der realen Welt kann das natürlich nicht passieren, denn wir Menschen gehorchen den Regeln der klassischen Physik, sodass sich der Weg jedes Zwillings im Prinzip genau verfolgen lässt. Bei den Elektronen in einem Atom ist das dagegen anders. Sie folgen nicht den Regeln der klassischen Physik, sondern den Gesetzen der Quantenmechanik. Ein Elektron hat in einem Atom keine Flugbahn mehr, lässt sich also nicht mehr eindeutig verfolgen. Die Quantenwelle der Elektronen sagt nur, wie wahrscheinlich es ist, irgendwo ein Elektron anzutreffen, wenn man mit einem passenden Experiment nachschaut. Um es in der Sprache der Harry-Potter-Welt auszudrücken: Das Elektron „appariert" im Experiment wie von Zauberhand für einen Moment irgendwo im Bereich der Quantenwelle. Wohin und wie schnell es dabei fliegt, sieht man in diesem Experiment dabei nicht – also kann man auch keine Flugbahn bestimmen und weiß nicht, wo es in einigen Sekunden sein wird.

Generell ist es so, dass die Flugrichtung und Geschwindigkeit eines Elektrons umso unbestimmter werden, je genauer man dessen Ort gemessen hat – und umgekehrt. Das ist die berühmte *Heisenberg'sche Unschärferelation.* Sie drückt aus, dass man es in der Quantenmechanik eben nicht mit Flugbahnen zu tun hat, sondern mit Wellen. Da ist es dann auch kein Wunder, dass man keine Flugbahnen für die Elektronen bestimmen kann, denn sie haben schlichtweg keine. Das war ja genau der Fehler, den Bohr und Sommerfeld in ihren Atommodellen noch gemacht hatten.

Nun sind aber alle Elektronen im Universum exakt gleich: Sie haben alle genau dieselbe Masse und dieselbe elektrische Ladung, und man kann sie auch nicht irgendwie markieren.[10] Die einzige Möglichkeit, die Elektronen in einem Atom voneinander zu unterscheiden, wäre also ihre Flugbahn. Und genau die gibt es nicht. Da hilft es auch nicht, wenn man in sehr kurzen Zeitabständen in dem Atom nachschaut, wo sich die Elektronen aufhalten – man wird sie wie zufällig mal hier und mal dort finden. Welches Elektron dabei wo auftaucht, kann man nicht erkennen.

Vermutlich waren der englische Physiker Paul Dirac und sein deutscher Kollege Werner Heisenberg im Jahr 1926 zunächst überrascht, als sie auf diese überraschende Erkenntnis stießen – sie hatten versucht, mit der gerade erst entstandenen Quantenmechanik Atome mit mehreren Elektronen zu berechnen. Ihr Fazit war: In der Quantenmechanik sind identische Teilchen prinzipiell ununterscheidbar. Hermann Weyl drückte es in seinem Buch *Gruppentheorie und Quantenmechanik* so aus: „Von Elektronen kann man prinzipiell nicht den Nachweis ihres Alibi verlangen." Die Suche nach dem Täter macht in einer Gruppe von Elektronen eben wenig Sinn.

Vertauscht man also im Geiste zwei Elektronen in einem Atom, so ändert das nichts an der Physik. Dasselbe gilt auch für die Photonen in einer Lichtwelle, und es gilt genau genommen sogar für identische Atome wie beispielsweise in einem gefüllten Heliumballon. Damit sind wir auf eine neue fundamentale Symmetrie der Natur gestoßen, die es in der klassischen Physik nicht gibt.

---

[10]Vielleicht fragen Sie sich zu Recht, was mit dem Spin ist. Wenn ein Elektron den Spin $+1/2$ und ein anderes Elektron den Spin $-1/2$ besitzt, dann könnte man sie prinzipiell daran unterscheiden. Allerdings können die Elektronen auch ihre Spins untereinander vertauschen, was die Unterscheidung schwierig bis unmöglich macht.

Natürlich könnte es sein, dass es sich bei dieser Austauschsymmetrie identischer Teilchen nur um eine merkwürdige Kuriosität am Rande handelt. Doch wie wir gleich sehen werden, formt diese Symmetrie das Gesicht unserer Welt wie kaum eine andere Symmetrie.

Bosonen sind symmetrisch, Fermionen antisymmetrisch

Warum ist die Ununterscheidbarkeit von gleichartigen Teilchen in der Quantenmechanik so wichtig? Der entscheidende Punkt ist, dass man die einzelnen Teilchen nicht mehr separat voneinander betrachten kann. Man kann beispielsweise nicht sagen, dass in einem Heliumatom das erste Elektron durch eine Quantenwelle und das zweite Elektron durch eine andere Quantenwelle beschrieben wird. Wäre das so, dann ließen sich die Teilchen in bestimmten Fällen durch ihr unterschiedliches Quantenverhalten unterscheiden. Wenn beispielsweise die erste Quantenwelle an einem Ort den Wert null hätte und die zweite Quantenwelle nicht, und wenn man dann ein Elektron an diesem Ort fände, dann wüsste man, dass es das zweite Elektron sein muss.

Die beiden Elektronen müssen vielmehr durch eine einzige *gemeinsame* Quantenwelle beschrieben werden. Diese hängt von den Positionen beider Elektronen zugleich ab und sagt beispielsweise, dass in einem bestimmten Moment die Welle einen Wellenberg hat, wenn das erste Elektron am Ort A und das zweite Elektron am Ort B ist. Aus der quadrierten Höhe des Wellenberges[11] ergibt sich dann die Wahrscheinlichkeit, Elektron Nummer 1 am Ort A und Elektron Nummer 2 am Ort B zu finden.

Sollten Sie an dieser Stelle die Stirn runzeln, dann völlig zu Recht. Die beiden Elektronen sollen doch ununterscheidbar sein! Also muss die Wahrscheinlichkeit, Elektron 1 am Ort A und Elektron 2 am Ort B zu finden, genauso groß sein, wie umgekehrt Elektron 1 am Ort B und Elektron 2 am Ort A anzutreffen. Man weiß im Experiment ja nur, dass man eines der beiden Elektronen am Ort A und das andere am Ort B vorgefunden hat.

Falls also im ersten Fall ein Wellenberg vorliegt, dann sollte auch bei vertauschten Teilchenpositionen ein gleich hoher Wellenberg vorliegen, damit sich dieselbe Wahrscheinlichkeit ergibt. Die Quantenwelle für Elektron 1 am Ort A und Elektron 2 am Ort B muss genauso groß sein wie für Elektron 2 am Ort A und Elektron 1 am Ort B. Man sagt auch, die Quantenwelle ist *symmetrisch,* wenn wir die beiden Teilchen vertauschen.

---

[11]Früher hatten wir von der Intensität der Welle gesprochen, um die Wahrscheinlichkeit zu ermitteln. Diese hängt mit der quadrierten Höhe des Wellenberges zusammen.

Vielleicht sind Sie beim Mitdenken noch auf eine zweite Möglichkeit gestoßen. Was wäre, wenn beim Vertauschen der Teilchen aus dem Wellenberg ein Wellental würde, das genauso tief ist wie der Wellenberg hoch? Beim Berechnen der Wahrscheinlichkeit spielt es nämlich keine Rolle, ob es sich um einen Wellenberg oder ein Wellental handelt, denn dafür müssen wie die Wellenhöhe quadrieren – so ist beispielsweise $(-2)^2$ dasselbe wie 2^2, nämlich 4. Das Vorzeichen fällt beim Quadrieren also einfach weg und es ergibt sich beim Wellental dieselbe Wahrscheinlichkeit wie beim Wellenberg, solange nur der eine so hoch ist wie der andere tief.

Es gibt also zwei Möglichkeiten, die Ununterscheidbarkeit der beiden Teilchen sicherzustellen: Die gemeinsame Quantenwelle könnte beim Vertauschen der Teilchen symmetrisch oder antisymmetrisch sein, d. h. das Vertauschen würde aus Wellenbergen wieder Wellenberge oder aber Wellentäler machen.

Bleibt die Frage, für welche Möglichkeit sich die Natur entschieden hat. Die Antwort lautet: für beide! Merkwürdigerweise kommt es auf den Spin der Teilchen an, welcher Fall vorliegt. Ist der Spin halbzahlig wie bei Elektronen mit ihrem Spinwert 1/2, dann ist die Quantenwelle antisymmetrisch. Solche Teilchen bezeichnet man zu Ehren des italienischen Physikers Enrico Fermi als *Fermionen*. Ist der Spin dagegen ganzzahlig wie bei Photonen mit ihrem Spinwert von 1, dann spricht man von *Bosonen* – der Indische Physiker Satyendranath Bose hatte zusammen mit Albert Einstein schon sehr früh damit zusammenhängende Untersuchungen angestellt.

Warum der Spin etwas mit der Symmetrie der Wellenfunktion zu tun hat, ist an dieser Stelle noch völlig unklar. Auch Wolfgang Pauli hatte dafür zunächst keine Antwort, und es sollten noch einige Jahre vergehen, bis er der Lösung des Rätsels auf die Spur kommen würde – mehr dazu später.

Wichtig ist an dieser Stelle erst einmal, dass es einen riesigen Unterschied macht, ob Teilchen zur Gruppe der Bosonen oder Fermionen gehören. Die Symmetrie oder Antisymmetrie der Quantenwelle hat nämlich einen ganz entscheidenden Einfluss auf das Verhalten dieser Teilchen. Schauen wir uns an einem einfachen Beispiel an, warum das so ist.

Einzelgänger und Herdentiere

Nehmen wir an, wir hätten zwei gleichartige Teilchen vor uns, die sich nur in einer Raumdimension – sagen wir von rechts nach links und umgekehrt – bewegen können. Die gemeinsame Quantenwelle der beiden Teilchen soll dabei nur von ihrem Abstand abhängen, wobei wir mit dem Vorzeichen des Abstandes kennzeichnen, welches der beiden Teilchen weiter rechts zu finden ist. Wenn wir die beiden Teilchen vertauschen, wechselt ihr Abstand also das Vorzeichen.

Eine solche Quantenwelle können wir leicht grafisch darstellen: Wir tragen den Abstand der beiden Teilchen einfach entlang der waagerechten x-Achse auf, sodass wir in der senkrechten y-Richtung den Wert der Quantenwelle eintragen können (Abb. 4.6). Der quadrierte Wert der Quantenwelle sagt dann, wie wahrscheinlich es ist, beide Teilchen in diesem Abstand vorzufinden.

Wenn wir es nun mit zwei Bosonen – beispielsweise Photonen – zu tun haben, dann muss die Quantenwelle symmetrisch beim Vertauschen der Teilchenpositionen sein, d. h. sie muss beispielsweise für den Abstand 1 denselben Wert haben wie für den Abstand -1. Dadurch ist sichergestellt, dass der quadrierte Wert der Quantenwelle für die Abstände 1 und -1 derselbe ist. Es spielt also für die Wahrscheinlichkeit, die beiden Teilchen in diesem Abstand vorzufinden, keine Rolle, welches Teilchen sich weiter links oder rechts befindet. Genau so muss es für identische Teilchen auch sein.

Bei Fermionen wie beispielsweise Elektronen muss die Quantenwelle dagegen antisymmetrisch sein, d. h. sie wechselt das Vorzeichen, wenn wir ihren Wert beim Abstand 1 mit dem Wert für den Abstand -1 vergleichen.

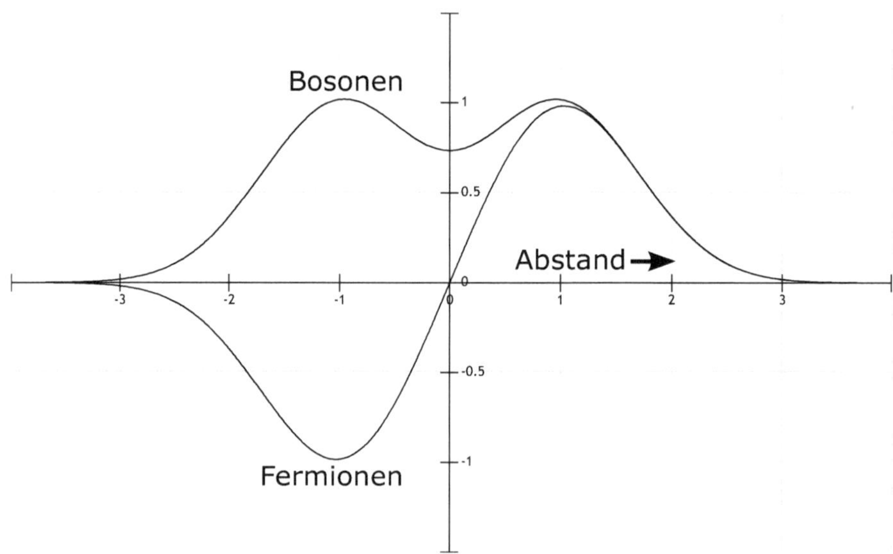

Abb. 4.6 Für Bosonen ist ihre gemeinsame Quantenwelle symmetrisch, für Fermionen antisymmetrisch beim Vertauschen der Teilchen. Der Abstand der beiden Teilchen ist auf der x-Achse dargestellt, wobei sein Vorzeichen angibt, welches der Teilchen weiter rechts anzutreffen ist. (Quelle: Eigene Grafik)

Da das Vorzeichen der Quantenwelle beim Quadrieren wegfällt, ist es auch hier für die Wahrscheinlichkeit, die beiden Teilchen in diesem Abstand vorzufinden, egal, welches Teilchen sich weiter links oder rechts befindet. Die Quantenwelle in Abb. 4.6 ist also für Bosonen symmetrisch zur y-Achse, bei Fermionen dagegen antisymmetrisch.

Abb. 4.6 zeigt nun sehr schön, was geschieht, wenn die beiden Teilchen sich näherkommen, wenn also ihr Abstand gegen null schrumpft. Für Bosonen ist das kein Problem: Da ihre Quantenwelle symmetrisch ist, hat sie sogar für den Abstand null einen endlichen Wert. Das ändert sich auch nicht, wenn wir den Wert der Quantenwelle quadrieren, um herauszufinden, wie wahrscheinlich der Abstand null für Bosonen ist. Bosonen können sich also theoretisch sogar am selben Ort befinden.

Man kann sich sogar allgemein überlegen, dass sich Bosonen sehr gerne nahekommen und sich auch sonst gerne synchron verhalten. Bosonen sind Herdentiere und lieben den Gleichschritt. Sie ziehen gern am selben Strang – genau deshalb können sich beispielsweise unzählige Photonen zusammentun und gemeinsam eine schwingende elektromagnetische Welle ausbilden. Das scharf gebündelte einfarbige Licht eines Laserstrahls treibt diesen Drang der Photonen nach Konformität auf die Spitze.

Ganz anders ist es bei den Fermionen: Ihre Quantenwelle und damit die zugehörige Wahrscheinlichkeit wird aufgrund der Antisymmetrie der Welle null, wenn sie sich immer näherkommen und ihr Abstand gegen Null schrumpft. Fermionen können deshalb nicht am selben Ort sein, und sie kommen einander auch nur ungern besonders nahe. Sie sind Einzelgänger, die ihren eigenen Platz brauchen. Niemals nehmen beispielsweise Elektronen dieselben Quantenzahlen in der Hülle eines Atoms an, so wie Wolfgang Pauli es bereits in seinem Pauli-Prinzip formuliert hatte. Fermionen leisten sogar heftigen Widerstand, wenn man sie mit Gewalt eng zusammenbringen will. Genau deshalb lassen sich Atome auch nicht ohne Weiteres zusammendrücken, denn die Elektronen in ihrer Hülle bleiben lieber auf Abstand. Und all dies nur, weil die gemeinsame Quantenwelle von Fermionen antisymmetrisch ist.

Pauli und Fierz finden den komplizierten Beweis

Bleibt die Frage, warum sich Fermionen und Bosonen so unterschiedlich verhalten. Was hat der Spin eines Teilchens mit der Frage zu tun, ob die Quantenwelle mehrerer dieser Teilchen symmetrisch oder antisymmetrisch ist? Warum unterliegen Elektronen dem Pauli-Prinzip, während Photonen gerne im Quantengleichschritt marschieren? Oder in modernen Worten aus der Physikergemeinde ausgedrückt: Warum gilt das sogenannte *Spin-Statistik-Theorem,* nach dem ganzzahliger Spin immer mit einer symmetrischen Quantenwelle einhergeht, halbzahliger Spin dagegen mit einer antisymmetrischen Quantenwelle?

Zunächst scheint es da keinerlei Zusammenhang zu geben. Auch Wolfgang Pauli konnte zunächst keine Begründung finden, wie er in seiner Nobelpreisrede schreibt: „Diese Situation erschien mir in einer wichtigen Hinsicht enttäuschend. Bereits in meinem Originalbeitrag hatte ich den Umstand betont, dass ich nicht in der Lage war, einen logischen Grund für das Ausschlussprinzip [also das Pauli-Prinzip] anzugeben oder es aus allgemeinen Annahmen herzuleiten. Ich hatte immer das Gefühl und ich habe es auch heute noch, dass dies ein Mangel ist.“

Doch Pauli ließ nicht locker. Wie sein Kollege Hermann Weyl war auch Pauli von den Symmetrien fasziniert, die hinter den Naturgesetzen stecken. So setzte er sich in seinen späteren Jahren intensiv mit der Frage auseinander, wie drei Jahrhunderte zuvor das Denken Johannes Keplers durch dessen mystische Vorstellungen über die Symmetrie und Harmonie des Kosmos geprägt wurden – wir sind Keplers Grundüberzeugung, dass Gott die Welt nach harmonischen Prinzipien erschaffen hat, im ersten Kapitel bereits begegnet. Auch Pauli konnte dieser Grundüberzeugung durchaus einiges abgewinnen.

Im Rahmen der nichtrelativistischen Quantenmechanik konnte Pauli allerdings keine Begründung für den Zusammenhang zwischen dem Spin und der Symmetrie der Quantenwelle finden, und es scheint heute so, als sei dies auch nicht möglich. Man muss offenbar die Spezielle Relativitätstheorie mit hinzunehmen, um den Zusammenhang aufzudecken. Im Jahr 1940 fanden Pauli und sein Assistent Markus Fierz in Zürich schließlich den Beweis. Es gibt also tatsächlich einen Grund für den Zusammenhang zwischen Spin und Statistik (also der Symmetrie der Wellenfunktion). Doch wenn Sie nun die Hoffnung haben sollten, ich könnte diesen Beweis im Rahmen dieses Buches erklären, dann muss ich Sie leider enttäuschen. Der Beweis ist schwierig und basiert auf komplizierten Argumenten der Quanten- und Relativitätstheorie. „Es schein eine der wenigen Stellen in der Physik zu sein, wo es eine Regel gibt, die sehr einfach aufgestellt werden kann, für die aber niemand eine einfache und leichte Erklärung gefunden hat. Die Erklärung steckt tief in der relativistischen Quantenmechanik. Das bedeutet wahrscheinlich, dass wir die grundlegenden Prinzipien nicht ganz verstehen.“ – so beschreibt es Richard Feynman in seinen *Vorlesungen über Physik* (Band III, Kap. 4-1).

Nun – das ist irgendwie unbefriedigend. Vielleicht haben wir hier wirklich noch nicht alles verstanden. Aber auch wenn der konkrete Beweis kompliziert ist, so gibt es doch einige Argumente, die den Zusammenhang zwischen Teilchenspin und der Symmetrie der Quantenwelle zumindest plausibel erscheinen lassen. Ein solches Argument möchte ich Ihnen hier vorstellen.

Ein anschauliches Argument zum Spin-Statistik-Theorem

Bei halbzahligem Spin wechselt der Wert der Quantenwelle das Vorzeichen, wenn wir zwei Teilchen miteinander vertauschen – das haben wir gerade gesehen. Aus Wellenbergen werden Wellentäler und umgekehrt.

Vielleicht erinnern Sie sich, dass genau dasselbe geschieht, wenn wir bei einem der beiden Teilchen eine volle Drehung um 360 Grad durchführen. Wir hatten das weiter oben aus unserem Bild mit der Quantenwelle auf dem Doppelkreis abgeleitet: Bei einer vollen Drehung eines Fermions wechselt dessen Quantenwelle das Vorzeichen, und erst nach einer zweiten Drehung sieht die Welle wieder so aus wie zuvor. Dieser Vorzeichenwechsel war eine zentrale Eigenschaft von Fermionen gewesen. Bosonen – also Teilchen mit ganzzahligem Spin – zeigen dieses merkwürdige Verhalten dagegen nicht.

Gibt es vielleicht einen Zusammenhang zwischen dem Vertauschen zweier Teilchen und der Drehung eines der Teilchen um 360 Grad? Das ist tatsächlich der Fall, wie das folgende kleine Spielmodell zeigt. Sie können dieses Modell auch ganz konkret aus etwas Pappe und zwei Bindfäden nachbasteln – probieren Sie es ruhig einmal aus!

Als Erstes schneiden wir zwei kleine Kreise aus der Pappe aus, die unsere beiden Teilchen darstellen sollen. Die beiden Pappkreise legen wir dann nebeneinander auf eine glatte Tischplatte, sodass wir sie nach Belieben herumschieben oder drehen können. Anschließend verbinden die beiden Kreise durch zwei Fäden, die wir jeweils am Nordpol bzw. am Südpol der Kreise festkleben. Die Fäden überschneiden sich dabei nicht, verbinden also Nordpol mit Nordpol und Südpol mit Südpol (Abb. 4.7, Bild 1).

Wenn wir jetzt den rechten Kreis einmal komplett um sich selbst drehen, dann verzwirbeln sich die beiden Fäden dadurch miteinander – sie überschneiden sich jetzt an zwei Stellen. Wie können wir diese Verzwirbelung der Fäden wieder loswerden, ohne den rechten Kreis wieder zurückzudrehen?

Ganz einfach: Wir verschieben die beiden Kreise auf der Tischplatte so, dass sie am Schluss ihre Plätze getauscht haben. Dabei führen wir die Kreise geschickt unter jeweils einem der Fäden hindurch, ohne sie unterwegs irgendwie zu verdrehen. Am Schluss, wenn die Kreise vertauscht sind, hat sich auch die Verzwirbelung der Fäden aufgelöst. Die Vertauschung der

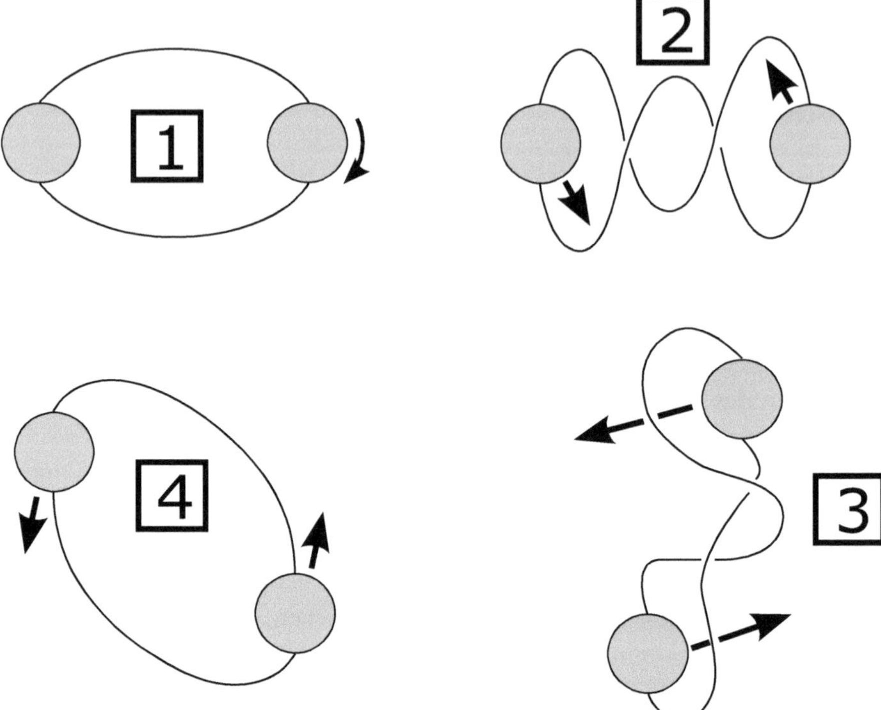

Abb. 4.7 Wenn man zwei Kreise mit zwei Fäden verbindet und einen der Kreise einmal um sich selbst dreht, dann verzwirbeln sich die beiden Fäden (1→ 2). Wenn man nun die beiden Kreise miteinander vertauscht, ohne sie selbst dabei zu drehen (2 → 3 → 4), dann entwirren sich die Fäden wieder. Dabei muss man in Bild 3 die beiden Kreise jeweils unter einem der Fäden hindurchschieben. (Quelle: Eigene Grafik)

beiden Kreise hat die Verzwirbelung durch die 360-Grad-Drehung eines der Kreise wieder rückgängig gemacht.

Ich muss zugeben, dass mich dieses kleine Experiment immer wieder verblüfft. Es zeigt ganz handfest, wie eine Drehung mit einer Vertauschung zusammenhängt. Und auch wenn reale Teilchen natürlich nicht durch zwei Fäden miteinander verbunden sind, so besitzen sie doch eine gemeinsame Quantenwelle, die bestimmte mathematische Eigenschaften aufweist. Offenbar erfassen die beiden Fäden hier einen wesentlichen Aspekt dieser Quantenwelle, der dazu führt, dass der Vorzeichenwechsel bei einer Drehung denselben Vorzeichenwechsel bei einer Vertauschung erzwingt. So subtil dieser mathematische Zusammenhang auch zunächst erscheinen mag – er sorgt letztlich dafür, dass Fermionen Einzelgänger und Bosonen Herdentiere sind. Die Natur achtet eben darauf, dass am Schluss alles konsistent zusammenpasst. Vielleicht ist Gott tatsächlich ein höchst genialer

Mathematiker, der das Universum nach tiefgründigen und feinsinnigen mathematischen Gesetzmäßigkeiten aufgebaut hat – so zumindest hat es Paul Dirac einmal ausgedrückt, den wir gleich noch näher kennenlernen.

4.2 Antimaterie: Rückwärts durch die Zeit

Um das Spin-Statistik-Theorem zu beweisen, benötigten Pauli und Fierz die Synthese von Quantenmechanik und Spezieller Relativitätstheorie. Schon Schrödinger hatte versucht, eine solche Synthese zustande zu bringen und eine relativistische Wellengleichung für Quantenwellen zu formulieren. Das Resultat war jedoch unbefriedigend, sodass er es erst einmal mit einer nichtrelativistischen Wellengleichung versuchte – das Ergebnis war seine berühmte Schrödinger-Gleichung.

Damit konnten sich die Physiker natürlich nicht zufrieden geben, denn sie wussten ja, dass Einsteins Relativitätstheorie letztlich das korrekte Fundament für jede grundlegende physikalische Theorie bildet. Es ist auch kein Problem, entsprechende relativistische Wellengleichungen zu formulieren. So fanden Oskar Klein, Walter Gordon und andere schon 1926 die sogenannte *Klein-Gordon-Gleichung*. Doch die Gleichung erschien vielen Physikern unbefriedigend. Beispielsweise lässt sich das Wasserstoff-atom mit ihr nicht korrekt berechnen – die Ergebnisse stimmen nicht mit der Realität überein. Zudem kann man aus der entsprechenden Quanten-welle auch keine Wahrscheinlichkeit dafür ableiten, das Teilchen an einem Ort anzutreffen. Das hängt damit zusammen, dass die Gleichung die zweite Ableitung der Quantenwelle nach der Zeit enthält, also davon abhängt, ob die zeitliche Änderungsrate der Welle an einem Ort anwächst oder abnimmt. In der Schrödinger-Gleichung tritt dagegen nur die erste zeitliche Ableitung der Quantenwelle auf, also die Änderungsrate selbst. Kurzum: Mit der Klein-Gordon-Gleichung schien irgendetwas nicht zu stimmen.

Und doch sah die Klein-Gordon-Gleichung absolut natürlich aus – genau diese Gleichung würde jeder erraten, der eine relativistische Wellengleichung für Quantenwellen sucht. Was also war zu tun?

Paul Dirac, das stille Genie

Es waren nicht die großen Entdecker der Quantenmechanik wie Bohr, Heisenberg, Pauli oder Schrödinger, die dieses Rätsel lösten. Ein unschein-barer, sehr zurückhaltender Mann namens Paul Dirac (Abb. 4.8) aus der alt-ehrwürdigen englischen Universität Cambridge hatte mittlerweile die Bühne

Abb. 4.8 Paul Dirac (1902–1984). (© Mary Evans Picture Library/picture alliance)

betreten und mit einigen genialen Arbeiten zur Quantenmechanik auf sich aufmerksam gemacht – wir sind ihm oben bereits kurz begegnet.

Dirac verfügte über einen messerscharfen Verstand sowie eine tiefe physikalische Intuition und er besaß die Fähigkeit, seinen Ideen mit eleganten mathematischen Methoden präzise die passende Gestalt zu verleihen. Seine mathematische Formulierung der Quantenmechanik ist selbst heute noch wegweisend. Aus seinem berühmten Lehrbuch *Principles of Quantum Mechanics,* das er im Jahr 1930 veröffentlichte, lernte die nächste Physikergeneration wie Richard Feynman oder Julian Schwinger die Quantenmechanik. Diracs Sprache war einfach und klar und arbeitete die innere mathematische Struktur der Quantenmechanik in logisch stringenter, wenn auch ziemlich abstrakter Weise wunderbar heraus. Es war ein Meisterwerk, wie sogar der kritische Pauli unumwunden zugab.

Auch Einstein zog Diracs „logisch perfekteste Darstellung der Quantentheorie", wie er sagte, häufig zu Rate, wenn er sich tief in den Wirren der

Quantentheorie verstrickt hatte. Allerdings waren Diracs Arbeiten, obwohl logisch präzise in elegante mathematische Sprache gekleidet, auch für Einstein nicht immer leicht verdaulich. In einem Brief an Paul Ehrenfest schrieb er im Jahr 1926, er habe Probleme mit Dirac – dieses Balancieren auf dem schwindelerregenden Weg zwischen Genie und Wahnsinn sei schrecklich.

Menschlich war Paul Dirac gelinde gesagt „seltsam".[12] Er war extrem schweigsam und zurückhaltend, beantwortete Fragen gerne mit einem knappen JA oder NEIN und sagte nur ungern mehr als unbedingt nötig. Höflicher Smalltalk war ihm ein Graus. Später sagte er einmal, man habe ihm beigebracht, nie einen Satz zu beginnen, ohne das Ende zu kennen. Wenn er allerdings etwas sagte, dann lohnte es sich meist, genau zuzuhören.

Diracs besonderer Charakter war wohl zum Teil Veranlagung, aber auch seine unglückliche Kindheit hat wohl einiges dazu beigetragen. Im Jahr 1902 in Bristol im Südwesten Englands geboren, wuchs Dirac in einer extrem autoritären lieblosen Atmosphäre auf. „Wir hatten niemals Besuch" sagte er später in einem bewegenden Interview. Sein Vater, ein Schweizer mit französisch-sprachigen Wurzeln, muss ein wahrer Haustyrann gewesen sein. Als unnachsichtiger Französischlehrer bestand er darauf, dass Dirac Französisch mit ihm sprach, wobei er jeden Fehler gnadenlos bestrafte, indem er den nächsten Wunsch Diracs nicht erfüllte. Es war zwar keine körperliche Züchtigung, wohl aber eine psychische, die dem zurückhaltenden Jungen über Jahre hinweg schwer zusetzte und ihn tief verletzte. Schon bald lernte der kleine Paul, dass er besser überhaupt nicht sprach, um keine Risiko einzugehen. Man kann sich vorstellen, was eine solche „Erziehung" bei einem ohnehin schon introvertierten Kind anrichtet. Die Dämonen seiner Kindheit wurde Dirac nie wieder los, und er war sich dessen sehr wohl bewusst.

Warum sein Vater so überaus streng war, ist schwer zu sagen. Eine strenge Erziehung war damals üblicher als heute, und vielleicht wollte er seine Kinder auf diese Weise fit für die harte Welt da draußen machen — schließlich hatte er selbst eine schlimme Kindheit gehabt, früh sein Elternhaus verlassen und sich danach alleine durchschlagen müssen. Eine solide Bildung konnte da in seinen Augen nicht schaden, auch um den Preis eines gewissen familiären Drills.

---

[12]Eine sehr lesenswerte Dirac-Biografie von Graham Farmelo trägt nicht ohne Grund den Titel *Der seltsamste Mensch*. Im Internet findet man übrigens sehr informative und unterhaltsame Videos von Farmelo über das Leben von Dirac.

Auch Diracs älterer Bruder Felix litt schwer unter der strengen Tyrannei seines Vaters. Als Dirac 22 Jahre alt war, nahm sich sein Bruder das Leben. Es muss ein schrecklicher Schlag für Dirac gewesen sein, der kaum noch persönliche Beziehungen zu seinem Bruder unterhielt und mittlerweile mit ihm zerstritten war. Früher hatten sie sich sehr gemocht, aber für eine Aussöhnung war es nun zu spät.

Es mag vielleicht überraschen, aber auch seine Eltern waren tief getroffen – sogar sein gestrenger Vater, den der Selbstmord seines Sohnes geradezu aus der Bahn warf. Sehr viel später erzählte Dirac, er sei über den Grad der Verzweiflung seiner Eltern schockiert gewesen – er habe nicht gewusst, dass sie so tiefe Gefühle besaßen und dass sie so an ihren Kindern hingen. Diese Bemerkung zeigt, dass sein Vater wohl nicht allein die Ursache für seine ausgeprägte Introvertiertheit gewesen sein kann. Dirac hatte offenbar Schwierigkeiten, die Gefühle anderer Menschen wahrzunehmen. Jedenfalls schwor er sich angesichts seiner leidenden Eltern, niemals Selbstmord zu begehen, denn der Preis für seine Familie sei zu hoch.

Später, als Physiker in Cambridge, war Dirac gerne für sich alleine, abgeschieden vom Rest der Welt, wobei er oft den ganzen Tag lang konzentriert vor sich hin arbeitete, langsam und sorgfältig eine Zeile nach der anderen zu Papier brachte und nur selten etwas korrigierte. Man könnte angesichts der Tragweite seiner Ergebnisse fast meinen, Gott selbst habe ihm diese Zeilen diktiert, wobei Dirac dies entrüstet von sich gewiesen hätte – er war überzeugter Atheist, zumindest in seinen jungen Jahren. Zugleich war Dirac wie einst Johannes Kepler zutiefst davon überzeugt, dass unsere Welt einem inneren Prinzip der mathematischen Schönheit und Harmonie folgt. „Gott verwendete wunderbare Mathematik, als er die Welt erschuf"[13] – das war sein inneres Credo, seine Ersatzreligion. Und tatsächlich gelang es ihm, eine der schönsten und elegantesten Gleichungen zu finden, die die Physik zu bieten hat.

Diracs wundervolle Gleichung

In Diracs Augen war es zutiefst unbefriedigend, dass alle bisherigen Versuche, eine relativistische Wellengleichung für Quantenwellen zu finden, gescheitert waren. So eine Gleichung musste es geben, wenn Quantentheorie und Relativitätstheorie zugleich Gültigkeit besitzen sollten, und daran gab es keinen Zweifel. Also begann Dirac, mit verschiedenen

---

[13]„God used beautiful mathematics in creating the world", z. B. in *The Cosmic Code: Quantum Physics As The Language Of Nature* (1982) von Heinz R. Pagels, S. 295.

Gleichungen herumzuspielen. Dabei wollte er unbedingt vermeiden, dass seine Gleichung die zweite zeitliche Ableitung der Quantenwelle enthält, denn dieser Umstand hatte in der bereits bekannten relativistischen Gleichung für Quantenwellen – der Klein-Gordon-Gleichung – zu Problemen geführt. Konnte man nicht eine relativistische Wellengleichung finden, die wie die Schrödinger-Gleichung nur die erste zeitliche Ableitung aufweist?

Dirac experimentierte herum und versuchte, eine passende Gleichung irgendwie zu erraten. Später beschrieb er seine Vorgehensweise so: „Ich denke, es ist eine Eigenart von mir selbst, dass ich gerne mit Gleichungen spiele, nur auf der Suche nach schönen mathematischen Beziehungen, die vielleicht überhaupt keine physikalische Bedeutung haben. Manchmal aber tun sie das.“

Um die zweite zeitliche Ableitung der Klein-Gordon-Gleichung in eine erste Ableitung umzuwandeln, versuchte Dirac gewissermaßen, die Wurzel aus dieser Gleichung zu ziehen. Schließlich hatte er Erfolg. „Dirac hatte den Mut, einfach die Form einer Gleichung zu erraten, die Gleichung, die wir heute Dirac-Gleichung nennen, und zu versuchen, sie erst danach zu interpretieren“ – so beschrieb es Richard Feynman, der Dirac bewunderte und ihn sogar seinen „Held“ nannte, in seiner *Dirac Memorial Lecture* von 1986, zwei Jahre nach Diracs Tod.

Diracs Gleichung lässt sich in einer recht einfachen Form schreiben. Man findet sie beispielsweise eingraviert auf einer Gedenkplatte in der Westminster Abbey, die zu seinen Ehren im Jahre 1995 dort direkt neben Newtons Grabstein angebracht wurde (Abb. 4.9).

Trotz ihrer Einfachheit und Eleganz enthält diese Gleichung nahezu alles, was es über Elektronen zu sagen gibt. So kann man aus der Gleichung sofort die Masse m und die Ladung e der Elektronen ablesen, denn diese Größen hatte Dirac als Parameter in die Gleichung hineingesteckt.[14] Außerdem ist klar, dass die Gleichung den Regeln der Speziellen Relativitätstheorie genügt, denn so hatte Dirac sie konstruiert. Die Gleichung gilt also aus Sicht eines Wissenschaftlers auf der Erde ebenso wie aus Sicht eines vorbeirasenden Aliens – beide werden niemals ein Elektron sehen, das sich schneller als das Licht bewegt.

---

[14]Die Gleichung auf der Gedenkplatte ist etwas vereinfacht und enthält den Term mit der Ladung e und den elektromagnetischen Potenzialen nicht, gilt also nur für ein freies Elektron ohne äußeres elektromagnetisches Feld.

Abb. 4.9 Gedenkplatte für Paul Dirac mit der Diracgleichung in der Westminster Abbey. (Quelle: Eigene Vektorgrafik nach einer Fotovorlage)

Als Dirac die Konsequenzen seiner Gleichung genauer analysierte, machte er eine erstaunliche Entdeckung: Seine Gleichung sagt voraus, dass Elektronen einen halbzahligen Spin besitzen, genau wie Pauli dies bereits gefordert hatte. Pauli hatte diese Eigenschaft jedoch nicht weiter begründen können, während sie sich aus Diracs Gleichung ganz von alleine ergibt. Zudem sagt die Gleichung voraus, dass sich Elektronen aufgrund ihres Spins wie kleine Magnetnadeln verhalten müssen, also ein sogenanntes magnetisches Moment besitzen. Daher werden sie auch in einem inhomogenen Magnetfeld abgelenkt, wie wir am Anfang dieses Kapitels beim Stern-Gerlach-Experiment gesehen haben.

Warum Elektronen diese magnetische Eigenschaft besitzen, konnte dagegen bisher niemand näher begründen. Im Gegenteil: Bei allen Modellen, in denen man sich das Elektron wie eine kleine, sich drehende geladene Kugel vorstellt, bekam man ein magnetisches Moment heraus, das um den Faktor 2 zu klein war. Bei Diracs Gleichung kam das richtige magnetische Moment dagegen wie von selbst heraus. Wenn wir uns den Spin des Elektrons wieder als Welle auf einem winzigen Doppelkreis vorstellen, ist ein solcher Faktor 2 im magnetischen Moment vielleicht gar nicht so überraschend: Die Elektronenwelle läuft ja zweimal herum, nicht nur einmal.

Das sah alles sehr vielversprechend aus. Aber würde Diracs Gleichung auch dort erfolgreich sein, wo die Klein-Gordon-Gleichung versagte? Konnte sie das Energiespektrum der Elektronen im Wasserstoffatom beschreiben? Dirac rechnete fieberhaft nach und war erleichtert: Es kam alles korrekt heraus. Sogar die winzige Aufspaltung der Spektrallinien in mehrere eng benachbarte Einzellinien konnte er berechnen. Diracs Gleichung war einfach perfekt, fundamental einfach und doch universell – sie war schon fast „schmerzhaft schön", wie es der US-amerikanische Physiker Frank Wilczek einmal ausdrückte.

Nur einen Makel hatte auch Dirac seiner Gleichung nicht austreiben können: Wie die Klein-Gordon-Gleichung sagte auch die Dirac-Gleichung neben den normalen positiven Energien seltsame negative Energien für die Elektronen voraus.[15] Was hatte das zu bedeuten? Dass sich hinter diesem scheinbaren Makel eine neue physikalische Entdeckung verbarg, konnte Dirac zunächst nicht ahnen. Doch er war entschlossen, dem Rätsel nachzuspüren und seine wunderbare Gleichung zu retten – sie war einfach zu schön, um am Schluss doch noch zu scheitern.

Negative Energien und Antiteilchen

Das verheerende an den negativen Energien ist, das sie unsere gesamte Welt destabilisieren würden. Jedes Elektron könnte einfach immer weiter in die negativen Energien hinabrutschen und dabei beliebig viel Energie abstrahlen – ganz so, als würde man sein Gehaltskonto immer weiter überziehen und ständig Geld abheben, egal wie viele Schulden man bereits angehäuft hat.

Das macht natürlich keinen Sinn. Eine einfache Idee wäre es, die negativen Energien einfach zu verbieten und nur Lösungen mit positiver Energie zuzulassen. Schulden machen wäre also schlicht und einfach verboten. Doch das funktioniert nicht, wie man bald herausfand, denn Quantenwellen mit negativer Energie lassen sich nicht vermeiden.

Und jetzt? Haben Sie noch eine Idee? Hier ist ein kurioser Vorschlag: Wie wäre es, wenn jeder mögliche Dispokredit, den man theoretisch ausnutzen könnte, bereits ausgeschöpft wäre? Es gäbe einfach keinen Dispokredit mehr, den man noch anzapfen könnte – alle Schulden, die man machen kann, wären bereits gemacht.

---

[15]Die negativen Energien haben ihren Ursprung darin, dass in der relativistischen Beziehung zwischen der Energie E, dem Impuls p und der Masse m die Energie quadriert wird: $E^2 = (mc^2)^2 + (pc)^2$ mit der Lichtgeschwindigkeit c. Beim Quadrieren fällt das Vorzeichen der Energie weg, d. h., wenn eine positive Energie E diese Gleichung erfüllt, dann gilt das auch für die entsprechende negative Energie $-E$.

Das hört sich merkwürdig an, macht aber für Elektronen durchaus Sinn: Wenn jede Quantenwelle mit negativer Energie bereits mit einem Elektron besetzt wäre, dann wäre bei den negativen Energien kein Platz mehr für weitere Elektronen. Nach dem Pauli-Prinzip kann nämlich jede dieser Quantenwellen nur mit einem einzigen Elektron besetzt werden – Elektronen sind ja Einzelgänger.

Nun gibt es unendlich viele Quantenwellen mit negativer Energie, d. h. man bräuchte auch unendlich viele Elektronen, um diese aufzufüllen. Es wäre ein unendlich tiefer Dirac-See negativer Energie, komplett angefüllt mit Elektronen. Dirac störte das nicht – er forderte einfach mutig, dass der leere Raum diesem aufgefüllten See aus Quantenwellen negativer Energie entspricht. Da der See überall gleichmäßig gefüllt sei, könne man ihn nicht wahrnehmen, so wie ein Taucher in einem klaren ruhigen Bergsee auch das Wasser nicht sieht, das ihn umgibt. Deshalb erschiene uns der See wie der leere Raum. Nur Abweichungen vom gefüllten See ließen sich beobachten.

Zugegeben – es ist schon etwas merkwürdig, dass man die unendlich vielen Elektronen negativer Energie nicht bemerken soll. Auch Diracs Kollegen hatten da so ihre Zweifel. Andererseits löst die Idee das Problem mit den negativen Energien, denn nun kann kein weiteres Elektron mehr in die negativen Energien eintauchen und so Energie gewinnen. Die Welt war wieder stabil, und Diracs Gleichung war erst einmal gerettet.

Doch Dirac ging in seinen Überlegungen noch weiter: Was wäre, wenn man unter Wasser gleichsam eine kleine Luftblase sehen würde, sodass eine der negativen Energien nicht mit einem Elektron besetzt wäre? Wenn es ein Loch im negativen Dirac-See gäbe, bei dem ein Elektron mit negativer Energie fehlt? Im Vergleich zum gefüllten Dirac-See hätte man dann eine negative Ladung und eine negative Energie weniger, also eine positive Ladung und eine positive Energie mehr – so wie man auch mehr Geld hat, wenn ein Schuldschein gestrichen wird. Ein Loch im Dirac-See verhält sich also wie ein positiv geladenes Teilchen mit positiver Energie (Abb. 4.10).

Das einzige positiv geladene Teilchen, das man zu der damaligen Zeit kannte, war das Proton, das zusammen mit den neutralen Neutronen die Bausteine der Atomkerne im Zentrum der Atome darstellt. Damit war die Sache für Dirac klar: Protonen waren nichts anderes als Löcher im Dirac-See der Elektronen. Diese kühne Behauptung stieß unter Diracs Kollegen jedoch auf deutlichen Widerspruch. So zeigte Robert Oppenheimer, der später das Manhattan-Projekt zum Bau der ersten Atombombe leiten würde, dass sämtliche Atome dann instabil wären und innerhalb von Sekundenbruchteilen zerstrahlen würden. Die Elektronen der Atomhülle würden nämlich einfach in die Proton-Löcher des Atomkerns hineinfallen. Wolfgang

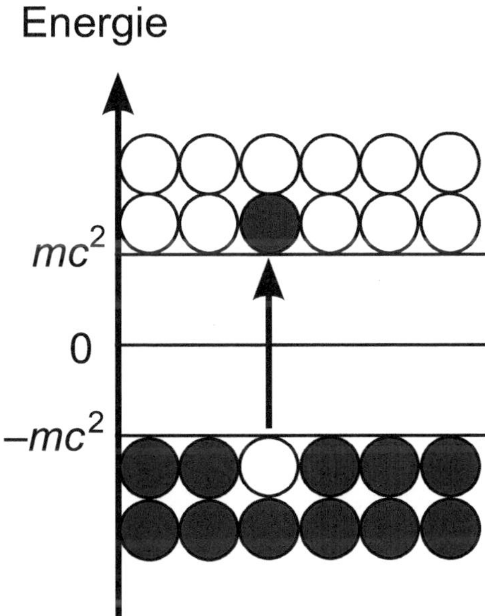

Abb. 4.10 Das Loch unten im Dirac-See der Elektronen negativer Energie verhält sich wie ein positiv geladenes Teilchen mit positiver Energie. (Quelle: Eigene Grafik)

Pauli lästerte daraufhin, dass jeder Physiker seine neuen Theorien erst einmal auf die Atome seines eigenen Körpers anwenden solle. Das wäre für Dirac nicht gut ausgegangen.

Ein weiteres Problem war, dass Protonen etwa zweitausendmal schwerer als Elektronen sind. Die Elektronenlöcher im Dirac-See müssten aber eigentlich dieselbe Masse wie die Elektronen haben. Protonen konnten also unmöglich die Löcher im Dirac-See der Elektronen sein, wie auch Dirac schließlich einsah. Also blieb ihm nur ein Ausweg: Er forderte notgedrungen, dass die Löcher positiv geladenen „Elektronen" entsprechen müssen, die wir heute als *Anti-Elektronen* oder kurz als *Positronen* bezeichnen.

Kaum jemand glaubte damals an diese Positronen, die Dirac allein deshalb forderte, um seine wunderschöne Gleichung samt Dirac-See zu retten. Auch er selbst wird wohl hin und wieder gewisse Zweifel an seiner Idee gehabt haben. Es muss eine große Genugtuung für den zurückhaltenden Physiker gewesen sein, als der US-Amerikaner Carl David Anderson im Jahr 1932 tatsächlich zweifelsfrei Positronen in der kosmischen Strahlung nachweisen konnte. „Meine Gleichung war klüger als ich", soll Dirac daraufhin gesagt haben. Von nun an würde er ein tiefes Vertrauen in die

Schönheit und Symmetrie der Mathematik haben, die ihn zu seiner genialen Gleichung geführt hatten.

Verflixte Quantenfeldtheorie

Die Dirac-Gleichung war ein großer Fortschritt in Richtung einer relativistischen Quantentheorie. Sie machte klar, dass es Antiteilchen geben muss – nicht nur für das Elektron, sondern auch für das Proton und alle anderen Teilchen, die eine elektrische Ladung oder ähnliche Eigenschaften aufweisen. Das Photon besitzt dagegen keine solchen Eigenschaften, ist also mit seinem Antiteilchen identisch.

Die Existenz der Photonen macht deutlich, dass wir mit der Dirac-Gleichung noch nicht am Ziel angekommen sind. Es reicht nämlich nicht aus, elektromagnetische Phänomene mithilfe der elektromagnetischen Felder und Potenziale zu beschreiben, wie wir das bisher getan haben. Licht ist mehr als ein schwingendes elektromagnetisches Feld – es besitzt auch Teilchencharakter, der durch Photonen beschrieben werden muss. Diese Photonen können neu entstehen und wieder verschwinden, so wie auch Licht emittiert und wieder absorbiert werden kann.

Insgesamt ergibt sich eine komplizierte Gemengelage, die nicht leicht in den Griff zu kriegen ist. Denn nicht nur Photonen können entstehen und wieder verschwinden. Auch Elektronen können unter Energiezufuhr aus dem Dirac-See in positive Energiezustände angehoben werden, wobei sie ein Loch im Dirac-See hinterlassen, das wir als Positron interpretieren können (Abb. 4.10). Umgekehrt können die Elektronen auch wieder in die Löcher zurückfallen. Anders ausgedrückt: Energie kann sich in Form von Elektron-Positron-Paaren materialisieren, und diese können auch wieder zu Energie zerstrahlen, die beispielsweise in Form von Photonen das Weite sucht.

Es ist sogar noch komplizierter, denn aufgrund der sogenannten Energie-Zeit-Unschärferelation der Quantenmechanik können sich Teilchen auch für einen winzigen Augenblick die Energie borgen, die für ihre Existenz notwendig ist. Photonen und Elektron-Positron-Paare können also für Sekundenbruchteile auch dann entstehen, wenn eigentlich gar nicht genug Energie für ihre Existenz vorhanden ist – man spricht hier von *virtuellen* Teilchen. Jedes Elektron ist daher ständig von einer Wolke aus virtuellen Photonen und virtuellen Elektron-Positron-Paaren umgeben, die seine Eigenschaften mit bestimmen. Und sogar der leere Raum ist nicht wirklich leer – er ist angefüllt mit einer wabernden Suppe aus ständig entstehenden und wieder vergehenden virtuellen Teilchen. Man könnte fast meinen, der mysteriöse Äther, den Einstein über zwanzig Jahre zuvor aus der Physik verbannt hatte, würde nun über die Quanten-Hintertür wieder zurückkehren.

Heisenberg, Pauli, Dirac und andere versuchten, all diese Quantenvorgänge mathematisch in den Griff zu bekommen und eine entsprechende *relativistische Quantenfeldtheorie* zu konstruieren. Das Ergebnis war ein kompliziertes Konstrukt, das in den Augen Diracs einfach nur hässlich war. Die ästhetische Eleganz seiner wunderbaren Gleichung war komplett verschwunden. Und es kam noch schlimmer: Um 1930 erkannten Robert Oppenheimer und Ivar Waller, dass es in der Theorie jede Menge an Unendlichkeiten gab. Beispielsweise sorgt die Wolke aus virtuellen Teilchen um das Elektron herum dafür, dass dessen Masse und Ladung scheinbar unendlich groß werden. Das war natürlich physikalisch Unsinn, und so verwundert es nicht, dass Pauli dieses Ergebnis wieder einmal für „Quatsch" hielt, wie der US-amerikanische Physiker Steven Weinberg in seiner Nobelpreisrede erzählt.

Es war aber kein Quatsch, denn die Unendlichkeiten ließen sich in den Berechnungen nicht vermeiden. Nicht wenige Physiker hatten daher den Verdacht, dass man mit der gesamten Theorie komplett auf dem Holzweg war.

Richard Feynmans Diagramme

Wie schon bei der Relativitätstheorie und der Quantenmechanik sollte auch diesmal wieder eine neue Generation junger Physiker das Problem lösen. Neben den US-Amerikanern Julian Schwinger und Freeman Dyson sowie dem Japaner Shin'ichirō Tomonaga war es insbesondere der charismatische US-Amerikaner Richard Feynman (Abb. 4.11), der mit frischem Blick an das Thema heranging. Er zeigte Ende der 1940er-Jahre, dass man keineswegs eine völlig neue Theorie benötigte. Man musste nur den Blickwinkel auf die vorhandene Theorie ändern. Dazu entwickelte Feynman mithilfe der sogenannten Wirkung, die wir im Rahmen der Mechanik bereits kennengelernt haben, eine völlig neue Darstellungsweise der Quantentheorie. Seine sogenannten Pfadintegrale passten viel besser zur Relativitätstheorie als die bisherigen Formulierungen und ermöglichten es ihm, ein enorm effizientes und anschauliches Rechenverfahren zu entwickeln, das heute zum absoluten Standard geworden ist.[16]

---

[16]Feynmans Pfadintegrale basieren auf einer Idee von Dirac, die dieser aber nicht weiter verfolgt hatte. Wer mehr zu Richard Feynman und seinen Ideen erfahren möchte, kann diese beispielsweise in meinem Buch *Feynman und die Physik* finden.

Abb. 4.11 Richard Feynman (1918–1988). (© Pressebild 35600/picture alliance)

Feynmans Verfahren beruht auf einer Eigenschaft von Wellen, die bereits im Jahr 1678 dem niederländischen Gelehrten Christiaan Huygens aufgefallen war und die ihm zu Ehren heute als *Huygens'sches Prinzip* bezeichnet wird. Huygens hatte erkannt, dass man jeden Punkt einer Wellenfront als Ausgangspunkt einer neuen winzig kleinen kugelförmigen Welle betrachten kann, die man auch *Elementarwelle* nennt. Die Überlagerung dieser Elementarwellen ergibt dann die Lage der Wellenfront zu einem späteren Zeitpunkt. Man kann also jede Welle in viele winzig kleine Elementarwellen zerlegen, die sich getrennt voneinander fortbewegen und die in Summe wieder die Entwicklung der Gesamtwelle ergeben.

Dasselbe gilt auch für Quantenwellen, beispielsweise eine Elektronenwelle. Eine solche Elektronenwelle erzeugt aber nicht nur neue Elementarwellen für Elektronen, sondern sie kann auch Elementarwellen für Photonen auslösen – schließlich müssen schwingende Ladungen ja in der Lage sein, beispielsweise Licht auszusenden. Umgekehrt können solche Photon-Elementarwellen auch wieder von einer anderen Elektronenwelle absorbiert werden.

Um den Überblick zu behalten, stellte Feynman solche Vorgänge durch anschauliche Diagramme dar, in denen Linien für die möglichen Wege einer Elementarwelle stehen. Ein Beispiel sehen wir in Abb. 4.12: Die Elektronenwelle links – dargestellt durch die linke durchgezogene Linie – sendet hier eine Photon-Elementarwelle aus, die durch eine gewellte Linie dargestellt ist. Diese Photonwelle wird von einer zweiten Elektronenwelle rechts wieder verschluckt.

In der Grafik finden Sie links an der senkrechten Achse die Beschriftung *Zeit* und unten an der waagerechten Achse die Beschriftung *Raum,* d. h. wir sehen hier, wie sich die Wellen im Lauf der Zeit durch den Raum ausbreiten können. Natürlich sind die dargestellten Linien dafür nicht die einzige Möglichkeit: die Linien können auch steiler oder flacher verlaufen, und die beiden Berührungspunkte der Linien – die sogenannten *Vertices* – können auch an vielen anderen Stellen in Raum und Zeit liegen. Im Prinzip muss man all diese Möglichkeiten in den Formeln konsistent berücksichtigen, denn nur so ergeben sich in Summe die korrekten Gesamtwellen. Feynmans Verfahren leistet genau das!

Abb. 4.12 stellt ganz allgemein quantenmechanisch dar, wie zwei Elektronen elektromagnetisch miteinander wechselwirken können, wenn sie ein Photon – also eine Photon-Elementarwelle – austauschen. Es gibt aber noch viele weitere Möglichkeiten. So könnte eines der Elektronen beispielsweise ein weiteres Photon aussenden und es etwas später selbst wieder einfangen (Abb. 4.13). Dieses zusätzliche Photon macht die Sache kompliziert und führt dazu, dass die entsprechenden Berechnungen gleichsam

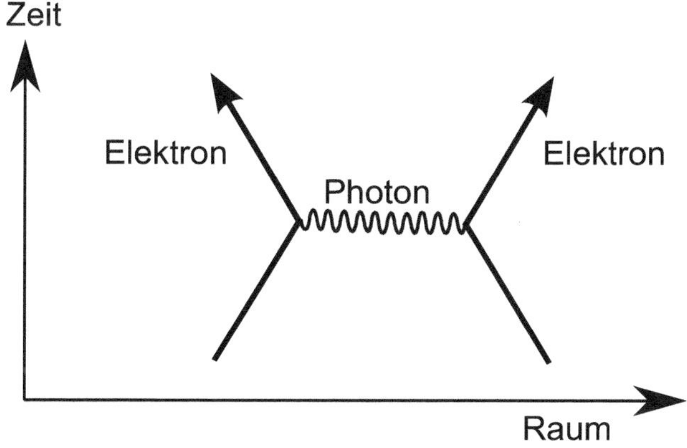

Abb. 4.12 Die elektromagnetische Wechselwirkung zwischen zwei Elektronen kann man im einfachsten Fall durch den Austausch eines Photons darstellen. (Quelle: Eigene Grafik)

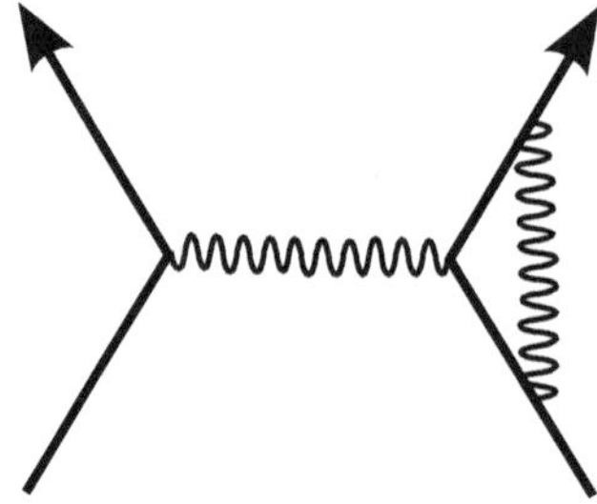

Abb. 4.13 Dieses Feynman-Diagramm zeigt eine kompliziertere Möglichkeit für das Wechselspiel zwischen Elektronen und Photonen. Die Raum- und Zeitachse haben wir zur Vereinfachung weggelassen – die Zeit läuft nach oben. (Quelle: Eigene Grafik)

explodieren und ein unendliches Ergebnis produzieren. Doch mittlerweile hatten Feynman, Pauli und andere gelernt, mit diesen Unendlichkeiten umzugehen: Sie isolierten die problematischen mathematischen Ausdrücke und versteckten sie gewissermaßen in den nicht messbaren Parametern der Theorie, nämlich in der sogenannten nackten Masse und nackten Ladung der Teilchen. Durch diesen Trick, den man auch als *Renormierung* bezeichnet, konnte man tatsächlich die Unendlichkeiten loswerden und ganz konkrete Vorhersagen machen.

Eine dieser Vorhersagen betrifft das magnetische Moment des Elektrons, also seine Magnetstärke. Vielleicht erinnern Sie sich, dass diese Magnetstärke doppelt so groß ist, wie sie sein müsste, wenn das Elektron eine kleine sich drehende geladene Kugel wäre. Es war ein großer Erfolg der Dirac-Gleichung, dass sie diese Verdopplung der Magnetstärke erklären konnte.

In den Jahren nach dem zweiten Weltkrieg lernte man, das magnetische Moment des Elektrons immer präziser zu messen. Wie sich dabei herausstellte, ist es nicht exakt doppelt so groß wie bei einer rotierenden geladenen Kugel, sondern etwa 0,1 % größer. Das konnte die Dirac-Gleichung nicht mehr erklären. Aber die neu entwickelte Quantenfeldtheorie der Elektronen und Photonen – die *Quantenelektrodynamik* – war dazu in der Lage, wie Julian Schwinger und Richard Feynman zeigen konnten. Heutzutage kann man das magnetische Moment des Elektrons mithilfe einer Vielzahl von Feynman-Diagrammen auf zehn Stellen genau berechnen und sogar noch genauer messen. Rechnung und Messung stimmen dabei Stelle für Stelle überein. Es wäre so, als könne man die Entfernung zwischen Hamburg und München – etwa 600 km – auf Haaresbreite genau bestimmen. Präziser geht es kaum noch, und so gehört die Quantenelektrodynamik (kurz *QED*) zum allerbesten, was die theoretische Physik je zustande gebracht hat.

Dieser Erfolg hat allerdings seinen Preis, denn dafür muss man die störenden Unendlichkeiten mit dem windigen Trick der Renormierung gleichsam unter den Teppich kehren. Der Erfolg heiligt also die Mittel – eine Vorgehensweise, mit der sich Dirac nie anfreunden konnte. „Es ist wichtiger, in seinen Gleichungen Schönheit zu haben als Übereinstimmung mit dem Experiment" war sein Kommentar. Nun gut, schön war die QED vielleicht nicht, aber dafür umso erfolgreicher. Und letztlich liegt Schönheit ja auch im Auge des Betrachters.

Zurück durch die Zeit

Die Dirac-Gleichung war trotz ihrer Schönheit also nicht der Weisheit letzter Schluss, wie auch Dirac einsehen musste. Es gab mit der QED etwas Besseres, das man nach Feynmans Methode durch anschauliche Diagramme darstellen konnte. Aber was ist dann mit dem Dirac-See der aufgefüllten negativen Energien, und was wird aus den Löchern in diesem See, die den Antiteilchen entsprechen?

Erinnern wir uns, warum Dirac alle negativen Energien mit seinem See auffüllen musste – von vereinzelten Löchern einmal abgesehen: Es war notwendig, damit nicht einfach jedes Elektron immer tiefer in diese negativen Energien eintauchen kann, wobei beliebig viel Energie frei würde.

Als Feynman über dieses Problem nachdachte, brachten ihn seine Diagramme auf eine andere Lösung. In den Diagrammen gibt es nämlich die Möglichkeit, dass ein Elektron nicht nur vorwärts, sondern auch rückwärts durch die Zeit reist. Das hängt mit der Relativität der Gleichzeitigkeit in der speziellen Relativitätstheorie zusammen, nach der die zeitliche Reihenfolge von Ereignissen in bestimmten Fällen vom Beobachter abhängen kann – eine genauere Begründung wollen wir uns hier ersparen.

Abb. 4.14 zeigt ein solches Beispiel, bei dem ein Elektron links oben ein Photon aussendet und durch den entsprechenden Energieverlust in einen Zustand negativer Energie gerät. Feynman stellte nun die Regel auf, dass Elektronen mit negativer Energie nur in der Zeit zurücklaufen können – das Elektron muss sich also nach dem Energieverlust im Diagramm in die negative Zeitrichtung nach unten bewegen. In der Vergangenheit trifft es dann rechts unten auf ein weiteres Photon, das die Energieschulden begleicht und das Elektron wieder in einen Zustand positiver Energie bringt, sodass es wieder vorwärts durch die Zeit laufen kann.

Interessanterweise kann man das Diagramm auch anders lesen: Das von rechts unten kommende Photon erzeugt zunächst aus seiner Energie ein nach rechts oben fliegendes Elektron und ein nach links oben fliegendes Positron, dargestellt durch die durchgezogene Linie mit dem Pfeil nach

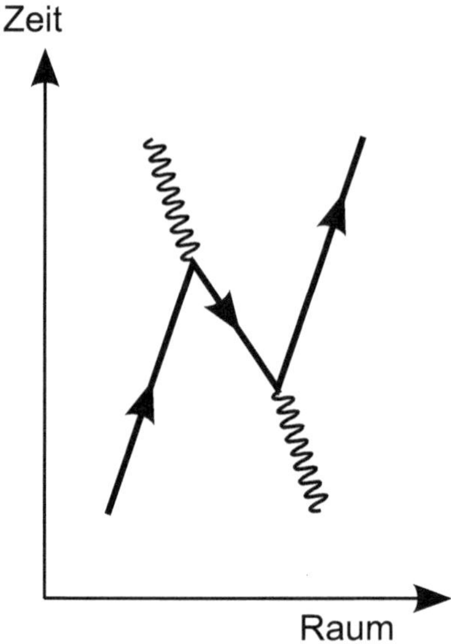

Abb. 4.14 Zwischen dem Aussenden eines Photons links oben und dem früheren Einfang eines anderen Photons rechts unten läuft das Elektron rückwärts durch die Zeit, also im Diagramm schräg nach unten. (Quelle: Eigene Grafik)

unten. Dass es ein positiv geladenes Positron sein muss, folgt schon aus der Ladungserhaltung, denn die beiden Teilchen sind ja aus einem elektrisch neutralen Photon entstanden. Das Positron trifft dann links oben im Diagramm auf ein anderes Elektron, worauf beide Teilchen sich gegenseitig vernichten und ein neues Photon erzeugen.

Durch seine Forderung, dass Elektronen mit negativer Energie in der Zeit zurücklaufen müssen, hatte Feynman tatsächlich dasselbe erreicht wie Dirac mit seinem aufgefüllten See. Elektronen, die mit negativer Energie in der Zeit zurückkreisen, kann man auch als Positronen interpretieren, die sich ganz normal mit positiver Energie vorwärts durch die Zeit bewegen. Und wir können aus einem einzelnen Elektron auch nicht beliebig viel Energie herausziehen, indem wir es immer tiefer in die negativen Energien eintauchen lassen. Sobald es einmal in die negativen Energien gerutscht ist, tritt es seine Reise in die Vergangenheit an und wird dem weiteren Zugriff entzogen. Wir bekommen es erst dann wieder zu Gesicht, wenn seine Energieschulden in der Vergangenheit zurückgezahlt werden und es wieder den Weg in die Zukunft antreten kann.

Die Idee, dass Elektronen zurück in der Zeit reisen können, ist schon genial. Und sie funktioniert nicht nur für Teilchen wie Elektronen, die dem

Pauli-Prinzip unterliegen, sondern auch für Bosonen, für die Diracs Idee des aufgefüllten Sees nicht funktioniert, um die negativen Energien in den Griff zu bekommen. Bosonen können nämlich in unbegrenzter Zahl jeden einzelnen der negativen Energiezustände des Sees besetzen. sodass der See nie komplett aufgefüllt werden kann. Zum Glück war Diracs See durch Feynmans neue Idee überflüssig geworden und hatte ausgedient.

Feynman war übrigens nicht der Einzige, der sich ausgemalt hatte, dass Elektronen mit negativer Energie in der Zeit zurückkreisen. Auch der ebenso geniale wie kreative John Archibald Wheeler, der Feynman während seiner Doktorarbeit in Princeton betreut hatte und der Begriffe wie *Schwarzes Loch, Wurmloch* oder auch *Quantenschaum* geprägt hatte, war bereits in anderem Zusammenhang auf diese Idee gestoßen. Und sogar im fernen Genf kam der Schweizer Mathematiker und Physiker Ernst Stückelberg unabhängig auf dieselbe Idee – sie lag wohl in der Luft.

Aber ist so etwas überhaupt möglich? Für uns Menschen scheint es völlig ausgeschlossen, in der Zeit zurückzureisen, denn Zukunft und Vergangenheit sind für uns zwei völlig verschiedene Dinge. Doch dieser Unterschied gilt nicht in gleicher Weise für die elementaren Prozesse der subatomaren Quantenwelt. Hier macht es durchaus Sinn, über eine Umkehr der Zeitrichtung nachzudenken. Sind all Quantenprozesse auch möglich, wenn wir die Zeit spiegeln würden? Und wenn wir schon über eine Zeitspiegelung nachdenken: was ist dann mit einer Spiegelung des Raums?

4.3 Lee, Yang, Wu und die gespiegelte Welt

Wenn wir den Raum spiegeln könnten, würden sich rechts und links vertauschen. In einem gespiegelten Auto sitzen wir als Fahrer nicht wie gewohnt auf der linken, sondern auf der rechten Seite. Prinzipiell macht das keinen Unterschied, wie die Autos in England beweisen – man kann in England ebenso gut Auto fahren wie bei uns, nur eben auf der anderen Straßenseite.

Gilt das auch für alle anderen Vorgänge in unserer Welt? Würden sie genauso funktionieren, wenn wir alles darin spiegeln, oder gibt es einen prinzipiellen Unterschied zwischen rechts und links?

Wenn wir unseren eigenen Körper betrachten, dann finden wir tatsächlich solche Unterschiede. Unser Herz liegt mehr auf der linken Körperseite, während sich unsere Leber in rechten Oberbauch befindet. Anhand der Lage unserer Organe können wir also rechts und links voneinander unterscheiden.

Soweit, so gut. Aber haben Sie schon einmal den medizinischen Begriff *Situs inversus* gehört? Er bezeichnet eine anatomische Besonderheit, die bei etwa einem von 10.000 Menschen auftritt. Solche Menschen sind komplett spiegelverkehrt gebaut. Ihr Herz schlägt auf der rechten Seite, während ihre Leber links liegt. Auch die Organe selbst sind spiegelverkehrt aufgebaut. Und das faszinierende ist, dass diese Menschen genauso gesund sind wie Sie und ich. Es sieht also ganz so aus, als sei die Bevorzugung der üblichen Bauweise mit dem Herzen links ein reiner Zufall der Evolution – es hätte genauso gut umgekehrt ausgehen können.

Was bei diesen spiegelverkehrt gebauten Menschen nicht mitgespiegelt ist, sind die einzelnen Moleküle. So sind ihre schraubenförmigen DNA-Erbmoleküle in derselben Drehrichtung gewunden wie die aller anderen Menschen. Nach allem, was wir wissen, ist auch das letztlich ein Zufall der Evolution. Würde man alle Moleküle in unserem Körper und auch alle Moleküle in unserer Nahrung spiegeln, so könnten wir genauso gut leben wie zuvor. Die Gesetze der Quantenmechanik, die zusammen mit den elektromagnetischen Kräften die Chemie der Moleküle bestimmen, bevorzugen weder rechts noch links.

Ebenso ist es mit den starken Kernkräften, die die Protonen und Neutronen in den Atomkernen zusammenhalten. Und auch der Gravitation, die uns nach unten zieht, ist rechts und links egal. Es sieht ganz so aus, als gäbe es in der Natur keinen grundsätzlichen Unterschied – eine gespiegelte Welt müsste genauso funktionieren wie die ungespiegelte Welt. Die Spiegelung des Raums sollte eine perfekte Symmetrie der Naturgesetze sein. Das war die tiefe Überzeugung, an der kaum jemand zu rütteln wagte – bis man in den 1950er-Jahren auf ein Phänomen stieß, die diese scheinbare Gewissheit ins Wanken brachte.

Die quantenmechanische Parität

Wie wir aus Abschn. 2.1 wissen, gibt es einen tiefen Zusammenhang zwischen Symmetrien und Erhaltungsgrößen – Emmy Noether hatte diese Verbindung im Jahr 1918 für die klassische Physik aufgedeckt. Damit konnte man endlich verstehen, warum Größen wie die Energie, der Impuls oder der Drehimpuls sich in Summe nicht ändern, also erhalten bleiben. Es liegt daran, dass es für die physikalischen Grundgesetze egal ist, wann oder wo wir ein Experiment durchführen oder wie es im Raum orientiert ist.

Allerdings muss die Symmetrie dafür „kontinuierlich" sein, d. h. wir können das Experiment beispielsweise sehr weit oder auch nur ein kleines Bisschen an einen anderen Ort verfrachten.

Die Spiegelsymmetrie ist nun ein Beispiel für eine nichtkontinuierliche Symmetrie, denn „ein bisschen spiegeln" geht nicht. Entweder man spiegelt ganz oder gar nicht. Also gibt es für diese Symmetrie auch keine zugehörige Erhaltungsgröße – zumindest nicht in der klassischen Physik.

Das ändert sich, wenn wir die Quantenmechanik hinzunehmen. In der Quantenmechanik führen auch nichtkontinuierliche Symmetrien wie die Spiegelsymmetrie zu einer Erhaltungsgröße.[17] Wie man sieht, ist es in der Tat kaum möglich, die Rolle der Symmetrieprinzipien in der Quantenmechanik zu überschätzen – Chen Ning Yang liegt mit dieser Aussage zu Beginn dieses Kapitels offenbar goldrichtig.

Für die Spiegelsymmetrie bezeichnet man die zugehörige Erhaltungsgröße als *Parität*. Sie ist letztlich nichts anderes als ein Vorzeichen, das man Quantenwellen sowie einzelnen Teilchen zuordnen kann. Spiegelsymmetrische Quantenwellen haben beispielsweise eine positive Parität, also die Parität $+1$, antisymmetrische Quantenwellen tragen dagegen eine negative Parität, also -1.

Bei den kontinuierlichen Symmetrien sind die entsprechenden Erhaltungsgrößen wie Energie oder Impuls additiv, d. h. ihre Gesamtsumme ändert sich nicht. Anders bei den nichtkontinuierlichen Symmetrien: Hier wird das Produkt der Größen erhalten.

Ein Beispiel: Wenn ein Atom ein Photon aussendet, dann wechselt die Quantenwelle seiner Elektronen immer von einer symmetrischen zu einer antisymmetrischen Form oder umgekehrt. Die Parität seiner Quantenwelle wechselt also das Vorzeichen. Nun muss man nur noch dem Photon eine negative Parität zuordnen und schon passt alles zusammen. Da man im Endzustand die negative Parität des Photons zur Parität der Elektronenwelle hinzumultiplizieren muss, muss die Parität der Elektronenwelle ihr Vorzeichen wechseln: $(+1) = (-1) \cdot (-1)$ und ebenso $(-1) = (+1) \cdot (-1)$.

Auch bei vielen anderen Vorgängen, bei denen Atome, Atomkerne oder auch nur einzelne Teilchen beteiligt sind, konnte man in ähnlicher Weise die Erhaltung der Parität nachweisen. Man konnte den beteiligten Teilchen immer eindeutig eine positive oder negative Parität zuweisen, sodass die Produkte dieser Paritäten bei allen Reaktionen vorher und nachher dieselben sind.[18] Entsprechend zweifelte bis in die 1950er-Jahre hinein niemand daran, dass die Spiegelsymmetrie eine fundamentale Symmetrie der Natur

---

[17] Siehe z. B. die Nobelpreisrede von Chen Ning Yang: *The Law of Parity Conservation and Other Symmetry Laws of Physics,* https://www.nobelprize.org/prizes/physics/1957/yang/lecture/.

[18] Genau genommen muss man hier noch den relativen Drehimpuls L der Teilchen mit berücksichtigen, der zu einem weiteren Faktor $(-1)^L$ führt.

ist. Warum sollte es auch irgendeinen grundlegenden Unterschied zwischen rechts und links geben?

Nun nahm die Zahl der bekannten Teilchen im Lauf der Zeit immer weiter zu. Befolgten wirklich alle Prozesse, die mit diesen Teilchen möglich waren, die Gesetze der Spiegelsymmetrie? Stillschweigend ging man davon aus, obwohl es immer schwieriger wurde, den Überblick zu behalten. Begeben wir uns daher auf einen kleinen Rundgang durch den Teilchenzoo und schauen, welche wohlbekannten und welche neuen exotischen Bewohner uns dabei begegnen.

Ein Zoo voller Teilchen

Die uns mittlerweile vertrautesten Bewohner des Teilchenzoos, die *Elektronen* der Atomhülle, kennt man bereits seit dem Jahr 1897. Erst über zwanzig Jahre später, im Jahr 1919, gelang es Ernest Rutherford, ihr positiv geladenes Gegenstück im Atomkern nachzuweisen: die *Protonen*. Es folgten die Teilchen des Lichts, die *Photonen,* die Einstein schon 1905 gefordert hatte und deren Existenz im Jahr 1922 durch die Experimente Arthur Comptons endgültig etabliert wurde. Weitere zehn Jahre später, im Jahr 1932, kam das *Positron* dazu, das Diracs Gleichung so glänzend bestätigte. Im selben Jahr entdeckte James Chadwick mit dem *Neutron* den zweiten noch fehlenden Baustein der Atomkerne.

Damit hätte es die Natur eigentlich gut sein lassen können. Mit den Protonen, Neutronen und Elektronen hatte man die Bausteine der Atome gefunden, die Photonen waren einfach die Quantenteilchen des Lichts und das Positron war das Antiteilchen des Elektrons, das es aufgrund von Diracs Gleichung geben musste. Doch es sollte noch viel mehr kommen.

Einen ersten Hinweis darauf, dass da noch mehr sein könnte, lieferte der radioaktive Betazerfall, bei dem sich in einem Atomkern ein Neutron in ein Proton umwandelt. Dabei entsteht ein neues Elektron, das mit hoher Geschwindigkeit den Atomkern verlässt und als radioaktive Betastrahlung nachgewiesen werden kann. Fast die gesamte Energie, die bei der Umwandlung des Neutrons in das Proton frei wird, müsste dabei in dem herausschießenden Elektron stecken. Mit anderen Worten: Die Elektronen der Betastrahlung müssten alle eine bestimmte Energie aufweisen.

Genau das tun sie aber nicht. Sie haben alle möglichen Energien bis hin zu einer Maximalenergie, die der insgesamt frei werdenden Energie entspricht. Nur, wo bleibt dann der Rest dieser Energie? Geht hier irgendwo Energie verloren? Gilt womöglich der Energieerhaltungssatz bei radioaktiven Zerfällen nicht, wie Niels Bohr in der allgemeinen Ratlosigkeit schließlich vorschlug? Das würde aber bedeuten, dass man die Homogenität der Zeit, nach der jeder Zeitpunkt physikalisch gleichberechtigt ist, aufgeben würde – seit Emmy Noether wissen wir ja, dass die Energieerhaltung eine Folge dieser Symmetrie ist.

Anders als Bohr war Wolfgang Pauli zu einem derart radikalen Schritt nicht bereit. Er schlug im Jahr 1930 in einem offenen Brief an seine „lieben radioaktiven" Kollegen als „verzweifelten Ausweg" vor, es könne beim Betazerfall neben dem Elektron ein weiteres Teilchen aus dem Atomkern geschleudert werden, das die fehlende Energie davonträgt. Dieses Teilchen müsse sehr leicht und elektrisch neutral sein und wie das Elektron halbzahligen Spin besitzen. Pauli ahnte zugleich, dass das hypothetische Teilchen wegen seiner fehlenden Ladung wohl nur schwer im Experiment nachzuweisen war, weshalb er sich vorläufig nicht traue, etwas über diese Idee zu publizieren. Das war typisch Pauli – der Perfektionist und scharfe Kritiker scheute das Risiko einer offiziellen Veröffentlichung und streute seine Idee lieber ganz nebenbei in einem Brief unter seine Kollegen, die sich zu einer Konferenz in Tübingen versammelt hatten. Er selbst tauchte in Tübingen nicht auf: Er sei infolge eines in Zürich stattfindenden Balles dort unabkömmlich. So ging er möglicher Kritik seiner Kollegen elegant aus dem Weg, und einem Ball war der trinkfeste Physiker sowieso nicht abgeneigt.

Das *Neutrino,* wie Enrico Fermi das hypothetische Teilchen etwas später nannte, ist tatsächlich extrem schwer nachzuweisen und entweicht beim Betazerfall unerkannt ins Weite. Es ist ein wahres Geisterteilchen, das sogar häufig unsere komplette Erde durchquert, ohne dabei irgendwo hängenzubleiben. Daher dauerte es auch bis zum Jahr 1956, ehe es zweifelsfrei nachgewiesen werden konnte. Als Neutrinoquelle dienten dabei die Kernreaktionen in einem der ersten großen Kernreaktoren.

War es das jetzt? Oder gibt es weitere Teilchen in der Natur? Wieder weist uns ein unscheinbarer Hinweis den Weg: In den Atomkernen werden die Protonen und Neutronen von einer extrem starken Kraft zusammen gehalten, die man als *starke Kernkraft* oder auch als *starke Wechselwirkung* bezeichnet. Gibt es analog zum Photon, das zur elektromagnetischen Wechselwirkung gehört, vielleicht auch eine Art „starkes Kern-Photon", das die starke Kernkraft hervorruft? Der japanische Physiker Yukawa Hideki nahm diese Idee ernst und berechnete im Jahr 1935, welche Eigenschaften diese starken Kern-Photonen haben müssten. Insbesondere müssten sie – anders als die masselosen Photonen – eine Masse haben, die bei mindestens rund einem Zehntel der Protonmasse liegen sollte. Entsprechend bezeichnete man die starken Kern-Photonen nach dem griechischen *tó méson* (das Mittlere) als *Mesonen,* denn ihre Masse sollte zwischen der Masse des Protons und der zweitausendfach geringeren Masse des Elektrons liegen.

Die Masse der Mesonen ist nach Yukawa notwendig, um die sehr kurze Reichweite der starken Kernkraft zu erklären, die nur zwischen den Protonen und Neutronen innerhalb des winzigen Atomkerns wirkt und kaum über den Rand des Atomkerns hinausreicht. Mit anderen Worten: Ein Meson darf in einem Atomkern nicht weit kommen. Das tut es auch nicht, denn eigentlich ist in einem Atomkern gar nicht genug Energie vorhanden, um gemäß $E = m \cdot c^2$ die Masse eines Mesons zu erzeugen. Es gibt jedoch einen Ausweg: Die quantenmechanische Energie-Zeit-Unschärfe erlaubt es den Mesonen für eine sehr kurze Zeit, sich die Energie zu borgen, die für ihre virtuelle Existenz auf dem kurzen Weg zwischen den Protonen und Neutronen notwendig ist. Längere Wege können die Mesonen dabei nicht zurücklegen, denn vorher müssen sie ihre Energieschulden wieder zurückzahlen.

Aus heutiger Sicht ist Yukawas Idee nur ein historischer Zwischenschritt, der eine näherungsweise Beschreibung der starken Kernkräfte erlaubt. Die wahre Natur dieser Kräfte wird erst dann sichtbar, wenn man die Substruktur der Protonen und Neutronen aus Quarks versteht – mehr dazu später in diesem Buch. Zur damaligen Zeit war Yukawas Idee jedoch sehr überzeugend, und so machte man sich auf die Suche nach den geheimnisvollen Mesonen. Würde man sie finden?

Im Jahr 1936 wurde man tatsächlich fündig – so glaubte man zumindest. Man fand in der kosmischen Strahlung ein neues instabiles Teilchen, das tatsächlich wie gefordert eine Masse von etwa 11 % der Protonmasse besaß. Bald stellte man jedoch fest, dass dieses Teilchen, das man *Myon* (kurz: μ) nannte, nicht die richtigen Eigenschaften besaß, um die starken Kernkräfte zu erklären. Es interessierte sich überhaupt nicht für die Kernkräfte und verhielt sich vielmehr wie eine gut 200-mal schwerere Version des Elektrons. Das Myon war also eine vollkommen unerwartete Entdeckung und der Ausspruch „Wer hat das denn bestellt?" machte bald scherzhaft die Runde.

Es dauerte noch über zehn Jahre, bis im Jahr 1947 den Physikern tatsächlich die ersten Mesonen ins Netz gingen. Diese sogenannten *Pionen,* die es in einer positiven, negativen und neutralen Version (kurz π^+, π^- und π^0) gibt, sind mit knapp 15 % der Protonmasse die leichtesten aller Mesonen. Sie entstehen bei hochenergetischen Teilchenkollisionen aus der dabei verfügbaren Energie und zerfallen innerhalb von Sekundenbruchteilen wieder in leichtere Teilchen (Abb. 4.15).

Die Pionen blieben nicht die einzigen Mesonen. Nach und nach wurden in der Höhenstrahlung und an den immer leistungsfähigeren Teilchenbeschleunigern viele weitere Mesonen entdeckt – allesamt instabile Teilchen, die auch Massen jenseits der Protonmasse aufweisen können.

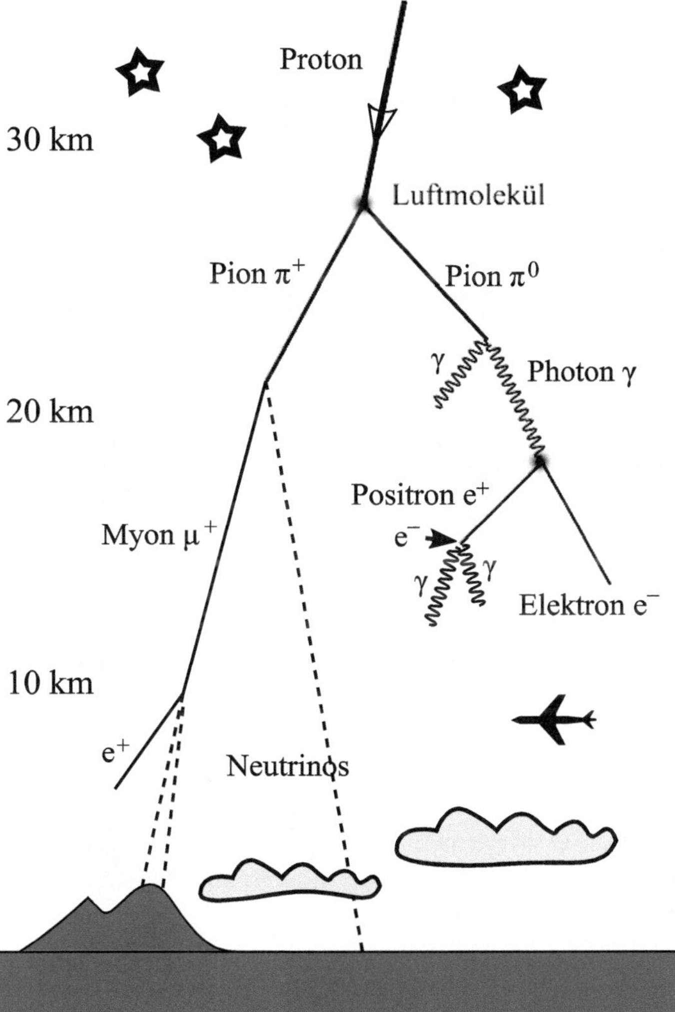

Abb. 4.15 Aus dem Weltall prasseln ständig hochenergetische Teilchen wie Protonen auf unsere Atmosphäre ein, die dort auf die Atomkerne der Luft treffen. Dabei entstehen in der sogenannten kosmischen Höhenstrahlung viele kurzlebige Teilchen. Links sieht man beispielsweise ein positives Pion π^+, das in einer typischen Zerfallskaskade in ein Myon μ^+ und schließlich in ein Positron e^+ zerfällt. Dabei entstehen auch einige Neutrinos, die sich aber normalerweise nicht bemerkbar machen. Rechts sieht man ein neutrales Pion π^0, das in zwei hochenergetische Photonen γ zerfällt. Eines dieser Photonen stößt auf einen Atomkern und erzeugt dabei ein Elektron-Positron-Paar $e^+\,e^-$. Das Positron trifft anschließend auf ein Elektron eines Luftmoleküls und zerstrahlt mit diesem in ein hochenergetisches Photonenpaar. (Quelle: Eigene Grafik)

Darüber hinaus fand man auch Teilchen, die sich wie schwere Versionen der Protonen und Neutronen verhalten – man bezeichnet sie als *Baryonen* und zählt auch die Protonen und Neutronen selbst zu dieser Teilchenfamilie hinzu. Der Teilchenzoo füllte sich mit immer neuen kurzlebigen Bewohnern, und es wurde zunehmend schwierig, da noch einigermaßen den Überblick zu behalten.

Zwei Teilchen oder nur eines?

Im selben Jahr wie die Pionen wurde eine weitere Mesongruppe entdeckt, die man als *Kaonen* bezeichnet. Es gibt sie in vier Versionen: das positive K^+ und sein negatives Antiteilchen K^- sowie das neutrale K^0 und sein Antiteilchen $\bar{K}^0$. Ihre Massen liegen bei gut einer halben Protonmasse, und sie zerfallen wie alle Mesonen innerhalb von Sekundenbruchteilen in leichtere Teilchen.

Die Tatsache, dass man überhaupt zwischen dem neutralen Kaon K^0 und seinem Antiteilchen $\bar{K}^0$ unterscheiden kann, ist dabei bemerkenswert. Beim neutralen Pion π^0 ist das anders – es ist sein eigenes Antiteilchen. Das neutrale Kaon verfügt jedoch über eine innere Eigenschaft, die es von seinem Antiteilchen unterscheidet und die sich in seinen Entstehungsprozessen und Zerfällen bemerkbar macht. Im Jahr 1953 bezeichnete der junge amerikanische Physiker Murray Gell-Mann diese merkwürdige Eigenschaft vielsagend als *Strangeness* (Seltsamkeit), denn es war vollkommen unklar, was dieser Seltsamkeit wirklich zugrunde lag. Heute wissen wir, dass sich dahinter die Anwesenheit eines sogenannten Strange-Quarks (kurz s) bzw. seines Antiquarks (kurz $\bar{s}$) im Inneren des Mesons verbirgt. Kaonen haben ein solches Strange-Quark bzw. Antiquark, Pionen dagegen nicht. Das werden wir gleich noch brauchen.

Als man die Zerfälle der Kaonen näher untersuchte, stieß man auf ein verwirrendes Phänomen: Sie zerfallen häufig in zwei Pionen, manchmal aber auch in drei Pionen. Nun wusste man aber aus anderen Reaktionen, dass die Pionen eine negative Parität tragen müssen. Bei zwei Pionen ergeben die negativen Paritäten zusammen eine positive Parität, bei drei Pionen dagegen eine negative Parität.[19] Wenn die Spiegelsymmetrie gilt und die Parität demnach bei den Zerfällen der Kaonen erhalten bleibt, dann muss man den Kaonen zugleich eine positive und eine negativen Parität zuordnen, je nachdem, ob sie in zwei oder in drei Pionen zerfallen. So etwas war

---

[19]Genau genommen muss man noch nachweisen, dass die Relativbewegung der Pionen zu keinem weiteren Vorzeichen führt, was man natürlich auch sorgfältig untersucht hat.

jedoch undenkbar, denn einem Teilchen kann man nur eine einzige Parität zuordnen, damit das ganze Konzept überhaupt Sinn macht.

Es war also klar, dass etwas, das in zwei Pionen zerfällt, nicht zugleich in drei Pionen zerfallen kann, sofern die Natur die Spiegelsymmetrie respektiert. Die Kaonen taten jedoch genau das.

Spätestens im Jahr 1956 war allen Physikern bewusst, dass man hier vor einem gravierenden Problem stand. Die Spiegelsymmetrie schien unantastbar – nur was war dann die Lösung? Manche vermuteten, es gäbe zu jedem Kaon zwei verschiedene Versionen, die man Theta θ und Tau τ nannte. Das Theta hätte eine positive Parität und zerfiele in zwei Pionen, während das Tau negative Parität besäße und in drei Pionen zerfiele. Man fand jedoch nichts, an dem sich die beiden Kaon-Versionen ansonsten unterscheiden ließen. Alles sprach dafür, dass Theta und Tau ein und dasselbe Teilchen sind, und der Ausdruck *Theta-Tau-Rätsel* machte die Runde.

Die Situation war verzwickt, wie Chen Ning Yang, von dem das Eingangszitat dieses Kapitels stammt, in seiner Nobelpreisrede beschreibt: „Die Situation, in der sich die Physiker damals befanden, war die eines Menschen in einem dunklen Raum, der verzweifelt nach einem Ausgang sucht. Er weiß, dass es in irgendeiner Richtung eine Tür geben muss, die ihn aus seiner misslichen Lage befreit. Aber in welcher Richtung?"

Sind die Naturgesetze spiegelsymmetrisch?

Einer der ersten, der die richtige Frage ganz unbefangen stellte, war der Experimentalphysiker Martin Block. Er war 1956 zu einer Konferenz über Teilchenphysik gereist und teilte sich dort ein Zimmer mit Richard Feynman, den wir bereits kennengelernt haben. Als sie ins Gespräch über das Theta-Tau-Rätsel kamen, fragte Block den berühmten theoretischen Physiker: „Warum reitet ihr Theoretiker eigentlich immer so auf dieser Paritätsregel herum? Vielleicht sind Tau und Theta ein und dasselbe Teilchen. Was wären denn die Folgen, wenn die Paritätsregel falsch wäre?"[20]

Feynman gab die übliche Antwort, dass sich dann die Naturgesetze für links und rechts unterscheiden würden und dass man „rechts" durch physikalische Phänomene definieren könne. Ob das wirklich so schlimm wie allgemein behauptet war, könne er allerdings auch nicht sagen, und so schlug er vor, Block möge doch am nächsten Tag die Frage auf der Konferenz stellen. Doch Block traute sich nicht, die ketzerische Frage selbst

---

[20]Siehe Richard P. Feynman: *Sie belieben wohl zu scherzen, Mr. Feynman!: Abenteuer eines neugierigen Physikers.*

zu platzieren, und so bat er Feynman, dies an seiner Stelle zu tun. Feynman hielt die Frage durchaus für berechtigt, auch wenn er selbst nicht an der Spiegelsymmetrie zweifelte – aber man kann ja nie wissen. Also stand er am nächsten Tag bei einem Treffen zum Theta-Tau-Rätsel auf und sagte: „Ich stelle diese Frage für Martin Block: Was für Folgen hätte es, wenn die Paritätsregel falsch wäre?"

Tsung-Dao Lee, der eng mit Chen Ning Yang zusammenarbeitete und wie dieser ein Experte auf diesem Gebiet war, gab eine komplizierte Antwort, die Feynman nicht wirklich verstand. Immerhin gewann er den Eindruck, dass die Frage noch nicht endgültig geklärt war. Es schien zwar unwahrscheinlich, aber es war durchaus möglich, dass die Paritätsregel in der Natur nicht überall gültig ist. Die Spiegelsymmetrie könnte womöglich verletzt sein.

Lee und Yang machten es sich zur Aufgabe, die Frage endgültig zu klären. Wie kam es, dass man wie selbstverständlich von der Gültigkeit der Spiegelsymmetrie ausging? Konnten die vorhandenen experimentellen Daten diese Annahme ausreichend untermauern? Schauen wir uns dazu die einzelnen fundamentalen Wechselwirkungen zwischen Teilchen der Reihe nach an.

Die Gravitation können wir im Bereich der Atome und Teilchen wie immer getrost ignorieren. Sie ist viel zu schwach, um sich dort in irgendeiner Weise bemerkbar zu machen. Es braucht schon einen kompletten Planeten wie die Erde, damit die Gravitation spürbar wird – und dann wirkt sie in perfekt spiegelsymmetrischer Weise auf die Materie ein.

Bei den Prozessen, in denen die elektromagnetische Wechselwirkung die Dynamik bestimmt, ist die Spiegelsymmetrie ebenfalls erhalten. Das gilt auch im Bereich der Atome und Teilchen, wie Lee und Yang in den vorhandenen Daten nachweisen konnten. Wenn beispielsweise ein Atom ein Photon aussendet, ist die Parität erhalten, wie wir oben bereits gesehen haben. Dasselbe gilt auch, wenn beispielsweise ein neutrales Pion in zwei Photonen zerfällt. Die elektromagnetische Wechselwirkung, deren Wirken man an der Präsenz der Photonen erkennt, unterscheidet nicht zwischen rechts und links.

Dasselbe gilt für die starke Wechselwirkung, also die starke Kernkraft, die auf Protonen, Neutronen und anderen Baryonen sowie Mesonen einwirkt. Wenn Protonen mit hoher Energie aufeinander prallen oder wenn ein sogenanntes Rho-Meson innerhalb von nur 4,5 Millionstel Milliardstel Nanosekunden ($4,5 \cdot 10^{-24}$ s) in zwei Pionen zerfällt, gelten Paritätsregel und Spiegelsymmetrie ohne Ausnahme.

Aber was ist dann mit den Kaonen, die ja analog zum Rho-Meson in Pionen zerfallen? Der entscheidende Punkt ist, dass der Kaon-Zerfall nicht durch die starke Wechselwirkung verursacht wird. Das erkennt man schon daran, dass Kaonen im Mittel erst nach sehr viel längerer Zeit zerfallen als Rho-Mesonen, die schon unmittelbar nach ihrer Entstehung ihr ultrakurzes Leben wieder beenden. Kaonen existieren rund 10 ns (10^{-8} s) und leben damit Millionen-Milliardenfach länger als Rho-Mesonen. Nie wird man es schaffen, einen Strahl aus Rho-Mesonen herzustellen, denn diese werden sofort nach ihrer Entstehung von der starken Wechselwirkung wieder abgeräumt. Bei den Kaonen ist ein Teilchenstrahl dagegen problemlos möglich.

Würde die starke Wechselwirkung den Zerfall der Kaonen hervorrufen, würden diese ähnlich schnell zerfallen wie die Rho-Mesonen, denn die starke Wechselwirkung ist die stärkste Kraft im Reich der subatomaren Teilchen – das wirkt sich auch auf die Geschwindigkeit der Zerfälle aus. Doch aus irgendeinem Grund ist sie nicht in der Lage, den Zerfall der Kaonen auszulösen. Woran liegt das?

Oben hatten wir gesagt, dass Kaonen eine verborgene innere Eigenschaft – Strangeness genannt – besitzen. Das ist der entscheidende Punkt: Die starke Wechselwirkung ist nicht in der Lage, die Strangeness eines Teilchens zu ändern, also ein Strange-Quark in ein anderes Quark umzuwandeln (später werden wir diesen Punkt noch besser verstehen lernen). Das müsste sie aber, denn die Pionen, in die die Kaonen zerfallen, besitzen keine Strangeness mehr, also kein Strange-Quark.

Und dennoch zerfallen die Kaonen. Es muss also irgendeine neue Wechselwirkung geben, die in der Lage ist, die nötige Quark-Umwandlung und damit die Änderung der Strangeness auszulösen. Diese Wechselwirkung muss sehr viel schwächer sein als die starke Wechselwirkung, denn die Kaonen zerfallen vergleichsweise langsam. Vergleiche mit elektromagnetischen Zerfallsprozessen zeigen, dass sie auch sehr viel schwächer als die elektromagnetische Wechselwirkung sein muss. Und sie muss eine sehr kurze Reichweite haben, denn sie wirkt nur im Inneren und in der unmittelbaren Umgebung der Teilchen und lässt sie wann immer möglich zerfallen.

Wie würden Sie eine solche Wechselwirkung nennen? Nun, der Name liegt fast schon auf der Hand, auch wenn er etwas einfallslos klingt: Wir haben es beim Zerfall der Kaonen mit der *schwachen Wechselwirkung* zu tun! Diese Wechselwirkung kommt immer dann zum Zuge, wenn die starke oder die elektromagnetische Wechselwirkung nichts ausrichten können. Das ist nicht nur beim Zerfall der Kaonen der Fall, sondern auch beim Zerfall der Pionen, der Myonen und beim radioaktiven Betazerfall, bei dem sich ein Neutron in ein Proton umwandelt. Ohne die schwache Wechselwirkung wären all diese Teilchen stabil.

Gilt die Spiegelsymmetrie auch bei den Prozessen, die von der schwachen Wechselwirkung ausgelöst werden? Überaschenderweise fanden Lee und Yang in ihren Analysen keine überzeugenden Beweise dafür. Jeder glaubte daran, doch die Daten stützten diesen Glauben nicht. Die Frage war völlig offen und musste unbedingt durch weitere Experimente geklärt werden.

Madame Wu und ihr Experiment

Lee und Yang schlugen zum Abschluss ihrer Analyse eine Reihe von Experimenten vor, mit denen sich die Frage der Spiegelsymmetrie auch für die schwache Wechselwirkung klären lassen sollte. Die Reaktion unter ihren experimentellen Kollegen war allerdings verhalten, denn kaum jemand rechnete mit einem überraschenden Ergebnis. Auch Wolfgang Pauli ließ verlauten, er glaube nicht, dass Gott ein „schwacher Linkshänder" sei. Er könne keinerlei logische Verbindung zwischen der Stärke einer Wechselwirkung und ihrer Links-rechts-Invarianz sehen – warum sollte also nur die schwache Wechselwirkung die Spiegelsymmetrie verletzen, während die anderen Wechselwirkungen dies nicht taten? Das war ein durchaus nachvollziehbares Argument.

Eine Physikerin ließ sich von diesen Zweifeln nicht abschrecken: die chinesisch-amerikanische Experimentalphysikerin Chien-Shiung Wu (Abb. 4.16), die von ihren Kollegen auch respektvoll Madame Wu genannt wurde – eine Anspielung auf die große Madame (Marie) Curie, die bei der Erforschung der Radioaktivität am Ende des neunzehnten Jahrhunderts eine entscheidende Rolle gespielt hatte. Auch die Forschung von Chien-Shiung Wu war eng mit den radioaktiven Phänomenen verknüpft – sie war anerkannte Expertin für Experimente zum radioaktiven Betazerfall.

Einer der Vorschläge von Lee und Yang betraf nun genau diesen Betazerfall, denn auch er wird durch die schwache Wechselwirkung ausgelöst. Ließ sich darin eine Verletzung der Spiegelsymmetrie nachweisen? Um das zu überprüfen, schlugen Lee und Yang folgendes Experiment vor:

- Man nehme radioaktive Atome, deren Atomkerne über den Betazerfall zerfallen und dabei hochenergetische Elektronen aussenden. Die Kerne sollen einen Spin besitzen, sich also um sich selbst drehen. Die Drehachsen der Kerne werden nun senkrecht ausgerichtet, sodass sie sich von oben betrachtet gegen den Uhrzeigersinn drehen. Anschließend beobachtet man, wie viele Elektronen beim Betazerfall nach oben und wie viele nach unten ausgesendet werden.

Abb. 4.16 Chien-Shiung Wu (1912–1997), Aufnahme Rom 1981. (© ansa/dpa/picture alliance)

Erkennen Sie, wieso man mit diesem Experiment die Spiegelsymmetrie testen kann? Nehmen wir einmal an, es würden mehr Elektronen nach unten ausgesendet. Wenn wir den sich drehenden Atomkern mit der rotierenden Erde vergleichen, dann läge unten der Südpol – es würden also mehr Elektronen in Richtung Südpol ausgesendet als in Richtung Nordpol. Das muss auch ganz allgemein gelten, egal wo Süd- und Nordpol gerade im Raum liegen – schließlich kennen die Elektronen keine Vorzugsrichtung im Raum, sondern sie orientieren sich einzig an der Drehachse des Atomkerns. Es würden also immer mehr Elektronen in Richtung Südpol ausgesendet, egal wie die Drehachse des Kerns im Raum orientiert ist.

Wenn wir das Experiment nun spiegelverkehrt aufbauen, sodass sich der Atomkern genau anders herum dreht, dann liegt der Südpol oben. Entsprechend werden jetzt mehr Elektronen nach oben ausgesendet, also nicht mehr nach unten wie zuvor. Das kann man im Experiment auch ganz konkret überprüfen.

Das ist jedoch nicht die Situation, die wir beobachten, wenn wir den ursprünglichen Aufbau in einem Spiegel betrachten. Zwar rotiert auch im Spiegelbild der Atomkern anders herum. Trotzdem werden die Elektronen im Spiegelbild weiterhin mehrheitlich nach unten ausgesendet.

Mit anderen Worten: Wenn die Spiegelsymmetrie gilt, dann müssen in dem Experiment genauso viele Elektronen nach oben wie nach unten ausgesendet werden. Andernfalls hätten wir einen Unterschied zwischen dem Spiegelbild und dem spiegelverkehrten Aufbau des Experiments.

Es war ein glücklicher Zufall, dass Lee und Wu beide an der Columbia-Universität in der Stadt New York arbeiteten. Natürlich wusste Lee, dass Wu sich mit Experimenten zum Betazerfall bestens auskannte, und so erzählte er ihr von seinem und Yangs Vorschlag zur Überprüfung der Spiegelsymmetrie. Wu nahm den Vorschlag sehr interessiert auf – wenn es hier wirklich etwas zu entdecken gab, dann wollte sie die Erste sein. Sie verzichtete dafür sogar auf eine bereits gebuchte Reise mit ihrem Mann auf dem damals größten Passagierdampfer, der Queen Elizabeth, und machte sich ans Werk.

Das war allerdings leichter gesagt als getan. Wie richtet man die Drehachsen der radioaktiven Atomkerne – sie entschied sich für Cobalt-60 – so aus wie gefordert? Das geht nur mit einem starken Magnetfeld, denn die rotierenden Kerne verhalten sich wie kleine Magnetnadeln. Und wie erreicht man, dass diese Ausrichtung nicht ständig durch die zufällige Wärmebewegung der Atome wieder zerstört wird? Dafür braucht man extrem tiefe Temperaturen, die rund ein Hundertstel Kelvin nicht überschreiten dürfen, d. h. die Temperatur darf maximal ein Hundertstel Grad über dem absoluten Nullpunkt liegen. Das konnten nur wenige in der Welt. Glücklicherweise verfügte das Tieftemperatorlabor am National Bureau of Standards in Washington DC über die dazu notwendigen ausgefeilten Techniken. Wu wandte sich also an die dortigen Experten, die sie begeistert unterstützten.

Trotz all ihrer Expertise war es ein sehr schwieriges Experiment. Immer wieder kam es zu Problemen und man arbeitete rund um die Uhr, bis das Experiment im Januar 1957 endlich gelang. Das Ergebnis war aller Mühen Wert: Es wurden tatsächlich mehr Elektronen nach unten ausgesendet als nach oben (Abb. 4.17 links). Kehrte man die Drehrichtung der Cobalt-Kerne um, dann war es genau umgekehrt. Damit hatten Wu

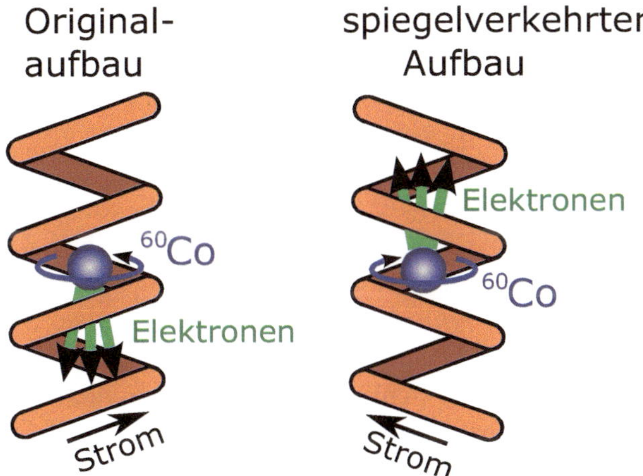

Abb. 4.17   Im Wu-Experiment erzeugt man in einer stromdurchflossenen Spule ein starkes Magnetfeld und richtet damit die Drehachse von radioaktiven Cobalt-60-Kernen aus. Dann misst man, wie viele Elektronen beim Betazerfall nach oben und unten ausgesendet werden. Der spiegelverkehrte Aufbau ergibt dabei nicht das Spiegelbild des Originalaufbaus, d. h. die Spiegelsymmetrie ist verletzt. (Quelle: Eigene Grafik)

und ihre Kollegen entgegen aller Erwartungen eindeutig nachgewiesen, dass zumindest beim radioaktiven Betazerfall die Spiegelsymmetrie der Natur verletzt ist.

Die schwache Wechselwirkung ist links

Wus Kollegen an der Columbia-Universität bekamen schon früh Wind von den ersten Ergebnissen aus ihrem bahnbrechenden Versuchen und machten sich in Windeseile daran, mit eigenen Experimenten die Verletzung der Spiegelsymmetrie zu überprüfen. Sie ersannen ein recht einfaches Experiment, das sie problemlos an dem Teilchenbeschleuniger der Universität durchführen konnten. In Teilchenkollisionen erzeugten sie dabei aus der verfügbaren Kollisionsenergie einen Strahl aus positiven Pionen, die in positive Myonen plus Neutrinos zerfallen. Die Myonen zerfallen dann anschließend in Positronen und weitere Neutrinos. Anders als in Wus Experiment mussten ihre Kollegen dabei nicht die Rotationsachsen der Teilchen mühevoll ausrichten, denn dies geschieht gleichsam automatisch durch die Natur der Zerfallsprozesse.

Das Ergebnis des Experiments war eindeutig: Auch in diesen Zerfällen, die wie der Betazerfall durch die schwache Wechselwirkung ausgelöst werden, ist die Spiegelsymmetrie verletzt. Weitere Experimente erhärteten dieses Resultat und zeigten, dass die Verletzung der Spiegelsymmetrie eine grundlegende Eigenschaft der schwachen Wechselwirkung ist.

Als Wolfgang Pauli zum ersten Mal von diesen Ergebnissen hörte, war seine erste Reaktion typisch für ihn: „Das ist totaler Unsinn!" Von Anfang an hatte er Wus Experiment für reine Zeitverschwendung gehalten – sie würde nichts finden. Doch seine Kollegen versicherten ihm, dass die Experimente eindeutig waren und klar für die Verletzung der Spiegelsymmetrie sprachen. Pauli aber blieb misstrauisch: „Dann müssen sie eben wiederholt werden!"

Doch es half alles nichts. Schließlich musste sich auch Pauli von seiner geliebten Spiegelsymmetrie verabschieden und zugeben: „Gott ist doch ein schwacher Linkshänder!" Und er verfasste auch gleich mit dem ihm eigenen Humor einen passenden Nachruf: „Es ist uns eine traurige Pflicht, bekannt zu geben, dass unsere langjährige, liebe Freundin PARITY am 19. Januar 1957 nach kurzem Leiden bei weiteren experimentellen Eingriffen sanft entschlafen ist."

Wie stark verletzt die schwache Wechselwirkung die Spiegelsymmetrie? Die Antwort, die sich in den Experimenten nach und nach herausstellte, ist eindeutig: Die Verletzung der Spiegelsymmetrie ist maximal, also so stark, wie sie im Rahmen der Relativitätstheorie nur sein kann. Feynman, Gell-Mann und andere formulierten schon bald die dazu passende Theorie, in der die starke Wechselwirkung „links" für Teilchen und „rechts" für Antiteilchen ist. Was ist damit gemeint?

Schauen wir uns als Beispiel unsere Erde an. Sie dreht sich von West nach Ost, also vom Nordpol aus gesehen gegen den Uhrzeigersinn. Das können wir uns bei einem Erdglobus gut mithilfe unserer rechten Hand merken: Wenn wir den Daumen in Richtung Nordpol ausrichten und die anderen Finger krümmen, dann zeigen diese genau in die Drehrichtung der Erde. In diesem Sinn rotiert unsere Erde also rechtshändig.

Zwingend ist diese Definition allerdings nicht, denn wir könnten genauso gut den Daumen in Richtung Südpol richten – dann müssten wir allerdings unsere linke Hand nehmen, damit die übrigen gekrümmten Finger die Drehrichtung der Erde anzeigen.

Genauso ist es auch beispielsweise bei einem ruhenden Elektron: Es ist vollkommen willkürlich, ob wir seine Eigendrehung als rechtshändig oder linkshändig bezeichnen.

Das ändert sich, sobald sich das Elektron bewegt: Die Flugrichtung des Elektrons gibt uns eine eindeutige Richtung im Raum an die Hand, die wir als Referenz verwenden können. Wenn wir den Daumen der rechten Hand in Flugrichtung halten und wenn dann die übrigen gekrümmten Finger die Drehrichtung des Elektrons anzeigen, dann können wir sagen, es drehe sich rechtshändig in Flugrichtung. Natürlich könnte es sich auch genauso gut umgekehrt drehen, also linkshändig in Flugrichtung.

Und was ist, wenn die Drehachse gar nicht in Flugrichtung zeigt? Unsere Erde muss sich ja auch nicht unbedingt in Richtung des Nord- oder Südpols bewegen.

Für ein Objekt der klassischen Physik wie unsere Erde ist das richtig, nicht aber für das Elektron oder jedes andere subatomare Teilchen mit Spin, denn hier gelten die Regeln der Quantenmechanik. Und die besagen, dass man immer erst eine Richtung im Raum vorgeben muss und erst dann messen kann, wie stark sich das Teilchen um diese Achse dreht. Für das Elektron kommt dabei immer heraus, dass es mit Drehimpuls 1/2 entweder rechts oder links herum um diese vorgegebene Achse rotiert – egal welche Achse man ausgewählt hat. Das gilt auch, wenn man die Flugrichtung als Achse wählt: Bei einer Messung wird immer herauskommen, dass sich das Elektron mit Spin 1/2 links- oder rechtshändig in Flugrichtung dreht. Jedes Elektron ist also in diesem Sinn immer entweder linkshändig oder rechtshändig.

Allerdings ist diese Händigkeit keine universelle Eigenschaft eines Elektrons, über die sich alle Beobachter einig wären. Ein Alien, das dem Elektron mit hoher Geschwindigkeit hinterherfliegt und dieses überholt, würde ja die Flugrichtung des Elektrons genau umgekehrt beurteilen. Ein Elektron, das für uns linkshändig ist, ist für das Alien rechtshändig. Es würde also keinen Sinn machen, zu behaupten, dass bei Zerfällen über die schwache Wechselwirkung ausschließlich linkshändige Elektronen entstünden, denn unser Alien würde sofort widersprechen.

Was man aber schon sagen kann, ist Folgendes: Je schneller ein Teilchen bei einem Prozess ist, umso mehr bevorzugt die schwache Wechselwirkung die linkshändige Variante, was sich beispielsweise in den Zerfallsraten von Teilchen widerspiegelt. Bei den Antiteilchen wird dagegen die rechtshändige Variante bevorzugt.

Besonders relevant wird diese Regel, wenn Neutrinos im Spiel sind. Das kommt bei den Prozessen der schwachen Wechselwirkung sehr häufig vor, denn Neutrinos sind die einzigen Teilchen, die ausschließlich von dieser Wechselwirkung beeinflusst, erzeugt und vernichtet werden können.[21] Als

---

[21]Wie alle Teilchen werden Neutrinos auch von der Gravitation beeinflusst, doch dieser Einfluss ist im Bereich der subatomaren Teilchen generell so winzig, dass wir uns in keiner Weise darum kümmern müssen. Wir werden die Gravitation daher meist ohne weiteren Kommentar außen vor lassen.

neutrale Teilchen merken sie nämlich nichts von den elektromagnetischen Kräften, und auch gegen die starken Kernkräfte sind sie immun. Genau deshalb haben sie ja diesen geisterhaften Charakter und sind so schwer zu greifen.

Lange dachte man, Neutrinos seien absolut masselos, genau wie Photonen. Heute weiß man, dass sie winzig kleine Massen aufweisen müssen, nicht mehr als ein Millionstel der Masse eines Elektrons, das seinerseits schon ein sehr leichtes Teilchen ist. In den allermeisten Fällen können wir diesen Hauch einer Teilchenmasse getrost ignorieren, was wir auch hier tun wollen. Neutrinos bewegen sich also wie Photonen mit Lichtgeschwindigkeit – zumindest fast.

Für unser Alien ist es damit praktisch unmöglich, ein Neutrino zu überholen, denn es kann niemals schneller als das Licht sein – die Relativitätstheorie verbietet das. Es wird also normalerweise niemanden im Universum geben, der schnell genug ist, um ein linkshändiges Neutrino zu überholen und als rechtshändig zu klassifizieren. Für Neutrinos gilt also: einmal linkshändig, immer linkshändig.

Nun besagte unsere Regel, dass bei schnellen Teilchen die schwache Wechselwirkung die linkshändige Variante bevorzugt – je schneller, umso deutlicher. Die (nahezu) lichtschnellen Neutrinos werden daher immer linkshändig sein, denn sie können nur über die schwache Wechselwirkung entstehen. Rechtshändige Neutrinos scheint es nicht zu geben – zumindest nach heutigem Wissen.[22] Bei den Antineutrinos ist es genau umgekehrt – sie werden nur in der rechtshändigen Variante gefunden (Abb. 4.18). Damit sind die Neutrinos das beste Beispiel dafür, dass die Spiegelsymmetrie durch die schwache Wechselwirkung maximal gebrochen wird.

Warum ist das alles so? Warum gibt es nur linkshändige Neutrinos, obwohl sie doch genauso gut rechtshändig sein könnten? Warum wird die scheinbar selbstverständliche Symmetrie von rechts und links nur von der schwachen Wechselwirkung verletzt, während alle andere Kräfte sie respektieren? Niemand kennt die Antwort auf diese Fragen. Niemand weiß, warum Gott ein „schwacher Linkshänder" ist. Es bleibt zutiefst rätselhaft. Offenbar verhält sich die Natur nicht immer so, wie wir das intuitiv von ihr erwarten würden – das musste sogar der große Wolfgang Pauli erfahren.

---

[22]Die Frage, ob es nicht doch rechtshändige Neutrinos (z. B. sogenannte sterile Neutrinos) gibt, wird heute intensiv untersucht. Das letzte Wort ist hier noch nicht gesprochen. In diesem Buch werden wir aber davon ausgehen, dass Neutrinos generell linkshändig sind, denn die Suche nach rechtshändigen Neutrinos war bisher erfolglos.

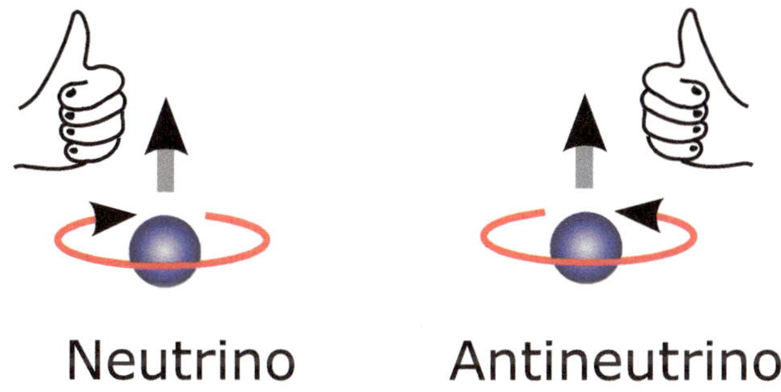

Abb. 4.18 Neutrinos rotieren linkshändig, Antineutrinos rechtshändig um ihre Flugrichtung. (Quelle: Eigene Grafik)

4.4 Die fast perfekte Antiwelt

Auch wenn die Spiegelsymmetrie unwiederbringlich verloren ist, so bleibt doch immer noch eine gewisse Symmetrie übrig. Das gespiegelte Gegenstück zum linkshändigen Neutrino ist dabei allerdings kein rechtshändiges Neutrino, sondern das rechtshändige Antineutrino. Wir müssen also die Antiteilchen mit einbeziehen, wenn wir über die Spiegelsymmetrie nachdenken.

Antimaterie – Spiegelbild der Materie
Wie würde eine Galaxie aussehen, in der wir jedes Teilchen durch sein entsprechendes Antiteilchen ersetzt haben? Vielleicht mag es Sie überraschen, aber von außen gesehen wäre eine solche Antimaterie-Galaxie von einer normalen Materie-Galaxie zunächst gar nicht zu unterscheiden – ihre Sterne würden genauso leuchten wie die Sterne unserer Galaxie, und ihre Planeten würden nach denselben Gesetzen um ihre Sonnen kreisen. Das liegt daran, dass es sowohl der Gravitation als auch den elektromagnetischen und den starken Kräften vollkommen egal ist, ob sie es mit Teilchen oder mit Antiteilchen zu tun haben. Es gäbe also auch in der Anti-Galaxie Atome, allerdings mit Atomkernen aus Antiprotonen und Antineutronen, die von Anti-Elektronen (also Positronen) umkreist werden. Dabei spielt es keine Rolle, dass die Atomkerne jetzt negativ und die Positronen positiv geladen sind – Hauptsache, sie sind entgegengesetzt geladen und ziehen sich gegenseitig an. Erst wenn diese Antimaterie irgendwo mit gewöhnlicher Materie in Berührung käme, würde man ihren besonderen Charakter bemerken, denn Materie und Antimaterie würden sich in einem gewaltigen Blitz aus Gammastrahlung gegenseitig vernichten.

Auch in der Anti-Galaxie könnte es einen bewohnten Planeten wie unsere Erde geben – nur eben komplett aus Antimaterie, einschließlich seiner Bewohner. Eine entschlossene Physikerin – nennen wir sie Madame Anti-Wu – könnte dort in ihrem Anti-Labor ihr berühmtes Betazerfall-Experiment ausführen. Sie würde radioaktive Cobalt-60-Antikerne in ein Magnetfeld bringen und so ausrichtet, dass sie sich von oben betrachtet gegen den Uhrzeigersinn drehen. Natürlich würden die Antikerne bei ihrem Zerfall keine Elektronen, sondern Positronen aussenden – es müssen ja die Antiteilchen sein. Und jetzt kommt der entscheidende Punkt: Diese Positronen würden nicht nach unten ausgesendet wie die Elektronen in Wus Original-Experiment, sondern nach oben! In diesem Punkt unterscheidet sich die Antimaterie-Welt also von unserer Materie-Welt! Die beiden Welten sind nicht in jedem Detail identisch.

Würde Madame Anti-Wu ihr Experiment spiegelverkehrt aufbauen, sodass sich die Cobalt-60-Antikerne von oben betrachtet im Uhrzeiger-sinn drehen, dann würden die Positronen nach unten ausgesendet. Dieses Experiment sieht damit genauso aus wie das Spiegelbild von Madame Wus Originalexperiment in der normalen Welt. Wir könnten von außen nicht unterscheiden, ob wir Madame Wus Experiment in einem Spiegel sehen oder Madame Anti-Wus spiegelverkehrt aufgebautes Experiment. Das Betrachten in einem Spiegel hat für den Betazerfall denselben Effekt wie das Ersetzen von Materie durch Antimaterie. Kurzum: Antimaterie scheint das Spiegelbild der Materie zu sein, wenn es um die schwache Wechselwirkung geht.

Die Physiker bezeichnen diesen Zusammenhang auch als *CP-Symmetrie*. Das *C* steht dabei für *charge conjugation,* also für den Austausch von Teil-chen durch Antiteilchen, wobei sich deren Ladung (*charge*) umkehrt. Und das *P* steht für die *Parität,* also für die Spiegelung. Wenn Sie also jemanden sagen hören, unsere Welt sei *CP*-symmetrisch, dann meint er damit nichts anderes, als dass Antimaterie sich physikalisch genauso verhält wie Materie, die man in einem Spiegel betrachtet. Sie erinnern sich: Neutrinos sind links-händig, Antineutrinos rechtshändig.

Das Antimaterie-Spiegelbild ist nicht perfekt

Mit den Symmetrien unserer Welt ist das also so eine Sache. Die Spiegel- oder *P-Symmetrie* hatte noch behauptet, dass das Bild, das wir in einem Spiegel sehen, eine physikalisch mögliche Situation widergibt. Wir könnten nicht entscheiden, ob wir ein Spiegelbild sehen oder nicht. In den meisten Fällen stimmt das auch. Wenn allerdings die schwache Wechselwirkung beteiligt ist – beispielsweise beim radioaktiven Betazerfall oder bei vielen Teilchenzerfällen – stimmt das nicht mehr.

Analog ist es bei der *C-Symmetrie,* bei der wir Teilchen durch ihre Antiteilchen ersetzen. Diese Symmetrie behauptet, dass eine Galaxie aus Antimaterie sich physikalisch genauso verhielte wie eine normale Galaxie aus Materie. Wenn wir eine Galaxie in einem Teleskop sehen, dann könnten wir demnach nicht erkennen, ob sie aus Materie oder aus Antimaterie besteht. Aber auch für diese Symmetrie gilt: Sobald Madame Wu durch ihr Experiment die schwache Wechselwirkung ins Spiel bringt, sehen wir einen Unterschied, denn bei Madame Anti-Wu sieht das Ergebnis anders aus.

Und wenn wir beide Symmetrien zur *CP-Symmetrie* kombinieren? Diese Symmetrie behauptet, dass wir nicht entscheiden können, ob wir eine normale Galaxie sehen oder das Spiegelbild einer Anti-Galaxie – auch dann, wenn Madame Wu in ihrem Labor loslegt. Antiteilchen machen demnach dasselbe wie Teilchen, wenn auch spiegelverkehrt, sobald die schwache Wechselwirkung zum Zug kommt. Nach allem, was wir oben gesehen haben, scheint jetzt tatsächlich alles zu passen. Die CP-Symmetrie scheint eine echte Symmetrie unserer Welt zu sein.

Es dauerte knapp acht Jahre, bis nach Madame Wus Nachweis der Paritätsverletzung auch der Glaube an die CP-Symmetrie erschüttert wurde. Bei den Eigenschaften des neutralen Kaons K^0 und seines Antiteilchens $\bar{K}^0$ fand man im Jahr 1964 winzige Auffälligkeiten, die für eine Verletzung der CP-Symmetrie sprachen. Schade, dass Wolfgang Pauli das nicht mehr miterleben konnte – er war bereits im Jahr 1958 an Bauchspeicheldrüsenkrebs verstorben. Es wäre sehr interessant gewesen, was das „Gewissen der Physik" zu dieser erneuten Symmetrieverletzung gesagt hätte.

Die Sache bei den neutralen Kaonen ist kompliziert, da die beiden Teilchen sich quantenmechanisch überlagern und über die schwache Wechselwirkung ineinander verwandeln können. Letztlich läuft es darauf hinaus, dass sich Teilchen und Antiteilchen physikalisch nicht exakt gleich verhalten, was diesmal nichts mit der bereits bekannten Verletzung der Spiegelsymmetrie zu tun hat. Beispielsweise verwandelt sich das K^0 nicht exakt mit derselben Wahrscheinlichkeit in sein Antiteilchen $\bar{K}^0$ wie umgekehrt. Die Unterschiede sind zwar klein, aber messbar und liegen im Promillebereich.

Auch bei anderen neutralen Mesonen, die sich aufgrund ihrer inneren Quark-Struktur von ihren Antiteilchen unterscheiden, konnte man eine CP-Verletzung nachweisen. So zerfällt das neutrale D^0-Meson etwas schneller über die schwache Wechselwirkung in ein positives sowie ein negatives Pion als sein Antiteilchen $\bar{D}^0$, wobei auch hier die Unterschiede im Promillebereich liegen.

Es gibt also neben dem spiegelbildlichen Verhalten noch weitere, allerdings kleine Unterschiede zwischen Materie und Antimaterie, die ebenfalls mit der schwachen Wechselwirkung zusammenhängen. Antimaterie ist zwar ein gutes, aber kein perfektes Spiegelbild der Materie. Die CP-Symmetrie zwischen Materie und Antimaterie besitzt bei bestimmten Teilchen einen kleinen Makel.

Das mag ästhetisch zunächst unbefriedigend wirken, denn die Naturgesetze scheinen nicht ganz so perfekt und harmonisch zu sein, wie sie eigentlich sein könnten. Die göttliche Harmonie, wie sie Johannes Kepler einst am Himmel gesucht hatte, wird gleichsam gestört. An manchen Stellen ist unser wunderbares Universum offenbar auch ein kleines bisschen hässlich.

Es mag Sie vielleicht überraschen, aber dieser kleine Makel ist sehr wichtig für unser Universum. Würden Materie und Antimaterie sich zwar spiegelbildlich, aber ansonsten exakt gleich verhalten, dann wäre unsere Welt nämlich ein absolut langweiliger Ort. Es gäbe darin weder Sterne noch Planeten, und uns selbst gäbe es auch nicht.

Warum es Materie im Universum gibt

Unser ganzes Universum war in einem heißen Zustand hoher Dichte, als vor fast vierzehn Milliarden Jahren seine Expansion begann. Wartet … — kommt Ihnen das bekannt vor? Dann gehören Sie vielleicht zu den Fans von Sheldon Cooper und seinen Physikerkollegen aus der US-amerikanischen Sitcom *The Big Bang Theory (Urknalltheorie)*, aus deren Intro diese Zeilen stammen.[23] Und es stimmt: Wir sind uns heute sehr sicher, dass unser Universum vor knapp 14 Mrd. Jahren im sogenannten Urknall entstand und sich zu Beginn in einem extrem heißen und sehr dichten Zustand befand. Mit der Zeit expandierte dann der Raum und die darin enthaltene Materie konnte sich immer weiter verdünnen und abkühlen. Es dauerte immerhin rund 380.000 Jahre, bis es endlich kalt genug war, sodass sich stabile Wasserstoff- und Heliumatome bilden konnten, aus denen dann im Lauf der Zeit unsere Sterne und Galaxien entstanden.

Ganz zu Beginn gab es dagegen noch keine Atome. Der Raum war vielmehr angefüllt von einer sehr heißen und dichten Teilchensuppe, in der sich ständig neue Teilchen aus der reichlich vorhandenen Energie bildeten, wieder zerfielen oder sich in andere Teilchen umwandelten. Es war ein

---

[23] *Our whole universe was in a hot, dense state. Then nearly fourteen billion years ago expansion started, wait …*

ständiges Kommen und Gehen, ein Gewimmel von Teilchen, in dem jede mögliche Teilchensorte ungefähr in gleicher Menge vorkam. Das gilt auch für die Antiteilchen: Da Teilchen und Antiteilchen immer paarweise entstehen, müsste es eigentlich genauso viele Teilchen wie Antiteilchen in der heißen Urknall-Teilchensuppe gegeben haben. Als sich das Universum dann immer weiter ausdehnte und abkühlte, reichte irgendwann die Energie nicht mehr aus, um noch neue Teilchen-Antiteilchen-Paare zu erzeugen. Die vorhandenen Teilchen und Antiteilchen müssten sich dann nach und nach gegenseitig vernichtet haben, bis nichts mehr von ihnen übrig geblieben wäre. Es gäbe weder Protonen noch Neutronen oder Elektronen, aus denen sich Atome hätten bilden können. Lediglich die unzähligen Photonen aus der ursprünglichen Hitzestrahlung, die ja keine Antiteilchen haben, sowie die geisterhaften Neutrinos hätten überlebt. Unser Universum wäre ein dunkler leerer Raum, durchzogen von einer dünnen kalten Restwärmestrahlung aus Photonen sowie kaum wahrnehmbarer Neutrinos. Es wäre ein wirklich trostloser Ort.

Die dünne kalte Photonen-Restwärmestrahlung gibt es tatsächlich. Sie wurde 1964 entdeckt und trägt den Namen *kosmische Hintergrundstrahlung* – wir sind ihr am Ende von Abschn. 2.3 bereits begegnet. Auch die unzähligen niederenergetischen Neutrinos – den sogenannten *kosmischen Neutrinohintergrund* – sollte es geben, auch wenn der direkte Nachweis dieser kaum greifbaren Teilchen noch aussteht. Und zum Glück gibt es noch etwas anderes: Atome aus Protonen, Neutronen und Elektronen, die der großen Teilchen-Antiteilchen-Vernichtung offenbar entgangen sind. Die entsprechenden Anti-Atome aus Anti-Protonen, Anti-Neutronen und Positronen sucht man dagegen im Universum vergeblich.

Wie lässt sich das erklären? Offenbar muss in der heißen Teilchensuppe zu Beginn ein gewisser Überschuss an Protonen, Neutronen und Elektronen gegenüber ihren Antiteilchen entstanden sein, der am Schluss übrig blieb. Wären Teilchen und Antiteilchen exakte Spiegelbilder voneinander, dann wäre das nicht möglich gewesen. Doch die CP-Symmetrie ist zum Glück keine exakte Symmetrie. Teilchen und Antiteilchen verhalten sich manchmal unterschiedlich, sodass es durchaus plausibel ist, dass es zu einem kleinen Teilchenüberschuss kam. Es war der bekannte sowjetische Physiker und Menschenrechtler Andrei Sacharow, der im Jahr 1967 als Erster auf diese Möglichkeit hinwies.

Bleibt die Frage, wie groß der Überschuss der Teilchen gegenüber den Antiteilchen gewesen sein muss, um die Materie im heutigen Universum erklären zu können. Interessanterweise kann man das tatsächlich näherungsweise herausfinden. In der anfänglichen heißen Teilchensuppe waren nämlich Teilchen und Antiteilchen sowie die Photonen der Hitzestrahlung in ungefähr gleich großen Mengen vorhanden. Nun haben die Photonen in Form der kosmischen Hintergrundstrahlung bis heute im Wesentlichen überlebt, d. h. wir wissen ungefähr, wie viele Teilchen und Antiteilchen usw. es kurz nach dem Urknall gegeben haben muss. Auch den Überschuss von Teilchen gegenüber Antiteilchen etc. kennen wir, denn auch dieser Überschuss hat in Form von Protonen, Neutronen und Elektronen bis heute überlebt.

Im heutigen Universum existieren für jedes Elektron ungefähr zehn Milliarden Photonen in der kosmischen Hintergrundstrahlung. Kurz nach dem Urknall kam also auf zehn Milliarden Photonen und ungefähr ebenso viele Elektronen sowie Positronen ein Überschuss von einem Elektron. Es stand also etwa zehn Milliarden plus ein Elektron zu zehn Milliarden Positronen. Analog ist es bei den Protonen bzw. Neutronen. Mit anderen Worten: Der Überschuss von Materie gegenüber Antimaterie muss bei rund einem Zehnmilliardstel gelegen haben (Abb. 4.19). Das erscheint wenig, aber es genügt, um die heute vorhandene Materie zu erklären – dem geringen Unterschied von Materie und Antimaterie sei Dank!

CPT – die wahre Symmetrie zwischen Materie und Antimaterie

In den 1950er- und 1960er-Jahren ist also eine Symmetrie nach der anderen gefallen. Weder die Spiegelsymmetrie (P-Symmetrie) noch die C-Ladungssymmetrie zwischen Materie und Antisymmetrie haben einer experimentellen Überprüfung standgehalten, und sogar die kombinierte

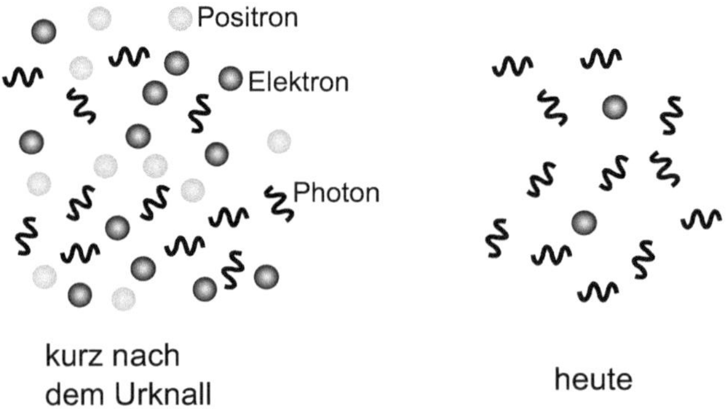

Abb. 4.19 Kurz nach dem Urknall gab es noch ungefähr gleich viele Teilchen, Antiteilchen sowie Photonen. Nachdem sich Teilchen und Antiteilchen gegenseitig vernichtet hatten, blieb ein winziger Teilchenüberschuss übrig. Die meisten Photonen haben dagegen bis heute überlebt. (Quelle: Eigene Grafik)

CP-Symmetrie zwischen Materie und gespiegelter Antimaterie ist gefallen. Die schwache Wechselwirkung verletzt sie alle.

Gibt es überhaupt irgendeine Symmetrie, die Materie und Antimaterie miteinander verbindet und die sogar von der schwachen Wechselwirkung respektiert wird? In den Jahren 1954 und 1955 dachten Physiker wie Wolfgang Pauli, Gerhart Lüders oder auch der Ire John Stewart Bell über dieses Problem nach und kamen unabhängig voneinander zu demselben Ergebnis: In jeder plausiblen relativistischen Quantenfeldtheorie muss es eine Symmetrie geben, in der die CP-Symmetrie zwischen Materie und gespiegelter Antimaterie mit der Umkehrung der Zeitrichtung (T-Symmetrie) kombiniert wird. Wenn wir also bei mikroskopischen Quantenvorgängen die Teilchen gegen Antiteilchen austauschen, den Vorgang in einem Spiegel betrachten, mit einer Filmkamera aufnehmen und dann diesen Film rückwärts laufen lassen, so sehen wir wieder einen physikalisch möglichen Vorgang. Mit anderen Worten: Unser Universum ist *CPT-symmetrisch.*

Als Wolfgang Pauli über die CPT-Symmetrie nachdachte, galt die Spiegelsymmetrie noch als unantastbar. Umso interessanter ist es, dass Pauli bei seinen Überlegungen durchaus die Möglichkeit in Betracht zog, dass die Spiegelsymmetrie ebenso wie die Ladungs- und Zeitumkehrsymmetrie jede für sich verletzt sein könnten. Die Regeln der relativistischen Quantentheorie ließen diese Möglichkeiten durchaus zu, wie Pauli feststellen musste. Lediglich die kombinierte CPT-Symmetrie war gesichert. Pauli hielt dies jedoch für eine mathematische Kuriosität, die er nur der Vollständigkeit halber erwähnte. Nicht im Traum hätte er daran gedacht, dass die Spiegelsymmetrie tatsächlich verletzt sein könnte, wie es seine Gleichungen vorschlugen. Umso mehr traf es ihn, als bald darauf Wus Experiment die Verletzung der Spiegelsymmetrie eindeutig nachwies. Manchmal sind die Gleichungen anscheinend schlauer als ihr Autor.

Als dann einige Jahre nach Paulis Tod auch noch die CP-Symmetrie zwischen Materie und gespiegelter Antimaterie das Zeitliche segnete, tat sich eine interessante Möglichkeit auf: Wenn die CPT-Symmetrie immer erfüllt ist und zugleich die CP-Symmetrie manchmal verletzt wird, dann muss auch die T-Symmetrie manchmal verletzt sein, um die CP-Verletzung wieder ausgleichen zu können. Manche der subatomaren Quantenvorgänge der schwachen Wechselwirkung sollten also vorwärts in der Zeit anders ablaufen als rückwärts in der Zeit. Sie sollten einen kleinen Unterschied zwischen Vergangenheit und Zukunft erkennen lassen.

Es ist extrem schwierig, diese Zeitumkehr-Verletzung in den Experimenten nachzuweisen, und es galt lange Zeit sogar als aussichtslos. Im Jahr 2012 gelang es endlich, am sogenannten BaBar-Experiment des Stanford

Linear Accelerator Center (SLAC) in Kalifornien in den unzähligen Zerfallsdaten von B-Meson-Paaren dieses Phänomen zweifelsfrei aufzuspüren. Die B-Mesonen wechselten dabei sechsmal häufiger von einem bestimmten Zustand in einen anderen als umgekehrt. Es war eine Meisterleistung der Datenanalyse, denn die aufgezeichneten Zerfallsdaten waren schon viele Jahre lang vorhanden gewesen – man musste nur den Blickwinkel ändern, um in ihnen die Verletzung der Zeitumkehr sichtbar zu machen.

Vielleicht frage Sie sich, warum man eine so ausgeklügelte Analyse überhaupt braucht, um den Unterschied zwischen Vergangenheit und Zukunft nachzuweisen. Zeigen nicht die Vorgänge in unserer Umgebung jeden Tag, dass dieser Unterschied ganz fundamental ist? Schließlich kühlt eine Tasse mit heißem Kaffee eindeutig ab und wird nicht von selbst heißer.

Dieser allgegenwärtige Unterschied zwischen Zukunft und Vergangenheit hat jedoch nichts mit der Zeitumkehrverletzung bei mikroskopischen Quantenprozessen zu tun. Die allermeisten dieser Prozesse sind nämlich zeitumkehrsymmetrisch, und nur bei Beteiligung der schwachen Wechselwirkung ist diese Symmetrie manchmal verletzt. Solche Prozesse spielen beim Abkühlen einer heißen Tasse Kaffee aber überhaupt keine Rolle.

Warum kühlt der Kaffee dann überhaupt ab? Der Grund ist reine Statistik: Im Gewimmel der unzähligen Moleküle in der Tasse Kaffee und ihrer Umgebung sind die Moleküle des heißen Kaffees meist schneller unterwegs als die Moleküle der Umgebung. Daher geben die Kaffeemoleküle häufiger Energie an die Umgebungsmoleküle ab als umgekehrt. Die Energie verteilt sich im Lauf der Zeit einfach möglichst zufällig auf alle vorhandenen Moleküle. Dieser statistische Verteilungsprozess verletzt die Zeitsymmetrie und erzeugt einen eindeutigen Unterschied zwischen Vergangenheit und Zukunft. Obwohl die Gesetze, die das mikroskopische Verhalten einzelner Moleküle bestimmen, zeitsymmetrisch sind, ist das statistische Gewimmel einer Vielzahl von Molekülen nicht unbedingt zeitsymmetrisch.

Die Idee, dass man mikroskopische Quantenprozesse auch rückwärts in der Zeit betrachten kann, ist uns in diesem Kapitel bereits einmal begegnet. Richard Feynman hatte in seinen Diagrammen festgestellt, dass Elektronen nicht nur vorwärts, sondern auch rückwärts durch die Zeit reisen können. Dabei hatte er entdeckt: Wenn ein Elektron rückwärts durch die Zeit reist, entspricht dies einem Positron, das sich vorwärts durch die Zeit bewegt. Der Wechsel der Zeitrichtung hängt also eng mit dem Wechsel zwischen Teilchen und Antiteilchen zusammen. Letztlich ist es dieser Zusammenhang, der hinter dem CPT-Theorem steckt.

Es ist schon erstaunlich, welche tief liegenden Schlussfolgerungen sich ziehen lassen, wenn man die Symmetriepostulate der speziellen Relativitätstheorie mit der Quantenmechanik kombiniert. Teilchen haben einen Spin, verhalten sich je nach Spin entweder wie Einzelgänger (Fermionen) oder Herdentiere (Bosonen), haben Antiteilchen und sind mit diesen über die Spiegelung von Raum und Zeit verknüpft. Die Bedeutung von Symmetrien ist in der Quantentheorie wahrlich kaum zu überschätzen. Dass dies nicht nur für die Raum-Zeit-Symmetrien der Relativitätstheorie gilt, sondern auch für die Idee der Eichsymmetrie, werden wir im nächsten Kapitel kennenlernen.

5

Das Fundament verstehen: Von der Eichsymmetrie zum Standardmodel

Unsere Aufgabe in der Physik besteht darin, die Dinge auf einfache Weise zu sehen und eine Vielzahl komplizierter Phänomene mithilfe einiger weniger einfacher Prinzipien ganzheitlich zu verstehen.

Dieser Satz, mit dem der US-amerikanische Physiker Steven Weinberg seine Nobelpreisrede begann, hat sich im Lauf der Jahrhunderte zum zentralen Leitprinzip der Physik entwickelt. Schon Johannes Kepler ist ihm gefolgt, als er nach der „Harmonik der Welt" suchte. Doch erst Isaac Newton schaffte es, alle Bewegungen auf nur drei Gesetze zurückzuführen und mit seinem universellen Gravitationsgesetz dabei sogar die Himmelskörper mit einzubeziehen. Dieser Erfolg zählt sicher zu den größten kulturellen Leistungen, die uns Menschen je gelungen ist.

Damit war die Erfolgsgeschichte aber noch lange nicht zu Ende, wie wir gesehen haben. Knapp zwei Jahrhunderte nach Newton gelang es James Clerk Maxwell, sämtliche elektrische und magnetische Phänomene als zwei Facetten einer einzigen Fundamentalkraft zu beschreiben, die wir heute als elektromagnetische Wechselwirkung bezeichnen. Die Unstimmigkeiten zwischen Newtons Bewegungsgesetzen und den elektromagnetischen Gesetzen Maxwells konnte Einstein im Jahr 1905 durch seine Spezielle Relativitätstheorie auflösen, womit er zugleich eine fundamentale Symmetrie von Raum und Zeit enthüllte, die seitdem die Basis jeder physikalischen Theorie darstellt. Sogar die Gravitation konnte er mit seiner Allgemeinen Relativitätstheorie in diese Raum-Zeit-Struktur eingliedern. Allerdings scheiterten seine Versuche, Gravitation und Elektromagnetismus miteinander zu vereinen und aus gemeinsamen Grundprinzipien herzuleiten.

© Springer-Verlag GmbH Deutschland, ein Teil von Springer Nature 2020
J. Resag, *Mehr als nur schön,* https://doi.org/10.1007/978-3-662-61810-3_5

Auch Hermann Weyl, der dasselbe Ziel mit seiner Idee der Eichsymmetrie von Längenmaßstäben erreichen wollte, erging es ähnlich.

Mit der Entwicklung der Quantenmechanik ab 1925 änderten sich die Grundlagen der Physik auf ganz fundamentale Weise. Teilchenbahnen und Kraftfelder hatten ausgedient und wurden durch Quantenwellen ersetzt. Im Lauf der nächsten 25 Jahre gelang es Physikern wie Pauli, Dirac, Feynman und anderen, die relativistische Struktur von Raum und Zeit mit den Quantenwellen zu versöhnen und die daraus resultierenden Unendlichkeiten Griff zu bekommen. Dabei stieß man auf manch unerwartetes Phänomen wie Antiteilchen, Paritätsverletzung oder CP-Verletzung. Auch die elektromagnetischen Kräfte ließen sich sehr gut in den neuen Rahmen der relativistischen Quantenfeldtheorie eingliedern – die daraus resultierende Quantenelektrodynamik (QED) gehört zu den besten physikalischen Theorien, die uns Menschen je gelungen sind.

Weniger erfolgreich waren die Physiker bei den beiden subatomaren Kräften, auf die sie erst im frühen zwanzigsten Jahrhundert gestoßen waren, als sie die Struktur des Atomkerns und seine radioaktiven Zerfälle untersuchten. Diese starken und schwachen Wechselwirkungen spielen nur im Inneren der Atomkerne sowie beim Zerfall und der Umwandlung von Teilchen eine Rolle, sodass sie sich meist tief im Inneren der Materie verstecken.

Findige Physiker wie Yukawa und Fermi formulierten zwar um das Jahr 1935 erste theoretische Beschreibungen für diese beiden geheimnisvollen Naturkräfte, mit denen sie zumindest einfache Prozesse wie den Betazerfall näherungsweise berechnen konnten. Von der Präzision und logischen Geschlossenheit, die die QED knapp 15 Jahre später erreichen sollte, blieben die Theorien von Yukawa und Fermi jedoch weit entfernt. Erst in den späten 1960er- und 1970er-Jahren gelang einer neuen Generation genialer Physiker – geleitet von Hermann Weyls Idee der Eichsymmetrie – der entscheidende Durchbruch. Mit ihrer umfassenden Theorie, die wir heute meist schlicht als Standardmodell bezeichnen, schufen sie ein Juwel der modernen Physik, das bis heute seinesgleichen sucht.

5.1 Spontan gebrochene Eichsymmetrie und das Higgs-Teilchen

Wie könnte eine Theorie aussehen, die in der Lage ist, das Wirken der starken und schwachen Wechselwirkung zu beschreiben?

Das Problem ist, dass diese Wechselwirkungen eine extrem kurze Reichweite haben. Klassische Kraftfelder, wie man sie bei der elektromagnetischen Wechselwirkung in vielen Fällen gut anwenden kann, funktionieren bei subatomaren Abständen aber nicht. Wir brauchen also von Anfang an eine quantenmechanische Beschreibung.

Wie das im Prinzip geht, wissen wir bereits aus dem letzten Kapitel: An die Stelle der Kraftfelder treten die Quantenwellen bestimmter Wechselwirkungsteilchen, die die Kräfte übertragen. Beim Elektromagnetismus übernimmt das Photon diese Aufgabe.

Nun sind uns die elektromagnetischen Kraftfelder gut bekannt, denn sie wirken weit in den Raum hinaus. Seit über 150 Jahren kennen wir sogar die genauen Feldgleichungen, mit denen sie sich beschreiben lassen – Maxwell sei Dank! Die Struktur dieser Gleichungen überträgt sich in gewisser Weise auch in die zugehörige Quantenfeldtheorie, die QED. Daher wissen wir, dass das Photon an elektrische Ladungen andockt, dass es masselos sein muss und dass es Spin 1 besitzt, um beispielsweise polarisiertes Licht zu ermöglichen.

Bei der starken und der schwachen Wechselwirkung ist die Ausgangslage ganz anders: Hier sind wir nicht im Besitz klassischer Feldgleichungen, aus denen sich die Struktur der zugehörigen Quantentheorie ablesen lässt. Wir wissen nur, dass die schwache Wechselwirkung beispielsweise den radioaktiven Betazerfall des Neutrons sowie die Zerfälle des Myons, der Kaonen und der geladenen Pionen auslöst, während die starke Wechselwirkung die Protonen und Neutronen im Atomkern zusammenhält und auch auf Mesonen einwirkt.

Immerhin wissen wir, dass starke und schwache Wechselwirkung nur in der unmittelbaren Umgebung von Teilchen wirken. Dieser Unterschied zum Elektromagnetismus drückt sich in der Masse der Wechselwirkungsteilchen aus: Photonen sind masselos, d. h. sie müssen sich keine Energie über die quantenmechanische Energie-Zeit-Unschärfe leihen, um sich auf den Weg zu machen. Niemand hält sie auf und sie können im Prinzip beliebig weit in dem Raum vordringen. Hätten sie dagegen eine nennenswerte Masse, dann wäre das anders: Sie müssten sich für einen kurzen Moment die Energie leihen, die in ihrer Masse steckt. Je größer ihre Masse wäre, umso mehr Energie wäre dafür notwendig und umso schneller müssten sie diese Energieschulden wieder zurückzahlen – so will es die Energie-Zeit-Unschärfe. Entsprechend kurz wäre die Strecke, die sie überhaupt zurücklegen können, und umso geringer wäre die Reichweite der Kräfte, die sie übertragen.

Damit ist klar, welche Art von Wechselwirkungsteilchen wir für die starke und schwache Wechselwirkung brauchen: Es müssen Teilchen mit einer gewissen Masse sein, um die kurze Reichweite dieser Wechselwirkungen zu erklären. Genau mit diesem Argument hatte Yukawa Hideki im Jahr 1935 die Masse der Mesonen abgeschätzt, die er für die Wechselwirkungsteilchen der starken Kernkräfte hielt (Abschn. 4.3).

Alle Versuche, mit den Mesonen als „starke Kern-Photonen" eine konsistente Quantentheorie der starken Wechselwirkung aufzubauen, scheiterten jedoch. Anders als in der QED war es nicht möglich, die auftretenden Unendlichkeiten konsequent in den nicht messbaren Parametern der Theorie zu verstecken – die Theorie war nicht *renormierbar,* wie man sagt, und damit für genauere Rechnungen unbrauchbar.

Ganz ähnlich erging es auch der schwachen Wechselwirkung. Der italienische Physiker Enrico Fermi hatte zwar im Jahr 1934 eine angenäherte Beschreibung des Betazerfalls erreicht, indem der das Wechselwirkungsteilchen der schwachen Wechselwirkung als „Photon mit sehr großer Masse und unendlich kurzer Reichweite" modellierte[1], wobei er sich auf das einfachste Feynman-Diagramm beschränkte. Feynman, Gell-Mann und andere bauten später noch die Verletzung der Spiegelsymmetrie in Fermis Theorie ein. Eine renormierbare Quantenfeldtheorie, in der auch komplexere Feynman-Diagramme Sinn machen, ergibt sich dadurch aber nicht.

Es ist aus heutiger Sicht sehr interessant, zu verfolgen, mit welchen Kunstgriffen und Finessen die Theoretiker in den 1950er und 1960er-Jahren verzweifelt versuchten, die Probleme in den Griff zu bekommen. Eine dieser Ideen für die starke Wechselwirkung wollen wir uns jetzt genauer anschauen, denn auch wenn sie in dieser Form zunächst nicht erfolgreich war, so eröffnete sie doch einen Weg für ein tieferes Verständnis der fundamentalen Naturkräfte. Die Idee ist also gut – man muss sie nur richtig anwenden.

Die starke Kernkraft unterscheidet nicht zwischen Protonen und Neutronen

Wenn man sich die Wirkungsweise der starken Kernkräfte in den Atomkernen genauer anschaut, so fällt eine spezielle Symmetrie ins Auge: Die starke Kernkraft unterscheidet nicht zwischen Protonen und den fast

---

[1]Auf diese Weise verschwindet das schwache Wechselwirkungsteilchen gewissermaßen aus der Theorie und es entsteht eine direkte Kontaktwechselwirkung zwischen dem Neutron und seinen Zerfallsprodukten.

gleich schweren Neutronen, wirkt also auf beide Teilchen in gleicher Art und Weise ein. Das sieht man beispielsweise bei den sogenannten Spiegelkernen, bei denen die Gesamtzahl aus Protonen plus Neutronen dieselbe ist, auch wenn sie unterschiedlich viele Protonen und Neutronen enthalten. So sind der Neon-22-Atomkern mit zehn Protonen und zwölf Neutronen und der radioaktive Magnesium-22-Kern mit zwölf Protonen und zehn Neutronen Spiegelkerne. Bei allen Eigenschaften, die durch die starke Kernkraft festgelegt werden – beispielsweise bei den Energiedifferenzen der Kernschwingungen – stimmen solche Spiegelkerne erstaunlich gut überein.

Die starke Kernkraft nimmt also den Unterschied zwischen Protonen und Neutronen nicht wahr, weshalb man auch einfach von Nukleonen – also Kernbausteinen – spricht, wenn man nicht zwischen Protonen und Neutronen unterscheiden möchte. Im Jahr 1932 brachte dieser Umstand den deutschen Physiker Werner Heisenberg auf eine Idee: Wie wäre es, wenn man aus Sicht der starken Kernkraft Protonen und Neutronen einfach als zwei verschiedene quantenmechanische Zustände des Nukleons auffasst? Die Situation ließe sich dann mathematisch ganz analog zum Spin der Elektronen beschreiben, der ja ebenfalls zwei Werte annehmen kann. Für die beiden Zustände des Nukleons erfand man den analogen Begriff *Isospin,* wobei dieser aber nichts mit der Eigendrehung von Teilchen zu tun hat. Es ist nur eine formale Analogie: So, wie es Elektronen mit Spin $+1/2$ und $-1/2$ gibt, so gäbe es Nukleonen mit dem Isospin $+1/2$ und $-1/2$, wobei ersteres das Proton und letzteres das Neutron wäre.

Das reizvolle an dieser Idee ist, dass man die gesamte Mathematik des Spins auch auf den Isospin anwenden kann. Wenn man beispielsweise die Drehachse eines Elektrons um 180 Grad kippt, so wechselt dessen Spin das Vorzeichen, denn es dreht sich nun genau anders herum. Analog kann man auch den Isospin kippen, also durch eine mathematische Isospin-Drehung aus einem Proton ein Neutron machen und umgekehrt (Abb. 5.1). Wie beim Spin kann man sogar beliebige andere Drehwinkel für die Isospin-Drehung anwenden und so beliebige quantenmechanische Proton-Neutron-Mischungen mit unterschiedlichem Proton- und Neutrongehalt für das Nukleon erzeugen. Der starken Kernkraft ist das egal – die Isospin-Drehung wäre also eine Symmetrie der starken Kernkraft.

Falls Sie sich wundern, wie denn ein Nukleon überhaupt eine quantenmechanische Mischung aus einem Proton und einem Neutron sein kann, dann ist diese Frage durchaus berechtigt. In Wirklichkeit sind Proton und Neutron natürlich keine exakt gleichwertigen Teilchen, die man beliebig mischen darf. Anhand ihrer leicht unterschiedlichen Masse und besonders durch ihre verschiedene elektrische Ladung lassen sie sich leicht

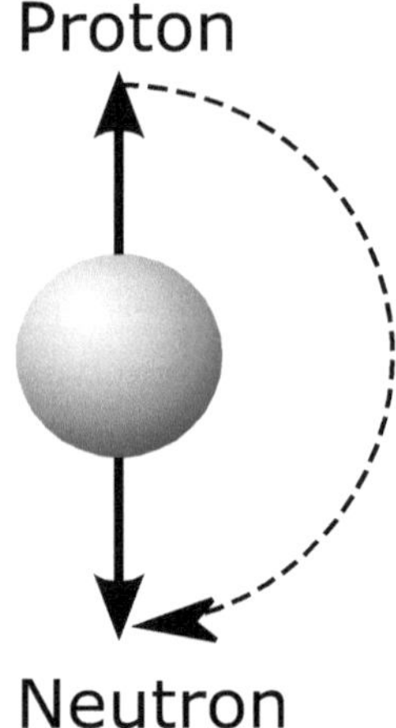

Abb. 5.1 Durch eine Isospin-Drehung kann man mathematisch ein Proton in ein Neutron verwandeln, so wie man durch eine reale Drehung den Spin eines Elektrons kippen kann. (Quelle: Eigene Grafik)

unterscheiden, sodass man bei einem Nukleon immer weiß, ob man ein Proton oder ein Neutron vor sich hat. Wenn man allerdings den kleinen Massenunterschied von etwa 1,4 Promille ignoriert und die elektrische Kraft gleichsam abschaltet, sodass nur noch die starke Kernkraft übrig bleibt, dann ändert sich das. Sobald wir die Welt allein aus der Sicht der starken Kernkraft beurteilen, dann sind verschiedene Proton- und Neutronanteile innerhalb eines Nukleons durchaus denkbar, die man mit Isospin-Drehungen beliebig verändern kann. Die starke Kernkraft kann eben nicht zwischen Proton und Neutron unterscheiden.

In der Praxis bewährt sich die Isospin-Symmetrie von Heisenberg denn auch ganz hervorragend, wenn man Prozesse der starken Kernkraft berechnet. Sie reichte aber nicht aus, um eine konsistente Quantenfeldtheorie der starken Wechselwirkung zu konstruieren, so wie dies bei der QED für die elektromagnetischen Kräfte gelungen war. Aber vielleicht lässt sich die Symmetrie ja passend erweitern, um doch noch zum Ziel zu kommen.

Yang, Mills und ihre Idee einer lokalen Proton-Neutron-Eichsymmetrie
An dieser Stelle kommt der chinesisch-amerikanische Physiker Chen Ning Yang (Abb. 5.2) ins Spiel – wir haben ihn bereits im vorherigen Kapitel kennengelernt und gesehen, wie er zusammen mit seinem Kollegen

Abb. 5.2 Chen Ning Yang (geb. 1922) im Jahr 2017. (© Niu Bo/dpa/picture alliance)

Tsung-Dao Lee den entscheidenden Anstoß zur Entdeckung der Spiegel-symmetrie-Verletzung gab.

Im Jahr 1922 in China geboren, wuchs Yang auf dem Campus der Tsinghua-Universität bei Peking in einer anregenden akademischen Atmosphäre auf – sein Vater war dort Mathematikprofessor. Nach dem Physikstudium während des Chinesisch-Japanischen Krieges verließ Yang China und ging in die USA, wo sich der freundliche, bescheidene und ungemein fleißige Physiker zu einem der angesehensten Theoretiker seiner Zeit entwickelte.

Die Physiker in Yangs Generation waren bereits mit der Quantentheorie aufgewachsen, sodass ihnen die enorme Rolle bewusst war, die Symmetrien in der Quantentheorie spielen. „Wenn man inne hält, um die Eleganz und die wunderbare Vollkommenheit der damit verbundenen mathematischen Argumentation zu betrachten und sie ihren komplexen und weit reichenden physikalischen Auswirkungen gegenüberstellt, dann entwickelt sich immer ein tiefes Gefühl des Respekts vor der Macht der Symmetriegesetze."[2] – so drückt es Yang selbst in seiner Nobelpreisrede im Jahr 1957 aus.

Yang war also klar, dass Symmetrien ein sehr mächtiges Werkzeug sind, wenn es um Quantentheorien geht. Lässt sich das vielleicht ausnutzen, um die Probleme in den Griff zu bekommen, die sich bei der relativistischen Quantenbeschreibung der starken Wechselwirkung stellen?

Natürlich war Yang die Isospin-Symmetrie Heisenbergs bekannt, und so überlegte er, wie er diese Symmetrie geeignet erweitern könnte, um sie besser nutzbar zu machen. Dabei kam er im Jahr 1954 zusammen mit seinem US-amerikanischen Kollegen Robert L. Mills[3] auf eine wegweisende Idee: Wer sagt eigentlich, dass man an jeder Stelle im Raum genau dieselbe Isospin-Drehung durchführen muss? Wenn man beispielsweise auf Alpha Centauri alle Protonen in Neutronen umwandelt und umgekehrt und dies auf der Erde unterlässt, so müsste das für die starken Kernkräfte doch egal sein, denn diese interessieren sich sowieso nicht für diesen Unterschied. In ihrer Arbeit *Conservation of Isotopic Spin and Isotopic Gauge Invariance* drücken Yang und Mills es sinngemäß so aus:

> Sobald man sich an einem Raum-Zeit-Punkt entschieden hat, was man ein Proton und was ein Neutron nennt, hat man an anderen Raum-Zeit-Punkten keinen solchen Entscheidungsspielraum mehr. Es scheint, dass dies nicht mit dem lokalen Feldkonzept übereinstimmt, das den üblichen physikalischen Theorien zugrunde liegt.

Hypothetische Isospin-Eichfelder

Kommt Ihnen diese Idee bekannt vor? Hermann Weyl hatte im Jahr 1918 einen ähnlichen Einfall für die Festlegung von Längen- und Zeitmaßstäben und gefordert, dass diese sich auf Alpha Centauri anders festlegen ließen als auf der Erde. Er sprach davon, man könne sie lokal unterschiedlich „umeichen" und nahm an, die Welt besäße eine entsprechende lokale Eichsymmetrie.

---

[2] *„When one pauses to consider the elegance and the beautiful perfection of the mathematical reasoning involved and contrast it with the complex and far-reaching physical consequences, a deep sense of respect for the power of the symmetry laws never fails to develop."*

[3] Vielleicht haben Sie es anhand der Namen erkannt: Wir legen gerade die Basis für die sogenannten *Yang-Mills-Theorien,* zu denen auch die Eichtheorien gehören, die später im Standardmodell gebraucht werden.

Wie wir wissen, hatten Einstein und Pauli vehement widersprochen und bezweifelt, dass es diese lokale Eichsymmetrie in der realen Welt wirklich gibt. Wie sich herausstellte, war ihre Kritik völlig berechtigt, sodass Weyls Idee trotz all ihrer mathematischen Eleganz erledigt zu sein schien. Doch als in den Jahren nach 1925 die Quantenmechanik entstand, erhob sich die lokale Eichsymmetrie wie ein Phönix aus ihrer Asche und erlebte ein fulminantes Comeback. Man musste sie nur auf das richtige Objekt anwenden – nicht auf Längen- und Zeitmaßstäbe, sondern auf die Schwingungsphase der Quantenwellen. Was wir auf der Erde als Wellental einer Quantenwelle bezeichnen, durfte ein Alien auf Alpha Centauri gerne als Wellenberg auffassen. Nur relative Phasenunterschiede zwischen Quantenwellen am selben Ort sind wichtig, wenn sich die Quantenwellen dort überlagern und je nach Phasenunterschied gegenseitig verstärken oder auslöschen. Die absolute Phase einer Quantenwelle ist dagegen physikalisch bedeutungslos und kann an verschiedenen Orten unterschiedlich gewählt werden. Man darf sie jederzeit lokal umeichen, wie man sagt.

Um diese lokale Beliebigkeit der Wellenphase in den Wellengleichungen wie der Schrödinger-Gleichung oder der Dirac-Gleichung abzubilden, muss man dort ein sogenanntes *Eichfeld* einfügen. Auch dieses Eichfeld enthält eine gewisse Beliebigkeit, die sich über die Wellengleichung auf die Phase der Quantenwelle überträgt. Anschaulich kann man sich vorstellen, dass das Eichfeld entweder von hinten schiebt oder von vorne drückt und so entlang eines Weges beim nächsten Schritt die Wellenphase entweder ein kleines bisschen vor- oder zurückstellt. Dabei ist es egal, welchen Weg man zwischen zwei Punkten zurücklegt – die Veränderung der Wellenphase entlang der Wege ist am Endpunkt immer dieselbe und entspricht der willkürlichen Umeichung an diesem Ort.

Nun, da wir die Eichfelder schon einmal eingeführt haben, eröffnet sich noch eine weitere Möglichkeit, wie wir aus Abschn. 3.1 wissen: Die Eichfelder können eine Wirbelkomponente enthalten, sodass es einen Unterschied macht, welchen Weg man zwischen zwei Punkten wählt. Auf dem einen Weg hätte man beispielsweise Rückenwind, sodass sich die Wellenphase entsprechend stark verändert. Auf dem anderen Weg hätte man dagegen Gegenwind, sodass die Phase sich gerade anders herum ändert. Wie sich das physikalisch auswirkt, haben wir beim Aharonov-Bohm-Effekt gesehen, wo eine Magnetspule eine solche Wirbelkomponente im magnetischen Eichfeld erzeugt: Das Streifenmuster auf dem Detektorschirm hinter der Spule verschiebt sich, wenn man das Magnetfeld in der Spule einschaltet.

Die Eichfelder für die lokale Umeichung der Wellenphase haben also offensichtlich etwas mit dem Elektromagnetismus zu tun. Als Hermann Weyl sich die mathematischen Eigenschaften der Eichfelder genauer anschaute, bestätigte sich dieser Verdacht: Sie entsprechen offensichtlich den elektromagnetischen Potenzialen, aus deren Wirbelkomponenten sich die elektromagnetischen Felder berechnen lassen. Die Eichfelder eröffnen damit automatisch die Möglichkeit, die elektromagnetische Wechselwirkung in den quantenmechanischen Wellengleichungen zu berücksichtigen, gleichsam als willkommene Nebenwirkung der lokalen Willkürlichkeit der Wellenphase.

Lässt sich nach der gleichen Logik auch die starke Kernkraft beschreiben? Das war jedenfalls die Idee, die Yang und Mills mit ihrer Idee einer lokalen Isospin-Symmetrie verfolgten. Statt der Wellenphase ist es jetzt der Proton- und Neutrongehalt eines Nukleons, der aus Sicht der starken Kernkraft willkürlich ist und an jedem Ort nach Belieben verändert werden kann. Anders ausgedrückt: Man kann an jedem Ort im Raum beliebige Iso-spin-Drehungen vornehmen und damit den Proton- und Neutrongehalt der Nukleonen dort verändern. Um das in den Wellengleichungen mathematisch abzubilden, braucht man wieder ein passendes Eichfeld. Wenn dieses Isospin-Eichfeld entlang eines Weges von hinten schiebt oder von vorne drückt, so wird der Proton-zu-Neutron-Gehalt eines Nukleons beim nächsten Schritt in die eine oder die andere Richtung geändert.

Und damit sind wir wieder an der entscheidenden Stelle angekommen: Über das reine Umeichen des Proton-Neutron-Gehalts hinaus eröffnen die Isospin-Eichfelder wieder die Möglichkeit für Wirbelkomponenten, die eine echte dynamische Auswirkung auf die Nukleonen haben. Die Isospin-Eichfelder können damit die Nukleonen nicht nur umeichen, sondern auch dynamisch beeinflussen, so wie das auch die starke Kernkraft tut. Sind die Isospin-Eichfelder womöglich nichts anderes als die gesuchte mathematische Beschreibung der starken Kernkraft? Lässt sich auf dieser Basis analog zur QED eine konsistente Quantenfeldtheorie der starken Wechselwirkung konstruieren?

Sind Mesonen die Eichteilchen der starken Kernkraft?

Um das herauszufinden, mussten Yang und Mills noch einen Schritt weiter gehen. Erinnern Sie sich an den entsprechenden Schritt aus Abschn. 4.2? Richtig – es reicht in einer Quantenfeldtheorie nicht aus, die Kräfte und Wechselwirkungen mithilfe von Feldern zu beschreiben. Felder besitzen in der Quantentheorie auch Teilchencharakter. So ist Licht mehr als ein schwingendes elektromagnetisches Feld – es muss durch die Quantenwellen einzelner Photonen beschrieben werden.

Yang und Mills mussten also über das Isospin-Eichfeld hinausgehen und entsprechende Quantenteilchen einführen, die man auch als *Eichteilchen* oder *Eichbosonen* bezeichnet. Beim elektromagnetischen Eichfeld, das den elektromagnetischen Potenzialen entspricht, ist uns dieses Eichteilchen wohlbekannt: Es ist das Photon. Und so, wie das elektromagnetische Eichfeld die Phase von Elektron-Quantenwellen ändert, so tut dies auch das zugehörige Photon, wenn es von einem Elektron ausgesendet oder eingefangen wird.

Analog ist es bei den Eichteilchen des Isospin-Eichfeldes: So, wie das Isospin-Eichfeld Protonen in Neutronen umwandeln kann und umgekehrt, so können dies auch die entsprechenden Eichteilchen, wenn sie von diesen ausgesendet oder eingefangen werden.

Das war genau das, was Yang und Mills erreichen wollten: Die Eichteilchen verhielten sich zumindest in dieser Hinsicht genau wie bestimmte Mesonen, die Yukawa ja für die Wechselwirkungsteilchen der starken Kernkräfte gehalten hatte. Wenn man beispielsweise ein positiv geladenes Pion mit einem Proton kollidieren lässt, so kann sich das Proton in ein Neutron umwandeln, wobei das positive Pion sich in ein neutrales Pion verwandelt, sodass die Gesamtladung sich nicht ändert:

$$\pi^+ + n \rightarrow \pi^0 + p$$

Genau das konnten auch die Eichteilchen von Yang und Mills. Damit schien alles klar zu sein: Yang und Mills hatten aus der Idee einer lokalen Isospin-Eichsymmetrie eine Theorie abgeleitet, in der sich die Eichteilchen genau wie Mesonen verhalten, die von Nukleonen emittiert, absorbiert oder zwischen ihnen ausgetauscht werden können. Dabei können sie sogar Protonen und Neutronen ineinander umwandeln. Die mathematische Basis für eine Quantenfeldtheorie der starken Wechselwirkung mit Mesonen als Wechselwirkungseichteilchen schien gefunden.

Welche Masse haben Eichteilchen?

Yang und Mills waren nicht die einzigen Physiker, die in dieser Weise mit Eichsymmetrien herumexperimentierten. Auch Wolfgang Pauli, der immerhin 22 Jahre älter als Yang war, hatte sich noch lange nicht aus der aktiven Forschung zurückgezogen und hatte bereits über ähnliche Ideen nachgedacht. Allerdings hatte er wie üblich nichts davon veröffentlicht – er teilte seine Ideen lieber in Briefen und Seminaren mit seinen Kollegen. Das lag nicht zuletzt daran, dass er auf einige Ungereimtheiten gestoßen war, die ihn von einer Veröffentlichung abhielten.

Als Yang seine Ideen im Februar 1954 in Princeton vorstellte, war auch Pauli zugegen. Kaum hatte Yang die Gleichungen seines Isospin-Eichfeldes an die Tafel geschrieben, legte Pauli unbarmherzig den Finger in die Wunde, wie Yang selbst später erzählte:[4] „Wie groß ist die Masse dieser Eichteilchen?"

Yang konnte die Frage nicht beantworten und wollte mit seinem Vortrag fortfahren, doch Pauli ließ nicht locker und fragte erneut nach der Masse der Eichteilchen. Yang murmelte etwas davon, dass es sich dabei um ein sehr kompliziertes Problem handele und dass sie daran gearbeitet hätten, aber zu keinen endgültigen Schlussfolgerungen gekommen seien. Doch so leicht ließ Pauli seinen jungen Kollegen nicht davonkommen. „Das ist keine ausreichende Entschuldigung!" war sein vernichtender Kommentar.

Yang war wie vor den Kopf gestoßen von der offenen Kritik seines berühmten älteren Kollegen. Schließlich bat Robert Oppenheimer, der das Seminar leitete, den jungen Physiker fortzufahren, worauf Pauli keine weiteren Fragen mehr stellte.

Am nächsten Tag fand Yang die folgende Nachricht vor: „Sehr geehrter Herr Yang, ich bedaure, dass Sie es mir fast unmöglich gemacht haben, nach dem Seminar mit Ihnen zu sprechen. Alles Gute! Mit freundlichen Grüßen, W. Pauli." Natürlich ging Yang daraufhin zu Pauli, der ihn auf eine Arbeit von Erwin Schrödinger zu einem ähnlichen Thema hinwies. Erst da erkannte Yang, dass Pauli seine Ideen durchaus verstand und sich in diesem Umfeld bestens auskannte. Pauli wusste sehr wohl, dass das Problem mit der Masse der Eichteilchen nicht einfach zu lösen war – genau deshalb hatte er seine Frage, die für die gesamte Theorie zentral wichtig ist, so nachdrücklich gestellt. Ausweichende Höflichkeit war nun einmal nicht seine Sache.

Wie sich bald herausstellte, setzt das Photon als Eichteilchen der elektromagnetischen Kräfte den Standard auch für jedes andere Eichteilchen: Sie müssen alle masselos sein. Warum das so ist, ist nicht ganz einfach zu erklären. Die Standardantwort, die man in vielen Büchern und auch beispielsweise auf *Wikipedia: Eichboson* findet, lautet: Alle Eichbosonen sind masselos, da ein Massenterm in der Lagrange-Funktion nicht eichinvariant ist. Das sagt natürlich nur dem Experten etwas.

Letztlich liegt der Grund darin, dass eine Masse von Eichteilchen die zugehörigen Eichfelder zu stark einschränken würde, sodass sie ihre willkürliche

---

[4]Siehe *An Anecdote by C. N. Yang*, http://universe-review.ca/R15-21-YangPauli.htm.

Eichwirkung auf Wellenphasen oder Isospins nicht mehr ausüben können. So wie das Photon müssen nämlich auch alle anderen Eichteilchen Spin 1 aufweisen, wie Yang und Mills ebenfalls erkannten – genau wegen dieses ganzzahligen Spins nennt man sie ja auch *Eichbosonen*.[5] Als masselose Teilchen fliegen sie immer mit Lichtgeschwindigkeit und können sich nur links oder rechts herum um ihre Flugrichtung drehen. Wenn sie dagegen eine Masse hätten, dann wären auch andere Drehachsen erlaubt, d. h. der Spin enthält bei massiven Teilchen mehr Information und schränkt dadurch die Willkürlichkeit des zugehörigen Eichfeldes stärker ein als bei masselosen Teilchen. Die Eichfelder sind also nur bei masselosen Eichteilchen flexibel genug, um jede mögliche lokale Umeichung von Wellenphasen, Isospins etc. erzeugen zu können. Es steht also fest: Eichfelder erfordern masselose Eichteilchen.

Für die Theorie von Yang und Mills war diese Erkenntnis eine Katastrophe. Der Sinn ihrer Theorie lag ja gerade darin, Mesonen als Eichteilchen zu begreifen, sodass ihre Dynamik dadurch festlegt. Damit müssten sie masselos sein. Nun sind Mesonen aber nicht masselos, wie die Experimente zeigen. Als potenzielle Wechselwirkungsteilchen der starken Kernkraft dürfen sie auch nicht masselos sein, da sonst die sehr kurze Reichweite der starken Kernkraft nicht zu erklären ist.

Pauli hatte also den Schwachpunkt der Theorie klar erkannt. Die Theorie von Yang und Mills war an der Masse der Mesonen gescheitert, die damit – so schien es zumindest – keine Eichteilchen sein können. So schön und einleuchtend die Idee einer lokalen Isospin-Eichsymmetrie auch ist, sie entspricht offenbar nicht der Wirklichkeit. Mich erinnert das sehr an das Schicksal der ursprünglichen Eichtheorie von Hermann Weyl, die von einer lokalen Beliebigkeit der Längen- und Zeitmaßstäbe ausgegangen war. Auch diese Idee entspricht nicht der Realität. Dennoch war Weyls Idee einfach zu schön, um gänzlich falsch zu sein – man muss sie nur auf die richtigen Objekte anwenden, nämlich auf die Wellenphase von Quantenwellen. Ähnlich sollte es auch der Isospin-Eichsymmetrie von Yang und Mills ergehen: Man muss sie auf die richtigen physikalischen Objekte anwenden, damit sie Früchte trägt. Und man muss einen Weg finden, wie

---

[5]Man kann nämlich zeigen: Nur mit Spin 1 kann das zugehörige Eichfeld eine Richtung und damit eine gerichtete Schiebewirkung im Raum aufweisen, wie sie beispielsweise das magnetische Vektorpotenzial einer Spule in Kap. 3 besitzt. Der Spin ist übrigens ein Hinweis darauf, dass Pionen keine Eichteilchen sein können, denn Pionen haben Spin 0. Es gibt allerdings auch Mesonen mit Spin 1, insbesondere die extrem kurzlebigen Rho-Mesonen.

Eichteilchen eine Masse erhalten können, ohne dass dadurch die Grundidee der Eichsymmetrie zerstört wird.

Ideen aus der Supraleitung

Der entscheidende Anstoß kam von einer ganz unerwarteten Seite und beruht auf einer Entdeckung, die bereits im Jahr 1911 dem niederländischen Physiker Heike Kamerlingh Onnes gelungen war. Onnes war ein Pionier in der Erzeugung tiefer Temperaturen. Nachdem er zunächst die Gase Sauerstoff und Stickstoff verflüssigt hatte, gelang ihm schließlich sogar die Verflüssigung von Helium, das erst bei 4,22 K – also 4,22 Grad über dem absoluten Temperaturnullpunkt, der bei minus 273,15 Grad Celsius liegt – zu einer Flüssigkeit kondensiert. Damit ist Helium der absolute Rekordhalter: Kein anderes Gas kondensiert erst bei derart tiefen Temperaturen.

Mit flüssigem Helium als Kühlmittel konnte Onnes auch viele andere Stoffe auf extrem tiefe Temperaturen abkühlen. Dabei machte er bei dem Metall Quecksilber eine überraschende Entdeckung: Sobald die Temperatur die Marke von 4,183 K unterschreitet, verliert Quecksilber schlagartig jeglichen elektrischen Widerstand. Ein einmal darin erzeugter elektrischer Strom kann ewig weiterfließen, ohne sich jemals zu erschöpfen. Materialien mit dieser Eigenschaft nennt man *Supraleiter.*

Das hat eine interessante Konsequenz: Wenn auf Ihrem Labortisch ein tiefgekühlter Supraleiter liegt und Sie versuchen, von oben einen kleinen Magneten auf den Supraleiter zu legen, dann spüren Sie einen Widerstand. Der Magnet wird von dem Supraleiter abgestoßen. Wenn Sie den Magneten loslassen, dann schwebt er wie von Geisterhand über dem Supraleiter (Abb. 5.3) – auf Youtube können Sie jede Menge eindrucksvolle Videos zu diesem Thema finden.

Der Grund für diesen Effekt liegt darin, dass sich der Supraleiter gegen das in ihn eindringende Magnetfeld des Magneten wehrt. Wenn sich der Magnet nähert, erzeugt dies in der Oberfläche des Supraleiters elektrische Ströme, die das eindringende Magnetfeld neutralisieren und eine abstoßende Kraft auf den Magneten ausüben.[6] Da diese Abschirmströme

---

[6]Hintergrund ist die sogenannte *Lenz'sche Regel:* Wenn ein sich änderndes Magnetfeld in einem Leiter einen Strom induziert, dann erzeugt dieser Strom seinerseits ein Magnetfeld, das der Änderung des magnetischen Flusses entgegenwirkt. Der induzierte Strom versucht also in Summe, eine Änderung des Magnetfeldes zu verhindern.

Abb. 5.3 Ein Magnet schwebt über einem Supraleiter. (Credit: U.S. Department of Energy. Quelle: https://commons.wikimedia.org/wiki/File:U.S._Department_of_Energy_-_Science_-_304_015_003_(16334175965).jpg)

durch keinerlei Widerstand abgebremst werden, bleibt ihre neutralisierende Wirkung bestehen. Man spricht hier auch vom *Meißner-Ochsenfeld-Effekt.*[7]

Schaut man ganz genau hin, dann sieht man, dass das Magnetfeld einige zehn Nanometer (Millionstel Millimeter) in die Oberfläche des Supraleiters vordringen kann, dabei aber mit zunehmender Eindringtiefe sehr schnell schwächer wird. Ein Magnetfeld hat also innerhalb des Supraleiters nur eine extrem kurze Reichweite.

Kommt Ihnen das bekannt vor? Eine kurze Reichweite ist doch genau die Eigenschaft, die wir auch von der starken und der schwachen Wechselwirkung her kennen und die sich in der Masse ihrer quantenmechanischen Wechselwirkungsteilchen widerspiegelt. Und genau diese Masse war scheinbar nicht mit der Idee der Eichsymmetrie in Einklang zu bringen.

Schauen wir uns zum Vergleich noch einmal die Supraleitung an: „Eigentlich" haben Magnetfelder ja eine große Reichweite – erst die Eigenschaften des Supraleiters schränkt diese Reichweite in ihrem supraleitenden Inneren ein. Könnte es da nicht sein, dass auch die starke und die schwache Wechselwirkung „eigentlich" eine große Reichweite haben, und dass erst irgendetwas im scheinbar leeren Raum ihre Reichweite einschränkt? Dann

---

[7]Genau genommen sagt der Meißner-Ochsenfeld-Effekt noch etwas mehr: Der Supraleiter verhindert nicht nur das Eindringen eines Magnetfeldes von außen, sondern er verdrängt auch aktiv ein bereits vorhandenes Magnetfeld aus seinem Inneren nach außen.

hätten die starken und schwachen Wechselwirkungsteilchen „eigentlich" die Masse null, und erst dieses „Etwas" im Raum würde ihnen eine Masse verleihen. Das könnte die Idee der Eichsymmetrie womöglich retten.

Wenn eine Symmetrie spontan gebrochen wird

Einer der ersten, der um 1960 die Ideen aus der Supraleitung in die Physik der starken Kernkräfte übertrug, war der amerikanisch-japanische Physiker Yōichirō Nambu. Er hatte damit durchaus einen gewissen Erfolg, obwohl auch er die gesuchte Quantenfeldtheorie der starken Wechselwirkung nicht finden konnte. Immerhin konnte er zeigen, dass der scheinbar leere Raum durchaus „Etwas" enthalten kann, das masselosen Teilchen eine Masse geben kann. Der „leere" Raum ist nämlich in der Quantentheorie keineswegs leer, sondern in ihm wimmelt es geradezu von ständig entstehenden und wieder vergehenden virtuellen Teilchen. Wenn sich diese virtuellen Teilchen überall im Raum in geeigneter Weise zusammentun und eine Art unsichtbares Quantenfeld bilden, dann können sie ähnlich wie ein Supraleiter wirken und die Reichweite von Kräften einschränken. Die zugehörigen masselosen Wechselwirkungsteilchen dieser Kräfte erhalten also durch den Einfluss des unsichtbaren, überall vorhandenen Quantenfeldes eine Masse.

In einem Supraleiter wie Quecksilber entsteht dieses Quantenfeld dadurch, dass sich die realen Elektronen des Metalls bei sehr niedrigen Temperaturen zu Paaren zusammentun, die man auch Cooper-Paare nennt. Dabei neutralisieren sich die Spins der beiden Elektronen eines Paars im Normalfall gegenseitig, sodass das Elektronenpaar den Gesamtspin 0 besitzt. Man kann sich die Elektronenpaare also recht gut als teilchenartige Objekte mit Spin 0 – also als Bosonen – vorstellen.

Über Bosonen wissen wir bereits, dass sie sich wie Herdentiere verhalten und sehr gerne im „Quanten-Gleichschritt" marschieren. Das gilt auch für die Elektronenpaare im Supraleiter. Sie vereinen sich zu einer einzigen gemeinsame Quantenwelle, die ohne jeden Widerstand durch den Supraleiter fließt und so das Phänomen der Supraleitung erklärt. Die gemeinsame Quantenwelle der Elektronenpaare ist also das Quantenfeld, das „Etwas", das die Reichweite von Magnetfeldern im Supraleiter einschränkt.

Dabei ist eine Eigenschaft der gemeinsamen Elektronpaar-Quantenwelle entscheidend: Sie schafft mit ihrer Wellenphase einen Vergleichsstandard für die Phase jeder anderen Quantenwelle im Supraleiter. Wenn man sich erst einmal *spontan* – also willkürlich – dafür entschieden hat, was man bei der Elektronpaar-Quantenwelle als Wellenberg und Wellental bezeichnen möchte, dann weiß man das automatisch auch für jede andere Quantenwelle im Supraleiter. Man kann daher die Phase dieser anderen

Quantenwellen nicht mehr beliebig umeichen und sagt deshalb, die Eichsymmetrie ist im Supraleiter *spontan gebrochen*. Letztlich ist es dieser spontane Bruch der Eichsymmetrie, der die Reichweite eines Magnetfeldes im Supraleiter so stark einschränkt.

Analog sollte es laut Nambu auch bei der starken Wechselwirkung sein: Die Willkür, was wir aus Sicht der starken Kernkraft als Proton und was als Neutron ansehen, müsste durch irgendetwas im Raum spontan gebrochen werden. Irgendein Quantenfeld im Raum sollte diese Willkür einschränken. Das würde für die zugehörigen Eichteilchen – also bestimmte Mesonen – bedeuten, dass sie nachträglich eine Masse erhalten und die starken Kernkräfte nur noch über kurze Distanzen hinweg übertragen können.[8]

Der Haken: masselose Goldstone-Teilchen, die es nicht gibt

Die Grundidee scheint gut zu sein, doch sie hat einen Haken: Wie Nambu und der britische Physiker Jeffrey Goldstone herausfanden, hat das allumfassende Quantenfeld nicht nur den Effekt, dass es die Symmetrie bricht und den Eichteilchen eine Masse verleiht. Es hat auch noch eine andere Konsequenz: In dem Quantenfeld können sich wellenartige Schwingungen ausbreiten, deren Energie beliebig klein sein kann, wenn sie nur langsam genug schwingen. In der Quantenphysik entsprechen solche Wellen masselose Teilchen ähnlich dem Photon, allerdings mit Spin 0 – man nennt sie *Goldstone-Teilchen* oder auch *Goldstone-Bosonen*.

Wir können uns die spontane Symmetriebrechung und Entstehung der masselosen Goldstone-Teilchen sehr gut an einem einfachen Modell veranschaulichen. Stellen Sie sich vor, der leere Raum wäre mit lauter kleinen Pfeilen durchsetzt, die zufällig in alle möglichen Richtungen zeigen. Dieses Meer aus Pfeilen soll das Quantenfeld symbolisieren, das schließlich die Symmetrie brechen soll – in unserem einfachen Modell wäre das die Drehsymmetrie des dreidimensionalen Raumes.

Solange die Pfeile zufällig orientiert sind, sind alle Richtungen im Raum gleichwertig – die Drehsymmetrie ist intakt. Das wollen wir ändern: Wir nehmen an, dass benachbarte Pfeile sich gerne parallel zueinander ausrichten wollen. Je mehr Pfeile das in einem Gebiet bereits geschafft haben, umso stärker soll ihre Wirkung auf Pfeile am Rand des Gebietes sein, sich ebenfalls parallel auszurichten. Nach und nach werden sich so immer mehr Pfeile parallelisieren, bis schließlich sämtliche Pfeile in Reih und Glied in dieselbe

---

[8]Genau genommen beschäftigte sich Nambu mit einer etwas anderen Symmetrie, aber wir wollen hier nicht zu sehr ins Detail gehen.

Richtung zeigen. Welche Richtung das ist, ist rein zufällig und hängt davon ab, wie die zufälligen Orientierungen der Pfeile zu Beginn aussehen. Man sagt, die Drehsymmetrie wird durch die gemeinschaftliche Ausrichtung der Pfeile im Raum spontan gebrochen, denn nun gibt es eine Referenzrichtung im Raum, die durch die spontane Parallelisierung der Pfeile entstanden ist. Übrigens habe ich diesen Prozess nicht völlig frei erfunden: Genau dasselbe geschieht, wenn sich die Elektronenspins in Eisen parallelisieren und das Eisen dadurch magnetisch wird, sobald die Temperatur unter dem kritischen Wert von rund 770 Grad Celsius liegt. Auch dies ist eine spontane Symmetriebrechung, die die Eigenschaften von Eisen verändert und es magnetisch werden lässt.

In dem Feld der parallel ausgerichteten Pfeile wollen wir nun eine Welle auslösen. Dazu greifen wir uns einfach einige benachbarte Pfeile heraus und drehen sie ein bisschen aus ihrer Vorzugsrichtung heraus. Natürlich möchten sich die Pfeile gerne wieder parallel zu den anderen Pfeilen ausrichten. Umgekehrt richten sich aber auch die Nachbarpfeile ein bisschen nach den verdrehten Pfeilen aus. Wenn wir die Pfeile nun loslassen, schwingen sie zurück in ihre Vorzugsrichtung, wobei sie auch die Nachbarpfeile dazu anregen, mitzuschwingen. Nach und nach breiten sich diese kleinen Drehschwingungen von Pfeil zu Pfeil wellenförmig nach allen Seiten aus und durchlaufen das Feld der Pfeile (Abb. 5.4).

Abb. 5.4 Ein Goldstone-Teilchen kann man sich durch eine Welle veranschaulichen, bei der die Pfeile um eine Vorzugsrichtung hin und her schwingen. (Quelle: Eigene Grafik)

Diese Welle kann mit sehr wenig Energie in Gang gesetzt werden und sehr langsam schwingen – die entsprechenden Quantenteilchen – die Goldstone-Teilchen – haben also die Masse null, denn sonst müsste die Welle eine gewisse Mindestfrequenz haben, die der Energie in der Masse der Teilchen entspricht.

Abb. 5.4 zeigt sehr schön, dass masselose Goldstone-Teilchen unvermeidlich sind, wenn eine Symmetrie spontan gebrochen wird. Die Goldstone-Teilchen entsprechen Schwingungen um die Vorzugsrichtung, die sich durch die Symmetriebrechung spontan einstellt, und solche Schwingungen kann man nicht verhindern.

Schade nur, dass es solche Goldstone-Teilchen mit Spin 0 nicht zu geben scheint, denn so ein Teilchen hätte man mit ziemlicher Sicherheit bereits entdecken müssen, wenn es wirklich existierte. Das einzige bekannte masselose Teilchen ist das Photon, und das hat den falschen Spin 1. Später werden wir noch das masselose Gluon und das masselose Graviton kennenlernen, die Spin 1 und 2 besitzen – also ebenfalls nicht null.

Es ist wirklich zum Verzweifeln: Kaum haben wir mit der spontanen Symmetriebrechung einen Weg gefunden, den masselosen Eichteilchen nachträglich eine Masse zu verleihen und so die Idee der Eichsymmetrie für die starke Kernkraft zu retten, schon kommt ein unvermeidliches masseloses Goldstone-Teilchen daher und macht wieder alles kaputt. Ob die wunderschöne Idee der Eichsymmetrie womöglich in die Irre führt? Sind wir auf dem Holzweg?

Wenn Goldstone-Teilchen „gefressen" werden

Die Physiker, die sich zu Beginn der 1960er-Jahre mit dem Thema beschäftigten, waren in der Tat ziemlich verzweifelt. So erzählt Steven Weinberg in seiner Nobelpreisrede, wie er um 1960 als angehender Physiker die Idee der Eichsymmetrie und ihrer spontanen Brechung kennenlernte und zunächst begeistert war: „Wie es Theoretiker manchmal tun, habe ich mich in diese Idee verliebt. Aber wie es bei Liebesaffären oft der Fall ist, war ich zunächst ziemlich verwirrt über die Konsequenzen." Besonders das Goldstone-Teilchen machte ihm schwer zu schaffen – es war in der Realität nicht da und schien dennoch unvermeidlich, wie Weinberg zusammen mit Abdus Salam und Jeffrey Goldstone im Jahr 1962 noch einmal eindeutig nachwies.

Abb. 5.5 François Englert (geb. 1932, links) und Peter Higgs (geb. 1929, rechts) im CERN-Seminar vom 4. Juli 2012, auf dem die Entdeckung des Higgs-Teilchens bekannt gegeben wurde. (Credit: Maximilien Brice/CERN. Quelle: https://home.cern/resources/image/cern/higgs-collection-images-gallery)

In ihrer scheinbar wasserdichten Argumentation gab es allerdings eine kleine unscheinbare Lücke, die zwei Jahre später von Peter Higgs in Edinburgh – ja, genau, der mit dem berühmten Higgs-Teilchen – und unabhängig auch von seinen Kollegen François Englert[9] und Robert Brout in Brüssel sowie einigen anderen Physikern entdeckt wurde (Abb. 5.5): Wenn die Symmetrie eine lokale Eichsymmetrie ist – wenn man also beispielsweise an jedem Ort die Phase einer Quantenwelle oder den Proton-Neutron-Gehalt eines Nukleons beliebig umändern kann – dann verschmilzt das Goldstone-Teilchen mit den zuvor masselosen Eichteilchen und hilft mit, diesen eine Masse zu geben.

Vielleicht erinnern Sie sich in diesem Zusammenhang an die Argumentation von oben: Weil masselose Teilchen immer mit Lichtgeschwindigkeit fliegen, können sie sich nur links oder rechts herum um

---

[9]Die Nobelpreisrede von François Englert: *The BEH Mechanism and its Scalar Boson* aus dem Jahr 2013 ist übrigens sehr lesenswert. Dort finden Sie beispielsweise auch die Veranschaulichung des Goldstone- und des Higgs-Teilchens als Dreh- und Längenschwingungen im parallelen Pfeilefeld. Die Rede gibt es unter https://www.nobelprize.org/prizes/physics/2013/englert/lecture/im Internet.

ihre Flugrichtung drehen. Wenn sie dagegen eine Masse haben, dann sind auch andere Drehachsen erlaubt, d. h. der Spin besitzt bei massiven Teilchen mehr Möglichkeiten, sich im Raum zu orientieren. Genau diese Möglichkeiten steuert das Goldstone-Teilchen bei, wenn die noch masselosen Eichteilchen durch die spontane Symmetriebrechung ihre Masse erhalten. Physiker sagen auch, die Eichteilchen „fressen" das Goldstone-Teilchen.

Damit war das störende masselose Goldstone-Teilchen glücklich vertilgt, wobei es ganz nebenbei sogar noch den Nutzen stiftete, dass bei den massiv gewordenen Eichteilchen mit dem Spin alles in Ordnung ist.

Peter Higgs und sein Teilchen

Als Peter Higgs seine Ideen im Jahr 1964 konkretisierte, brauchte er noch einen Mechanismus, um die lokale Isospin-Eichsymmetrie zwischen Proton und Neutron zu brechen.[10] Er entschied sich für die einfachste Möglichkeit: ein sogenanntes skalares Feld, das man heute auch Higgs-Feld nennt. Der Pfeile-Teppich in Abb. 5.4 liefert eine vereinfachte Veranschaulichung für dieses Higgs-Feld, das den gesamten Raum lückenlos durchdringt und durch die parallele Ausrichtung der Pfeile die Eichsymmetrie bricht. Die Higgs-Pfeile zeigen dabei nicht wirklich in eine Richtung des dreidimensionalen Raums, sondern in eine Richtung des mathematischen Symmetrieraums, um den es jeweils geht – denken Sie beispielsweise an eine Richtung im Isospin-Raum, der mit dem Proton-Neutron-Gehalt eines Nukleons zusammenhängt.

Gerade haben wir gesehen, dass sich in diesem Feld aus Higgs-Pfeilen bestimmte Wellen ausbreiten können, bei denen die Ausrichtung der Pfeile leicht hin- und herschwingt. Die entsprechenden Quantenteilchen sind die masselosen Goldstone-Teilchen, die glücklicherweise in den massiven Eichteilchen verschwinden, wie wir jetzt wissen.

Es gibt aber noch eine zweite Art von Wellen in diesem Higgs-Zeigerfeld. Sie hängen damit zusammen, dass die Länge der Higgs-Pfeile nicht starr ist. Die Pfeile verhalten sich vielmehr wie kleine schraubenförmige Federn, die man auseinanderziehen oder zusammenstauchen kann. Wenn man eine solche Feder langzieht und loslässt, dann schwingt sie in der Länge hin und her, wobei diese Schwingung sich auf die anderen Pfeile übertragen und wellenartig ausbreiten kann (Abb. 5.6). Die entsprechende

---

[10]Es wurden damals auch andere Symmetrien im Umfeld der starken Wechselwirkung diskutiert, aber erst Steven Weinberg und Abdus Salam würden drei Jahre später erkennen, welche Symmetrie und Wechselwirkung die richtige ist, um die Ideen von Peter Higgs und François Englert anzuwenden – mehr dazu schon bald in diesem Kapitel.

Abb. 5.6 Ein Higgs-Teilchen kann man sich durch eine Welle veranschaulichen, bei der die Pfeile in ihrer Länge wie eine Feder hin und her schwanken. Je steifer diese Feder ist, umso schwerer ist das Higgs-Teilchen. (Quelle: Eigene Grafik)

Schwingungsfrequenz entspricht in der relativistischen Quantentheorie einer bestimmten Energie und damit einer bestimmten Masse des zugehörigen Quantenteilchens. Und da ist es endlich – das berühmte *Higgs-Teilchen!*[11]

5.2   Elektromagnetische und schwache Wechselwirkung vereinen

Peter Higgs dürfte damals im Jahr 1964 kaum geahnt haben, welche Bedeutung das nach ihm benannte Teilchen in der Zukunft noch spielen würde. Zunächst entsprach es einfach nur einer bestimmten Welle in dem Higgs-Pfeilefeld, das er brauchte, um die Eichsymmetrie spontan zu brechen und so den Eichteilchen eine Masse zu geben. Es wundert kaum, dass nur wenige Physiker die Bedeutung der Entwicklung erkannten, die sich zu

---

[11]Anders als bei den Drehschwingungen der Goldstone-Wellen gibt es bei den Längenschwingungen der elastischen Higgs-Zeiger eine Minimalfrequenz f, die die Federstärke der Higgs-Zeiger widerspiegelt und einer endlichen Higgs-Teilchenmasse $m = E/c^2 = h \cdot f/c^2$ entspricht. Im Gegensatz zu den Goldstone-Teilchen haben die Higgs-Teilchen also eine Masse. Der Spin beider Teilchen ist 0, sie sind also beide Bosonen.

diesem Zeitpunkt ganz langsam entfaltete. Und wie so oft war es die junge Physiker-Generation, die den Stein Schritt für Schritt ins Rollen brachte.

Steven Weinberg, Abdus Salam und die Religion

Einen herausragenden Vertreter dieser jungen Generation, die fast alle in den frühen 1930er-Jahren geboren wurden, kennen wir bereits: Es ist Steven Weinberg, geboren im Jahr 1933 in New York City (Abb. 5.7). In dem Jahr, in dem ich diese Zeilen schreibe, feiert Weinberg bereits seinen 86. Geburtstag in der texanischen Hauptstadt Austin und kann auf ein langes, interessantes und sehr erfolgreiches Leben zurückblicken.

Weinberg ist in verschiedenen Gebieten der theoretischen Physik zu Hause und gilt als ausgewiesener Experte in relativistischer Quantenfeldtheorie, Gravitationstheorie und Kosmologie – seine ausgezeichneten Lehrbücher *Gravitation and Cosmology, The Quantum Theory of Fields: Volume*

Abb. 5.7 Steven Weinberg (geb. 1933) im Jahr 2010. (Credit: Larry D. Moore CC BY-SA 3.0. Quelle: https://commons.wikimedia.org/wiki/File:Steven_weinberg_2010. jpg)

1–3 sowie *Cosmology* gehören zu den absoluten Standardwerken. Einem breiteren Publikum ist er durch sein populärwissenschaftliches Buch *Die ersten drei Minuten* bekannt, in dem er beschreibt, was in den ersten Sekunden und Minuten nach dem Urknall geschah, wie sich das Universum ausdehnte und abkühlte, wie Materie und Antimaterie entstanden und sich bis auf einen kleinen Rest wieder gegenseitig vernichteten und vieles mehr – erstaunlich, dass wir die Entwicklung unserer Welt mit unseren physikalischen Theorien tatsächlich bis auf Sekundenbruchteile an den Urknall heran rekonstruieren können.

Auch über die Physik hinaus äußert sich Weinberg gerne öffentlich zu verschiedenen Themen – immer höflich, aber auch klar und pointiert. Entschieden tritt er für die Bedeutung der Wissenschaft ein und verteidigt sie gegen Angriffe von streng religiöser Seite. Überhaupt steht Weinberg als überzeugter Atheist der Religion sehr kritisch gegenüber: „Der Gott des traditionellen Judentums, Christentums und Islam scheint mir eine schreckliche Persönlichkeit zu sein", sagt er.[12] Man solle ihm ständig huldigen, und wer ihn nicht verehre, würde auf schrecklichste Weise bestraft. Da ist durchaus etwas dran. Schreckliche Dinge wurden und werden immer noch im Namen der Religion getan, und für Weinberg macht es wenig Sinn, ständig zwischen der „wahren Religion" und radikalem Fundamentalismus zu unterscheiden: „Religion ist eine Beleidigung der Menschenwürde. Mit ihr oder ohne sie würden gute Menschen Gutes tun und böse Menschen Böses. Aber damit gute Menschen Böses tun, bedarf es der Religion." Für Weinberg, der sich menschlichen Werten tief verpflichtet fühlt, ist Religion verzichtbar und sollte überwunden werden. Und anders als Johannes Kepler mit seiner himmlischen Weltharmonie kann Weinberg auch keinen großen göttlichen Plan in unserer Welt erkennen: „Je mehr das Universum begreiflich erscheint, umso sinnloser erscheint es auch."

Es ist interessant, dass Weinbergs Freund und Kollege Abdus Salam (Abb. 5.8) ein sehr frommer Muslim war. Salam war sieben Jahre älter als Weinberg und gehörte damit nicht mehr ganz derselben neuen Physiker-Generation wie Weinberg an. Das hielt ihn aber nicht davon ab, bei der Entstehung der neuen Theorie entscheidend mitzuwirken – mehr dazu später.

---

[12]*The Atheism Tapes* (2004), britische Fernsehdokumentation von Jonathan Miller. Auch viele andere Weinberg-Zitate in diesem Kapitel stammen aus dieser Quelle. Siehe auch https://en.wikiquote.org/wiki/Steven_Weinberg.

Abb. 5.8 Abdus Salam (1926–1996) im Jahr 1979 Imperial College London. (© PA/ dpa/picture alliance)

Salam, im Jahr 1926 im heutigen Pakistan geboren, wurde 1979 der erste muslimische Nobelpreisträger für Physik. Wie seine Eltern gehörte er einer besonderen muslimischen Glaubensgemeinschaft an, die 1974 in Pakistan aus religiöser Intoleranz als nicht muslimisch verboten wurde, was für den gläubigen Muslim ein schwerer Schlag war. Salam verließ enttäuscht sein Heimatland. Seine Versuche, die islamische Welt für die moderne Wissenschaft zu begeistern, stießen zum Teil auf deutlichen Widerstand, was seinen Freund Weinberg in seinen antireligiösen Ansichten bestärkte:

„Ich habe einen Freund, Abdus Salam, einen sehr frommen Muslim, der versuchte, die Wissenschaft an die Universitäten in den Golfstaaten zu bringen, und er sagte mir, dass er eine schreckliche Zeit hatte, denn obwohl sie sehr empfänglich für Technologie waren, befürchteten sie, dass Wissenschaft dem religiösen Glauben schaden würde, und sie waren besorgt darüber … und verdammt, ich denke, sie hatten Recht. Wissenschaft wirkt zersetzend auf den religiösen Glauben, und das ist auch eine gute Sache."

Offensichtlich wirkt Wissenschaft bedrohlich auf alle Institutionen, die für sich in Anspruch nehmen, im alleinigen Besitz der Wahrheit zu sein. Das Christentum hat da auch so seine Probleme – man denke nur an die Auseinandersetzungen über das kopernikanische Weltbild oder an den Widerstand, den Darwins Evolutionslehre selbst heute noch in vielen amerikanisch-christlichen Kreisen auslöst.

Die neue Physiker-Generation in den Startlöchern

Bevor wir dem Weg von Weinberg und Salam weiter folgen, möchte ich kurz auf eine kleine Anekdote eingehen, die Peter Higgs im Jahr 2013 in seiner Nobelpreisrede nach der Entdeckung des Higgs-Teilchen erzählt. Sie spielt im Jahr 1960 und macht deutlich, wie sich die neue Generation junger Physiker zu dieser Zeit langsam formierte. Higgs selber war in jenem Jahr 31 Jahre alt und gerade zum Dozenten für mathematische Physik an der schottischen Universität in Edinburgh berufen worden. Kurz bevor er seinen neuen Posten antrat, bat man ihn, bei der Organisation der ersten schottischen Physik-Sommerschule an der Universität mitzuwirken, wobei seine Hauptaufgabe darin bestand, sich um den Wein zu kümmern, der jeden Abend beim Abendessen serviert werden sollte. Offenbar wird in Schottland nicht nur der gute schottische Whiskey getrunken.

An der Sommerschule nahmen auch vier junge Physiker teil, die bis spät in die Nacht im Gemeinschaftsraum des Newbattle Abbey College – einst die Krypta einer altehrwürdigen Abtei – auf blieben und über theoretische Physik diskutierten. Ihre Diskussionen befeuerten sie mithilfe von Wein, den sie beim Abendessen gesammelt und in der Standuhr der Krypta versteckt hatten. Kein Wunder, dass sie es nur selten schafften, am nächsten Morgen rechtzeitig zur ersten Vorlesung zu erscheinen – Peter Higgs hatte eben immer für ausreichend Wein gesorgt, auch wenn er über dessen nächtliche Verwendung durch die vier Studenten wohl nicht im Bilde war.

Die vier jungen Physiker, die damals alle im Alter zwischen 25 und 29 Jahren waren, sollten fast alle schon bald weithin bekannte Wissenschaftler werden, die wie Weinberg und Salam bedeutende Beiträge zur neuen Theorie der Teilchen und ihren Wechselwirkungen beitragen würden. Es waren der Italiener Nicola Cabibbo (geboren 1935), der US-Amerikaner Sheldon Lee Glashow (geboren 1932), der Brite Derek William Robinson (geboren 1935) und der Niederländer Martinus J. G. Veltman (geboren 1931). Den meisten von ihnen werden Sie in diesem Kapitel noch begegnen.

Von der starken zur schwachen Wechselwirkung

Als die Physik-Sommerschule im Jahr 1960 in Edinburgh stattfand, war man von einer zufriedenstellenden Quantenbeschreibung der starken und schwachen Wechselwirkung noch weit entfernt. Es war vollkommen unklar, ob man analog zur elektromagnetischen Wechselwirkung vorgehen konnte. Beim Elektromagnetismus war es Ende der 1940er-Jahre Feynman, Schwinger, Tomonaga und Dyson gelungen, mit der Quantenelektrodynamik (QED) eine einwandfreie relativistische Quantenfeldtheorie zu finden, in der man alle Unendlichkeiten im Griff hatte. Die entscheidende

Zutat ist dabei die lokale Eichsymmetrie der Quanten-Wellenphase, die man an jedem Ort nach Belieben verändern, also umeichen kann. Das masselose Photon ist das zugehörige Eichteilchen.

Wie wir wissen, hatten Yang und Mills im Jahr 1954 einen ersten Versuch gestartet, die starke Kernkraft mithilfe einer lokalen Proton-Neutron-Eichsymmetrie zu beschreiben und die zugehörigen Mesonen analog zum Photon als Eichteilchen dieser Symmetrie zu verstehen. Allerdings müssen Mesonen anders als das Photon massive Teilchen sein, denn nur so lässt sich die sehr kurze Reichweite der starken Wechselwirkung erklären, die nur im Atomkern oder in der unmittelbaren Nähe von Teilchen wirkt. Das war der Schwachpunkt, wie Pauli unverblümt klarmachte: Eichteilchen müssen masselos sein.

Zum Glück gab es einen Ausweg, den Nambu im Jahr der Sommerschule fand: Im scheinbar leeren Raum muss es etwas geben – beispielsweise ein Higgs-Feld –, das die Eichsymmetrie spontan bricht. Wie in einem Supraleiter kann dadurch die Reichweite einer Wechselwirkung eingeschränkt werden und das zugehörige Eichteilchen erhält eine Masse. Die Mesonen könnten also trotz ihrer Masse die Eichteilchen einer lokalen Eichsymmetrie sein, so wie Yang und Mills dies vermutet hatten. Ob unsere vier jungen Physiker in den feucht-fröhlichen Nächten ihrer schottischen Sommerschule wohl über diese Entdeckung diskutierten? Pauli konnten sie leider nicht mehr nach seiner Meinung fragen – er war zwei Jahre zuvor mit nur 58 Jahren in Zürich einem Krebsleiden erlegen.

Unglücklicherweise hatte Nambus Lösung des Massenproblems ein neues Problem geschaffen: Die spontane Brechung der Eichsymmetrie erzeugt ein neues masseloses Teilchen – Goldstone-Teilchen genannt –, das es aber nicht zu geben scheint. Es dauerte vier Jahre, bis Peter Higgs und seine Kollegen die Lösung fanden: Das Goldstone-Teilchen wird von den Eichteilchen gleichsam absorbiert, sobald diese ihre Masse erhalten.

Damit schienen alle grundlegenden Probleme gelöst. Und dennoch funktionierte die lokale Proton-Neutron-Eichsymmetrie von Yang und Mills nicht sonderlich gut, um die Eigenschaften der starken Kernkräfte zu reproduzieren. Vielleicht war es nicht die richtige Symmetrie? Vielleicht brauchte man einen speziellen Mechanismus, um die Symmetrie zu brechen? Mehrere Physiker versuchten sich an diesem Problem, doch es blieb schwierig. Auch Steven Weinberg bastelte mit verschiedenen Symmetrien herum, brach sie spontan und untersuchte die Auswirkungen. Dabei lernte er eine Menge über die Mechanismen der spontanen Symmetriebrechung und über die Auswirkungen verschiedener Eichsymmetrien – der endgültige Erfolg blieb jedoch aus.

In seiner Nobelpreisrede erinnert sich Weinberg, wie er an einem Tag im Herbst 1967 in sein Büro am MIT fuhr, als ihm der entscheidende Gedanke kam: Er hatte die richtigen Ideen auf das falsche Problem angewandt. Nicht die starken Kernkräfte musste er sich ansehen, sondern die schwache Wechselwirkung, und zwar in Verbindung mit den elektromagnetischen Kräften. Wenn er die schwache und elektromagnetische Wechselwirkung durch eine gemeinsame lokale Eichsymmetrie beschrieb, dann könnten seine Ideen funktionieren, die bei der starken Kernkraft versagt hatten.

Weinberg war nicht der Erste, der auf diese Idee kam. Schon 1956 hatte Julian Schwinger, einer der Mitbegründer der QED, erste Ideen in dieser Richtung gehabt, die um 1961 von seinem ehemaligen Doktoranden Sheldon Lee Glashow – ja, der von der Sommerschule – weiterverfolgt wurden. Doch Schwinger und Glashow verfügten noch nicht über die entscheidende Zutat, die erst Higgs und seine Kollegen im Jahr 1964 beisteuerten: Die spontane Symmetriebrechung zur Massenerzeugung durch das Higgs-Feld und die Lösung des Problems mit dem masselosen Goldstone-Teilchen. Anders bei Weinberg: Er hatte im Jahr 1967 alle notwendigen Zutaten beisammen und konnte das physikalische Gesamtkunstwerk zur Beschreibung der schwachen Wechselwirkung endlich in Angriff nehmen.

W-Bosonen wandeln Teilchen um

Was brauchen wir, wenn wir die schwache und elektromagnetische Wechselwirkung durch eine gemeinsame Eichtheorie beschreiben wollen? Genau – wir brauchen zuallererst eine passende lokale Eichsymmetrie. Um diese zu finden, wollen wir uns zwei typische Zerfallsprozesse anschauen, die durch die schwache Wechselwirkung ausgelöst werden: den uns mittlerweile bestens bekannten Betazerfall des Neutrons und den Zerfall des negativen Myons – das ist der rund 200-mal schwerere Bruder des Elektrons, wie er beispielsweise in großer Zahl in der kosmischen Höhenstrahlung beim Zerfall von Pionen entsteht. Die entsprechenden Feynman-Diagramme dieser beiden schwachen Zerfälle sind in Abb. 5.9 dargestellt.

Die beiden Diagramme sehen ganz ähnlich aus: Beim Betazerfall wandelt sich ein Neutron n in ein Proton p um, während sich beim Myonzerfall ein Myon μ^- in ein Myon-Neutrino ν_μ umwandelt. In beiden Fällen entsteht außerdem ein Elektron e^- und ein Elektron-Antineutrino $\bar\nu_e$. Es laufen also zwei Linien durch jedes Diagramm, bei denen sich jeweils ein Teilchen umwandelt. Dass dabei das Elektron-Neutrino aus der Zukunft kommt – also in normaler Zeitrichtung betrachtet einem Antineutrino entspricht – und nach der Umwandlung als Elektron wieder in die Zukunft

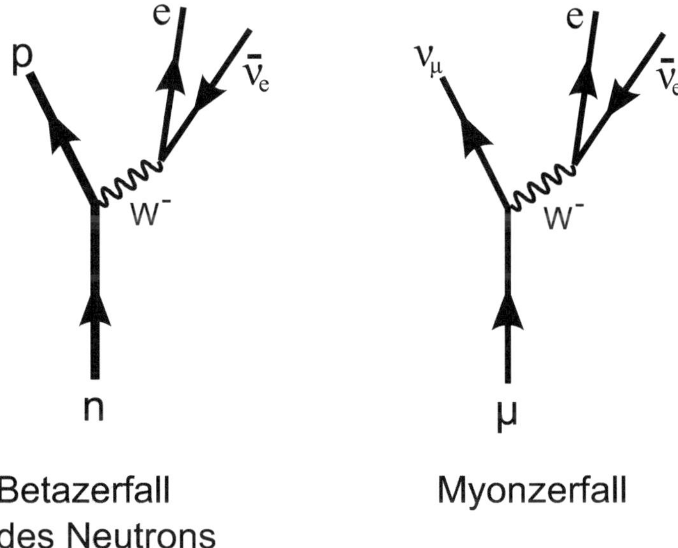

Abb. 5.9 Betazerfall des Neutrons in ein Proton (links) und Zerfall eines Myons in ein Myon-Neutrino (rechts). In beiden Fällen entsteht ein virtuelles negatives *W*-Boson, das sich in ein Elektron und ein Elektron-Antineutrino umwandelt. (Quelle: Eigene Grafik)

läuft, ist dabei gar nicht so wichtig. Es könnte genauso gut aus der Vergangenheit kommen, also im Diagramm von unten einlaufen – auch diesen sogenannten Streuprozess eines Elektron-Neutrinos an einem Myon gibt es in der Natur.

Wichtig ist also für unsere Diskussion hier nur, dass jede der beiden Linien eine Umwandlungsstelle – einen Vertex – enthält. Damit ist auch klar, was die verschiedenen Neutrinos voneinander unterscheidet: Ein Elektron-Neutrino wandelt sich an einem Umwandlungsvertex immer in ein Elektron um und umgekehrt, aber niemals in ein Myon. Analog ist es beim Myon und seinem Neutrino. Das ist auch der Grund dafür, warum beim Myon-Zerfall zwei verschiedene Neutrinos im Spiel sind und nicht nur eines. Es dauerte immerhin bis zum Jahr 1958, bis Gerald Feinberg – ein ehemaliger Mitschüler von Weinberg und Glashow an der High School – erkannte, dass es mehrere Neutrinosorten geben muss. Seine Kollegen an der Columbia University, Leon Max Lederman, Melvin Schwartz und Jack Steinberger, konnten diese Vermutung vier Jahre später durch ihre Experimente bestätigen.

Nach dem Vorbild der elektromagnetischen Wechselwirkung, bei der immer ein Photon von einem Vertex zum anderen Vertex läuft und die elektromagnetischen Kräfte überträgt, müsste auch bei der schwachen Wechselwirkung eine Art „schwaches Photon" die beiden Umwandlungsvertices miteinander verbinden und die Teilchenumwandlungen dort auslösen. Man nannte dieses zunächst noch hypothetische schwache Wechselwirkungsteilchen in naheliegender Weise *W-Boson,* wobei das *W* natürlich für *weak* = schwach steht. Da sich an den Vertices bei der Teilchenumwandlung die Ladung ändert, muss das *W*-Boson zum Ausgleich in einer positiv und einer negativ geladenen Variante W^+ und W^- existieren, sodass in Summe die Ladung erhalten bleibt. Und da die schwache Wechselwirkung nur eine extrem kurze Reichweite hat, müssen diese *W*-Bosonen eine sehr große Masse besitzen, sogar deutlich größer als die Masse der Mesonen, sodass sie nicht weit kommen.

Welchen Zerfallsprozess sollte Weinberg nun als Orientierung verwenden, um seine Eichsymmetrie zu finden? „Ich hatte damals wenig Vertrauen in mein Verständnis der starken Wechselwirkungen, also beschloss ich, mich auf Leptonen zu konzentrieren." – so sein Fazit. Den Betazerfall wollte er also sicherheitshalber erst einmal außen vor lassen, da Protonen und Neutronen auch von der starken Wechselwirkung beeinflusst werden und ihm deshalb nicht ganz geheuer waren. Er wollte sich auf Prozesse mit Elektronen, Myonen und ihren Neutrinos konzentrieren, die man zur Teilchengruppe der *Leptonen* zusammenfasst. Diese Teilchen merken von den starken Kernkräften nichts. Mit anderen Worten: Weinberg interessierte sich für das Diagramm rechts mit dem Myonzerfall, bei dem sich Myon und Elektron in ihre jeweiligen Neutrinos umwandeln oder umgekehrt (oder zusammen mit ihrem Antineutrino entstehen).

Die schwache Eichsymmetrie der Leptonen

Die Argumentation von Weinberg verläuft nun ganz analog zu den Erklärungsversuchen von Yang und Mills bei der starken Kernkraft: Wenn die schwache Wechselwirkung ein Elektron in sein Neutrino umwandeln kann, dann muss es eine Symmetrie zwischen diesen beiden Teilchen geben. Das Elektron und sein Neutrino müssen aus Sicht der schwachen Wechselwirkung gleichwertig sein, so wie Proton und Neutron aus Sicht der starken Kernkraft gleichwertig sind. Analog ist es beim Myon und seinem Neutrino.

Und so wie es beim Proton und Neutron eine Isospin-Drehung gibt, die den Proton- und Neutrongehalt eines Nukleons ändern kann, so muss es beim Elektron und seinem Neutrino eine „schwache Isospin-Drehung" geben, die ein Elektron ganz oder teilweise in sein Neutrino verwandelt und damit gewissermaßen „umeicht" (Abb. 5.10). Wir können diese schwache Isospin-Drehung an verschiedenen Orten sogar in unterschiedlicher Weise

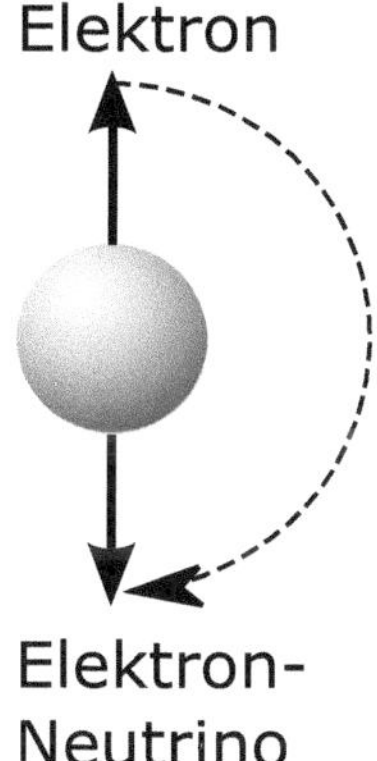

Abb. 5.10 Durch eine schwache Isospin-Drehung kann man ein Elektron in ein Elektron-Neutrino umwandeln und umgekehrt. Analog ist es beim Myon und seinem Neutrino. (Quelle: Eigene Grafik)

vornehmen und damit lokal festlegen, was ein Elektron und was ein Elektron-Neutrino sein soll. Der schwachen Wechselwirkung wäre das egal, denn sie betrachtet beide Teilchen ja als gleichwertig.

Damit haben wir alles, was wir für eine lokale Eichsymmetrie brauchen. Wieder erhalten wir die Eichfelder, die mit ihrer Schiebewirkung die schwache Isospin-Drehung hervorrufen und so die Umeichung des Elektron- bzw. Neutrino-Anteils bewirken können. Und beim Übergang zur Quantenfeldtheorie werden aus den Eichfeldern wieder die Eichteilchen, also hier die beiden *W*-Bosonen, die Elektron und Myon in ihre Neutrinos umwandeln und umgekehrt.

Pauli wäre an dieser Stelle natürlich aufgesprungen und hätte energisch darauf bestanden, dass die beiden *W*-Bosonen als Eichteilchen masselos sein müssen, doch Nambu, Higgs und andere hätten ihn beruhigen können: Die spontane Symmetriebrechung kann den *W*-Bosonen *nachträglich* ihre Masse verleihen. Weinberg entschied sich wie Higgs für den einfachsten Weg, die Symmetrie zu brechen, indem er ein Higgs-Feld einführte, dessen paralleles Zeigerfeld überall im Raum eine Vorzugsrichtung im schwachen Isospin-Raum definiert. Nun sind nicht mehr alle Richtungen in diesem Raum gleichwertig, sodass sich das Elektron und sein Neutrino unterscheiden.

Damit scheint das Gesamtkunstwerk vollbracht, die Eichsymmetrie der schwachen Wechselwirkung scheint endlich gefunden. Doch ganz so einfach ist es leider nicht. Schaut man genauer hin, dann sind da noch einige Feinheiten zu beachten – das wusste natürlich auch Weinberg. Und genau in diesen Feinheiten steckt die enorme Vorhersagekraft der gesamten Theorie.

Die elektroschwache Wechselwirkung entsteht

Der Knackpunkt liegt darin, dass die beiden geladenen W-Bosonen W^+ und W^- nicht die einzigen Eichteilchen sein können. Wenn wir uns noch einmal den schwachen Isospin-Raum in Abb. 5.10 anschauen, dann sehen wir, dass es nicht nur Drehungen gibt, die die senkrechte z-Achse kippen und so beispielsweise das Elektron in sein Neutrino umwandeln können. Es gibt auch Drehungen, die die z-Achse nicht kippen, nämlich genau die Drehungen um die z-Achse selbst. Diese Isospin-Drehungen führen zu keiner Teilchenumwandlung, sodass das zugehörige Eichteilchen ebenfalls keine Teilchenumwandlung an einem Vertex hervorruft. Entsprechend würde dieses Eichteilchen auch keine elektrische Ladung tragen, sodass wir es als W^0 bezeichnen wollen.

An dieser Stelle wird es nun kompliziert. Das elektrisch neutrale W^0 würde nämlich wie seine beiden geladenen Brüder ausschließlich „linkshändig" wirken, denn die schwache Wechselwirkung verletzt die Spiegelsymmetrie, wie wir wissen. Ein solches Eichteilchen scheint es in der Natur aber nicht zu geben. Wir kennen aber ein anderes neutrales Eichteilchen, das sehr wohl existiert: das Photon. Allerdings ist das Photon masselos und respektiert die Spiegelsymmetrie, betrachtet also rechts und links als gleichwertig.

Nun ist auch das hypothetische W^0 wie seine geladenen Brüder vor der Symmetriebrechung zunächst masselos, denn erst die Symmetriebrechung verleiht ihm seine Masse. Könnte es da vielleicht sein, dass es einen Zusammenhang zwischen dem linkshändigen W^0 und dem beidhändigen Photon gibt? Immerhin sind beide elektrisch neutral und vor der Symmetriebrechung auch masselos.

Weinberg folgte diesem Gedankengang, der auch Glashow zuvor schon beschäftigt hatte: Wie wäre es, wenn es zumindest formal neben den drei linkshändigen W-Bosonen noch ein neutrales masseloses B-Boson gäbe, das im Wesentlichen rechtshändig wirkt und so eine rechtshändige Komponente ins Spiel bringt? Dann könnte man dieses hauptsächlich rechtshändige B-Boson mit dem linkshändigen W^0–Boson „mischen" und so das beidhändige Photon erzeugen. Als Nebenprodukt ergäbe sich durch das Mischen ein weiteres neutrales Eichteilchen, das man Z-Boson (kurz Z^0) getauft hat und das im Wesentlichen linkshändig wirkt. Auch dieses Z^0 erhält anschließend wie die beiden geladenen W-Bosonen durch die Symmetriebrechung eine Masse. Das Photon bleibt dagegen masselos, da es nicht vom Higgs-Feld beeinflusst wird. Das liegt daran, dass es trotz der Symmetriebrechung durch die parallele Ausrichtung der Higgs-Zeiger immer noch eine ungebrochene Restsymmetrie gibt, die wir uns als Drehung um die Higgs-Zeigerrichtung veranschaulichen können.

Wie gesagt – es ist ziemlich kompliziert. Es klingt eher wie ein Kochrezept, bei dem man die richtigen Zutaten irgendwie passend kombiniert. Dennoch ist es genau dieses Kochrezept, für das sich die Natur entschieden hat, wie wir noch sehen werden. Und vollkommen willkürlich ist dieses Kochrezept auch nicht, denn man kann es nach unserem bewährten Schema aus einer lokalen Eichsymmetrie herleiten, wenn man die schwache Isospin-Symmetrie mit einer Wellenphasen-Eichsymmetrie kombiniert[13] – erstere ergibt die drei W-Bosonen W^+, W^- und W^0, letztere ergibt das B-Boson. Nun muss man nur noch das neutrale W^0 mit dem neutralen B „mischen" und die Eichsymmetrie durch ein Higgs-Feld brechen, und man erhält neben den beiden geladenen W-Bosonen W^+ und W^- auch die real existierenden neutralen Eichteilchen, also das neutrale Z^0 und das ebenfalls neutrale Photon, wobei das Photon auch nach der Symmetriebrechung masselos bleibt. Die drei massiven Eichteilchen W^+, W^- und Z^0 vermitteln dabei die schwache Wechselwirkung, während das Photon zur elektromagnetischen Wechselwirkung gehört (Abb. 5.11). Wie die ganze Konstruktion zeigt, sind schwache und elektromagnetische Wechselwirkung eng miteinander verwandt und erhalten erst durch das Mischen und die Symmetriebrechung ihren unterschiedlichen Charakter, weshalb man auch zusammenfassend von der *elektroschwachen Wechselwirkung* spricht.

Einen wichtigen Punkt haben wir übrigens bisher unterschlagen: Wie sich herausstellt, muss auch das Elektron zu Beginn der ganzen Prozedur erst einmal masselos sein, damit Elektron und Neutrino wirklich als „gleichwertig" betrachtet werden können. Nur so lassen sie sich an jedem Ort beliebig ineinander umwandeln – das war ja der Ausgangspunkt für die Idee der lokalen Eichsymmetrie. Erst durch die Symmetriebrechung, die den Eichteilchen W^+, W^- und Z^0 ihre Masse verleiht, erhält auch das Elektron seine Masse und seine elektrische Ladung. Beim Myon sowie beim Tauon und den Quarks, die uns bald begegnen werden, ist es analog.

---

[13]Für Experten: Die schwachen Isospin-Drehungen entsprechen mathematisch der sogenannten Gruppe *SU(2)*, während die Umeichung von Wellenphasen der Gruppe *U(1)* entspricht. Man spricht daher auch von der *SU(2)×U(1)*-Eichsymmetrie. Die *SU(2)*-Drehungen zwischen Elektron und Neutrino wirken dabei nur auf deren linkshändigen Anteil, da es nur linkshändige Neutrinos gibt, wenn wir ihre winzigen Massen vernachlässigen. Das „Mischen" wird durch einen Mischungswinkel beschrieben, den man *Weinberg-Winkel* oder *elektroschwachen Mischungswinkel* nennt. Sein Wert beträgt etwa 30 Grad. Das bedeutet, dass das Photon eine quantenmechanische Mischung aus rund drei Viertel B-Boson und einem Viertel W^0-Boson ist, während es beim Z^0 genau umgekehrt ist.

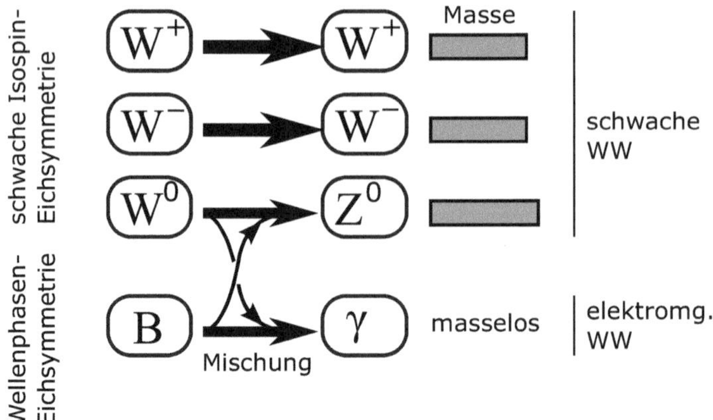

Abb. 5.11 Die schwache Isospin-Eichsymmetrie zwischen dem Elektron bzw. dem Myon und seinem zugehörigen Neutrino führt zu den drei *W*-Bosonen W^+, W^- und W^0 als Eichteilchen. Eine zusätzliche Wellenphasen-Eichsymmetrie ergibt als weiteres formales Eichteilchen ein neutrales *B*-Boson. Dieses *B*-Boson mischt mit dem ebenfalls neutralen W^0-Boson und erzeugt so das real existierende *Z*-Boson Z^0 und das Photon *γ*. Durch die Symmetriebrechung erhalten die *W*- und *Z*-Bosonen ihre großen Massen, während das Photon masselos bleibt. Dadurch erhält die schwache Wechselwirkung ihre sehr kurze Reichweite. (Quelle: Eigene Grafik)

Die neue Theorie sieht vielversprechend aus

Wenn Sie jetzt verwirrt sind und erst einmal Luft schnappen müssen, dann völlig zu Recht. Es ist wirklich nicht einfach, hier den Überblick zu behalten. Kein Wunder also, dass es viele Jahre gedauert hat, bis Steven Weinberg alle Puzzleteile zusammenfügen konnte. Dabei ist das Ergebnis keineswegs willkürlich. Auch seinem Freund Abdus Salam war es unabhängig gelungen, alle Teile zu einem sinnvollen Ganzen zusammenzufügen, und er hatte genau dasselbe Ergebnis erhalten. „Die Natürlichkeit der gesamten Theorie wird durch die Tatsache untermauert, dass die gleiche Theorie 1968 von Salam unabhängig entwickelt wurde", schreibt Weinberg.

Erinnern Sie sich noch an das Eingangszitat von Steven Weinberg zu Beginn dieses Kapitels? Dass es darum geht, *die Dinge auf einfache Weise zu sehen und eine Vielzahl komplizierter Phänomene mithilfe einiger weniger einfacher Prinzipien ganzheitlich zu verstehen?* Die Vereinigung der elektromagnetischen und schwachen Wechselwirkung zu einer übergreifenden elektroschwachen Wechselwirkung hat uns da ein gutes Stück vorangebracht. Nun verstehen wir endlich, warum Albert Einstein und Hermann Weyl daran gescheitert sind, die einzigen zu ihrer Zeit bekannten Wechselwirkungen – Elektromagnetismus und Gravitation – zusammenzuführen.

Nicht die Gravitation ist der natürliche Partner der elektromagnetischen Kräfte, sondern die schwache Wechselwirkung.

So weit sieht das alles ja schon recht vielversprechend aus. Aber hat man mit der neuen Theorie auch wirklich eine vollwertige Quantenfeldtheorie analog zur Quantenelektrodynamik (QED) in der Hand, in der man mit sämtlichen Unendlichkeiten fertig wird? In Abschn. 4.2 hatten wir ja gesehen, wie man in der QED durch den Trick der *Renormierung* die Unendlichkeiten isolieren und in der nicht messbaren „nackten" Masse und Ladung der Teilchen verstecken kann, wo sie nicht weiter stören. Gilt das auch für Weinbergs und Salams neue Theorie der elektroschwachen Wechselwirkung? Ist auch sie renormierbar? Kann man mit ihr beliebig genaue Rechnungen anstellen, ohne dass einem dies durch überall auftauchende Unendlichkeiten kaputt gemacht wird?

Weinberg hatte sehr darauf geachtet, seine Theorie so zu konstruieren, dass sie sehr wahrscheinlich renormierbar sein sollte, was man im Wesentlichen dadurch erreicht, dass man die darin auftretenden mathematischen Ausdrücke so einfach wie möglich wählt:[14] „Wenn man sich erst einmal für das Menü der Felder in der Theorie entschieden hat, werden alle Details der Theorie vollständig durch die Symmetrieprinzipien und die Renormierbarkeit bestimmt, mit nur einigen wenigen freien Parametern."

Schade nur, dass er die Renormierbarkeit seiner Theorie nicht beweisen konnte. Weinberg arbeitete mehrere Jahre an diesem Problem, machte aber wenig Fortschritte. Im Jahr 1971 zeigte dann ein 13 Jahre jüngerer niederländischer Physiker, wie es richtig geht: Gerardus 't Hooft. In Zusammenarbeit mit seinem Lehrer Martinus Veltman − wir kennen ihn von der schottischen Sommerschule − zeigte er in einer wunderbaren Arbeit, dass die Quantenfeldtheorie der elektroschwachen Wechselwirkung tatsächlich renormierbar ist. Dabei spielt es eine wichtige Rolle, dass die gesamte Theorie auf einer lokalen Eichsymmetrie basiert. Die Eichsymmetrie garantiert zusammen mit der Einfachheit der mathematischen Formulierung die Renormierbarkeit der Theorie und sorgt so dafür, dass man nicht in den Unendlichkeiten ertrinkt, die dort auftauchen.

Jetzt fehlt nur noch der letzte entscheidende Schritt: Stimmt die Theorie mit der Wirklichkeit überein? Macht sie Vorhersagen, die sich im Experiment überprüfen lassen?

---

[14]Steven Weinberg: *Conceptual Foundations of the Unified Theory of Weak and Electromagnetic Interactions,* Nobel Lecture (1979), https://www.nobelprize.org/prizes/physics/1979/weinberg/lecture/.

Die erste Bewährungsprobe: „neutrale Ströme"

Eine der wichtigsten Vorhersagen der Theorie ist die Existenz des neutralen *Z*-Bosons. Dass es die beiden geladenen *W*-Bosonen geben sollte, hatte man vorher schon vermutet, denn nur so lässt sich beispielsweise der Betazerfall des Neutrons oder der Zerfall des Myons über ein schwaches Wechselwirkungsteilchen erklären. Das neutrale *Z*-Boson wird dagegen bei schwachen Zerfällen gar nicht gebraucht. Gibt es also irgendwelche Prozesse, die nur über das *Z*-Boson ablaufen können?

Das *Z*-Boson beeinflusst sämtliche Leptonen, also das Elektron ebenso wie das Myon und auch die Neutrinos. Dabei verändert es im Gegensatz zu den beiden geladenen *W*-Bosonen den Teilchentyp nicht. Das ist auch beim Photon so. Tatsächlich kann jeder Prozess, der über ein Photon ablaufen kann, auch über ein *Z*-Boson ablaufen. Nur merkt man dabei meistens von dem *Z*-Boson nichts, da das Photon bei den typischen nuklearen Energien dominiert – das *Z*-Boson muss sich dann nämlich sehr viel Energie für seine große Masse leihen und kommt so kaum gegen das Photon an.

Wir müssen also einen Prozess finden, bei dem nur das *Z*-Boson zum Zug kommt, nicht aber das Photon. Die Lösung sind die Neutrinos. Da sie elektrisch neutral sind, hat das Photon im Gegensatz zum *Z*-Boson bei ihnen keine Chance. Wie wäre es beispielsweise, wenn wir einen Strahl aus Myon-Neutrinos mit Elektronen wechselwirken lassen? Myon-Neutrinos lassen sich problemlos an Teilchenbeschleunigern herstellen, indem man Protonen auf hohe Energien beschleunigt und mit Materie kollidieren lässt – beim Zerfall der dabei entstehenden Pionen werden reichlich Myon-Neutrinos erzeugt. Und Elektronen existieren sowieso zuhauf in jedem beliebigen Stück Materie.

Im Jahr 1973 wurde am europäischen Forschungszentrum CERN bei Genf ein solches Experiment durchgeführt. Dazu hatte man eine große sogenannte Blasenkammer gebaut, die man auf den Namen *Gargamelle* taufte. Diese Blasenkammer war letztlich nichts anderes als ein 5×2 m großer zylindrischer Tank, in den man rund zwölf Kubikmeter flüssiges Propan oder Freon einfüllte. Druck und Temperatur der Flüssigkeit stellte man so ein, dass ein geladenes Teilchen beim Durchqueren eine Spur feiner Dampfbläschen erzeugt, die man fotografiert. Anhand der Spur lässt sich das Teilchen dann identifizieren.

Nun richtete man den Neutrinostrahl auf die Blasenkammer. Die allermeisten Myon-Neutrinos durchquerten die Blasenkammer, ohne darin irgendeine Spur zu hinterlassen – Neutrinos sind ja wahre Geisterteilchen, die sogar die komplette Erde durchqueren können. Doch ganz selten wechselwirkte ein Myon-Neutrino mit einem Elektron in der Flüssigkeit und gab ihm einen heftigen Schubs. Auf den Fotos sah man die Bahnen dieser angestoßenen Elektronen in der Flüssigkeit, während der Verursacher, das elektrisch neutrale Neutrino, unsichtbar blieb. Es sah ganz so aus, als wären hin und wieder einzelne Elektronen wie von selbst in Bewegung geraten.

Die einzige Möglichkeit, wie ein Myon-Neutrino ein Elektron anschubsen kann, besteht im Austausch eines *Z*-Bosons zwischen diesen Teilchen (Abb. 5.12). *W*-Bosonen können hier nicht im Spiel sein, denn weder das Elektron noch das Myon-Neutrino ändern ihre Identität. Und Photonen kümmern sich sowieso nicht um die ungeladenen Neutrinos.

Abdus Salam erinnerte sich später, wie er im Jahr 1973 mit seinem Kollegen Paul Matthews in der südfranzösischen Stadt Aix-en-Provence aus dem Zug stieg, um an einer Konferenz teilzunehmen. Die beiden Physiker hatten etwas leichtsinnig beschlossen, mit ihrem ziemlich schweren Gepäck zu Fuß zu ihrer Unterkunft zu laufen. Zum Glück fuhr ein Auto hinter ihnen her und hielt an. Der Fahrer des Wagens, ein Experimentalphysiker vom CERN namens Paul Musset, öffnete das Seitenfenster und rief: „Sind Sie Salam?" Salam bejahte, worauf Musset aufgeregt verkündete: „Steigen Sie ins Auto. Ich habe Neuigkeiten für Sie. Wir haben die neutralen Ströme gefunden." Natürlich wusste Salam, dass diese *neutralen Ströme* nichts anderes waren als das *Z*-Boson, das Weinberg und er vorhergesagt hatten. Salam war sehr erleichtert, dass Musset angehalten hatte – nicht nur, weil er gerade aus erster Hand erfahren hatte, dass man in der Gargamelle-Blasenkammer eine Auswirkung seines *Z*-Bosons entdeckt hatte, sondern auch, weil er endlich sein schweres Gepäck nicht mehr weiter schleppen musste.

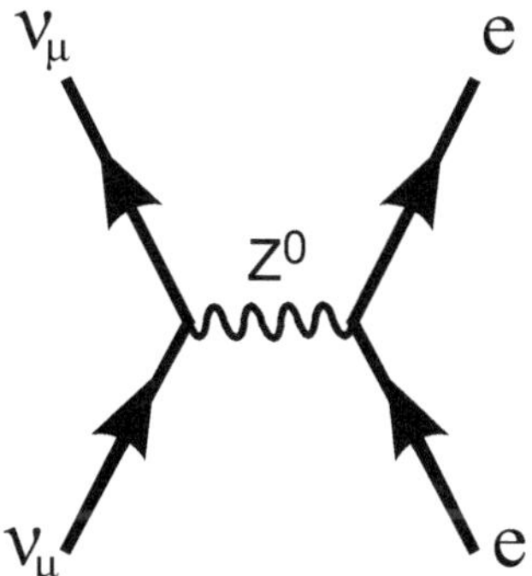

Abb. 5.12 Für die Wechselwirkung eines Myon-Neutrinos mit einem Elektron, bei dem sich beide Teilchentypen nicht verändern, braucht man das *Z*-Boson. Man spricht hier auch von den „neutralen Strömen", die zwischen dem Myon-Neutrino und dem Elektron wirken. (Quelle: Eigene Grafik)

Die zweite Bewährungsprobe: *W*- und *Z*-Bosonen erzeugen

Das Gargamelle-Experiment war ein riesiger Erfolg für die elektroschwache Theorie von Glashow, Salam und Weinberg. Die schwache Wechselwirkung konnte nicht nur über geladene *W*-Bosonen Teilchen ineinander umwandeln und zerfallen lassen, sondern sie ermöglichte es Teilchen wie den Neutrinos auch, über die neutralen *Z*-Bosonen andere Teilchen anzustoßen, ohne dabei ihre Identität zu wechseln – genau wie von der Theorie vorhergesagt.

Allerdings treten die *Z*-Bosonen im Gargamelle-Experiment nur als virtuelle Teilchen in Erscheinung, wenn sie Energie und Impuls von den Myon-Neutrinos auf die Elektronen übertragen. Dabei leihen sie sich die Energie für ihre flüchtige Existenz für einen winzigen Augenblick über die quantenmechanische Energie-Zeit-Unschärfe.

Noch schöner wäre es natürlich, wenn man die *Z*-Bosonen auch als wirkliche, reale Teilchen erzeugen könnte. Aber welche Energien braucht man, um die Masse dieses Teilchens zu erzeugen? Wie groß ist die *Z*-Masse eigentlich? Und wie groß ist die Masse der beiden geladenen *W*-Bosonen, die den Betazerfall des Neutrons und den Zerfall des Myons auslösen? Auch die *W*-Bosonen sind ja bisher nur als virtuelle Vermittler dieser Zerfälle in Erscheinung getreten.

Hier zeigt sich nun die ganze Kraft der elektroschwachen Theorie von Glashow, Salam und Weinberg. Die Myon-Neutrino Streuung und die bekannten Teilchenzerfälle liefern nämlich alle Informationen, die man braucht, um die Masse der beiden geladenen *W*-Bosonen und des *Z*-Bosons zu berechnen. Man kann ihre Massen also vorhersagen!

Als man die konkreten Werte berechnete, stellte sich zunächst Ernüchterung ein: Die *W*- und *Z*-Bosonen müssen ungefähr 70 bis 100-mal so schwer sein wie ein Proton, wobei das *Z*-Boson wegen der Mischung rund zehn Protonmassen schwerer sein sollte. Das sind sehr schwere Teilchen, die an den damals existierenden Beschleunigern unmöglich erzeugt werden konnten. Die notwendige Energie, die in diesen großen Teilchenmassen steckt, ließ sich dort schlichtweg nicht erreichen. Damals waren die Vorhersagen der Massen zwar noch relativ ungenau, da noch nicht alle Parameter wie beispielsweise das Mischungsverhältnis genau genug bekannt waren. Die Größenordnung sollte jedoch stimmen.

Sie beginnen nun sicher zu ahnen, warum man im Lauf der Zeit immer leistungsfähigere Teilchenbeschleuniger gebaut hat und immer noch baut. Neue, noch unbekannte Teilchen sind meist deutlich schwerer als die bereits bekannten Teilchen, denn sonst hätte man sie normalerweise längst gefunden.[15] Also braucht man immer größere Beschleuniger, um etwas Neues zu entdecken.

Ein leistungsfähiger Beschleuniger der nächsten Generation ging in den späten 1970er-Jahren am CERN in Betrieb: das Super-Proton-Synchrotron, kurz SPS. Nach einigen Umbauarbeiten konnte man dort in einem unterirdischen Kreistunnel von fast sieben Kilometern Umfang Protonen und Antiprotonen auf hohe Energien beschleunigen und zur Kollision bringen. Die verfügbare Energie müsste dabei groß genug sein, um W- und Z-Bosonen erzeugen zu können, sofern der vorhergesagte Massenbereich korrekt war.

Es ist leider alles andere als einfach, bei solchen Proton-Antiproton-Kollisionen die W- und Z-Bosonen aufzuspüren, auch wenn genügend Energie vorhanden ist. Bei jeder Kollision entstehen nämlich aus der verfügbaren Energie jede Menge Teilchen wie Pionen, Elektronen, Positronen, Myonen, Neutrinos und so fort. Es ist fast so, als würde man zwei Mülleimer aufeinander schießen und in dem herumfliegenden Müll nach etwas Besonderem suchen. Außerdem sind die W- und Z-Bosonen aufgrund ihrer sehr großen Masse extrem instabil – sie zerfallen sofort wieder in leichtere Teilchen und werden deshalb nicht selbst als Teilchenbahnen in Erscheinung treten.

Die einzige Chance ist also, die vielen entstehenden Teilchen genau zu vermessen und aus ihren Energien und Impulsen rückzurechnen, ob sie aus dem Zerfall eines W- oder Z-Bosons stammen können. Wenn beispielsweise ein Z-Boson in ein Elektron-Positron-Paar zerfällt, dann muss die Gesamtenergie dieses Paares der Energie entsprechen, die in der Masse des Z-Bosons steckt. Sobald man einen gewissen Überschuss an Elektron-Positron-Paaren mit passender Energie in den Kollisionen findet, weiß man, dass dort Z-Bosonen entstanden und wieder zerfallen sind.

Das Ganze gleicht der Suche nach einer Stecknadel im Heuhaufen. W- oder Z-Bosonen werden in den Kollisionen nämlich nur ziemlich selten erzeugt. Man braucht Millionen von Kollisionen, um auch nur einige Kandidaten herauszufiltern, die für die flüchtige Existenz der gesuchten Teilchen sprechen.

Im Jahr 1983 – also ziemlich genau zehn Jahre nach der Entdeckung der „neutralen Ströme" – hatten die Physiker am CERN endlich genügend

---

[15]Eine mögliche Ausnahme sind Teilchen, die kaum mit normaler Materie wechselwirken. Solche Teilchen sind nur schwer nachzuweisen und können einem daher unerkannt durch die Lappen gehen. Die geisterhaften Neutrinos sind ein gutes Beispiel dafür.

viele Kollisionsdaten beisammen, um sich sicher zu sein: Es gab eindeutige Signale, die für die Existenz der *W*- und *Z*-Bosonen sprachen. Je mehr Kollisionen sie untersuchten, umso größer wurde beispielsweise der Überschuss von Elektron-Positron-Paaren mit passender Energie.

Insgesamt ergaben diese und spätere Experimente folgendes Bild: Die *W*-Bosonen sind ungefähr 85-mal so schwer wie ein Proton, und die *Z*-Bosonen sogar 97-mal so schwer. Das stimmt sehr gut mit den genaueren Berechnungen überein, die später möglich wurden. Die elektroschwache Theorie von Glashow, Salam und Weinberg hatte ihre Feuerprobe mit Bravour bestanden.

5.3 Quarks und die Eichsymmetrie der starken Wechselwirkung

Was wir bisher noch nicht wissen ist, ob die elektroschwache Theorie auch für Protonen, Neutronen und Mesonen funktioniert, also für die Teilchen, die auch von den starken Kernkräften beeinflusst werden. Weinberg hatte ja „wenig Vertrauen in sein Verständnis der starken Wechselwirkungen" gehabt und sich deshalb auf die Leptonen konzentriert, also auf Elektronen, Myonen und ihre Neutrinos. Bleibt also die Frage, ob seine Theorie auch beispielsweise den Betazerfall des Neutrons beschreiben kann.

Wenn man sich Protonen, Neutronen oder Mesonen genauer ansieht, so entdeckt man einen wesentlichen Unterschied zu Elektron, Myon und Co: Erstere besitzen eine räumliche Ausdehnung, während letztere punktförmig sind. Zwar ist auch beispielsweise ein Proton sehr klein – es ist etwa hunderttausendmal kleiner als ein Atom –, aber ein Elektron ist noch mindestens zehntausendmal kleiner, und es spricht sogar vieles dafür, dass es keine oder nahezu keine räumliche Ausdehnung besitzt.

Was könnte der Grund für die Ausdehnung des Protons sein? Bei einem Atom liegt die Ursache für dessen Größe darin, dass es ein zusammengesetztes Quantenobjekt ist. Die Quantenwelle des Elektrons braucht schlicht und einfach Platz, wenn sie im Anziehungsfeld des Atomkerns schwingt. Könnte es bei Protonen, Neutronen und Mesonen genauso sein? Bestehen auch sie aus kleineren Bausteinen, deren schwingende Quantenwellen Platz brauchen und damit die Ausdehnung dieser Teilchen begründen?

Gell-Manns achtfacher Weg und die Quarks

Vielleicht erinnern Sie sich noch an die Kaonen und das Theta-Tau-Rätsel aus dem vorherigen Kapitel, das schließlich zur Entdeckung der Spiegelsymmetrie-Verletzung geführt hat: Die Kaonen können nur über die schwache Wechselwirkung zerfallen, da sie eine Art „Strangeness" besitzen, die einen viel schnelleren Zerfall über die starke Wechselwirkung verhindert. Nur die schwache Wechselwirkung ist nämlich in der Lage, die Strangeness zu ändern.

Kommt Ihnen das bekannt vor? Oben hatten wir gesehen, wie die schwache Wechselwirkung den Teilchentyp ändert und beispielsweise aus einem Myon ein Myon-Neutrino macht. Könnte es da nicht ein „Strange-Teilchen" im Inneren des Kaons geben, das sich in ein „Nicht-Strange-Teilchen" umwandelt?

Auf jeden Fall ist es eine gute Idee, sich erst einmal einen Überblick über Gruppe der acht leichtesten Mesonen zu verschaffen, die von den vier Kaonen K^+, K^-, K^0 und $\bar{K}^0$, dem etwas schwereren Eta-Meson η sowie den relativ leichten Pionen π^+, π^- und π^0 gebildet wird. Wie Murray Gell-Mann, Feynmans langjähriger Büronachbar am Caltech im kalifornischen Pasadena, und unabhängig der israelische Physiker Juval Ne'eman im Jahr 1961 herausfanden, lassen sich diese Mesonen anhand ihrer Ladung und ihrer Strangeness in einem zweidimensionalen Schema anordnen (Abb. 5.13 links). Gell-Mann, der ein besonderes Gespür für einprägsame Begriffe hatte, sprach bedeutungsschwanger vom *Achtfachen Weg (Eightfold Way)* – ein Begriff, den er dem Buddhismus entliehen hatte.

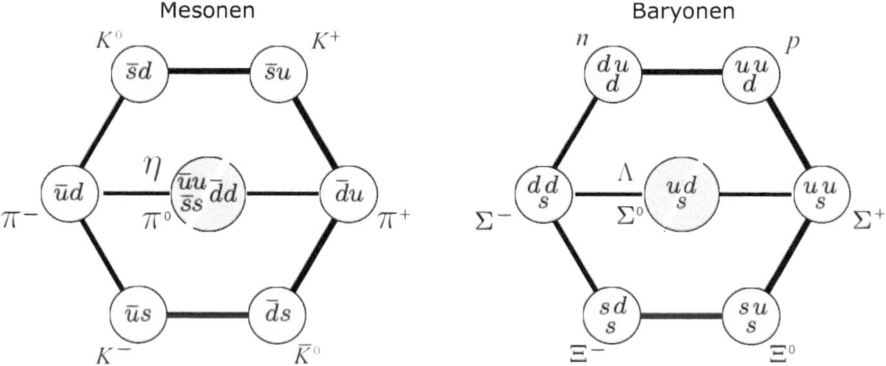

Abb. 5.13 Man kann die acht leichtesten Mesonen und Baryonen in einem Oktett anordnen, indem man sie in der Senkrechten nach ihrer Strangeness und in der Waagerechten nach ihrer Ladung sortiert. (Quelle: Eigene Grafik)

Letztlich steckt hinter diesem Schema wieder eine bestimmte Symmetrie, doch die soll uns an dieser Stelle nicht weiter interessieren. Wichtiger ist, dass man sich dieses Schema sehr gut erklären kann, wenn man die Mesonen aus kleineren Bausteinen zusammensetzt, für die Gell-Mann drei Jahre später den Begriff *Quarks* prägte – eine Anleihe aus dem Roman *Finnegans Wake* von James Joyce.

Um die obigen acht Mesonen zusammenzubauen, braucht man drei Quarksorten, die man *Up (u)*, *Down (d)* und *Strange (s)* nennt, sowie die entsprechenden Antiquarks, denn jedes Meson besteht immer aus einem Quark und einem Antiquark. Nun bedeutet „Strangeness" für ein Meson einfach nur die Anwesenheit eines Strange-Quarks oder -Antiquarks in seinem Inneren. Da ist es also, unser vermutetes „Strange-Teilchen".

Ganz ähnlich kann man auch bei den sogenannten Baryonen vorgehen, deren leichteste Vertreter das Proton und das Neutron sind (rechts in Abb. 5.13). Für sie muss man jeweils drei Exemplare der obigen Quarksorten zusammenfügen, wobei man für das Proton die Kombination *uud* und für das Neutron *udd* benötigt. Auch die Kombination *sss* sollte es demnach geben – das entsprechende negativ geladene Teilchen mit dem Namen Omega-Baryon (Ω^-) konnte man tatsächlich im Jahr 1964 am Brookhaven National Laboratory nachweisen. Das Omega-Baryon ist übrigens in Abb. 5.13 nicht eingezeichnet, da es aufgrund seines größeren Spins zu einer anderen Baryonengruppe gehört.

Das hört sich alles sehr überzeugend an. Man kann sogar den Spin der Quarks ermitteln, sodass er sich zum Gesamtspin der Mesonen und Baryonen kombinieren lässt: Der Quarkspin muss wie bei den Elektronen und allen anderen Leptonen gleich ½ sein, d. h. die Quarks gehören ebenso wie die Leptonen zu den Fermionen und unterliegen damit dem Pauli-Prinzip. Das wird etwas später noch wichtig werden.

Wenn man sich allerdings die elektrischen Ladungen der Quarks ansieht, wird man stutzig: Das Up-Quark müsste die Ladung +2/3 besitzen, Down- und Strange-Quark hätten dagegen die Ladung −1/3, damit beispielsweise das Proton die Ladung +1 und das Neutron die Ladung 0 erhalten.[16] Die Antiquarks tragen dann die entgegengesetzten Ladungen.

Teilchen mit drittelzahliger Ladung – kann es so etwas Merkwürdiges überhaupt geben? Niemals hat irgendjemand solche Teilchen beobachtet, obwohl sie aufgrund ihrer merkwürdigen Ladung sofort aufgefallen wären. Alle Teilchen, die man kannte, haben ganzzahlige Ladungen. Man

---

[16]Angegeben als Vielfache der Elementarladung.

war also mehr als skeptisch, wenn von „Quarks" die Rede war. Als rein mathematisches Ordnungsschema schienen sie einigermaßen brauchbar, doch als reale Teilchen wurden sie nur von wenigen ernst genommen. Wer seine Karriere nicht gefährden wollte, sprach von Quarks besser nur im Rahmen abstrakter mathematischer Modelle und behauptete lieber nicht, sie säßen tatsächlich im Inneren der Mesonen und Baryonen. Dafür fehlte nämlich bislang jeder Beweis. Das sollte sich einige Jahre später ändern.

Wie man Quarks aufspürt

Wie findet man heraus, on ein Proton wirklich drei Quarks enthält? Man muss irgendwie hineinschauen – nur wie? Selbst ein Elektronenmikroskop reicht dafür nicht aus. Mit diesem Instrument kann man zwar mittlerweile sogar einzelne Atome aufspüren, aber die hunderttausendmal kleineren Protonen liegen weit jenseits der Fähigkeiten dieser Geräte.

Die Idee mit dem Elektronenmikroskop ist aber gar nicht schlecht, nur dass man kein gewöhnliches Elektronenmikroskop braucht, sondern eine Art Super-Elektronenmikroskop, in dem die Elektronen über hunderttausendmal energiereicher sind. Dann ist nämlich auch ihre quantenmechanische Wellenlänge über hunderttausendmal kleiner – das reicht, um das Innere eines Protons damit auszuleuchten.

Ein solches Super-Elektronenmikroskop ist letztlich nichts anderes als ein großer Teilchenbeschleuniger für Elektronen. In den 1960er-Jahren baute man einen solchen Beschleuniger am Stanford Linear Accelerator Center (kurz SLAC) in Kalifornien. Als er schließlich fertig war, konnte man dort Elektronen in einer über drei Kilometer langen Röhre auf eine Energie beschleunigen, die der Masse von über 20 Protonen entspricht. Diese Hochenergie-Elektronen ließ man auf ein Stück Materie prallen und schaute sich an, was dabei geschieht.

Wir wissen ja bereits, dass Atome fast nur aus leerem Raum bestehen, sodass die ankommenden ultraschnellen Elektronen relativ problemlos in sei eindringen können, ohne dabei sonderlich aus der Bahn geworfen zu werden. Auch die Elektronen der Atomhülle bieten den eindringenden Elektronen nur wenig Widerstand, da sie selbst sehr leicht sind. Interessant wird es erst, wenn die Elektronen in die Protonen und Neutronen der Atomkerne eindringen.

Wie die Daten am SLAC Ende der 1960er-Jahre zeigten, gibt es im Inneren der Protonen und Neutronen kleine harte Körnchen, die in der Lage sind, die Flugrichtung der Elektronen deutlich zu ändern. Protonen und Neutronen sind keine diffusen Wolken, sondern sie enthalten offensichtlich sehr kleine massive Teilchen, die ein Elektron aus der Bahn werfen können. Feynman, der sich sehr für die Ergebnisse am SLAC interessierte, nannte diese kleinen Teilchen *Partonen,* worüber sich sein Kollege Gell-Mann enorm aufregte – warum sprach Feynman nicht einfach so wie Gell-Mann auch von Quarks? Obwohl sie Büronachbarn am Caltech waren und sich gegenseitig achteten, hatten die beiden sehr unterschiedlichen Persönlichkeiten eben bisweilen so ihre Differenzen.

Gell-Man hatte Recht: Es waren tatsächlich die Quarks mit ihren drittelzahligen Ladungen, die man gefunden hatte, wie weitere Experimente zeigten. Und die Experimente bewiesen noch etwas: Trotz ihrer hohen Energie gelingt es den Elektronen nicht, einzelne Quarks aus den Protonen und Neutronen herauszuschlagen. Was stattdessen entsteht, sind Jets aus Mesonen und anderen Teilchen, die gemeinsam das Proton in eine bestimmte Richtung verlassen (Abb. 5.14).

Man kann sich das folgendermaßen erklären: Offenbar sind Quarks nicht gerne allein unterwegs. Wenn ein Quark von einem Elektron getroffen wird und sich anschickt, beispielsweise ein Proton zu verlassen, dann erzeugt es aus der verfügbaren Energie weitere Quarks oder Antiquarks, mit denen es neue Mesonen und Baryonen bilden kann. Ein Quark schafft sich seine Reisegefährten also selbst und verlässt nur mit ihnen gemeinsam in Form von Mesonen oder Baryonen das Proton. Man bezeichnet dieses Phänomen

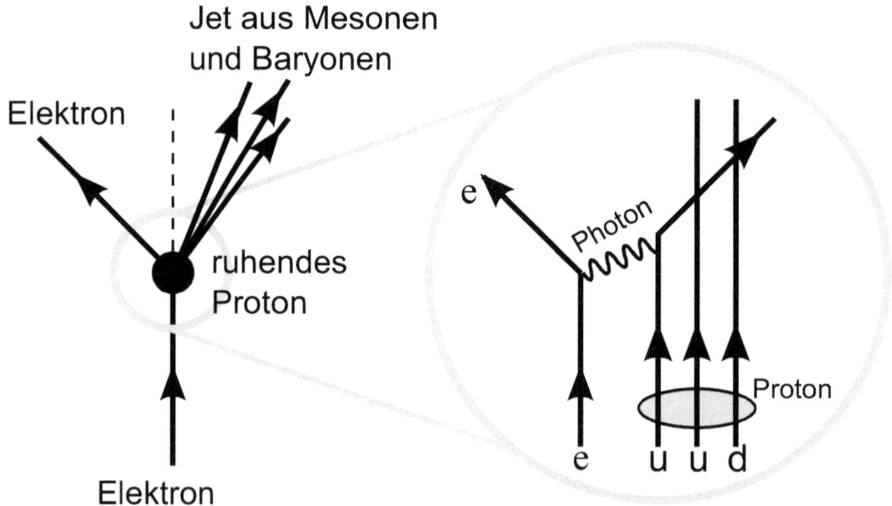

Abb. 5.14 Ein hochenergetisches Elektron kann in das Inneren eines Protons eindringen und dort einem Quark einen heftigen Schubs geben. Das Elektron wird dabei stark aus seiner Bahn geworfen, während das angestoßene Quark einen Jet aus Mesonen und Baryonen erzeugt. (Quelle: Eigene Grafik)

auch als *Confinement* (Einschluss): Quarks können nur im Inneren von Mesonen oder Baryonen zusammen mit anderen Quarks oder Antiquarks existieren, aber niemals allein. Kein Wunder also, dass man niemals zuvor Teilchen mit drittelzahliger Ladung gefunden hat. Quarks und Antiquarks finden sich immer so zusammen, dass ein Teilchen mit ganzzahliger Ladung entsteht.

Quarks besitzen Farbe

Langsam beginnen wir zu begreifen, warum alle bisherigen Versuche, die starke Wechselwirkung zwischen Protonen, Neutronen und Mesonen zu verstehen, gescheitert sind: Diese Teilchen sind keine elementaren Objekte. Sie bestehen vielmehr aus Quarks und Antiquarks. Wenn wir die starke Wechselwirkung begreifen wollen, so müssen wir herausfinden, wie sie auf die Quarks einwirkt und diese zu Baryonen und Mesonen zusammenschweißt. Die starke Kernkraft zwischen den Protonen und Neutronen im Atomkern ist dann nur noch ein indirekter Nebeneffekt der starken Wechselwirkung zwischen den Quarks.

Nur, wie kommen wir an dieser Stelle weiter? Was ist die richtige Theorie für die starke Wechselwirkung zwischen den Quarks? Ein unscheinbarer Hinweis hilft uns hier weiter: Es gibt Baryonen, die aus drei identischen Quarks bestehen. Eines von ihnen haben wir oben bereits kurz kennengelernt: das Omega-Baryon (Ω^-) mit der Quark-Kombination *sss*. Auch das Baryon mit drei Up-Quarks *uuu* gibt es: das doppelt positiv geladene Delta-Baryon Δ^{++}. Sein Bruder mit drei Down-Quarks *ddd* ist das einfach negativ geladene Delta-Baryon Δ^-. Jedes dieser drei Baryonen trägt den Gesamtspin 3/2, d. h. die halbzahligen Spins der drei Quarks sind identisch und parallel zueinander orientiert.

Fällt Ihnen hier etwas auf? Richtig: Diese Baryonen darf es eigentlich gar nicht geben. Als Teilchen mit Spin 1/2 müssen die Quarks nämlich das Pauli-Prinzip beachten, und das sagt aus, dass die drei identischen Quarks in den Baryonen nicht in allen Quantenzahlen übereinstimmen dürfen. Insbesondere dürfen ihre Spins nicht gleich orientiert sein.

Wenn wir das Pauli-Prinzip nicht über Bord werfen wollen – und das würden wir nur sehr ungerne tun, da es eine Folge der Raum-Zeit-Symmetrien in der Quantentheorie ist – dann bleibt nur ein Ausweg: Wir müssen eine Quantenzahl bei den Quarks übersehen haben. Die drei Quarks müssen über irgendeine zusätzliche Eigenschaft verfügen, die sie alle drei voneinander unterscheidet. Es muss eine Quanteneigenschaft ähnlich wie der Spin sein, nur mit drei statt zwei verschiedenen Ausprägungen, sodass jedes der drei Quarks eine andere Ausprägung annehmen

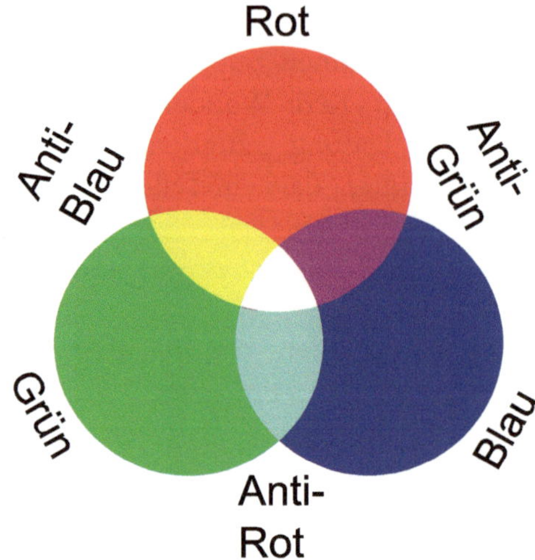

Abb. 5.15 Die Farbladungen der Quarks ähneln formal den drei Grundfarben auf dem Farbkreis. Die Farbladungen der Antiquarks entsprechen dann den Gegenfarben. Überlagert man die drei Grundfarben bzw. Farbe und Gegenfarbe, so ergibt sich *Weiß.* (Quelle: Eigene Grafik)

kann. Diese Idee wurde in den Jahren 1964 und 1965 von Oscar Wallace Greenberg und unabhängig von Moo-Young Han und Yoichiro Nambu vorgeschlagen.

Wie würden Sie eine solche Quark-Eigenschaft nennen? Nun ja – die Physiker nannten sie schlicht und einfach *Farbe,* was Richard Feynman in seinem QED-Buch[17] später zu folgendem Seitenhieb veranlasste „Diese Physiker-Idioten, unfähig, sich irgendwelche wundervollen griechischen Wörter auszudenken, bezeichnen diese Art der Polarisation mit dem unglücklichen Begriff *Farbe,* der nichts mit der Farbe im üblichen Sinn zu tun hat."

Quarks sind also nicht wirklich bunt. Dennoch macht der Begriff Farbe oder auch Farbladung durchaus Sinn, denn für unsere menschliche Farbwahrnehmung lassen sich sämtliche Farben aus den drei Grundfarben *Rot, Grün* und *Blau* zusammenmischen. Genau so nennt man auch die drei Farbausprägungen, die die Quarks annehmen können. Die Antiquarks tragen dann die Farbwerte *Antirot, Antigrün* und *Antiblau,* die man sich als Gegenfarben oder Komplementärfarben auf einem Farbkreis vorstellen kann (Abb. 5.15).

---

[17]Richard P. Feynman: *QED: Die seltsame Theorie des Lichts und der Materie,* Piper 1992.

Dabei ergibt sich eine interessante Analogie: Wenn man rotes, grünes und blaues Licht überlagert, dann ergibt sich in Summe weißes, also farbloses Licht. Genauso ist es, wenn man eine Farbe und ihre Komplementärfarbe überlagert. Analog könnte es bei den Farben der Quarks sein: Die verschiedenen Farbladungen der drei Quarks in einem Proton könnten sich gegenseitig nach außen hin kompensieren, so, wie sich positive und negative elektrische Ladungen gegenseitig neutralisieren. Analog wäre das auch bei einem Meson, wo sich die Farbe und Antifarbe des Quark-Antiquark-Paars nach außen hin gegenseitig aufheben.

Daraus ergibt sich eine interessante Idee: Die elektrischen Ladungen sind die Quelle der elektromagnetischen Wechselwirkung – könnten da nicht analog die drei Farben der Quarks die Quelle der starken Wechselwirkung sein, was in dem alternativen Begriff der *Farbladung* zum Ausdruck kommt?

Das würde beispielsweise erklären, warum die starke Kernkraft nur in der unmittelbaren Umgebung der Protonen und Neutronen wirkt. Wenn man sich von einem Proton entfernt, dann rücken die drei Quarks mit ihren drei verschiedenen Farbladungen aus Sicht des Betrachters immer enger zusammen und verschmelzen schließlich miteinander zu Weiß, so wie auch die verschiedenen Farbpixel eines Bildschirms aus der Ferne betrachtet eine weiße Fläche imitieren können. Aus der Ferne gesehen neutralisieren sich die Farbladungen der Quarks also immer stärker gegenseitig, sodass die von ihnen ausgehende starke Kernkraft schließlich erlischt. Bei den Mesonen mit ihrer Quark-Antiquark-Kombination aus Farbe und Antifarbe wäre es analog. Damit ließe sich auch erklären, warum sich immer drei Quarks zu einem Baryon oder Quark und Antiquark zu einem Meson zusammenschließen: Nur so können sich die Farbwerte tatsächlich gegenseitig kompensieren. Baryonen und Mesonen sind in diesem Sinne aus der Ferne betrachtet „weiß", also farbneutral.

Die Idee der Farben oder Farbladungen als Quelle der starken Wechselwirkung hat also durchaus etwas für sich. Mal sehen, ob sich daraus auch eine echte Theorie der starken Wechselwirkung zwischen den Quarks ableiten lässt.

Die Farb-Eichsymmetrie der Quarks und Gluonen

Nach den bisherigen Erfahrungen mit Eichsymmetrien in diesem Buch haben Sie vielleicht bereits eine Vorstellung davon, wie eine solche Theorie aussehen könnte: Als Erstes müssen wir wieder davon ausgehen, dass die drei Farbladungen komplett gleichwertig und beliebig austauschbar sind und dass wir uns an jedem Ort nach Belieben dafür entscheiden können, welche Farbladung wir dort als Rot, Grün oder Blau bezeichnen wollen. Wir wollen also annehmen, dass sich für die drei Farbladungen der Quarks die Idee der lokalen Eichsymmetrie anwenden lässt.

Als Nächstes brauchen wir wieder entsprechende Farb-Eichfelder, die das lokale Umeichen der drei Farbladungen in den Quantengleichungen ermöglichen. Die Farb-Eichfelder führen gewissermaßen Rotationen im Raum der Farben durch. Wirbelkomponenten in diesen Eichfeldern entsprechen dann dem Wirken der starken Wechselwirkung zwischen den Quarks.

Im dritten Schritt quantisieren wir diese Eichfelder, indem wir ihnen passende Eichteilchen zuordnen. Wir könnten sie „starke Farb-Photonen" nennen, doch das würde schnell zu Verwechslungen mit den Photonen der elektromagnetischen Kräfte führen. Murray Gell-Mann, der schon den Quarks ihren prägnanten Namen gab, hatte da eine gute Idee: er nannte sie *Gluonen,* da sie gewissermaßen die Quarks und Antiquarks zu Baryonen und Mesonen zusammenkleben (von englisch *to glue* = kleben). Die Gluonen sind also die Klebeteilchen der starken Wechselwirkung.

Wie alle Eichteilchen sind auch die Gluonen zunächst masselos. Anders als bei den Eichteilchen der schwachen Wechselwirkung – den *W*- und *Z*-Bosonen – können die Gluonen auch masselos bleiben, wie sich herausstellt. Wir brauchen also keine spontane Brechung der Farb-Eichsymmetrie. Die drei Farbladungen bleiben vollkommen gleichwertig.

Vielleicht fragen Sie sich, was dann ein Gluon eigentlich noch von dem ebenfalls masselosen Photon unterscheidet. Nun – als Farb-Eichteilchen muss es in der Lage sein, die Farbladung eines Quarks zu ändern, also beispielsweise aus einem „roten" Quark ein „blaues" Quark zu machen. Dafür muss es selbst doppeltfarbig sein: Es muss die antirote Farbladung mitbringen, um die rote Farbladung des Quarks auszulöschen, und es muss zugleich die blaue Farbladung im Gepäck haben, um diese auf das Quark zu übertragen. Dieses Gluon wäre also *blau-antirot.*

Analog ist es auch mit allen anderen Farben, sodass sich insgesamt $3 \times 3 = 9$ mögliche Kombinationen aus Farbe und Antifarbe für die Gluonen ergeben. Diese Kombinationen können sich auch quantenmechanisch überlagern, d. h. ein Gluon kann Mischungen dieser Kombinationen tragen. Eine bestimmte Mischungssorte müssen wir dabei allerdings ausschließen: Ein Gluon, das zu gleichen Teilen rot-antirot, grün-antigrün und blau-antiblau trägt, wäre ein absolut symmetrisches „weißes" Teilchen und hätte keinerlei Auswirkung auf irgendwelche Farbladungen. Man kann das mathematisch sauber mithilfe der sogenannten *SU(3)*-Farb-Eichgruppe begründen, aber das soll hier nicht unser Thema sein. Wir merken uns nur, dass wir die „komplett weiße" Farbmischung der Gluonen ausschließen müssen.

Damit ist klar, was Gluonen und Photonen unterscheidet: Ein Photon verändert elektrische Ladungen nicht und trägt deshalb auch selbst keine solchen Ladungen. Daher kann ein Photon auch nicht direkt auf ein anderes Photon einwirken. So können beispielsweise die Lichtstrahlen in unserer Umgebung kreuz und quer denselben Raum durchqueren, ohne sich gegenseitig aus der Bahn zu werfen.

Bei den Gluonen ist das anders. Gluonen verändert die Farbladungen der Quarks und tragen deshalb auch selber Farbladungen. Also können sie sich direkt gegenseitig beeinflussen. Ein rot-antiblaues Gluon kann sich beispielsweise in ein rot-antigrünes und ein grün-antiblaues Gluon aufspalten. Gluonen können daher den leeren Raum nicht so einfach durchfliegen wie Photonen. Sie neigen dazu, ein dichtes Netzwerk aus Gluonen und Quark-Antiquark-Paaren aufzuspannen und auch selbst darin hängenzubleiben. Das ist sehr interessant und so ganz anders als das, was wir bisher gewohnt sind – schauen wir also noch etwas genauer hin.

Quarks und Gluonen sind niemals allein: Confinement

Was geschieht eigentlich genau, wenn ein Elektron mit hoher Energie auf ein Quark trifft und dieses gleichsam aus dem Proton hinausschießt?

Mit unserem neuen Wissen über die Natur der Gluonen können wir diese Frage nun beantworten: Zwischen dem flüchtenden Quark und den anderen Quarks bildet sich ein Netz aus Gluonen aus, die ständig miteinander wechselwirken. Dieses Netz wird nicht etwa dünner, wenn das Quark sich von den anderen Quarks entfernt. Es entsteht vielmehr ein schlauchartiges Gluon-Netzwerk, das die Quarks weiterhin wie ein Gummiband miteinander verbindet. Wenn dieser Gluon-Schlauch schließlich reißt, bilden sich aus der verfügbaren Energie neue Quarks und Antiquarks, die sich an die frisch entstandenen Rissstellen des Schlauches heften (Abb. 5.16). Das kann auch mehrfach geschehen, wenn genügend Energie vorhanden ist. So

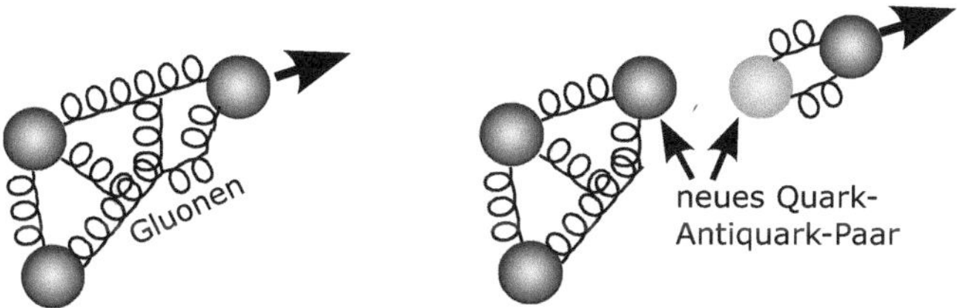

Abb. 5.16 Wenn ein Quark aus einem Proton herausgeschossen wird, bildet sich ein Netzwerk aus Gluonen, das schließlich unter Bildung eines neuen Quark-Antiquark-Paares zerreißt. (Quelle: Eigene Grafik)

entsteht der oben angesprochene Jet aus Mesonen und anderen Teilchen, die gemeinsam in die Richtung fliegen, in die das getroffene Quark ursprünglich unterwegs war.

So kommt es, dass Quarks und auch Gluonen niemals alleine unterwegs sind – ein Phänomen, das wir bereits als *Confinement* (Einschluss) kennengelernt hatten. Nur „weiße", also farbneutrale Teilchen können als freie Objekte existieren. Farbladungen müssen nach außen hin immer durch andere Farbladungen kompensiert werden. Gäbe es irgendwo im Raum ein einzelnes freies Quark, dann würde dessen Farbladung ein dichtes Netz aus miteinander verwobenen Gluonen erzeugen, das sich wie ein Geschwür immer weiter in den Raum hinein ausbreitet. Es muss also unbedingt andere Quarks oder Antiquarks in der Nähe geben, an deren Farbladungen dieses Netz andocken kann, sodass das Netz auf das Innere der Mesonen oder Baryonen beschränkt bleibt.

Dieses Bild macht eines deutlich: Die starke Wechselwirkung hat eigentlich gar keine kurze Reichweite – deshalb dürfen die Gluonen auch masselos sein. Damit sich die Wirkung einer Farbladung aber nicht unkontrolliert in den Raum ausbreitet, muss sie immer durch andere benachbarte Farbladungen ausgeglichen werden. Die starke Kernkraft zwischen den Nukleonen eines Atomkerns ist dann nur noch ein schwacher Abglanz der starken Wechselwirkung, die zwischen den Quarks innerhalb der Nukleonen wirkt. Da die Nukleonen in Summe keine Farbladung tragen, nimmt diese starke Kernkraft mit wachsendem Abstand sehr schnell ab.

Die Quantenchromodynamik (QCD) bewährt sich

Die Idee, eine Theorie der starken Wechselwirkung auf der lokalen Eichsymmetrie der Farbladungen aufzubauen, wurde in den frühen 1970er-Jahren insbesondere von Murray Gell-Mann, dem deutschen Physiker Harald Fritzsch und seinem Schweizer Kollegen Heinrich Leutwyler ausgearbeitet. In Analogie zur altbewährten Quantenelektrodynamik (QED) prägten sie für ihre Quantentheorie der Quarks und Gluonen den Namen *Quantenchromodynamik* (QCD), abgeleitet vom griechischen Wort *chroma* für *Farbe*.

Gell-Mann und seine Kollegen wussten, dass ihre QCD eine renormierbare Quantenfeldtheorie ist, in der man alle Unendlichkeiten im Griff hat – Gerardus 't Hooft hatte die Renormierbarkeit gerade erst bewiesen, und zwar nicht nur für die elektroschwache Wechselwirkung, sondern für alle Eichtheorien. Das waren schon einmal gute Voraussetzungen für die Brauchbarkeit der Theorie.

Kurz darauf entdeckten die US-amerikanischen Physiker David Gross, Frank Wilczek und David Politzer, dass die starke Kraft zwischen den

Quarks in der QCD bei kurzen Abständen relativ schwach wird, was sie mit dem Begriff der *asymptotischen Freiheit* zum Ausdruck brachten. Wenn sich die Quarks dagegen voneinander entfernen, wird die Kraft zwischen den Quarks stärker, was als deutlicher Hinweis auf das Confinement der Quarks gewertet wurde. Unsere anschaulichen Vorstellungen von oben werden also durch die konkreten Rechnungen in der QCD bestärkt.

Nach und nach überprüfte man die Voraussagen der QCD mit immer raffinierteren Experimenten. Die überzeugenden Ergebnisse ließen schließlich auch die letzten Zweifler verstummen: Quarks und Gluonen sind real und werden durch die Theorie der QCD richtig beschrieben. Nach Jahrzehnten der vergeblichen Suche hatte man die korrekte Theorie der starken Wechselwirkung endlich gefunden.

Was macht die schwache Wechselwirkung mit den Quarks?
Nun kann es auch mit dem Verständnis der schwachen Wechselwirkung weitergehen. In seiner elektroschwachen Theorie hatte Steven Weinberg sich noch auf die Leptonen – also Elektronen, Myonen und ihre Neutrinos – beschränkt. An den Prototyp aller schwachen Zerfälle, den Betazerfall des Neutrons, hatte er sich dagegen nicht herangetraut, denn er „hatte damals wenig Vertrauen in sein Verständnis der starken Wechselwirkung", wie wir wissen. Das Neutron unterliegt aber nun einmal der starken Kernkraft.

Schauen wir uns noch einmal genau an, was beim Betazerfall passiert: Ein Proton wandelt sich in ein Neutron um, wobei zusätzlich ein Elektron und ein Elektron-Antineutrino entstehen. Den letzteren Teil kennen wir bereits vom Zerfall des Myons – er ist also nichts Neues und wird durch die elektroschwache Theorie bereits voll erfasst. Offenbar sendet das Neutron bei seiner Umwandlung in ein Proton ein negatives *W*-Boson aus, das anschließend das Elektron und sein Antineutrino hervorbringt. Dank der Quarktheorie von Gell-Mann und seinen Kollegen wissen wir jetzt auch, was dabei im Inneren des Neutrons geschieht: Damit aus dem Neutron *(udd)* ein Proton *(uud)* wird, muss sich beim Aussenden des *W*-Bosons ein Down-Quark in ein Up-Quark umwandeln (Abb. 5.17). Die schwache Wechselwirkung kann also nicht nur Elektronen und Myonen in ihre jeweiligen Neutrinos umwandeln, sondern auch Down-Quarks in Up-Quarks und umgekehrt.

Damit lässt sich die elektroschwache Theorie für diese beiden Quarks vollkommen analog zu den Leptonen aufbauen. Man muss lediglich bei der spontanen Symmetriebrechung etwas aufpassen, dass die Ladungen und Massen der Quarks richtig herauskommen.

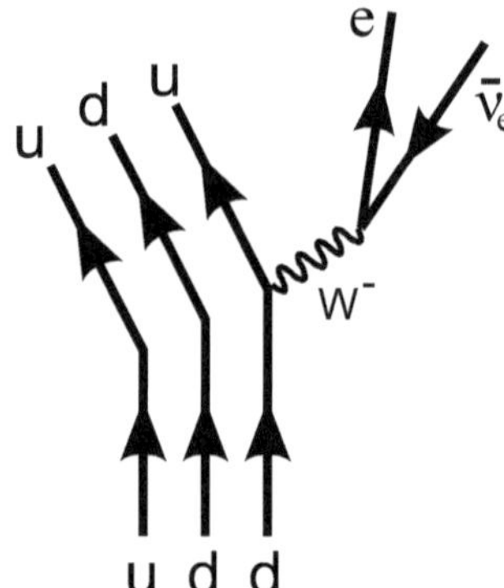

Abb. 5.17 Beim Betazerfall des Neutrons wandelt sich ein Down-Quark in ein Up-Quark um. (Quelle: Eigene Grafik)

Eines ist allerdings merkwürdig: Bei den Leptonen gibt es mit dem Elektron und seinem Elektron-Neutrino sowie dem Myon und seinem Myon-Neutrino zwei sogenannte Familien, deren Mitglieder über die schwache Wechselwirkung miteinander verbunden sind. Bei den Quarks scheint es aber nur eine solche Familie zu geben, die aus Up- und Down-Quark besteht.

Zugleich ist ein einzelnes Quark übrig: das Strange-Quark, kurz s. Da liegt die Vermutung nahe, dass auch dieses Quark zu einer Familie gehört, deren zweites Mitglied einfach noch nicht entdeckt ist. Mehrere Physiker kamen auf diese Idee, unter ihnen James Bjorken und Sheldon Glashow. Fasziniert von der „Symmetrie, die das fehlende Familienmitglied in die subnukleare Welt brachte", nannten sie es *Charm-Quark,* was in etwa „verzaubertes Quark" bedeutet. Tatsächlich fand man im Jahr 1974 das vorhergesagte Charm-Quark *(c)* als Baustein des J/ψ-Mesons, das aus einem Charm-Quark-Antiquark-Paar besteht. Man hatte dieses schwere Meson, das gut drei Protonmassen auf die Waage bringt, fast gleichzeitig am Stanford Linear Accelerator Center und am Brookhaven National Laboratory erzeugt und nachgewiesen.

Quarks mischen

Unser Teilchenbaukasten besteht also jetzt aus den beiden Leptonfamilien (v_e, e^-), (v_μ, μ^-) und den beiden Quarkfamilien *(u, d), (c, s)*, wobei wir die Teilchen so angeordnet haben, dass die elektrische Ladung vom ersten zum zweiten Familienmitglied um eine Elementarladung abnimmt. Hinzu kommen natürlich noch die entsprechenden Antiteilchen sowie die

Wechselwirkungsteilchen, also das Photon, die *W*- und *Z*-Bosonen und das Gluon.

Wie wir gesehen haben, kann die schwache Wechselwirkung über die *W*-Bosonen die Mitglieder innerhalb einer Familie ineinander umwandeln. Das gilt auch für unsere neue Quarkfamilie: So kann beispielsweise ein D^0-Meson ($c\bar{u}$) in ein negatives Kaon K^- ($s\bar{u}$) und ein positives Pion π^+ ($u\bar{d}$) zerfallen. Dabei wandelt sich das Charm-Quark *c* in seinen Familienpartner, das Strange-Quark *s*, um (Abb. 5.18 links).

Aber was ist mit dem Zerfall des negativen Kaons selbst? Bei all seinen Zerfällen wandelt sich das Strange-Quark entweder in ein Up-Quark um (Abb. 5.18 rechts), oder es vernichtet sich mit dem mitgebrachten Up-Antiquark. Die schwache Wechselwirkung kann also nicht nur die Quarks innerhalb einer Familie ineinander umwandeln, sondern auch zwischen den Familien. Bei den beiden Leptonfamilien kann sie das dagegen nicht.

Wie kann das sein? An dieser Stelle kommt wieder einer unserer vier jungen Physiker ins Spiel, die bei ihren nächtlichen Diskussionen während der schottischen Sommerschule von 1960 dem gut versteckten Wein von Peter Higgs so fleißig zusprachen: der Italiener Nicola Cabibbo. Nur wenige Jahre nach der Sommerschule fand er eine einfache Lösung für das Problem:

Die einzige Möglichkeit, Elektron- und Myon-Neutrinos voneinander zu unterscheiden, ist ihre Fähigkeit, sich in ein Elektron oder Myon umzuwandeln oder daraus hervorzugehen. Ansonsten sind beide Neutrinos identisch – zumindest sofern wir ihre extrem winzigen Massen vernachlässigen,

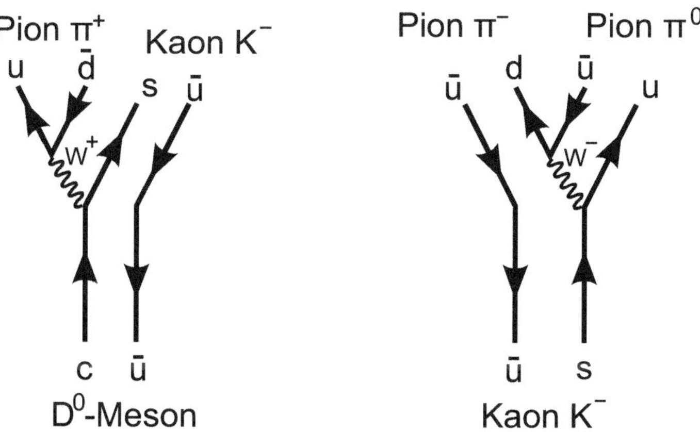

Abb. 5.18 Die *W*-Bosonen können Quarks innerhalb einer Familie ineinander umwandeln wie im Beispiel links (*c → s*), aber auch über die Familiengrenzen hinweg wie im Beispiel rechts (*s → u*). (Quelle: Eigene Grafik)

die bei den allermeisten Prozessen vollkommen unsichtbar bleiben. Wir haben also das Myon-Neutrino genau als das Neutrino *definiert,* das immer in ein Myon und niemals in ein Elektron übergeht.

Bei den Quarks ist das anders. Sie haben sehr unterschiedliche Massen, die – wörtlich genommen – sofort ins Gewicht fallen. Die Quarks sind also unter anderem über ihre Masse unterscheidbar. Es macht daher Sinn, davon zu sprechen, dass ein schweres Charm-Quark zwar meistens in seinen Familienpartner, das leichtere Strange-Quark, übergeht, manchmal aber auch in das noch leichtere Down-Quark der Nachbarfamilie. Analog kann das mittelschwere Strange-Quark in ein leichtes Up-Quark übergehen. Man sagt auch, die schwache Wechselwirkung „mischt" die Quarkfamilien und stellt dies durch einen sogenannten Mischungswinkel dar, den man – wie kann es anders sein – Cabibbo-Winkel nennt.

CP-Verletzung und die dritte Quark- und Lepton-Familie

Eigentlich haben wir jetzt alles beisammen, was wir für die schwache Wechselwirkung brauchen. Sämtliche schwachen Prozesse lassen sich durch das Wirken der beiden *W*-Bosonen und des *Z*-Bosons erklären. Auch die Verletzung der Spiegelsymmetrie ist in der Theorie enthalten, denn wir haben sie von Anfang an dort passend eingebaut.[18]

Doch halt – etwas fehlt noch! Bestimmt erinnern Sie sich noch an die sogenannte CP-Symmetrie aus dem vorherigen Kapitel. Die CP-Symmetrie behauptet, dass wir nicht entscheiden können, ob wir in einem Teleskop eine Galaxie aus normaler Materie sehen oder das Spiegelbild einer Galaxie aus Antimaterie.

Diese CP-Symmetrie ist bei manchen Prozessen der schwachen Wechselwirkung ein wenig verletzt, wie man im Jahr 1964 am Beispiel der neutralen Kaonen entdeckte. Ein Teilchen und sein im Spiegel betrachtetes Antiteilchen können sich manchmal leicht unterschiedlich verhalten, wobei die Unterschiede im Promillebereich liegen. Antimaterie ist also ein gutes, aber kein perfektes Spiegelbild der Materie, sobald die schwache Wechselwirkung im Spiel ist.

Kann die elektroschwache Theorie von Glashow, Salam und Weinberg diese Verletzung der CP-Symmetrie erklären? Dazu sollte sie eigentlich in der Lage sein, wenn sie die schwache Wechselwirkung wirklich umfassend beschreiben will. Dieser Meinung war auch der junge japanische Physiker

---

[18]Wir haben nämlich die Eichsymmetrie beispielsweise zwischen dem Elektron und seinem Neutrino nur für deren linkshändige Anteile gefordert – rechtshändige Neutrinos gibt es ja nicht.

Toshihide Maskawa an der Universität von Kyoto:[19] „Als die elektroschwache Eichtheorie auftauchte, spürte ich intuitiv, dass es an der Zeit war, das Problem der CP-Verletzung anzugehen."

Zusammen mit seinem jungen Kollegen Makoto Kobayashi machte er sich ans Werk. Bald war ihnen klar, was sie für eine Erklärung der CP-Verletzung brauchten: Bei den Umwandlungen zwischen den verschiedenen Quarksorten muss auch die Wellenphase einzelner Quarks am Umwandlungsvertex verändert werden. Wenn dann verschiedene gleichwertige Möglichkeiten, über die ein Prozess ablaufen kann, einander quantenmechanisch überlagern, dann macht sich diese veränderte Wellenphase bemerkbar. Die Quantenwellen können sich dabei gegenseitig verstärken oder abschwächen, wobei dies bei Teilchen und Antiteilchen je nach veränderter Wellenphase in unterschiedlicher Weise erfolgen kann.

Bei ihren Versuchen, ihre Idee umzusetzen, stießen Kobayashi und Maskawa allerdings auf ein Problem: Sie schafften es in dem Formalismus der elektroschwachen Theorie nicht, die Veränderung der Wellenphase passend unterzubringen, denn diese Veränderung konnte immer durch eine Umeichung der Wellenphasen der vier Quarks neutralisiert werden. Es war zum Verzweifeln, sodass sich Maskawa schließlich sogar dazu entschloss, zumindest ihren Fehlschlag zu veröffentlichen – bis er plötzlich erkannte, was zu tun war:

„Als ich beschloss, meine Versuche mit einer armseligen Veröffentlichung zu beenden und mir eine Ausrede auszudenken, stieg ich aus der Badewanne. Vermutlich hat mich das davon befreit, am Vier-Quark-Modell festzuhalten. Plötzlich erkannte ich, dass es im Sechs-Quark-Modell gut funktionieren sollte. Aus unseren bisherigen Versuchen und Berechnungen war bereits klar, dass dort eine komplexe Phase überleben kann."

Wie befreiend doch ein entspannendes Bad wirken kann, besonders in einem Land wie Japan, in dem die Badekultur schon immer eine wichtige Rolle gespielt hat. Der Durchbruch kommt oft dann, wenn man ihn am wenigsten erwartet. Wenn man sich in ein Problem verrannt hat, dann braucht man oft einen Moment der Ruhe und Entspannung, damit man den engen Tunnel verlassen kann, der einen gefangen hält. So erging es weiter oben auch Steven Weinberg, als er an einem Herbsttag im Jahr 1967 in sein Büro fuhr und dabei auf den entscheidenden Gedanken stieß, seine

---

[19]Die Zitate von Toshihide Maskawa in diesem Abschnitt stammen aus seiner Nobelpreisrede: *What Does CP Violation Tell Us?* Nobel Lecture (2008), https://www.nobelprize.org/prizes/physics/2008/maskawa/lecture/.

Ideen auf die schwache Wechselwirkung anzuwenden und nicht auf die starke.

Kobayashi und Maskawa veröffentlichten ihre Idee im Jahr 1973: Man braucht drei Quarkfamilien mit insgesamt sechs Quarks, um die CP-Verletzung im Rahmen der elektroschwachen Theorie zu beschreiben. Abb. 5.19 zeigt ein Beispiel für zwei Feynman-Diagramme, die durch ihre quantenmechanische Überlagerung eine CP-Verletzung hervorrufen können. Im sogenannten Pinguin-Diagramm rechts können dabei virtuelle Quarks aus drei Quarkfamilien in der Schleife beitragen, die sich gleichsam um den Bauch des Pinguins rankt.

Der skurrile Name *Pinguin-Diagramm* stammt übrigens von dem britischen Theoretiker John Ellis – eben typisch britischer Humor. Ellis hatte sich im Jahr 1977 mit zwei befreundeten Physikern am CERN abends zum Darts-Spiel verabredet und war dabei eine Wette eingegangen: Der Verlierer war verpflichtet, in seiner nächsten Veröffentlichung das Wort „Pinguin" unterzubringen. Ellis verlor und grübelte darüber nach, wie er seine Wette einlösen sollte. Als er dann eines Nachts an seiner neuesten Veröffentlichung arbeitete, fiel ihm plötzlich etwas auf: Manche seiner Diagramme sahen mit etwas gutem Willen tatsächlich wie Pinguine aus. Damit war das Pinguin-Diagramm geboren und schon bald setzte sich der einprägsame Name auch in den Arbeiten seiner Kollegen durch.

Gibt es die drei Quarkfamilien mit ihren sechs Quarks auch in der Realität? Zur Zeit der Veröffentlichung von Kobayashi und Maskawa waren

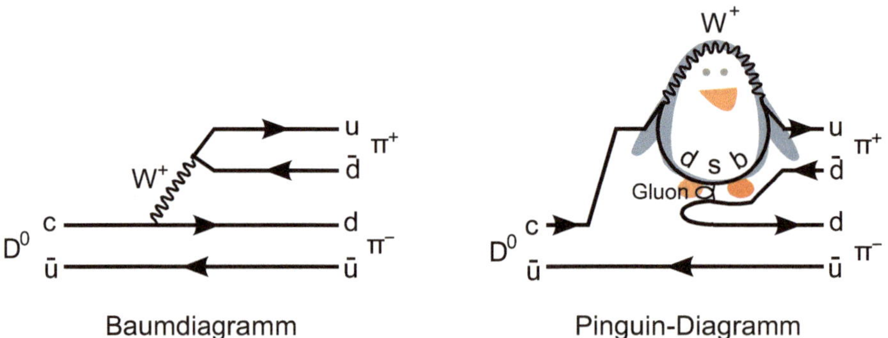

Abb. 5.19 Beim Zerfall des D^0-Mesons in zwei geladene Pionen spielt neben dem Baumdiagramm links das Pinguin-Diagramm rechts eine wichtige Rolle. Die Quantenwellen der beiden Diagramme überlagern sich und erzeugen so den Unterschied zu dem Prozess, bei dem man alle Teilchen durch ihre Antiteilchen ersetzt. Die Zeit läuft hier ausnahmsweise von links nach rechts, damit der Pinguin auf den Füßen steht. (Quelle: Eigene Grafik)

ja lediglich die drei Quarks Up, Down und Strange bekannt. Selbst das Charm-Quark, mit dessen Existenz immerhin jeder rechnete, wurde erst ein Jahr später nachgewiesen.

Doch nach und nach fand man auch die beiden Quarks der dritten Quarkfamilie. Das sogenannte Bottom-Quark *b* wurde im Jahr 1977 am Fermilab bei Chicago nachgewiesen. Auf das Top-Quark *t* musste man deutlich länger warten – seine Existenz wurde erst im Jahr 1995 am Tevatron-Beschleuniger des Fermilab zweifelsfrei bestätigt. Mit rund 184 Protonmassen ist es das schwerste jemals entdeckte Elementarteilchen. Kein Wunder also, dass man erst einen ausreichend großen Teilchenbeschleuniger bauen musste, um die notwendigen Kollisionsenergien zur Erzeugung seiner enormen Masse zu erreichen.

Die dritte Quarkfamilie mit dem fünften und sechsten Quark gibt es also tatsächlich, genau wie von Kobayashi und Maskawa vermutet. Da liegt es nahe, auch nach einer dritten Leptonfamilie zu suchen. Bereits im Jahr 1975, also noch vor der Entdeckung des Bottom-Quarks, wurde man fündig: Am SLAC fand man das Tauon τ, das immerhin rund 1,9 Protonmassen auf die Waage bringt. Sein zugehöriges τ-Neutrino konnte man erst im Jahr 2000 am Fermilab nachweisen – die geisterhaften Neutrinos sind eben furchtbar schwer dingfest zu machen.

Damit ist unser doppeltes Sextett aus sechs Quarks und sechs Leptonen endlich komplett. Man hat bis heute keine weiteren Quarks oder Leptonen gefunden, und es spricht vieles dafür, dass es auch keine weiteren gibt (mehr dazu etwas später). Damit haben wir tatsächlich alle Bausteine der Materie, wie wir sie heute kennen, beisammen (Abb. 5.20). Und wir wissen auch

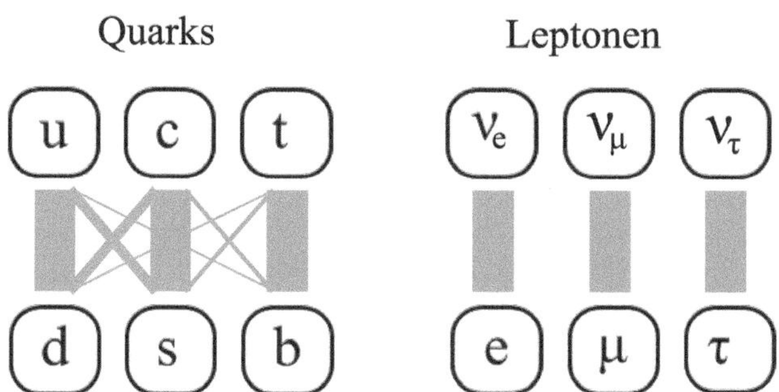

Abb. 5.20 Es gibt drei Quark- und drei Lepton-Familien. Die *W*-Bosonen können die beiden Mitglieder einer jeden Familie ineinander umwandeln (senkrechte Verbindungslinien). Bei den Quarks können sie dabei auch die Familiengrenzen überschreiten – die Dicke der eingezeichneten Verbindungslinien deutet die Stärke der einzelnen Umwandlungen an. (Quelle: Eigene Grafik)

bis ins Detail, wie diese Bausteine über die starke, schwache und elektromagnetische Wechselwirkung miteinander interagieren, wie sie sich ineinander umwandeln und zerfallen, wie sie Protonen und Neutronen aufbauen und daraus Atomkerne bilden und wie sich diese mit Elektronen zu den Atomen zusammentun. Wir können im Detail verfolgen, wie starke und schwache nukleare Prozesse unsere Sonne zum Leuchten bringen, und wir können sogar die Entstehung der Materie bis wenige Sekundenbruchteile an den Urknall heran zurückverfolgen. Es war eine geniale Idee, die uns all dies ermöglicht hat: das mächtige Konzept der lokalen Eichsymmetrie. Wir sind alle Kinder gebrochener Symmetrie – so hat es das Nobelpreiskommitee im Jahr 2008 zu Ehren von Yoichiro Nambu, Makoto Kobayashi und Toshihide Maskawa treffend ausgedrückt.

5.4 Das Standardmodell der Teilchen und Kräfte bewährt sich

Die sechs Quarks und Leptonen und ihre Wechselwirkungen über Photonen, Gluonen sowie W- und Z-Bosonen bilden den Goldstandard der modernen Physik (Abb. 5.21). Daran liegt es wohl, dass man dieses Juwel der modernen Physik meist schlicht als *Standardmodell der Teilchenphysik* oder sogar einfach nur als *Standardmodell* bezeichnet. Der simple Name

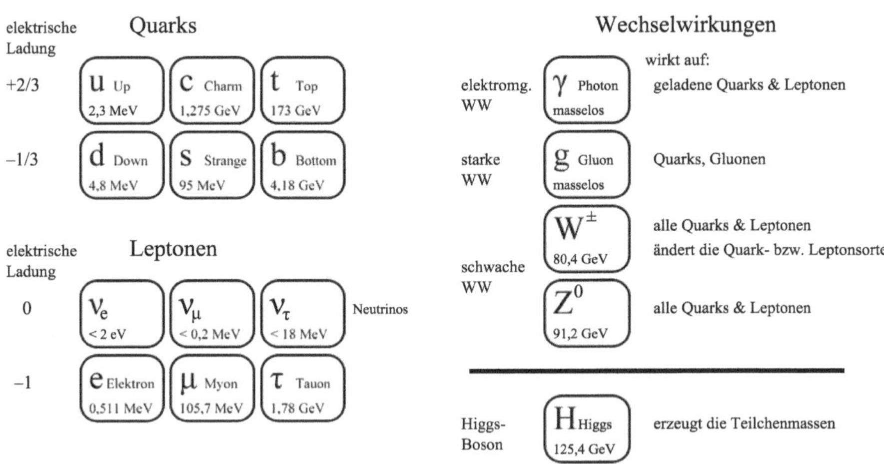

Abb. 5.21 Die Teilchen und ihre Eigenschaften im Standardmodell. Die Massen sind in der Energieeinheit Elektronenvolt (eV) bzw. MeV (Millionen eV) sowie GeV (Milliarden eV) angegeben (mehr dazu etwas später) (Quelle: Eigene Grafik)

wird der enormen Bedeutung dieser umfassenden Theorie leider kaum gerecht, die zum Besten gehört, was die Physik jemals hervorgebracht hat.

Präzisionsphysik am Large Electron-Positron Collider (LEP)
Was braucht man, wenn man die Vorhersagen des Standardmodells überprüfen möchte? Natürlich einen Teilchenbeschleuniger, und zwar einen, der die notwendigen Energien erreichen kann, um möglichst viele *W*- und *Z*-Bosonen und vielleicht sogar Top-Quarks und Higgs-Teilchen erzeugen zu können.

Eigentlich sind zur Erzeugung möglichst hoher Energien Protonenbeschleuniger ideal. Protonen und Antiprotonen lassen sich auf sehr hohe Energien bringen, haben aber den Nachteil, dass sie selbst komplizierte Objekte aus Quarks und Gluonen sind. Sie eignen sich daher gut, um neue schwere Teilchen aufzuspüren, aber für Präzisionsmessungen sind sie eher ungünstig.

Die Alternative sind Elektronen und Positronen. Aufgrund ihrer rund zweitausendmal kleineren Masse lassen sie sich zwar nicht auf so hohe Energien bringen wie Protonen, aber dafür eignen sie sich als punktförmige Teilchen ohne jede bekannte innere Substruktur hervorragend für sehr präzise Experimente. Das war genau das, was man für die genaue Überprüfung des Standardmodells brauchte.

Im Jahr 1983 legte man am CERN bei Genf los. Rund 100 m unter der Erdoberfläche grub man im Grenzgebiet zwischen der Schweiz und Frankreich einen großen kreisförmigen Ringtunnel von 27 km Umfang, in dem man den leistungsfähigsten Elektron-Positron-Beschleuniger installierte, der je gebaut wurde. Dafür baute man lange Vakuumröhren im Ringtunnel, in denen die Elektronen und Positronen gegenläufig ihre Kreise ziehen sollten. Mehrere Tausend starke Magnete würden die Teilchen auf ihrer Kreisbahn halten und verhindern, dass sie aus der Kurve fliegen, und schnell schwingende elektromagnetische Wechselfelder würden den Teilchen bei ihren Umläufen immer wieder im richtigen Moment einen Schubs geben und sie so auf immer höhere Energien beschleunigen. An bestimmten Punkten würde man die Elektronen und Positronen dann zur Kollision bringen und in großen Detektoren aufzeichnen, was dabei geschieht.

Im Jahr 1989 war es dann soweit. Der Large Electron-Positron Collider (LEP) ging in Betrieb und erreichte knapp die Energie, die man für die Erzeugung der *Z*-Bosonen braucht. Nach und nach baute man die Technik immer weiter aus und konnte die Energie schließlich mehr als verdoppeln, sodass auch *W*-Boson-Paare erzeugt werden konnten. Am Schluss erreichte

LEP eine Kollisionsenergie von 209 GeV[20], was der Energie in rund 223 Protonmassen entspricht. Die Geschwindigkeit der Elektronen und Positronen ist bei dieser Energie kaum noch von der Lichtgeschwindigkeit zu unterscheiden – schneller als das Licht werden sie aber nie. Im Jahr 2000 ging der Beschleuniger schließlich außer Betrieb – er hatte seine Aufgabe erfüllt.

Die Experimente am LEP waren eine einzige Erfolgsgeschichte für das Standardmodell. Wie vorhergesagt konnten *W*- und *Z*-Bosonen in großer Zahl erzeugt werden – so kamen im Lauf der Jahre rund 17 Millionen *Z*-Bosonen zusammen. Auf diese Weise konnte man genau untersuchen, wie sich diese Teilchen verhalten und wie sie unmittelbar nach ihrer Entstehung wieder in die verschiedenen Quarks und Leptonen zerfallen (Abb. 5.22). Dabei stimmten die gemessenen Zerfallsraten hervorragend mit den Berechnungen des Standardmodells überein. Aus der winzigen Lebensdauer des *Z*-Bosons konnte man sogar herauslesen, dass es nur drei leichte Neutrinosorten geben kann. Gäbe es mehr, dann hätte das Z-Boson mehr Zerfallsmöglichkeiten und würde noch schneller zerfallen. Daher erscheint es sehr plausibel, dass es auch nur drei Leptonfamilien und analog auch nur drei Quarkfamilien gibt.

Nur eines schaffte man am LEP nicht: Trotz intensiver Suche war das Higgs-Teilchen in den Daten nicht aufzuspüren. Gegen Ende der Betriebsdauer des LEP glaubte man zwar, erste Higgs-Signale in den Zerfallsdaten erkennen zu können, doch es war falscher Alarm – je mehr Zerfallsdaten zusammenkamen, desto mehr verschwand das Signal wieder. Der Verdacht bestätigte sich also nicht.

Im Prinzip sollte das Higgs-Teilchen bei den Elektron-Positron-Kollisionen eigentlich entstehen können – allerdings nicht alleine, sondern typischerweise zusammen mit einem *Z*-Boson. Dafür ist natürlich mindestens die Energie nötig, die in den beiden Massen des Higgs- und des *Z*-Bosons stecken. Nun ist aber schon das *Z*-Boson alleine mit seinen 97 Protonmassen oder 91,2 GeV ziemlich schwer. Es war also gut möglich, dass die maximale Energie der miteinander kollidierenden Elektronen

---

[20]In der Teilchenphysik gibt man gerne die Energie und Masse von Teilchen in der Energieeinheit Elektronenvolt (eV) an – das ist die Energie, die ein Elektron gewinnt, wenn es eine elektrische Spannung von einem Volt durchläuft. Beispielsweise hat ein Photon des Lichts eine Energie zwischen 1,5 und 3 eV, die Masse eines Elektrons entspricht 0,51 MeV (Millionen eV), die eines Protons 938 MeV. Die Einheit GeV steht dann für Giga-Elektronenvolt, also 1000 MeV oder eine Milliarde eV. Ein *W*-Boson wiegt rund 80,4 GeV, ein *Z*-Boson sogar rund 91,2 GeV.

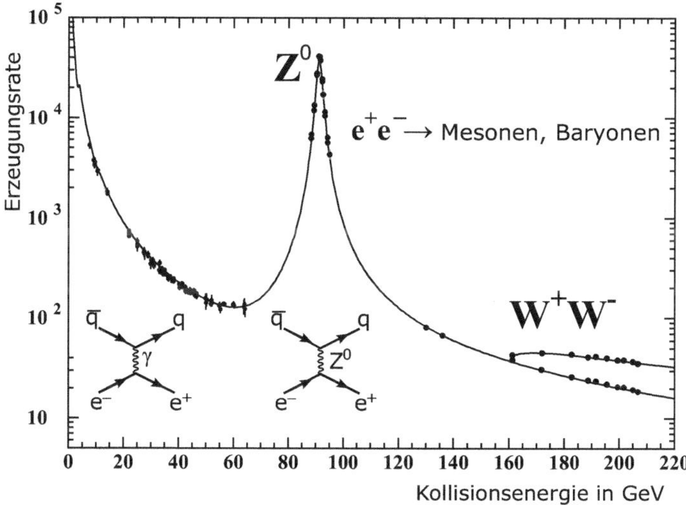

Abb. 5.22   Die Grafik zeigt die Rate, mit der bei der Kollision und gegenseitigen Vernichtung von Elektronen und Positronen ein Quark-Antiquark-Paar entsteht, aus dem wiederum verschiedene Mesonen und Baryonen hervorgehen. Unten links sind die zugehörigen Feynman-Diagramme dargestellt. Während bei niedrigen Energien noch das Photon-Diagramm dominiert, kommt bei höheren Energien das Z-Boson-Diagramm immer mehr ins Spiel und sorgt dafür, dass die Rate steil ansteigt und bei der Z-Boson-Masse von 91,2 GeV ein Maximum erreicht. Aus der Breite des Z-Peaks kann man nach der quantenmechanischen Energie-Zeit-Unschärfe die Lebensdauer des Z-Bosons ablesen. (Credit: In Anlehnung an eine Grafik des CERN. Siehe z. B. Giorgio Giacomelli, Roberto Giacomelli: The LEP Legacy, https://arxiv.org/abs/hep-ex/0503050)

und Positronen von 209 GeV einfach nicht ausreichte, um zusätzlich zum Z-Boson auch noch das Higgs-Teilchen zu erzeugen. Das Higgs-Teilchen müsste demnach also schwerer als rund 118 GeV sein – wäre es leichter, hätte man es am LEP sehen müssen.

Interessant ist, dass man am LEP nicht nur eine Untergrenze, sondern auch eine Obergrenze für die Higgs-Masse ermitteln konnte. Das liegt daran, dass das Higgs-Teilchen sich über die Energie-Zeit-Unschärfe für einen kurzen Moment genügend Energie borgen kann, um als virtuelles Teilchen die Eigenschaften der W- und Z-Bosonen indirekt zu beeinflussen. Beispielsweise kann ein Z-Boson ein Higgs-Teilchen aussenden und direkt danach wieder einfangen. Wie die Berechnungen zeigen, sollte das Higgs-Teilchen nicht schwerer als rund 200 GeV sein, damit die berechneten Massen der W- und Z-Bosonen mit den präzisen Messungen am LEP übereinstimmen.

Das war also die Lage, als der LEP im Jahr 2000 außer Betrieb ging: Das Higgs-Teilchen – dieser zentrale Schlussstein des gesamten Standardmodells, dessen Existenz im Jahr 2000 noch völlig unbewiesen war – müsste eine Masse irgendwo zwischen etwa 118 und 200 GeV besitzen. Am LEP konnte man in diesen Energiebereich nicht weiter vordringen. Aber ein anderer Beschleuniger würde dazu in der Lage sein: der Large Hadron Collider (LHC). Um ihn zu bauen, musste LEP weichen, denn der 27 km lange Ringtunnel wurde nun für den LHC gebraucht.

Der Large Hadron Collider (LHC) entsteht

Der LHC sollte keine Präzisionsmaschine wie der LEP werden, sondern eine Entdeckermaschine, die möglichst hohe Energien erreichen kann. Elektronen und Positronen sind dafür eher ungeeignet, denn sie strahlen bei ihren rasend schnellen Umläufen in einem Kreisbeschleuniger sehr viel Energie ab, die ständig ersetzt werden muss. Bei Protonen und Antiprotonen sind diese Abstrahlungsverluste aufgrund ihrer zweitausendfach größeren Masse viel geringer, sodass man mit ihnen deutlich höhere Energien erreichen kann. Allerdings fliegen diese Teilchen bei derart hohen Energien schnell aus der Kurve – man braucht also sehr starke Elektromagnete, um sie auf ihrer Kreisbahn zu halten. Ideal sind supraleitende Magnete, die mit supraflüssigem Helium auf wenige Grad über dem absoluten Nullpunkt abgekühlt werden müssen (Abb. 5.23).

Abb. 5.23 Einblick in einen Dipol-Magneten im Tunnel des LHC. Im Zentrum des Magneten erkennt man die beiden Vakuumröhren für die gegenläufigen Protonenstrahlen. (Credit: CERN 2014. Quelle: https://www.weltmaschine.de/service_material/mediathek/lhc/)

Eigentlich gab es bereits einen solchen Beschleuniger: das Tevatron, das von 1983 bis 2011 am Fermilab westlich von Chicago in Betrieb war. Dort konnte man Protonen und Antiprotonen in einem Ringtunnel von 6,3 km Umfang so stark beschleunigt, dass bei ihrer Kollision eine Energie von knapp 2000 GeV frei wird – das reicht für etwa 2130 Protonenmassen. Und es reicht auch beispielsweise für die Erzeugung von Top-Quark-Antiquark-Paaren, von denen jedes eine enorme Masse von 173 GeV oder 184 Proton-massen auf die Waage bringt. Im Jahr 1995 hatte man dieses schwerste aller Quarks am Tevatron nach langer Suche endlich nachgewiesen.

Natürlich suchte man am Tevatron auch nach dem Higgs-Teilchen. Die Kollisionsenergie sollte für dessen Erzeugung eigentlich ausreichen. Doch die Suche gestaltete sich als schwierig. Zum einen kollidieren ja nicht komplette Protonen und Antiprotonen miteinander, sondern einzelne Quarks und Antiquarks in deren Inneren. Diese tragen aber nur einen Bruchteil der verfügbaren Energie mit sich, und es ist ungewiss, wie groß dieser Bruchteil genau ist. Außerdem war es am Tevatron schwierig, genügend Antiprotonen zu erzeugen, die mit den Protonen kollidieren können. Man braucht aber sehr viele Kollisionen, um in den Zerfallsdaten die wenigen Higgs-Teilchen aufzuspüren, die vielleicht entstanden sein könnten.

Am LHC (Abb. 5.24) ging man daher anders vor: Man verzichtete auf Antiprotonen und wollte stattdessen zwei Protonenstrahlen gegenläufig kreisen und an bestimmten Stellen miteinander kollidieren lassen. Protonen gibt es überall in Hülle und Fülle, sodass man auf sehr viele Kollisions-daten hoffen konnte. Im 27 km langen Ringtunnel am CERN würden die Protonen zudem nicht so schnell aus der Kurve fliegen wie am mehr als viermal kleineren Tevatron, sodass sich deutlich größere Kollisionsenergien erreichen lassen sollten.

Die Aufbauarbeiten im ehemaligen LEP-Tunnel waren sehr aufwendig, und ein folgenschwerer Unfall im Jahr 2008 verzögerte noch einmal den Start, bevor der größte und stärkste Beschleuniger, den wir Menschen je gebaut haben, im November 2009 endlich seinen Betrieb aufnahm. Immer wieder verbesserte man einzelne Komponenten, erhöhte die Zahl der kreisenden Protonen und steigerte die Kollisionsenergie schließlich auf 7000 GeV – das ist das 3,5-Fache der Kollisionsenergie am Tevatron. Seit 2015 ist der LHC sogar mit einer Kollisionsenergie von 13000 GeV unter-wegs.

Bei diesen Energien und den hohen Kollisionsraten sollte sich das Higgs-Teilchen doch eigentlich aufspüren lassen, falls es denn wirklich existierte. Und auch am Tevatron in den USA blieb man weiterhin zuversichtlich

Abb. 5.24 Das europäische Forschungszentrum CERN bei Genf. Der unterirdische Ringtunnel des LHC ist ebenfalls eingezeichnet. (Credit: CERN 2008. Quelle: https://www.weltmaschine.de/service__material/mediathek/cern)

und hoffte, das Rennen gegen die europäischen Kollegen am größeren und besseren LHC vielleicht in letzter Sekunde doch noch gewinnen zu können.

Endlich: das Higgs-Teilchen wird gefunden

Doch zunächst war Geduld angesagt. Man kann das Higgs-Teilchen nicht über Nacht entdecken, denn es erzeugt keine direkte Spur in den Detektoren – dafür ist es viel zu kurzlebig. Man muss vielmehr in den Dutzenden von Teilchen, die bei jeder Kollision erzeugt werden, nach Auffälligkeiten in deren Energieverteilung suchen. Beispielsweise kann man nach Photonenpaaren Ausschau halten, die auf ganz unterschiedliche Weise bei den Kollisionen entstehen können, wobei sie alle möglichen Energien aufweisen. Wenn sie allerdings durch den Zerfall eines Higgs-Teilchens entstanden sind, so muss ihre Gesamtenergie der Masse des Higgs-Teilchens entsprechen. Man schaut sich also an, ob es bei der Vielzahl der Photonenpaare eine gewisse Häufung bei einer bestimmten Energie gibt.

Um diese statistische Auffälligkeit im Energiespektrum der Photonenpaare zu entdecken, muss man sehr viele Kollisionen untersuchen, denn das Higgs-Teilchen dürfte nur ziemlich selten dabei im Spiel sein. Je mehr Kollisionsdaten man beisammen hat, umso deutlicher sollte die Auffälligkeit sichtbar werden. Man muss also den Beschleuniger so lange laufen lassen und fleißig Kollisionsdaten sammeln, bis man sich ausreichend sicher ist, dass eine Häufung im Energiespektrum der Photonenpaare ein echter Hinweis auf das Higgs-Teilchen ist und nicht nur eine zufällige Schwankung in den Daten.

Für das alles braucht man Zeit. Manch einer wurde schon ungeduldig, und es gab durchaus einzelne Stimmen, die daran zweifelten, ob man das Higgs-Teilchen am LHC überhaupt finden würde. Vielleicht gab es gar kein Higgs-Teilchen?

Doch dann, im Jahr 2012 – mehr als zwei Jahre nach der Inbetriebnahme – zeichnete sich in den Daten eine kleine Beule bei einer Energie von 125 GeV ab. Am CERN war man wie elektrisiert: war dies das lange gesuchte Signal oder nur eine Täuschung, eine zufällige Schwankung in den Daten? Würde die Häufung wieder verschwinden, wenn weitere Daten hinzukamen? Das war in der Geschichte der Teilchenphysik schon öfter vorgekommen und hatte für so manche Enttäuschung gesorgt.

Doch diesmal hatte man Glück. Je mehr Daten zusammenkamen, umso deutlicher wurde die Häufung. Im Sommer 2012 war man sich endlich sicher und lud für den 4. Juli 2012 zu einem Seminar am CERN ein. Die Plätze waren heiß begehrt und die Leute standen zum Teil die ganze Nacht an, um das große Ereignis nicht zu verpassen. Auch François Englert und Peter Higgs würden anwesend sein – das konnte nur eines bedeuten!

Endlich begann das Seminar und die experimentellen Teams stellten ihre mit Spannung erwarteten Resultate vor. Es gab keinen Zweifel: der Überschuss bei 125 GeV war bei mehreren Zerfallsprodukten, in die das Higgs-Teilchen zerfallen konnte, deutlich zu sehen (Abb. 5.25 für die Photonenpaare). Ein Zufall war so gut wie ausgeschlossen und am Schluss des Seminars verkündete CERN-Generaldirektor Rolf Heuer das erlösende Fazit: „Ich denke, wir haben es!"

Am Tevatron, das im September 2011 seinen Betrieb eingestellt hatte, war man zugleich begeistert wie auch enttäuscht. Mehr als ein Jahrzehnt lang hatte man dort unzählige Kollisionsdaten aufgezeichnet. Man hatte jedes bisschen Information aus den Daten herausgequetscht und ebenfalls eine leichte Häufung zwischen 115 und 135 GeV gefunden. Doch die Daten waren nicht eindeutig genug, um von einer Entdeckung des Higgs-Teilchens sprechen zu können. Am 2. Juli 2012 – zwei Tage vor dem entscheidenden

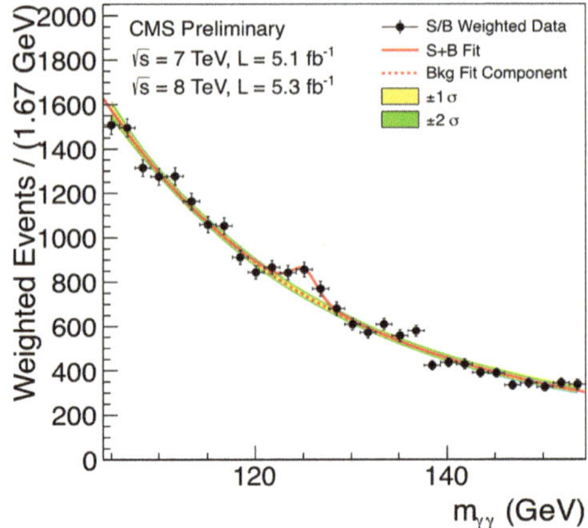

Abb. 5.25 Dieses Diagramm wurde am 4. Juli 2012 in dem berühmten Seminar am CERN vorgestellt. Es zeigt die Anzahl der Photonenpaare bei verschiedenen Gesamtenergien, wie man sie am CMS-Detektor des LHC nachgewiesen hatte. Deutlich ist der Überschuss bei 125 GeV zu erkennen, der als Nachweis für die Existenz des Higgs-Teilchens gewertet wurde. (Credit: CERN 2012. Quelle: https://cds.cern.ch/record/1459463)

Seminar am CERN – verkündeten die Wissenschaftler am Tevatron ihr frustrierendes Ergebnis: „Unsere Daten deuten stark auf die Existenz des Higgs-Bosons hin, aber man wird die Ergebnisse aus den Experimenten am Large Hadron Collider in Europa benötigen, um seine Entdeckung dingfest zu machen."

Das altgediente Tevatron hatte also das Rennen gegen den überlegenen LHC knapp verloren, wo man nun den Ruhm für die Entdeckung des Higgs-Teilchens einheimsen konnte. Der Sieger bekommt alles – besonders in der Wissenschaft. Und dennoch waren die Ergebnisse des Tevatron nicht wertlos, denn sie zeigten unabhängig vom LHC, dass man dem Higgs-Teilchen eindeutig auf der Spur war.

Ein Meisterwerk, aber noch nicht der Weisheit letzter Schluss

Alle weiteren Daten, die seit der Bekanntgabe der Higgs-Entdeckung im Juli 2012 am LHC gemessen wurden, haben es seitdem immer genauer bestätigt: das gefundene Teilchen ist eindeutig das gesuchte Higgs-Teilchen und hat genau die Eigenschaften, die es nach dem Standardmodell haben muss.

Damit waren sämtliche Bausteine des Standardmodells gefunden. Und auch alle anderen Vorhersagen des Standardmodells – wie die Teilchen miteinander wechselwirken und mit welchen Raten sie in andere Teilchen zerfallen – haben sich seitdem immer wieder bestätigt. Das Standardmodell ist damit die genaueste und weitreichendste physikalische Theorie, die wir Menschen jemals geschaffen haben. Sie beschreibt die Photonen des Lichts ebenso wie die Struktur der Atome, die Radioaktivität der Atomkerne, die geisterhaften Neutrinos, die Kernfusion im Zentrum der Sonne, die Vorgänge in der kosmischen Höhenstrahlung und überhaupt sämtliche Prozesse, die wir an unseren Teilchenbeschleunigern bisher auslösen können. Keine andere Theorie hat es jemals geschafft, die im Eingangszitat dieses Kapitels gestellte Aufgabe derart umfassend zu erfüllen. Im Standardmodell zeigt die Idee der Eichsymmetrie ihre ganze Kraft.

Und dennoch kann diese wunderbare Theorie nicht der Weisheit letzter Schluss sein, denn sie lässt viele Fragen offen: Warum haben die Teilchen genau die Massen, die wir in der Natur vorfinden? Warum gibt es drei Quark- und drei Leptonfamilien und nicht vier oder fünf? Warum mischen die fiktiven neutralen B- und W^0-Teilchen genau auf diese Weise zu den Photonen und Z-Bosonen? Was bestimmt das Mischungsverhältnis, nach dem ein Charm-Quark in ein Strange-Quark oder seltener in ein Down-Quark zerfällt? Und wie lässt sich die winzige Masse der Neutrinos erklären, wie sie beispielsweise bei den sogenannten Neutrino-Oszillationen sichtbar wird, bei denen sich die verschiedenen Neutrinosorten auf langen Wegstrecken periodisch ineinander umwandeln? Im Standardmodell behandelt man die Neutrinos einfach als masselose Teilchen, was in den meisten Fällen auch vollkommen ausreicht – aber eben nicht immer.

Auch rein mathematisch gibt es Hinweise darauf, dass das Standardmodell trotz seiner Renormierbarkeit nicht für beliebig hohe Energien gültig sein kann. Bei extrem hohen Energien scheint die Wechselwirkung zwischen den Teilchen nämlich irgendwann zu verschwinden – man spricht hier von einer trivialen Theorie[21] und vom sogenannten Landau-Pol. Das bedeutet, dass das Standardmodell eine effektive Quantenfeldtheorie ist, die bei extrem hohen Energien irgendwann ihre Gültigkeit verliert. Bei diesen Energien muss also eine neue Art von Physik im Spiel sein, die das Standardmodell nicht korrekt erfasst.

Bei den verschiedenen Materiearten, die in unserem Universum sehr wahrscheinlich existieren, weist das Standardmodell ebenfalls Lücken auf. Das Standardmodell beschreibt sämtliche Materie, die sich aus den sechs Quarks und sechs Leptonen zusammensetzen lässt – das sind insbesondere die Atome in unserem Universum. Aus Abschn. 2.3 wissen wir aber bereits,

---

[21]Mehr dazu finden Sie beispielsweise in der englischen Wikipedia: *Quantum triviality.*

dass Atome nur rund 5 % der Materie und Energie ausmachen, die es im Universum zu geben scheint. Rund 25 % aller Materie ist sogenannte Dunkle – oder besser „unsichtbare" – Materie, die vermutlich aus noch unbekannten schweren Geisterteilchen besteht, und die restlichen 70 % steuert die geheimnisvolle Dunkle Energie bei, eine Art schwache Quantenenergie des leeren Raums, die unser Universum durch ihre abstoßende Gravitation immer schneller auseinandertreibt. Weder die Dunkle Materie noch die Dunkle Energie können im Standardmodell erklärt werden.

Und dann ist da noch „*the elephant in the room*", wie man es in der englischen Sprache gerne ausdrückt – der Elefant im Raum, das offensichtliche Problem, das zwar unübersehbar im Raum steht, das wir aber in diesem Kapitel bisher konsequent ignoriert haben: die Gravitation. Gegenüber der starken, schwachen und elektromagnetischen Wechselwirkung spielt sie in der Teilchenphysik überhaupt keine Rolle, denn es müssen schon ganze Planeten vorhanden sein, damit diese extrem schwache Wechselwirkung überhaupt sichtbar wird. Im Standardmodell ist die Gravitation daher auch gar nicht erst enthalten.

Wenn wir aber eine umfassende Theorie *aller* Kräfte in der Natur erreichen wollen, springt das Standardmodell zu kurz. Die Gravitation mag zwar extrem schwach sein, aber sie ist zweifellos vorhanden. Sie dominiert sogar die großräumigen Strukturen im Universum, da sie eine große Reichweite besitzt und sich – anders als die anderen Wechselwirkungen – nicht durch entgegengesetzte Ladungen neutralisieren lässt. Sobald wir aber versuchen, die Gravitation in eine Quantenfeldtheorie wie dem Standardmodell zu integrieren, gibt es Probleme mit den auftretenden Unendlichkeiten. Gravitation und Quantentheorie vertragen sich nicht gut – die Quantengravitation ist nicht renormierbar, wenn wir sie analog zur QED oder QCD formulieren wollen. Auch das ist ein Hinweis darauf, dass wir etwas wirklich Neues brauchen.

Wie könnte eine neue Theorie aussehen, die über das Standardmodell hinausgeht? Gibt es eine Theorie, die die offenen Fragen beantworten kann, die enthüllt, was es mit der dunklen Materie und der dunklen Energie auf sich hat und die vielleicht sogar eine Quantentheorie der Gravitation enthält? Gibt es eine „neue Physik" jenseits des etablierten Standardmodells mit seinen Quarks und Leptonen? Das sind die spannenden Fragen, die die moderne Physik im einundzwanzigsten Jahrhundert in Atem halten und denen wir uns im nächsten Kapitel zuwenden wollen.

6

Auf der Suche nach der neuen Physik

Mein Ziel ist einfach. Es ist das vollständige Verstehen des Universums – warum es so ist, wie es ist, und warum es überhaupt existiert.[1]

Der Mann, von dem diese Worte stammen und der im März 2018 verstorben ist, gehört zu den Ikonen der modernen Physik. Es ist Steven Hawking. Die schwere Nervenerkrankung ALS hatte ihn schon in jungen Jahren an den Rollstuhl gefesselt und ihm nach und nach fast jede Bewegung unmöglich gemacht. Sein Geist ist jedoch stets wach geblieben, und er ist seinem Lebensmotto, die Welt so vollständig wie möglich verstehen zu wollen, stets treu geblieben.

Seit den Anfängen vor über 2300 Jahren, als Platon über das „wahre Wesen der Dinge" nachdachte, sind wir dem Ziel, das „wahre Wesen des Universums" zu entdecken, Schritt für Schritt immer nähergekommen. Wir kennen die physikalischen Gesetze unserer Welt heute mit einer Präzision, die mich immer wieder in Erstaunen versetzt. Und auch über das Universum selbst wissen wir mittlerweile unglaublich viel. Wie selbstverständlich geht uns die Erkenntnis über Lippen, dass die Welt vor 13,8 Mrd. Jahren im Urknall entstanden ist und sich seitdem immer weiter ausdehnt. Was hätten Platon oder Kepler wohl für dieses Wissen gegeben? Hätten sie es überhaupt geglaubt?

Angesichts der Erfolge, die die Physik in der modernen Zeit errungen hat, erschien manchem das endgültige Ziel bereits in greifbarer Nähe zu sein.

---

[1]Siehe z.B. *Stephen Hawking's Universe* (1985) von John Boslough.

© Springer-Verlag GmbH Deutschland, ein Teil von Springer Nature 2020
J. Resag, *Mehr als nur schön,* https://doi.org/10.1007/978-3-662-61810-3_6

Nur noch einige wenige Schritte, und Gottes Bauplan der Welt würde sich offenbaren.

Doch ganz so einfach scheint es wohl nicht zu sein. Es mangelt keineswegs an guten Ideen: GUT, Supersymmetrie und die Stringtheorie sind hier durchaus vielversprechende Ansätze, die in die richtige Richtung weisen könnten, und wir werden sie uns in diesem Kapitel noch genauer ansehen. Was aber fehlt, sind experimentelle Daten, die uns sagen, wohin die Reise gehen muss. Dabei sind die Experimentalphysiker am großen Beschleuniger LHC bei Genf durchaus sehr erfolgreich. Der Beschleuniger funktioniert hervorragend und hat sich dank einer enorm gesteigerten Proton-Kollisionsrate mittlerweile von einer Entdeckermaschine zu einer Präzisionsmaschine gemausert, mit der sich beispielsweise die Wechselwirkungen und Zerfälle des Higgs-Teilchens oder die große Masse des Top-Quarks mit nie dagewesener Präzision bestimmen lassen. Das Standardmodell feiert dabei einen Triumph nach dem anderen und lässt sich mit dem LHC bis in den hintersten Winkel ausleuchten.

Für einen theoretischen Physiker lässt sich mit dem Standardmodell allerdings kein Blumentopf mehr gewinnen, denn dieses ist bestens bekannt – wie soll man da eine hoffnungsvolle wissenschaftliche Karriere starten? Es tauchen einfach keine Daten auf, die das Standardmodell endlich einmal *nicht* erklären kann.

Die Natur hüllt sich bisher hartnäckig in Schweigen und lässt sich weitere Geheimnisse jenseits des Standardmodells trotz intensiver Bemühungen nicht entlocken. Gut möglich, dass die nächste große Entdeckung schon hinter der nächsten Ecke auf uns wartet. Denkbar ist aber auch, dass der LHC und andere Experimente einfach nichts Neues finden und dass wir uns für viele Jahre oder gar Jahrzehnte in Geduld üben müssen. „Raffiniert ist der Herrgott", hat Albert Einstein einst gesagt. Ist er womöglich so raffiniert, dass es unsere mathematischen und experimentellen Möglichkeiten übersteigt, ihm in die Karten zu schauen?

6.1 Eichsymmetrie am Limit: die große vereinheitlichte Theorie (GUT)

Eine naheliegende Möglichkeit, über die Physik des Standardmodells hinauszugehen, ist unter dem Namen *GUT* (*Grand Unified Theory*, also *große vereinheitlichte Theorie*) bekannt. Sie basiert auf der Idee, die Eichsymmetrien des Standardmodells auszuweiten und gleichsam auf die Spitze zu treiben. Kein Wunder also, dass die Schöpfer des Standardmodells wie Sheldon Glashow, Abdus Salam und Glashows Harvard-Kollege Howard Georgi bereits in den 1970er-Jahren diese Idee vorantrieben.

Die alles umfassende Eichsymmetrie

Worum geht es? Wenn wir uns das Standardmodell noch einmal anschauen, dann sehen wir, dass es drei Eichsymmetrien enthält. Die erste Symmetrie des schwachen Isospins betrachtet die Teilchen innerhalb einer Familie als gleichwertig, also beispielsweise das Elektron und sein Neutrino oder das Up- und das Down-Quark. Zusammen mit einer zweiten Symmetrie für die Phasen von Quantenwellen ergibt sich so über die spontane Symmetriebrechung durch das Higgs-Feld eine gemeinsame Beschreibung für die schwache und die elektromagnetische Wechselwirkung.

Die dritte Symmetrie betrifft nur die Quarks. Sie betrachtet die drei Farbladungen Rot, Grün und Blau der Quarks als gleichwertig und kann so die starke Wechselwirkung zwischen ihnen erklären. Eine Symmetriebrechung brauchen wir dafür nicht.

Die ersten beiden Symmetrien der elektroschwachen Wechselwirkung sind im Standardmodell vollkommen unabhängig von der Farbladungssymmetrie der starken Wechselwirkung. Aber muss das so sein? Vielleicht sind die drei Symmetrien nur verschiedene Teile einer deutlich größeren Symmetrie, die sie alle unter einem einzigen Symmetriedach miteinander vereint.

Wir können uns diese Grundidee an einem einfachen Beispiel veranschaulichen. Stellen Sie sich eine Kugel vor, die perfekt symmetrisch ist. Wenn wir sie um die x-Achse drehen, verändert sie sich nicht. Ebenso ist es, wenn wir sie um die y-Achse drehen. Vermutlich werden Sie nun sagen, dass wir auch jede andere Drehachse nehmen könnten, und natürlich hätten Sie damit Recht. Deshalb wollen wir uns vorstellen, dass die Kugel in ein Gerüst eingespannt ist, das nur diese beiden Drehungen reibungsfrei erlaubt. Alle anderen Drehungen sollen nur mit deutlicher Mühe möglich sein, da das Gerüst sie durch Reibung hemmt. Wenn Sie also die Kugel nur mit wenig Kraft drehen, werden Sie auch nur die reibungsfreien Drehsymmetrien um die x- und y-Achse bemerken. Alle anderen Drehmöglichkeiten werden durch das Gerüst blockiert. Erst wenn sie ordentlich zupacken, können sie auch Drehungen um andere Achsen ausführen und die umfassende Drehsymmetrie der Kugel erkennen.

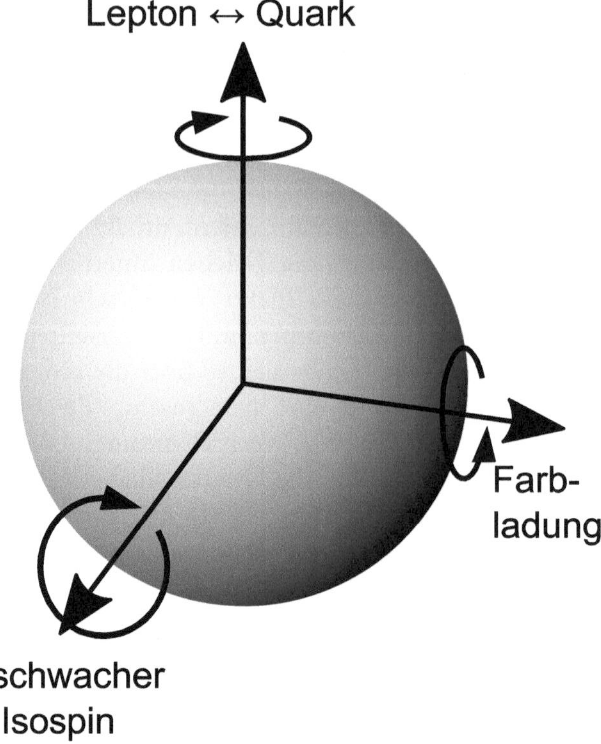

Abb. 6.1 In den Eichsymmetrien des Standardmodells gibt es Drehungen im schwachen Isospinraum, die den *W*-Bosonen entsprechen und beispielsweise ein Elektron in sein Neutrino umwandeln, und es gibt Drehungen im Farbraum, die den Gluonen entsprechen und die Farbladung eines Quarks ändern. Beide könnten Teil einer übergreifenden Eichsymmetrie sein, die noch weitere Drehungen umfasst und beispielsweise ein „rotes" Quark in ein Elektron umwandelt. (Quelle: Eigene Grafik)

Was bei der Kugel die Drehungen um die x- und y-Achse sind, sind beim Standardmodell die Drehungen im schwachen Isospinraum[2] – also die Umwandlung beispielsweise eines Elektrons in sein Neutrino –, und die Drehungen im Farbraum der Quarks, also der Austausch der gleichwertigen Farbladungen eines Quarks (Abb. 6.1). Eine Umwandlung beispielsweise eines „roten" Quarks in ein Elektron existiert dagegen im Standardmodell nicht. Aber vielleicht ist eine solche Umwandlung grundsätzlich durchaus

---

[2]Die *U(1)*-Drehungen, die zu den Phasenumwandlungen gehören und die im Standardmodell zum *B*-Boson führen, lassen wir in diesem Bild vereinfacht weg.

möglich! Sie könnte einfach nur stark unterdrückt sein, so, wie das Kugel-
gestell beispielsweise Drehungen um die z-Achse hemmt.[3]

Können Protonen zerfallen?

Im Grunde kennen wir diese Idee bereits aus dem Standardmodell. Auch
dort ist die Umwandlung zwischen den Teilchen einer Familie, wie sie die
schwache Wechselwirkung ermöglicht, deutlich unterdrückt – deswegen
heißt es ja auch „schwache" Wechselwirkung. Entsprechend zerfallen beispielsweise geladene Pionen, Kaonen oder Myonen über die schwache
Wechselwirkung sehr viel langsamer als Rho-Mesonen, denen die starke
Wechselwirkung praktisch im Moment ihrer Entstehung schon wieder den
Garaus macht. Ursache für diese Unterdrückung der schwachen Zerfallsprozesse ist die spontane Symmetriebrechung durch das Higgs-Feld, das
den W- und Z-Bosonen ihre großen Massen verleiht. Sicher erinnern Sie
sich: Die W- und Z-Bosonen müssen sich dann für einen kurzen Moment
über die Energie-Zeit-Unschärfe viel Energie für die Erzeugung ihre großen
Masse leihen, um die schwachen Zerfälle auszulösen – und das verzögert den
Zerfall, denn die W- und Z-Bosonen leihen sich nur sehr „ungern" so viel
Energie.

In unserem Kugelbild wäre also auch die Drehung um die x-Achse,
die dem Wirken der schweren W- und Z-Bosonen entspricht, mit einer
gewissen Reibungshemmung versehen, während die Drehung um die
y-Achse – also die Umwandlung der Quark-Farbladungen durch die masselosen Gluonen der starken Wechselwirkung – reibungsfrei bliebe.

Andere Drehungen – beispielsweise um die z-Achse – müssen noch
sehr viel stärker unterdrückt sein, sonst hätten wir die zugehörigen
Umwandlungen und Zerfälle schon längst bemerkt. Wenn sich beispielsweise ein Quark in ein Lepton verwandeln könnte, dann wäre das Proton
nicht stabil[4] – es könnte beispielsweise in ein Positron und ein neutrales

---

[3]Das Bild mit der Kugel kann die wirklichen Verhältnisse bei den Eichsymmetrien leider nur grob veranschaulichen – denken Sie also lieber nicht zu genau darüber nach, sonst fällt Ihnen womöglich auf,
dass die Drehungen um die drei Achsen nicht unabhängig voneinander sind. Wenn Sie beispielsweise
nacheinander eine halbe Drehung um die x- und die y-Achse durchführen, dann entspricht das einer
halben Drehung um die z-Achse. Sie können das mit dem Buch, das Sie gerade in den Händen halten,
sofort selbst ausprobieren. Einfach zuklappen und entsprechend zweimal drehen – es ist verblüffend.
Aber solche Spitzfindigkeiten wollen wir hier einfach ignorieren.

[4]Das Neutron erwähnt man hier meist nicht extra, da freie Neutronen sowieso mit einer Halbwertszeit
von rund zehn Minuten dem Betazerfall unterliegen und über die schwache Wechselwirkung zerfallen.
In stabilen Atomkernen sind die Neutronen dagegen durch die Bindungsenergie des Kerns gegen den
Betazerfall gefeit und stabil. Falls aber das Proton letztlich nicht stabil ist und zerfällt, so gilt das in
gleicher Weise auch für die Neutronen in den Atomkernen.

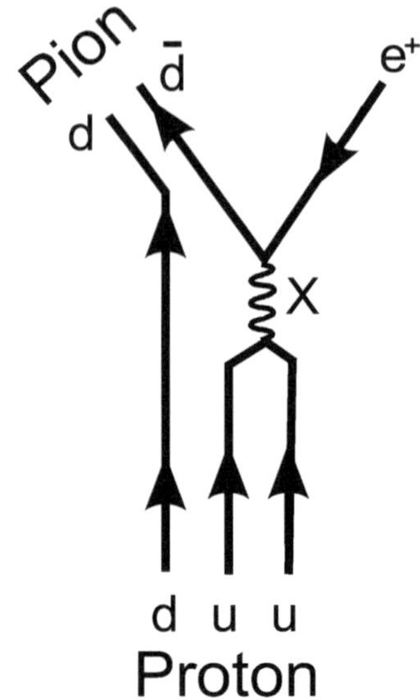

Abb. 6.2 So könnte der Zerfall eines Protons in ein neutrales Pion und ein Positron ablaufen. Am oberen Vertex verbindet dabei ein neues sogenanntes X-Boson ein Quark mit einem Lepton. (Quelle: Eigene Grafik)

Pion zerfallen (Abb. 6.2). Die Materie, die uns umgibt und aus der wir selber bestehen, wäre nicht stabil.

Das ist schon ein ziemlich beunruhigendes Szenario: Wenn wir nur lange genug warten, zerfiele jedes Atom irgendwann in leichte flüchtige Teilchen. Kein einziges Atom bliebe vom Zahn der Zeit verschont. Müssen wir uns also Sorgen machen?

Nun ja, vielleicht existieren diese Zerfallsmöglichkeiten ja gar nicht. Wenn wir die Idee einer übergreifenden Eichsymmetrie – einer Grand Unified Theory (GUT) – jedoch ernst nehmen, dann sollten wir solch eine Möglichkeit in Betracht ziehen. Im Kugelbild gesprochen: Wir müssen dann auch Drehungen um jede beliebige Achse zulassen, seien sie auch noch so stark unterdrückt. Und zu jeder dieser Drehungen muss dann wieder ein passendes Eichteilchen existieren, das die zugehörigen Teilchen-umwandlungen auslöst. Je schwerer diese Eichteilchen sind, umso mehr Energie müssen sie sich für ihre ultrakurze Existenz über die Energie-Zeit-Unschärfe borgen, und umso unwahrscheinlicher sind die Prozesse, die durch sie ausgelöst werden.

Die Frage ist also: Wie stark sind die Teilchen-Umwandlungen unter-drückt, die beispielsweise ein Proton zerfallen lassen können? Wie schwer sind die zugehörigen hypothetischen Eichteilchen wie beispielsweise das sogenannte X-Boson, das wir in Abb. 6.2 sehen? Sie müssen sicher viel schwerer sein als unsere altbekannten *W*- und *Z*-Bosonen, ansonsten würden wir ständig zerfallende Protonen sehen. Aber haben wir irgendeine Vorstellung davon, wie viel schwerer sie sein müssen, falls sie überhaupt existieren?

Gleitende Ladungsstärken und die GUT-Energieskala
Es gibt tatsächlich einen interessanten Hinweis, der uns hier weiterhilft. Erinnern Sie sich noch an unsere Diskussion der Quarks und Gluonen aus Abschn. 5.3? Dort hatten wir beschrieben, dass ein Quark nicht nur einzelne Gluonen aussendet. Die Gluonen können nämlich ihrerseits weitere Gluonen sowie Quark-Antiquark-Paare erzeugen, die sich wie ein dichtes Netz nach außen hin ausbreiten. Man kann das so verstehen, dass die Farbladung des Quarks und damit die von ihm ausgehende starke Wechselwirkung umso größer wird, je weiter weg man sich von ihm befindet. Das Netzwerk verstärkt die Farbladung des Quarks nach außen hin. In unmittelbarer Nähe des Quarks erscheint seine Farbladung dagegen kleiner, was wir als *asymptotische Freiheit* bezeichnet hatten.

Interessanterweise ist das bei der elektrischen Ladung genau umgekehrt. Die von einem Elektron ausgehenden Photonen können zwar beispielsweise weitere Elektron-Positron-Paare erzeugen, aber keine zusätzlichen Photonen. Es entsteht also kein immer dichter werdendes Netzwerk, sondern nur eine Wolke hauptsächlich aus virtuellen Elektron-Positron-Paaren, die die elektrische Ladung des zentralen Elektrons nach außen hin teilweise abschirmen. In unmittelbarer Nähe des Elektrons erscheint dessen elektrische Ladung also größer als aus der Ferne.

Nun ist die starke Farbladung eines Quarks bei den üblichen subatomaren Abständen einige zehn Mal stärker als die elektrische Ladung eines Elektrons. Wenn wir aber sehr viel näher an das Quark herangehen, schrumpft dessen starke Farbladung langsam aber sicher, während die elektrische Ladung eines Elektrons beim Näherkommen anwächst. Wenn wir nur nahe genug herankommen können, dann müsste irgendwann der Moment eintreten, ab dem beide Ladungen in etwa gleich stark sind. Auch die schwache Wechselwirkung fügt sich in dieses Bild ein, sodass die folgende Vermutung naheliegt:
Bei sehr kleinen Abständen sollte der Unterschied in der Stärke der drei Wechselwirkungen des Standardmodells verschwinden. Alle Kräfte des Standardmodells wirken dann mit derselben Stärke, was auf eine tiefe Verwandtschaft und Symmetrie zwischen diesen Kräften hinweist. Das ist ein starkes Indiz dafür, dass sie alle tatsächlich nur Facetten einer einzigen

umfassenden Wechselwirkung sind, die durch eine Grand Unified Theory (GUT) beschrieben werden kann.

Nun gehen in der Quantenmechanik kleine Abstände immer mit großen Energien einher: Wir brauchen sehr kurze Wellenlängen, damit die beteiligten Quantenwellen überhaupt empfindlich für die kleinen Abstände werden, und kleine Wellenlängen bedeuten große Energien und Impulse für die zugehörigen Quantenteilchen.

Man kann tatsächlich ausrechnen, bei welcher Energie die starke, schwache und elektromagnetische Wechselwirkung ungefähr gleich stark werden sollten. Der Wert, der bei diesen Rechnungen herauskommt, hängt von einigen Annahmen über die beteiligten virtuellen Teilchen ab, auf die wir später noch eingehen werden.[5] Er liegt ungefähr bei 10^{16} GeV. Diese so harmlos aussehende *GUT-Energieskala,* wie man sie auch nennt, ist in Wahrheit gigantisch und entspricht rund 10.000.000.000.000.000 (in Worten: zehn-millionen-milliarden) Protonmassen. Zum Vergleich: Die Kollisionsenergie des Large Hadron Colliders LHC von rund 14 TeV (also 14.000 GeV) liegt um fast das Tausend-Milliardenfache unter diesem Wert. Ob es jemals möglich sein wird, mit einem irdischen Beschleuniger diese riesige GUT-Energie zu erreichen, ist also mehr als unwahrscheinlich.

Was hat das mit der Masse unserer neuen hypothetischen Eichteilchen zu tun, die beispielsweise das Proton zerfallen lassen können? Diese Eichteilchen hängen eng mit der Vereinigung der starken, schwachen und elektromagnetischen Wechselwirkung bei der GUT-Energieskala zusammen. Im Kugelbild gesprochen ist bei dieser Energieskala nämlich endlich genug Energie vorhanden, um die Symmetrie der Kugel voll auszunutzen und alle Drehungen um sämtliche Achsen auszuführen. Die Hemmung ist bei der enormen GUT-Energie kaum noch spürbar, sodass sich sämtliche Drehungen relativ gleich anfühlen – ein Zeichen für die Angleichung der drei Wechselwirkungen. Und da sich nun auch die sehr stark gehemmten Drehungen problemlos ausführen lassen, ist auch genug Energie da, um die zugehörigen GUT-Eichteilchen zu erzeugen. Diese neuen hypothetischen GUT-Eichteilchen sollten also Massen im Bereich der GUT-Energieskala haben und sind damit hunderttausend-milliardenfach schwerer als die *W*- und *Z*-Bosonen.

Es ist also nahezu aussichtslos, jemals diese megaschweren GUT-Eichteilchen, die den Zerfall des Protons auslösen können, an irgendeinem Teilchenbeschleuniger real zu erzeugen. Ein direkter Nachweis, dass die Grand

---

[5]Dort werden wir im Zusammenhang mit der Supersymmetrie auch die bekannte Grafik sehen, die zeigt, wie sich die Ladungsstärken der drei Wechselwirkungen bei wachsender Energie immer mehr angleichen.

Unified Theory die Natur richtig beschreibt und dass die GUT-Eichteilchen existieren, wird also wohl Wunschdenken bleiben.

Zerfallende Protonen aufspüren
Aber vielleicht müssen wir die extrem schweren GUT-Eichteilchen auch gar nicht direkt erzeugen. Wir können ihre Existenz auch indirekt nachweisen, denn sie können auch bei niedrigen Energien als virtuelle Teilchen kurzzeitig auftreten und ein Proton zerfallen lassen. Exakt so machen das ja auch die W-Bosonen beim Betazerfall des Neutrons. Allerdings müssen sich die GUT-Eichteilchen dafür über die Energie-Zeit-Unschärfe für einen winzigen Augenblick eine riesige Energiemenge borgen, was ihre virtuelle Existenz sehr unwahrscheinlich macht. Protonen werden also nur extrem selten zerfallen.

Wie selten ist „extrem selten" denn nun genau? Die Vorhersagen, die die verschiedenen Varianten der Grand Unified Theories liefern, hängen von den genauen Details der dort verwendeten übergreifenden Symmetrie ab und liegen im Bereich von 10^{31} bis 10^{36} Jahren für die Halbwertszeit des Protons. Da sind sie wieder – diese unscheinbaren „Zehn-hoch-Zahlen", die so harmlos aussehen, die es aber in sich haben. Selbst wenn wir die niedrigste Zahl von 10^{31} Jahren nehmen, dann bedeutet das immer noch, dass die Halbwertszeit des Protons rund 10^{21}-mal größer ist als das Alter des Universums. Erst wenn unser Universum tausend-milliarden-milliarden Mal älter als heute ist, würde demnach die Hälfte aller Protonen zerfallen sein. Mit anderen Worten: Fast jedes Proton, das im Urknall entstanden ist, existiert auch heute noch.

Aber auch wenn die Halbwertszeit von Protonen sehr viel größer als das Alter des Universums ist, bedeutet das dennoch, dass hin und wieder eines von ihnen zerfällt. Protonen haben kein Zeitgedächtnis; sie wissen nicht, wie alt sie schon sind. Auch bei einer riesigen Halbwertszeit besteht immer eine gewisse – wenn auch winzig kleine – Chance, dass ein bestimmtes Proton demnächst zerfällt. Und je länger wir warten, umso größer wird diese Chance, bis sie beim Erreichen der Halbwertszeit schließlich bei 50 % liegt.

Nun macht es natürlich keinen Sinn, nur ein einziges Proton zu beobachten – da können wir womöglich eine halbe Ewigkeit warten. Wir sollten vielmehr *seeeeehr* viele Protonen über einen längeren Zeitraum – sagen wir einige Monate oder Jahre – beobachten, dann könnte uns hin und wieder ein Protonzerfall ins Netz gehen.

Genau das hat man am sogenannten Super-Kamiokande-Detektor in Japan über viele Jahre hinweg tatsächlich versucht. Im Grunde ist Super-Kamiokande nichts anderes als ein riesiger Wassertank, den man in eine

Mine etwa einen Kilometer unter die Erdoberfläche verfrachtet hat, um den störenden Einfluss kosmischer Strahlung möglichst gut abzuschirmen. In dem Tank befinden sich etwa 50.000 Tonnen hochreines Wasser, das von rund 11.000 hochempfindlichen Lichtdetektoren rund um die Uhr überwacht wird. Was man in dem stockdunklen Tank zu sehen hofft, sind vereinzelte schwache Lichtblitze, wie sie beispielsweise der Zerfall eines Protons in einem der unzähligen Wassermoleküle auslösen würde.

Die 50.000 Tonnen Wasser im Tank bedeuten, dass wir insgesamt rund $3 \cdot 10^{34}$ Protonen und Neutronen unter Beobachtung haben. Man kann leicht ausrechnen, wie viele davon je nach Halbwertszeit der Protonen (und Neutronen) im Lauf eines Jahres zerfallen sollten. Also legte man im Jahr 1996 los und wartete gespannt, wann die Lichtdetektoren den ersten kleinen Lichtblitz einfangen würden, der zu einem zerfallenden Proton passt.

Man wartete also, und wartete, und wartete. Doch über fast zwanzig Jahre hinweg konnten die Lichtdetektoren keinen einzigen passenden Lichtblitz entdecken. Das war natürlich einerseits enttäuschend. Aber andererseits ist auch eine solche Nicht-Entdeckung ein wichtiges Ergebnis! Man kann daraus nämlich ableiten, dass die Halbwertszeit von Protonen mindestens 10^{34} Jahre betragen muss, denn sonst hätte man passende Lichtblitze sehen müssen. Damit kann man zur Enttäuschung mancher Theoretiker immerhin einige der einfachen Varianten der GUT-Symmetrien bereits ausschließen. Andere komplexere GUT-Varianten, die längere Proton-Halbwertszeiten vorhersagen, sind allerdings weiterhin im Rennen. Also will man noch keineswegs aufgeben und wird in Zukunft noch größere und bessere Detektoren bauen, um vielleicht doch noch eines Tages den Protonzerfall aufzuspüren. Es könnte also durchaus noch gelingen.

Falls Sie sich fragen, ob das nicht ein zu mageres Ergebnis für so einen teuren Detektor ist: Super-Kamiokande kann noch viel mehr, als nur zerfallende Protonen aufspüren. Er ist auch ein hervorragender Neutrino-Detektor, der beispielsweise Neutrinos aus den Kernfusionsprozessen im Zentrum der Sonne nachweisen kann. Sein Vorgängermodell konnte sogar im Jahr 1987 innerhalb weniger Sekunden mehrere Neutrinos aus der berühmten Supernova-Explosion *SN 1987 A* nachweisen, die sich in nur 160.000 Lichtjahren Entfernung in der Großen Magellanschen Wolke ereignete. Die Neutrinos waren im kollabierenden Zentrum eines soeben ausgebrannten Riesensterns in großer Zahl entstanden, als sich dort fast sämtliche Elektronen über die schwache Wechselwirkung schlagartig in Neutrinos umwandelten. Im Gegenzug verwandelten sich ebenso viele Protonen in Neutronen, die einen nur wenige Kilometer großen, extrem kompakten Neutronenstern formten. Man sagt auch, die Elektronen werden durch die enormen Gravitationskräfte im ausgebrannten Sternzentrum in die Protonen „hineingedrückt" und wandeln diese in Neutronen um, um dann selbst als Neutrinos das Weite zu suchen.

Erst drei Stunden nach dem Eintreffen der Neutrinos wurde die Supernova auch am Himmel sichtbar – es dauert schlicht so lange, bis die Explosionswelle aus dem Gravitationskollaps des Sternzentrums die Sternoberfläche erreicht, während die Neutrinos sofort das in sich zusammengefallene Zentrum verlassen können. Seit fast 400 Jahren war dies endlich wieder einmal eine relativ erdnahe Supernova, die man auch mit dem bloßen Auge sehen konnte. Die letzte frei sichtbare Supernova war im Jahr 1604 am Himmel erschienen und hatte damals auch Johannes Kepler in Erstaunen versetzt.

Warum überhaupt GUT?

Kehren wir nach diesem kurzen Ausflug in die Neutrinophysik zu den Grand Unified Theories zurück: Die einfacheren GUT-Symmetrien, die Proton-Halbwertszeiten von weniger als 10^{34} Jahren vorhersagen, wurden durch Super-Kamiokande ausgeschlossen, wie wir gesehen haben. Noch sind die GUTs mit ihrer umfassenden Eichsymmetrie damit zwar nicht aus dem Rennen, denn manche ihrer Varianten sagen längere Halbwertszeiten voraus. Allerdings ist der erhoffte Nachweis des Protonzerfalls, der ein starker Hinweis für die Gültigkeit der GUTs gewesen wäre, bisher ausgeblieben.

Was spricht dann eigentlich sonst noch für diese Idee? Ist es nur die mathematische Schönheit und Eleganz der umfassenden Symmetrie, die Quarks und Leptonen zusammenführt? Paul Dirac hätte dieses Argument vielleicht ausgereicht, aber wir hätten doch gerne noch einige weitere Hinweise. Gibt es denn welche?

Eine eindrucksvolle Folgerung aus den GUTs betrifft die elektrischen Ladungen der Quarks und Elektronen. Die übergreifende Eichsymmetrie setzt nämlich die Ladungen der Quarks und Leptonen in mathematische Beziehungen zueinander. Dabei kommt heraus, dass die Ladung des Down-Quarks genau ein Drittel der Ladung des Elektrons sein muss, während die Ladung des Up-Quarks zwei Drittel der Ladung des Positrons ist. Mit anderen Worten: Up- und Down-Quarks haben die Ladungen +2/3 und −1/3 (in Elementarladungen). Damit tragen Protonen *(uud)* und Elektronen gleich große, entgegengesetzte elektrische Ladungen. Das „Drittel" in den Quarkladungen kommt dabei dadurch zustande, dass jedes Quark in den drei Farbladungsvarianten *rot, grün* und *blau* vorkommt und deshalb in den Formeln dreifach gezählt wird. Quarks tragen also deshalb die ungewöhnlichen drittelzahligen elektrischen Ladungen, weil es drei

Farbladungen gibt. Diese Zusammenhänge finde ich ziemlich verblüffend und auch einleuchtend. Das Standardmodell hätte uns das nicht sagen können, aber die GUTs sind dazu in der Lage.

Die GUTs können sogar noch mehr: Sie sind auch in der Lage, uns zu sagen, wie stark das W^0- und das B-Boson sich quantenmechanisch zum Photon und Z-Boson mischen (Abschn. 5.2). Die Rechnung ist nicht ganz einfach und weist einige Fallstricke auf, aber man erhält doch ein Mischungsverhältnis, das recht gut mit dem experimentellen Wert übereinstimmt.

Es spricht also einiges dafür, dass an der Idee einer übergreifenden GUT-Eichsymmetrie etwas dran sein könnte. Nur schade, dass man trotz aller Mühen bisher einfach keine zerfallenden Protonen aufspüren kann. Und es gibt noch etwas, das nicht ganz passt: Wenn man genau hinschaut, dann werden die Ladungsstärken der starken, schwachen und elektromagnetischen Wechselwirkung bei der GUT-Energieskala nicht wirklich genau gleich groß. Sie treffen sich nicht exakt in einem Punkt – zumindest, wenn man den Berechnungen im Rahmen der GUTs glaubt. Aber vielleicht sind die GUTs ja unvollständig. Etwas könnte noch fehlen, was die drei Ladungsstärken doch noch zusammenführen kann. Und genau um dieses fehlende Element soll es im nächsten Abschnitt gehen.

6.2   Symmetrien werden super: SUSY

Bisher haben uns Symmetrieüberlegungen einen unschätzbaren Dienst erwiesen. Nur, wie könnte man über die umfassende GUT-Eichsymmetrie noch hinausgehen? Was könnte fehlen?

Blicken wir noch einmal zurück, um uns einen Überblick zu verschaffen: In Kap. 4 haben wir gesehen, dass die Symmetrien von Raum und Zeit, wie sie durch Einsteins Spezielle Relativitätstheorie ihren Ausdruck finden, sich massiv auf die Struktur der Quantentheorie auswirken. Sie erzwingen, dass es zu jedem Teilchen ein entgegengesetzt geladenes Antiteilchen geben muss. Und vielleicht noch wichtiger: Jedes Teilchen muss einen Spin – eine Art Eigendrehung – in sich tragen, der sein Verhalten ganz entscheidend beeinflusst. Teilchen mit halbzahligem Spin (Fermionen) sind Einzelgänger, die sich gegenseitig meiden, während Teilchen mit ganzzahligem Spin (Bosonen) sich als Herdentiere gern zusammentun und gemeinsam an einem Strang ziehen. Deshalb bezeichnet man Fermionen wie Elektronen und Quarks auch oft als Materieteilchen, die schalenartige Strukturen wie Atome und Atomkerne aufbauen können. Bosonen sind dagegen Wechselwirkungsteilchen – so können Photonen sich zu elektromagnetischen Feldern und Wellen zusammentun und gemeinsam auf die Materie einwirken.

Die Idee der Eichsymmetrie, die in Kap. 5 schließlich zum Standardmodell geführt hat, ist von ganz anderer Natur als die relativistischen Raum-Zeit-Symmetrien. Sie ist eine sogenannte *innere Symmetrie,* denn sie geht davon aus, dass eine innere Eigenschaft eines Quantenteilchens – eine Wellenphase, die Farbladung oder der schwache Isospin – beliebig verändert werden kann, ohne dass dies physikalisch eine Rolle spielt, solange die Symmetrie intakt und nicht gebrochen ist. Zugehörige Eichteilchen können diese Veränderungen dann auslösen, also beispielsweise die Farbladung eines Quarks ändern oder ein Elektron in sein Neutrino umwandeln. Erst die Symmetriebrechung durch das allgegenwärtige Higgs-Feld erzeugt dann im Nachhinein den Unterschied zwischen dem Elektron und seinem Neutrino.

Mit den Grand Unified Theories versucht man nun, die drei Eichsymmetrien des Standardmodells unter dem Dach einer einzigen möglichst umfassenden Eichsymmetrie zusammenzufassen. Doch ist das schon alles? Kann man nicht auch die relativistischen Raum-Zeit-Symmetrien mit einbeziehen und sie mit der Idee der Eichsymmetrie irgendwie verbinden? Könnte dies das noch fehlende Element sein?

Coleman und Mandula sagen NEIN

Im Jahr 1967 lieferte der US-amerikanische Physiker Sidney Coleman – ein ebenso genialer wie etwas exzentrischer Kollege von Steven Weinberg an der Harvard-Universität und einflussreicher Experte auf dem Gebiet der Quantenfeldtheorie – zusammen mit seinem ehemaliger Doktoranden Jeffrey Mandula die scheinbar endgültige Antwort: Die relativistischen Raum-Zeit-Symmetrien bleiben von den inneren Symmetrien wie den Eichsymmetrien, die beispielsweise die Farbladungen der Quarks oder die Umwandlung zwischen Elektron und Neutrino betreffen, immer fein säuberlich getrennt. Es gibt keinerlei Verbindung zwischen diesen Symmetrien.

Das bedeutet insbesondere, dass es keinerlei Symmetriebeziehung zwischen Teilchen mit verschiedenem Spin geben kann. Der Spin ist nämlich eine Folge der Raum-Zeit-Symmetrien und wird von den Eichsymmetrien demnach nicht erfasst. Ein Eichteilchen wird also niemals ein Fermion in ein Boson umwandeln. Fermionen und Bosonen bleiben als Materie- und Wechselwirkungsteilchen fein säuberlich voneinander getrennt.

Dieses sogenannte Coleman-Mandula-Theorem basiert auf sehr allgemeinen Voraussetzungen und schien das endgültige Wort zu dem Thema zu sein. Überaschenderweise entdeckten jedoch der Österreicher Julius Wess und sein italienischer Kollege Bruno Zumino im Jahr 1974 ein einfaches quantenfeldtheoretisches Spielmodell – das sogenannte *Wess-Zumino-Modell* –, das genau so eine Symmetriebeziehung zwischen einem Fermion und einem Boson enthält. Als Folge dieser Symmetrie haben das Fermion und das Boson in diesem Modell beispielsweise dieselbe Masse.

Wie kann das sein? Coleman und Mandula hatten doch sieben Jahre zuvor bewiesen, dass es keine solche Symmetrie geben kann. Hatten sie etwas übersehen?

Haag, Łopuszański und Sohnius finden ein Schlupfloch

Dieser Widerspruch beunruhigte die theoretischen Physiker, und so nahm man sich die Beweisführung von Coleman und Mandula noch einmal im Detail vor. Im Jahr 1975 entdeckten Rudolf Haag, Jan Łopuszański, and Martin Sohnius ein gut verstecktes Schlupfloch in der Argumentationskette ihrer Kollegen: Die relativistischen Symmetrien von Raum und Zeit sind nicht allumfassend, wenn es um die zugehörigen Quanteneigenschaften der Teilchen – insbesondere den Spin – geht. Man kann sie geschickt erweitern, indem man den drei Raumdimensionen und der Zeitdimension weitere mathematisch abstrakte Dimensionen hinzufügt. Das Besondere an diesen neuen Dimensionen liegt darin, dass sie nicht durch normale Koordinaten dargestellt werden. Normale Koordinaten sind ganz gewöhnliche Zahlen wie 1,5 oder 3,74, die beispielsweise angeben, wie viele Kilometer man vom Kölner Dom aus laufen muss, um nach Leverkusen zu gelangen. Solche Zahlen kann man problemlos miteinander multiplizieren, wobei es egal ist, in welcher Reihenfolge man das tut. Normale Koordinaten sind also in einem Produkt vertauschbar: $a \cdot b = b \cdot a$.

Das ist bei den zusätzlichen abstrakten Koordinaten anders: Wenn man sie miteinander multipliziert und dann vertauscht, so erhält man ein zusätzliches Minuszeichen: $a \cdot b = - b \cdot a$. Man sagt auch, die Koordinaten „antivertauschen" miteinander.

Offenbar haben die neuen Dimensionen nichts mit gewöhnlichen Raumdimensionen zu tun, denn ihre Koordinaten – wenn man sie denn überhaupt so nennen will – sind keine gewöhnlichen Zahlen, sondern irgendwelche anderen mathematischen Objekte.[6] Auf so etwas muss man

---

[6]Man nennt diese Objekte *Graßmann-Zahlen*.

erst einmal kommen! Kein Wunder, dass Coleman und Mandula diese versteckte Möglichkeit übersehen hatten.

Wie kommt man überhaupt auf diese Idee? Nun, denken Sie noch einmal an Abschn. 4.1 zurück – dort hatten wir das Spin-Statistik-Theorem kennengelernt, das etwas über die Quantenwelle von Bosonen und Fermionen aussagt: Vertauscht man zwei Fermionen, dann wechselt ihre gemeinsame Quantenwelle das Vorzeichen – sie ist antisymmetrisch. Bei Bosonen ist das nicht der Fall – ihre Quantenwelle ist symmetrisch. Genau deshalb sind Fermionen Einzelgänger und Bosonen Herdentiere.

Eben dieses Verhalten spiegelt sich auch im Verhalten der Raum-Zeit-Koordinaten wider: Normale Koordinaten vertauschen, während die abstrakten Zusatzkoordinaten antivertauschen, also beim Vertauschen das Vorzeichen wechseln. Wir haben also in unserer erweiterten Raumzeit den normalen „bosonischen" Koordinaten weitere abstrakte „fermionische" Koordinaten hinzugefügt, wenn man es so ausdrücken will.

Stellen Sie sich nun eine Drehung in dieser erweiterten Raumzeit vor. Eine solche Drehung könnte eine normale bosonische Raum-Zeit-Koordinate in eine antivertauschende fermionische Zusatz-Koordinate überführen. Das überträgt sich auf die zugehörige Quantentheorie in diesem Raum: Die Drehung kann Bosonen in Fermionen umwandeln und umgekehrt, also eine Symmetriebeziehung zwischen ihnen herstellen – so wie Wess und Zumino es in ihrem Modell beobachtet hatten.

Eine solche Symmetrie ging über alles hinaus, was man bisher kannte. Sie operiert in einer Art „Superraum", in dem die normale Raumzeit um abstrakte fermionische Zusatzdimensionen erweitert ist. Der Name, den man dieser Symmetrie gab, überrascht da vermutlich nicht: Sie heißt schlicht und einfach *Supersymmetrie* oder kurz *SUSY*. Und diese Supersymmetrie hat es wirklich in sich, wie wir jetzt sehen werden.

SUSY-Teilchen

Würde die Supersymmetrie in der Natur uneingeschränkt gelten, müsste es zu jedem Boson ein zugehöriges Fermion mit derselben Masse geben und umgekehrt, denn die Symmetrie würde sie ja als gleichberechtigte Teilchen betrachten. Bis auf den Spin hätten diese Fermion-Boson-Paare auch ansonsten dieselben Eigenschaften, also neben der Masse dieselbe elektrische Ladung und Farbladung.

Es müsste also beispielsweise passend zum Elektron (Spin 1/2) ein gleich schweres sogenanntes *Selektron* mit Spin 0 geben, und analog zu jedem

Quark ein sogenanntes *Squark.*[7] Die supersymmetrischen Spin-0-Partnerteilchen erhalten also einfach ein supersymmetrisches „S" vorangestellt – nicht unbedingt originell, aber dafür sehr einprägsam.

Die fermionischen Partnerteilchen der Bosonen nennt man etwas anders – das Spin-1/2-Partnerteilchen des Gluons ist das *Gluino,* der *W*-Boson-Partner heißt *Wino* und der Higgs-Partner hört auf den Namen *Higgsino.* Auch quantenmechanische Mischungen dieser SUSY-Teilchen können auftreten, die man dann beispielsweise je nach Ladung *Chargino* oder *Neutralino* nennt.

Die Namen hat man also schon – fehlen nur noch die Teilchen. Und da liegt das Problem: Gäbe es wirklich ein Selektron, das genauso schwer wie ein Elektron ist, dann hätten wir es längst finden müssen. Als elektrisch geladenes relativ leichtes Teilchen müsste es zuhauf in den Teilchenkollisionen an den gängigen Beschleunigern entstehen und würde aufgrund seiner Ladung und seines Spins sofort auffallen.

Bleibt also nur ein Ausweg: Die Supersymmetrie muss spontan gebrochen sein, was den SUSY-Teilchen eine relativ große Masse verleihen könnte. Die SUSY-Teilchen müssen so schwer sein, dass wir sie trotz aller Mühen an den großen Beschleunigern bisher nicht erzeugen können, weil deren Energie dafür nicht ausreicht. Leider weiß niemand so genau, wie schwer die SUSY-Teilchen sein könnten, auch wenn es einige Hinweise dafür gibt, dass wir sie am Large Hadron Collider LHC früher oder später eigentlich finden sollten – mehr dazu später.

Natürlich könnte es auch sein, dass wir gar nichts finden können, weil es die SUSY-Teilchen schlicht und einfach nicht gibt. Vielleicht haben Sie sich auch gefragt, ob eine Verdoppelung der Teilchen nicht ein zu hoher Preis für die Einführung einer neuen Symmetrie ist. Doch genau dasselbe haben wir schon einmal gesehen, als wir die relativistischen Raum-Zeit-Symmetrien in der Quantentheorie berücksichtigt haben: Zu jedem Teilchen muss es ein entgegengesetzt geladenes Antiteilchen geben – so das Ergebnis. Schon damals erschien vielen Physikern dieser Preis als zu hoch, bis man kurz darauf mit dem Positron tatsächlich das erste Antiteilchen entdeckte. Selbst Paul Dirac, dessen Dirac-Gleichung die Existenz von Antiteilchen vermuten ließ, konnte sich erst nach einigem Zögern durchringen, ihre Existenz in Betracht zu ziehen.

---

[7]Eigentlich sind es sogar zwei Selektronen und je zwei Squarks, was mit der Zahl der Freiheitsgrade zusammenhängt: Ein Elektron kann aufgrund seines Spins links- oder rechtshändig sein, ein Selektron dagegen nicht, da es Spin 0 hat. Diese Feinheit ist aber für uns hier nicht weiter wichtig.

Was die Supersymmetrie betrifft, so hätte Dirac aufgrund dieser Erfahrung wohl kein Problem mehr mit einer Verdoppelung der Teilchen gehabt. Außerdem hätte er vielleicht argumentiert, eine Theorie von solch mathematischer Schönheit und Eleganz wie die Supersymmetrie sei einfach zu schön, um falsch zu sein. Doch vergessen wir nicht: Auch Hermann Weyl hatte mit diesem Argument bei seinen ersten Versuchen zur Eichtheorie Schiffbruch erlitten, wie ihm Albert Einstein auf höfliche und Wolfgang Pauli auf weniger höfliche Weise klarzumachen versuchten. Was spricht also neben der mathematischen Schönheit sonst noch für die Supersymmetrie?

SUSY führt die gleitenden Ladungen zusammen

Ein Argument führt uns zurück zu den Grand Unified Theories und den gleitenden Ladungen. Wir hatten gesehen, dass sich bei hohen Energien die Stärken – genauer die Ladungsstärken – der starken, schwachen und elektromagnetischen Wechselwirkung immer ähnlicher werden. Die Wolken aus virtuellen Teilchen und Antiteilchen, die die Ladungen immer umschwirren und nach außen hin verstärken oder abschirmen können, sorgen für diesen Effekt. Doch die Hoffnung, dass sich alle Ladungsstärken bei der GUT-Energieskala von rund 10^{16} GeV an einem Punkt treffen, erfüllte sich in den Berechnungen bei genauem Hinsehen nicht (Abb. 6.3 links).

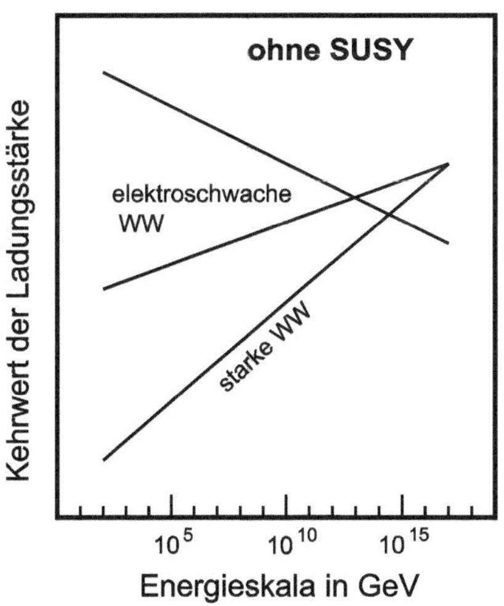

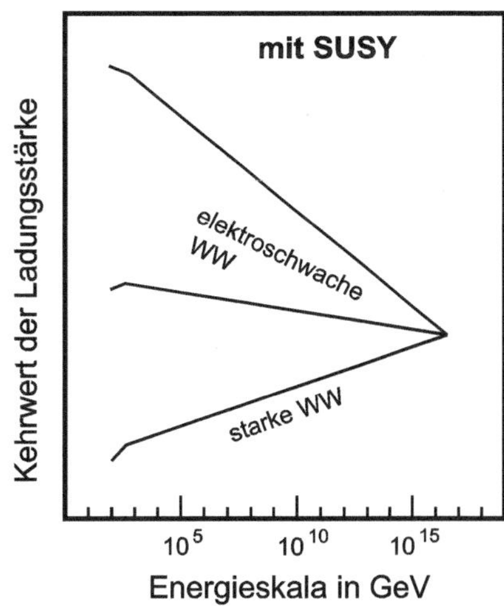

Abb. 6.3 Mit Supersymmetrie treffen sich die Ladungsstärken der elektroschwachen und starken Wechselwirkung bei Energien von rund 10^{16} GeV in einem Punkt. Ohne Supersymmetrie ist das nicht der Fall. (Wenn Sie wissen wollen, was genau in dieser Grafik dargestellt ist, finden Sie die Details beispielsweise in D. I. Kazakov (2001) *Beyond the Standard Model (In Search of Supersymmetry)*, https://arxiv.org/abs/hep-ph/0012288). (Quelle: Eigene Grafik)

Natürlich hängt das Ergebnis davon ab, welche virtuellen Teilchen die Wolke im Umfeld der Ladungen enthält. Im Prinzip kann darin jedes beliebige Teilchen auftreten, solange es die geliehene Energie für seine Erzeugung nach der Energie-Zeit-Unschärfe rechtzeitig zurückzahlt. Je schwerer ein virtuelles Teilchen also ist, umso seltener wird es in der Wolke auftauchen.

Das ist die Stelle, an der die SUSY-Teilchen ins Spiel kommen. Wenn es sie gibt, dann müssen auch sie als virtuelle Teilchen gelegentlich in der Wolke auftauchen und einen Einfluss auf das Verhalten der Ladungen bei wachsender Energie haben. Als man die entsprechenden Berechnungen anstellte, brach Euphorie aus: Mit virtuellen SUSY-Teilchen treffen sich die Ladungsstärken tatsächlich bei der GUT-Energieskala in einem Punkt (Abb. 6.3 rechts) – zumindest, wenn diese SUSY-Teilchen nicht allzu schwer sind. Das ist ein starker Hinweis darauf, dass die Idee einer großen übergreifenden Eichsymmetrie mit der Supersymmetrie zusammengebracht werden muss, um ein konsistentes Gesamtwerk zu bilden.

Das leichteste SUSY-Teilchen und die dunkle Materie

Es gibt noch ein weiteres Indiz für die Existenz von SUSY-Teilchen. Es spricht nämlich in den gängigen SUSY-Modellen vieles dafür, dass es eine spezielle SUSY-Eigenschaft – die sogenannte *R-Parität* – gibt, die nur im Doppelpack entstehen oder wieder verschwinden kann. Ein SUSY-Teilchen entsteht also niemals allein, sondern immer gemeinsam mit einem zweiten SUSY-Teilchen, wobei es nicht unbedingt dasselbe Teilchen sein muss. Umgekehrt kann ein SUSY-Teilchen nicht einfach in lauter normale Nicht-SUSY-Teilchen zerfallen. Es muss schon mindestens ein (oder drei oder fünf …) SUSY-Teilchen dabei sein. Da nun die Zerfallsprodukte eines Teilchens zusammen nie schwerer sein können als das zerfallende Teilchen, muss beim leichtesten SUSY-Teilchen Schluss sein (Abb. 6.4). Bei dessen Zerfall müsste ja ein noch leichteres SUSY-Teilchen entstehen, das es aber nicht gibt. Das leichteste SUSY-Teilchen müsste also stabil sein.

Nun sind im Urknall alle existierenden Teilchen in vergleichbar großen Mengen entstanden, denn es war genügend Energie für alle vorhanden. Das gilt auch für die SUSY-Teilchen, wenn sie existieren. Nach und nach zerfielen dann alle schweren instabilen Teilchen in immer leichtere Zerfallsprodukte, bis nur noch stabile Teilchen übrig waren. Beim Zerfall der SUSY-Teilchen entstehen dabei immer leichtere SUSY-Teilchen, bis die leichtesten SUSY-Teilchen erreicht sind. Diese können nicht weiter zerfallen. Sie sind stabil und sollten noch heute in großer Zahl unser Universum bevölkern.

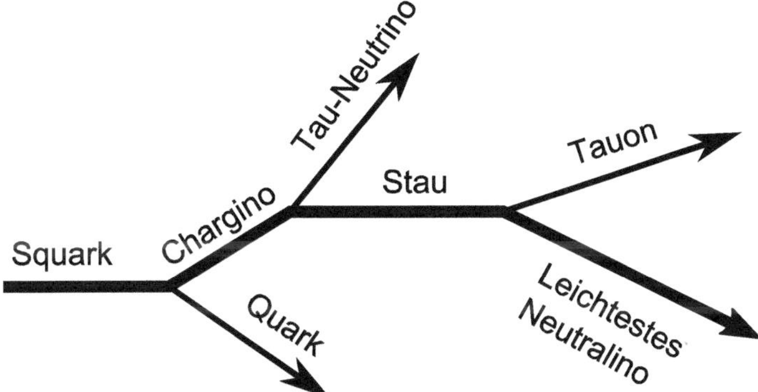

Abb. 6.4 So könnte die Zerfallskaskade eines Squarks aussehen. Die SUSY-Teilchen sind jeweils mit einer dicken Linie dargestellt. Man sieht, wie sich die dicke SUSY-Linie durch die ganze Kaskade hindurchzieht, bis am Schluss das leichteste Neutralino übrigbleibt, das als der wahrscheinlichste Kandidat für das leichteste SUSY-Teilchen gilt. Dieses leichteste SUSY-Teilchen ist dann stabil. (Quelle: Eigene Grafik)

Warum bemerken wir diese leichtesten SUSY-Teilchen dann nicht? Auch darauf haben die gängigen SUSY-Modelle eine Antwort: Vermutlich wechselwirken sie ähnlich wie die geisterhaften Neutrinos nur sehr schwach mit normaler Materie und gleiten einfach durch uns und die gesamte Erde hindurch, ohne irgendwo hängenzubleiben. Dabei müssen sie sehr viel schwerer als die nahezu masselosen Neutrinos sein, denn sonst hätten wir diese Teilchen an den großen Beschleunigern längst erzeugen und nachweisen können. Man spricht auch von *weakly interacting massive particles* oder kurz *WIMPs,* also schwach wechselwirkenden massereichen Teilchen.

Bisher konnte allerdings kein einziges dieser kosmischen WIMPs direkt nachgewiesen werden. Man versucht es durchaus, beispielsweise in Detektoren wie Super-Kamiokande, also tief unter der Erde, wo man auch kosmischen Neutrinos nachspürt und den Zerfall des Protons zu entdecken hofft. Nur leider ist bisher keines der kosmischen WIMPS in diesen Detektoren hängengeblieben und hat ein nachweisbares Signal erzeugt.

Doch dass wir generell gar nichts sehen, ist auch nicht richtig. Erinnern Sie sich noch an die *Dunkle Materie,* auf die wir in Abschn. 2.3 gestoßen sind, als wir uns die Materieformen und ihre Gravitation im Universum angesehen haben? Die anziehende Gravitation dieser unsichtbaren Dunklen Materie ist überall im Universum spürbar. Sie dominiert die Gravitationsfelder der Galaxien, die im Wesentlichen riesige Wolken aus Dunkler Materie zu sein scheinen. Es scheint fast so, als seien die Sterne nichts weiter als kleine leuchtende Schaumkronen auf einem Ozean aus Dunkler Materie, dessen Gravitation die Galaxie zusammenhält.

Nun hat die Dunkle Materie sehr wahrscheinlich nichts mit Atomen und deren Bestandteilchen zu tun. Es kann sich beispielsweise nicht um unsichtbare Wolken aus Wasserstoff handeln. Bestünde die Dunkle Materie nämlich aus Atomen, dann wäre die Dichte der Protonen und Neutronen im Urknall so groß gewesen, dass sehr viele von ihnen zu Heliumkernen fusioniert wären. Die Heliumdichte – das zweithäufigste Element im Universum nach Wasserstoff – müsste also deutlich größer sein, als wir sie heute beobachten. Das kann man tatsächlich ziemlich genau nachrechnen.

Nein, Dunkle Materie muss aus etwas anderem bestehen. Da kommen uns die leichtesten SUSY-Teilchen – die WIMPs – doch wie gerufen. Riesige Mengen von ihnen könnten unerkannt unsere Galaxie durchstreifen und würden sich nahezu ausschließlich durch ihre Gravitation bemerkbar machen. Das ist ein sehr plausibles Szenario, das viel zur Popularität der Supersymmetrie beigetragen hat. Nicht nur die mathematische Schönheit und die Zusammenführung der gleitenden Ladungen bei sehr hohen Energien sprechen für SUSY. Sie könnte auch die rätselhafte Dunkle Materie erklären, die uns zu umgeben scheint, ohne bisher direkt für uns greifbar zu sein.

Das Problem mit der Higgs-Masse

Es gibt sogar noch ein weiteres Argument, das für die Existenz der SUSY-Teilchen spricht. Dieses Argument ist unter den Namen *Hierarchieproblem* sowie *Natürlichkeitsproblem* bekannt geworden und hängt mit der Masse des Higgs-Teilchens zusammen. Das besondere an der Higgs-Masse ist nämlich, dass sie extrem stark von der Wolke aus virtuellen Teilchen beeinflusst wird, die das Higgs-Teilchen umgeben. Jedes Teilchen, das im Standardmodell vorkommt und eine Masse besitzt, wechselwirkt nämlich mit dem Higgs-Teilchen, denn sonst wäre es selbst masselos – die Teilchen des Standardmodells erhalten ihre Masse ja erst durch die Wechselwirkung mit dem universellen Higgs-Feld, das überall den leeren Raum durchdringt. Hinzu kommt, dass das Higgs-Teilchen keinen Spin besitzt, was es aus bestimmten Gründen besonders anfällig für den Einfluss der virtuellen Teilchenwolke macht.

Nun ist dieser Einfluss umso gravierender, je schwerer die darin vorkommenden virtuellen Teilchen sind. Im Standardmodell ist das an sich noch kein Problem, denn diese Teilchen sind fast alle deutlich leichter als das Higgs-Teilchen. Lediglich das Top-Quark ist mit seinen 173 GeV etwa 1,4-mal so schwer wie das Higgs-Teilchen (125 GeV). Man kann also den

Einfluss der Teilchenwolke über den Prozess der Renormierung recht gut durch die sogenannte nackte Higgs-Masse kompensieren.[8]

Problematisch wird es, wenn wir die Ideen der Grand Unified Theories einfließen lassen, denn dann kommen die sehr schweren GUT-Eichteilchen ins Spiel, die Massen im Bereich von rund 10^{16} GeV haben sollten. Auch diese ultraschweren Teilchen müssten in der virtuellen Teilchenwolke auftreten und würden versuchen, die Masse des Higgs-Teilchens in ähnliche Größenordnungen hinaufzutreiben. Theoretisch könnte man zwar in der Renormierungsrechnung mit einer ähnlich großen nackten Higgs-Masse gegenhalten, doch das wäre so ähnlich, als würde man versuchen, zwei Planeten auf die beiden Waagschalen einer Balkenwaage zu legen und deren Massen so genau auszutarieren, dass ihr Gewichtsunterschied genau der Masse eines winzigen Staubkorns entspricht. Das wäre zwar im Prinzip möglich, aber doch sehr unnatürlich und schwierig – nun verstehen Sie, was oben mit dem *Natürlichkeitsproblem* gemeint war. Es ist demnach unnatürlich, wenn in der Hierarchie der Massen ein so großer Unterschied zwischen den GUT-Eichteilchen und den damit eng verknüpften Higgs-Teilchen besteht – und das erklärt den zweiten Begriff von oben: das *Hierarchieproblem.*

Interessanterweise bietet die Supersymmetrie eine Lösung für dieses Problem an. Wenn diese Symmetrie exakt wäre, dann gäbe es zu jedem Teilchen ein gleich schweres SUSY-Partnerteilchen, wobei sich der Einfluss beider Teilchen in der virtuellen Teilchenwolke gegenseitig genau aufheben würde, wie die Rechnung überaschenderweise zeigt. Die Wolke könnte die Higgs-Masse nicht mehr nach oben treiben und das Problem wäre weg.

Nun kann die Supersymmetrie nicht exakt gelten, wie wir gesehen haben. Sie muss gebrochen sein, sodass die SUSY-Teilchen deutlich schwerer als ihre Partner sind. Dadurch hebt sich der Einfluss der virtuellen Teilchen und ihrer SUSY-Partner nicht mehr genau auf und die virtuelle Teilchenwolke gewinnt wieder an Einfluss.

Damit dieser Einfluss die Higgs-Masse nicht zu sehr nach oben treibt und wir wieder in das unnatürliche Gegenhalten mit der nackten Higgs-Masse hineinlaufen, dürfen die Massen der SUSY-Teilchen also nicht zu weit von den Massen ihrer Partner aus dem Standardmodell abweichen. Die

---

[8]Bei der Renormierung trennt man rechnerisch das Teilchen von seiner virtuellen Teilchenwolke, die es umgibt. Das Teilchen ohne Wolke ist dann das nackte Teilchen. Die rechnerische Masse des nackten Teilchens ergibt dann zusammen mit dem Masseneinfluss der Wolke die physikalisch messbare Masse des echten Teilchens, das ja untrennbar mit seiner Wolke verbunden ist. Dabei können auch Minuszeichen auftreten, sich also Anteile gegenseitig kompensieren.

Supersymmetrie darf nicht zu stark gebrochen sein. Die Massenabweichungen sollten nicht sehr viel größer sein als die Masse des HiggsTeilchens. Mit anderen Worten: Ein Gluino – der SUSY-Partner des masselosen Gluons – darf vielleicht ein bis zehn Higgs-Massen auf die Waage bringen, aber nicht viel mehr. Ähnlich ist es auch bei den anderen SUSY-Partnern der „normalen" Teilchen aus dem Standardmodell.

Diese Erkenntnis beflügelte die Physiker, als sie in den 1990er-Jahren den Entschluss fassten, am Genfer See im Tunnel des noch laufenden LEP den neuen Large Hadron Collider LHC als dessen Nachfolger zu bauen. Wenn man dort das Higgs-Teilchen finden würde, dann sollte man auch mit etwas mehr Energie in der Lage sein, die SUSY-Teilchen zu finden – zumindest, wenn man der obigen Argumentation glaubt.

Eine Oase in der leeren Wüste?

Wie das mit dem Higgs-Teilchen ausging, wissen wir bereits. Im Jahr 2012, gut zwei Jahre nach Inbetriebnahme, konnte man am LHC tatsächlich einen großen Erfolg vermelden: Das Higgs-Teilchen war gefunden und seine Masse lag mit 125 GeV durchaus im erwarteten Bereich. Da waren die Erwartungen, schon bald in den sich immer schneller anhäufenden Kollisionsdaten auf die ersten SUSY-Teilchen zu stoßen, natürlich groß.

Doch leider wurden diese Hoffnungen bisher bitter enttäuscht. Immer tiefer gräbt sich der LHC in den ihm zugänglichen Energiebereich hinein, doch er findet bisher nichts. Die Befürchtung mancher Skeptiker, dass wir zwar das Higgs-Teilchen finden, aber sonst nichts, rückt langsam immer näher. Es ist, als befänden wir uns in einer Wüstenoase und hätten dank des Standardmodells einen genauen Plan davon, wo jede Palme zu stehen hat. All diese Palmen haben wir auch tatsächlich dort gefunden, wo sie laut Plan stehen sollten, sogar die etwas weiter abseits stehende Higgs-Palme. Wir kennen uns also mittlerweile in unserer Oase bestens aus.

Doch sobald wir uns weiter in die Wüste hinaus vorwagen, finden wir bisher nur Sand. Wir wissen sehr wohl, dass unsere Oase nicht die gesamte Welt umfassen kann. Aber unsere Hoffnung, schon kurz hinter dem Wüstenhorizont auf neue Palmen zu treffen, die in unserem Plan noch nicht verzeichnet sind, erfüllt sich bisher nicht – und das, obwohl vieles dafür zu sprechen scheint, dass weitere Palmen in der Nähe sein sollten. Wir wissen nicht, ob wir nur etwas weiter gehen müssen, um sie doch noch zu sehen, oder ob sich die Wüste noch sehr viel weiter erstreckt. Liegt unsere Oase womöglich mutterseelenallein im Wüstensand? Das wäre das, was die Physiker auch gerne das *nightmare scenario* nennen. Aber irgendwo muss die Wüste ja enden – nur wo?

Einmal, im Dezember 2015, schien sich tatsächlich etwas Neues am Horizont abzuzeichnen. In den Kollisionsdaten des LHC begann sich ein kleiner Buckel abzuzeichnen, eine unscheinbare Häufung von Photonenpaaren bei einer Energie von rund 750 GeV.[9] Auf dieselbe Weise hatte sich auch das Higgs-Teilchen wenige Jahre zuvor angekündigt. Hatte man hier ein neues Teilchen gefunden – womöglich ein SUSY-Teilchen? Winkte schon der nächste Nobelpreis?

Doch dann, als weitere Daten hinzukamen, begann die Häufung wieder zu verschwinden. *„Hope for a New Particle Fizzles at the LHC: A curious signal of a potentially revolutionary new particle detected last year turned out to be a fluke"* – so titelte der Scientific American im August 2016. Die Hoffnung war verpufft. Es war nichts weiter gewesen als eine zufällige Anhäufung von Daten – eine statistische Fluktuation, ein Phantomsignal, das keinen realen Hintergrund hatte. Man kann sich vorstellen, wie enttäuscht man am LHC war, und nicht wenige Physiker mussten ihre bereits vorbereiteten Arbeiten wieder in den Papierkorb werfen. Ein Nobelpreis war hier offenbar nicht zu holen. Gut, dass man sich nicht zu weit aus dem Fenster gelehnt und bereits von einer „Entdeckung" gesprochen hatte, die keine war.

All dies bedeutet natürlich nicht, dass es keine SUSY-Teilchen gibt. Der LHC wird noch viele Jahre weiter laufen und ständig weiter verbessert werden, sodass er durchaus noch etwas entdecken kann. Die obigen Überlegungen, nach denen er schon längst etwas hätte finden müssen, werden allerdings zunehmend infrage gestellt. Doch es ist eben absolutes Neuland, und niemand weiß, wie die Wüste um unsere vertraute Standardmodell-Oase wirklich aussieht. Ich denke, wir sollten mehr Geduld aufbringen und erst einmal abwarten, was der LHC – diese wunderbare Maschine – in den nächsten Jahren noch zu Tage fördert. Und selbst wenn er nichts findet, ist auch das ein wichtiges Ergebnis, wenn auch vielleicht nicht das gewünschte.

6.3 Quantengravitation, Stringtheorie und die Weltformel

So interessant und vielversprechend Grand Unified Theories und Supersymmetrie auch sein mögen – den „Elefanten im Raum" ignorieren sie hartnäckig: Was ist eigentlich mit der Gravitation?

---

[9]Siehe z. B. in der englischen Wikipedia: *750 GeV diphoton excess.*

Im mikroskopischen Reich der Atome und Elementarteilchen, das uns heute experimentell zugänglich ist, spielt die Gravitation überhaupt keine Rolle. Könnten wir die Gravitation abschalten, so würde ein Wasserstoffatom noch genauso aussehen wie vorher, denn die elektromagnetische Anziehungskraft zwischen Elektron und Proton ist nahezu um das 10^{40}-Fache stärker als ihre gravitative Anziehung. Die Zahl 10^{40} sieht wieder einmal so harmlos aus, aber sie entspricht ungefähr der Entfernung zu unserer Nachbargalaxie Andromeda (2,5 Mio. Lichtjahre) im Verhältnis zu einem Tausendstel der Größe eines Protons.

Dass die Gravitation so extrem schwach ist, merken wir auch in unserer unmittelbaren Umgebung: Haben Sie schon einmal versucht, eine Kaffeetasse allein durch die Gravitationskraft Ihrer Hand anzuheben? Wir spüren überhaupt nichts von einer solchen Anziehungskraft zwischen Tasse und Hand, obwohl sie im Prinzip vorhanden ist. Man braucht schon einen ganzen Himmelskörper wie die Erde unter unseren Füßen, damit die Gravitation spürbar wird.

Daran erkennt man auch das Besondere an der Gravitation: Sie wirkt immer anziehend und verstärkt sich, je mehr Masse vorhanden ist. Elektromagnetische Kräfte sind zwar viel stärker, wirken aber sowohl anziehend als auch abstoßend, sodass sie sich gegenseitig nach außen hin kompensieren können. Wir merken also meist nichts von den starken elektrischen Kräften, die die Atome zusammenhalten. Und noch weniger bemerken wir die starke Kernkraft, die wegen ihrer extrem kurzen Reichweite nur im Inneren der Atomkerne wirkt. Daher ist es ausgerechnet die weitaus schwächste aller Wechselwirkungen, die wir am eigenen Leib zu spüren bekommen und die als erste Fundamentalkraft schon vor über dreihundert Jahren von Isaac Newton in seinem Gravitationsgesetz beschrieben wurde.

Von der Planck-Energie zur Weltformel

Nun wissen wir von Albert Einstein, dass Masse und Energie eng verwandt sind und dass auch Energie eine Gravitationswirkung besitzt. Wenn also die Energie der beteiligten Teilchen zunimmt, dann sollte auch ihre Gravitationswirkung aufeinander stärker werden. Die Frage ist also: Ab welcher Energie wird die Gravitation zwischen Teilchen ähnlich stark wie die elektromagnetische oder die starke Wechselwirkung?

Man kann die entsprechende Energieskala leicht ausrechnen. Sie liegt bei rund 10^{19} GeV und trägt zu Ehren von Max Planck den Namen *Planck-Energie*. Im Vergleich zu den Energien am LHC, die bei rund 10^4 GeV liegen, ist das eine riesige Energie – sie ist millionen-milliardenfach größer als das, was wir selbst an unserem besten Beschleuniger erzeugen können.

Allerdings haben wir in diesem Kapitel bereits eine ähnlich große Energieskala kennengelernt: die GUT-Energieskala, bei der sich möglicherweise die elektromagnetische, schwache und starke Wechselwirkung zu einer einzigen übergreifenden GUT- Wechselwirkung vereinen. Mit 10^{16} GeV liegt die GUT-Energie zwar immer noch um einen Faktor Tausend unterhalb der Planck-Energie, doch langsam beginnt bei diesen Energien die Gravitation wichtig zu werden. Bei den tausendfach höheren Energien der Planck-Energieskala spielt die Gravitation dann eine entscheidende Rolle und ist genauso wichtig wie die anderen Wechselwirkungen. Womöglich vereint sich dort die Gravitation sogar mit der GUT-Wechselwirkung – also mit den bereits vereinten Wechselwirkungen des Standardmodells – zu einer einzigen allumfassenden Wechselwirkung. Würde man die Physik dieser universellen Wechselwirkung verstehen, dann hätte man den Schlüssel für das Verständnis der gesamten Physik unseres Universums in der Hand. Man hätte den heiligen Gral der Physik gefunden, die *Weltformel,* die *Theorie von Allem* (englisch *Theory of Everything,* TOE), in der alles andere enthalten ist.

Vielleicht fragen Sie sich, wo eine solche Theorie von Allem in unserer Welt überhaupt eine Rolle spielt. Was muss passieren, damit die Teilchen Energien von der Größe der Planck-Energie aufweisen?

Normale Teilchenbeschleuniger erreichen solche enormen Energien bei Weitem nicht und werden es wohl auch niemals tun. Selbst die Energie in einer Supernova reicht dafür nicht aus. Erst im Inneren eines Schwarzen Lochs, in dem sich ganze Sternmassen auf kleinstem Raum zusammenballen, könnten solche Energien eine Rolle spielen. Und auch im Urknall sind in den allerersten Sekundenbruchteilen diese Energien wohl erreicht worden.

Wenn wir also das Innere Schwarzer Löcher oder sogar den Urknall verstehen wollen, brauchen wir diese Theorie von Allem, die auch die Gravitation mit umfasst. Nur sie kann die Vorgänge beschreiben, die sich bei der Planck-Energie abspielen. Und so wie das Standardmodell oder die Grand Unified Theory muss auch die Theorie von Allem eine Quantentheorie sein. Allerdings liegt genau hier ein schwieriges Problem: Gravitation und Quantentheorie vertragen sich nicht sonderlich gut miteinander.

Quantengravitation und Renormierung

Das Problem sind die Unendlichkeiten, die durch die virtuelle Teilchenwolke entstehen, die jedes Teilchen umgibt. Im Prinzip können beliebig viele virtuelle Teilchen mit beliebig hohen Energien in dieser Wolke auftreten. Summiert man die Beiträge dieser Teilchen auf, dann ergeben sich die Unendlichkeiten, von denen jede relativistische Quantenfeldtheorie betroffen ist – wir kennen das schon aus Abschn. 4.2. Dort haben wir auch die Lösung für dieses Problem kennengelernt: Mit dem Verfahren der Renormierung lassen sich beispielsweise in der QED alle Unendlichkeiten in der Masse und Ladung des Elektrons und anderer geladener Teilchen verstecken, wo sie für die Berechnung anderer messbarer Größen keine Rolle mehr spielen. Dieses Renormierungsverfahren funktioniert nicht nur für die QED, sondern für das gesamte Standardmodell, wobei nur relativ wenige physikalische Parameter ausreichen, um die Unendlichkeiten darin verschwinden zu lassen.

Versucht man, eine analoge Quantenfeldtheorie der Gravitation aufzustellen, so scheitert dieses Verfahren jedoch – die Quantengravitation ist nicht renormierbar. Es gibt zwar analog zum Photon der QED auch eine Art Gravitations-Photon – kurz *Graviton* –, doch dieses unterscheidet sich in zweierlei Hinsicht vom Photon: Zum einen ist sein Spin doppelt so groß – es hat Spin 2 – und zum anderen können Gravitonen direkt miteinander wechselwirken[10], was die Lage deutlich verkompliziert. Die Konsequenz ist, dass man für komplexer werdende Feynman-Diagramme immer mehr physikalisch messbare Parameter braucht, um die Unendlichkeiten der Diagramme darin zu verstecken. Man muss also umso mehr gemessene Informationen in Form dieser Parameter in die Theorie hineinstecken, je genauer ihre Resultate sein sollen. Jede nicht renormierbare Theorie scheint dadurch ihre Vorhersagekraft einzubüßen, weshalb man früher meist darauf bestand, dass eine vernünftige Theorie renormierbar sein müsse. Als Steven Weinberg beispielsweise seine elektroschwache Theorie formulierte, achtete er penibel darauf, dass seine Theorie nur möglichst einfache Wechselwirkungen enthielt, sodass sie renormierbar sein sollte – auch wenn nicht er selbst, sondern erst sein jüngerer Kollege Gerardus 't Hooft dies später beweisen konnte.

Heute sieht man die Forderung nach Renormierbarkeit etwas differenzierter. Nichtrenormierbarkeit bedeutet nach heutigem Verständnis nicht mehr, dass eine Theorie unbrauchbar ist. Es bedeutet nur, dass sie nicht bis zu beliebig hohen Energien gültig sein kann. Die wahre Theorie von Allem, die wir für diese riesigen Energien brauchen, kennen wir noch nicht. Alles, was wir haben, ist eine sogenannte effektive Feldtheorie, bei der die wirklichen Mechanismen, die sich bei sehr hohen Energien und den entsprechend kleinen Abständen abspielen, verborgen sind.

---

[10]Vereinfacht gesprochen liegt das daran, dass Gravitation mit Energie verbunden ist, und Energie wiederum Gravitation hervorruft.

Effektive Feldtheorien und die Theorie von Allem
Ein Beispiel aus der Vergangenheit für eine solche effektive Theorie ist die Fermi-Theorie der schwachen Wechselwirkung, die Enrico Fermi in den 1930er-Jahren entwickelt hatte. Nach der Fermi-Theorie zerfällt beim Betazerfall ein Neutron direkt in ein Proton, ein Elektron und ein Neutrino, ohne dass dabei ein vermittelndes W-Boson im Spiel ist. Eine solche Theorie ist nicht renormierbar, d. h. nur die einfachsten Feynman-Diagramme machen darin Sinn.

Trotzdem erlaubt es die Fermi-Theorie, den Betazerfall des Neutrons recht gut zu beschreiben. Das liegt daran, dass die beteiligten Teilchenenergien viel kleiner sind als die Masse des W-Bosons. Das W-Boson muss sich also über die Energie-Zeit-Unschärfe viel Energie leihen, sodass es nur für einen winzigen Augenblick existiert. Im Feynman-Diagramm ist die W-Boson-Linie also extrem kurz, sodass man sie näherungsweise zu einem Punkt schrumpfen lassen kann – genau das ist die Grundidee der Fermi-Theorie.

Alles, was von der zu einem Punkt geschrumpften W-Boson-Linie übrig bleibt, ist die Masse bzw. die darin steckende Energie des W-Bosons. Je größer diese Masse im Vergleich zur Zerfallsenergie ist, umso langsamer ist der Zerfall. Die große W-Boson-Masse sorgt also dafür, dass der Betazerfall und andere schwache Zerfälle stark unterdrückt sind und relativ langsam ablaufen, so wie wir das bei den Pionen und Kaonen ebenfalls gesehen haben. Genau deshalb heißt es ja auch „schwache" Wechselwirkung.

Hier sehen wir eine generelle Eigenschaft einer effektiven Feldtheorie: Nicht renormierbare Wechselwirkungen wie in der Fermi-Theorie sind durch eine große Massen- oder Energieskala unterdrückt. Das müssen sie auch sein, um die Unendlichkeiten einigermaßen im Zaum halten zu können. Dabei zeigt die Energieskala zugleich an, bei welchen Energien die effektive Feldtheorie nicht mehr ausreichend sein wird. Wenn also bei schwachen Zerfällen Energien im Spiel sind, die in derselben Größenordnung die die W-Boson-Masse liegen, dann ist die Fermi-Theorie am Ende ihrer Möglichkeiten angekommen und wir brauchen die richtige renormierbare Beschreibung mit W-Bosonen im Standardmodell.

Soviel zur Fermi-Theorie. Sie hat uns gezeigt, worauf es bei einer effektiven Theorie ankommt. Damit sind wir für die entscheidende Frage gerüstet: Angenommen, es gibt eine *Theory of Everything,* eine allumfassende *Theorie von Allem,* die die wirkliche Physik bei sehr hohen Energien und winzig kleinen Abständen korrekt beschreibt. Wie wird dann eine effektive Quantenfeldtheorie aussehen, die sich als Näherung für deutlich kleinere Energien ergibt, wie sie uns heute zugänglich sind? Was geschieht, wenn wir in den Feynman-Diagrammen die Linien der ultraschweren Teilchen, die in einer Theorie von Allem auftreten könnten, zu Punkten zusammenschrumpfen lassen?

In einer solchen effektiven Theorie werden nur noch die leichteren Teilchen übrigbleiben. Diese Teilchen werden alle möglichen Wechselwirkungen untereinander ausführen können, die mit den Symmetrien der zugrunde liegenden Theorie verträglich sind. Dabei wird es renormierbare und nicht renormierbare Wechselwirkungen geben. Je schlimmer die Nichtrenormierbarkeit eines solchen Wechselwirkung dabei ist, umso stärker muss sie durch entsprechende Energievorfaktoren $1/E_\mathrm{p}$ oder auch $1/E_\mathrm{p}^2$, $1/E_\mathrm{p}^3$ usw. unterdrückt werden, wobei E_p die maßgebende Energieskala der Theorie von Allem ist – also sehr wahrscheinlich die Planck-Energie.

Die Wechselwirkungen, die überhaupt nicht unterdrückt werden müssen, sind dann natürlich diejenigen, die renormierbar sind. Die starke, schwache und elektromagnetische Wechselwirkung des Standardmodells haben genau diese Eigenschaft. Kein Wunder also, dass sie in der subatomaren Welt den Ton angeben.

Andere nicht renormierbare Wechselwirkungen müssen dagegen stark unterdrückt sein und können sich nur dann bei den heute zugänglichen Energien bemerkbar machen, wenn sie spezielle Auswirkungen haben, die nicht durch die viel stärkeren Wechselwirkungen des Standardmodells überdeckt werden. Und damit sind wir bei der Gravitation angekommen: Sie ist geradezu der Prototyp einer stark unterdrückten nicht renormierbaren Wechselwirkung, die sich in unserer Welt nur deshalb bemerkbar machen kann, weil sich die winzige Gravitationskraft jedes einzelnen Teilchens eines Himmelskörpers im Ganzen zu einer nennenswerten Gesamtkraft aufsummiert. Wäre das anders, so wüssten wir gar nicht, dass es die Gravitation überhaupt gibt.

Ich finde diesen tiefen Zusammenhang zwischen der Nichtrenormierbarkeit der Gravitation und ihrer geringen Stärke absolut faszinierend. Plötzlich ist es kein Makel mehr, dass die Quantentheorie der Gravitation nicht renormierbar ist, sondern es ist aufgrund ihrer geringen Stärke schon fast zu erwarten. Die Gravitation wäre demnach nichts anderes als ein schwaches Echo einer geheimnisvollen Theorie von Allem, die unser Universum in seinem tiefsten Inneren regiert. Sie bildet ein Fenster in die Physik jenseits des Standardmodells, in der alle Wechselwirkungen miteinander vereint sind. Damit ist die Existenz der Gravitation zugleich ein starkes Indiz dafür, dass wir nach einer solchen Theorie von Allem suchen sollten.

Aber haben wir überhaupt irgendeine Idee davon, wie eine solche Theorie von Allem aussehen könnte? Vielleicht werden Sie überrascht sein, aber

JA – wir haben tatsächlich eine solche Idee, und wir wollen sie uns jetzt genauer ansehen.

Wie die Stringtheorie entstand

Die Idee, wie eine Theorie von Allem aussehen könnte, entstand letztlich – wie so oft – durch einen Zufall. In den späten 1960er-Jahren, als der Grundstein für diese Idee gelegt wurde, befasste man sich nämlich noch gar nicht mit einer solchen allumfassenden Theorie. Man hatte da noch ganz andere Probleme, denn weder die starke noch die schwache Wechselwirkung waren zu dieser Zeit wirklich verstanden. Dabei machte man eine interessante Beobachtung: Wenn man sich die Baryonen und Mesonen als eine Art vibrierenden und rotierenden Gummifaden aus reiner Energie – einen sogenannten *String* – vorstellt, lassen sich viele ihrer Eigenschaften recht gut verstehen. Die Theorie war zwar nicht perfekt, aber ganz aus der Luft gegriffen schien sie auch nicht zu sein.

Natürlich wissen wir heute, was dahintersteckt: Sobald die Quarks in einem Baryon oder Meson versuchen, sich voneinander zu entfernen, bildet sich zwischen ihnen ein netzartiger Schlauch aus virtuellen Gluonen und Quark-Antiquark-Paaren, der sie an der weiteren Flucht hindert. Ein solcher Quark-Gluon-Schlauch verhält sich im Wesentlichen wie ein Energie-String. Dieser String ist also keine fundamentale Eigenschaft der starken Wechselwirkung, sondern ergibt sich aus der Dynamik der Quarks und Gluonen, wie sie durch die Quantenchromodynamik QCD beschrieben wird. Als man dies in den 1970er-Jahren erkannte, verlor man zunehmend das Interesse an der Quantentheorie der Strings – man brauchte sie für die starke Wechselwirkung nicht mehr.

Zum Glück blieben einige wenige Physiker dennoch am Ball, unter ihnen Pioniere der Stringtheorie wie Joel Scherk und John Schwarz – die Stringtheorie erschien ihnen mathematisch einfach zu schön, um komplett unbrauchbar zu sein. Also fragten sie sich, wie eine Quantenfeldtheorie generell aussieht, die nicht auf punktförmigen Teilchen, sondern auf räumlich ausgedehnten Strings basiert, die entweder offen wie ein kleines Fädchen oder in sich geschlossen wie ein winziger Gummiring sein können (Abb. 6.5).

Dabei machten sie eine interessante Entdeckung: Die Stringtheorie funktioniert nur, wenn es 25 Raumdimensionen statt der gewohnten drei gibt – zusammen mit der Zeitdimension muss die Raumzeit also 26- statt 4-dimensional sein. Das ist sehr interessant, denn zum ersten Mal macht eine fundamentale Theorie eine eindeutige Aussage darüber, wie viele Dimensionen unser Raum haben muss. Nur schade, dass die Stringtheorie

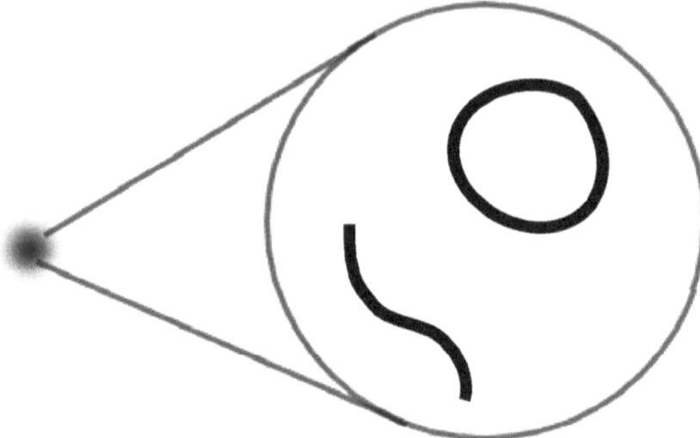

Abb. 6.5 Aus der Nähe betrachtet könnte sich ein scheinbar punktförmiges Teilchen als offener oder geschlossener String aus reiner Energie entpuppen. (Quelle: Eigene Grafik)

nicht drei, sondern 25 Raumdimensionen vorhersagt. Was soll man mit den überzähligen Raumdimensionen bloß anstellen?

Man fand noch eine weitere Schwierigkeit: Die Theorie enthält ein sogenanntes *Tachyon,* also eine spezielle Stringschwingung, die aus der Ferne betrachtet wie ein Teilchen aussieht, dessen quadrierte Masse negativ ist. So ein Teilchen macht physikalisch keinen Sinn und führt schnell dazu, dass die gesamte Theorie instabil wird und keine sinnvollen physikalischen Aussagen mehr ermöglicht.

Quantengravitation inklusive

Angesichts dieser Probleme müsste man die Stringtheorie eigentlich zügig entsorgen. Doch dann stieß man auf eine sehr wichtige Entdeckung: Es gibt in der Stringtheorie immer eine spezielle Stringschwingung, die von Weitem betrachtet wie ein masseloses Teilchen mit Spin 2 aussieht. Das war eine echte Überraschung, denn ein solches Teilchen kannte man bereits von den Versuchen, eine Quantentheorie der Gravitation zu formulieren. Dieses masselose Spin-2-Teilchen war ganz offensichtlich ein *Graviton,* also gleichsam das quantenmechanische „Photon" der Gravitation. Damit enthält die Stringtheorie so ganz nebenbei eine quantenmechanische Beschreibung der Gravitation, ohne dass man dies dort extra eingebaut hätte. Zudem wird diese Quantenbeschreibung der Gravitation nicht von denselben Unendlichkeiten geplagt, wie dies bei punktförmigen Gravitonen in einer üblichen Quantenfeldtheorie der Fall ist. Die winzige räumliche Ausdehnung der Graviton-Strings vermeidet diese Unendlichkeiten.

Das ist wirklich ein großer Erfolg! Die Stringtheorie sagt gleichsam die Existenz der Gravitation voraus, und das auch noch im Rahmen einer sinnvollen Quantentheorie! Wie wichtig das ist, zeigt unsere Überlegung von oben, bei der wir in der Gravitation ein Fenster in die noch unbekannte Welt einer Theorie von Allem erkannt haben. Ist die Stringtheorie also womöglich ein ernstzunehmender Kandidat für diese allumfassende Theorie? Haben wir mit der Stringtheorie die universelle Weltformel gefunden?

Ein Kandidat für die Weltformel muss natürlich mehr leisten als nur das Graviton zu reproduzieren. Auch alle anderen Teilchen müssen durch passend schwingende und rotierende Strings repräsentiert werden. Da die grundlegende Energieskala der Theorie von Allem in der Größenordnung der Planck-Energie liegen sollte – schließlich wird die Gravitation durch diese Energieskala unterdrückt – müssen die Strings extrem winzig sein. Ihre räumliche Ausdehnung dürfte ungefähr der Wellenlänge von Quantenwellen entsprechen, die mit Energien im Bereich der Planck-Energie unterwegs sind. Die entsprechende sogenannte *Planck-Länge* liegt bei rund 10^{-35} Metern und ist damit um das Hundert-Milliarden-Milliardenfache kleiner als ein Proton. Wir werden wohl nie in der Lage sein, solche winzigen Längenskalen im Experiment sichtbar zu machen. Für uns sind die Strings daher von punktförmigen Teilchen praktisch nicht zu unterscheiden. Es spricht also nichts dagegen, sich alle Teilchen als unglaublich winzige schwingende Energiestrings vorzustellen, wobei die Art der Schwingung die Eigenschaften der einzelnen Teilchen erzeugt.

Die Berechnungen zeigten allerdings, dass man anscheinend nur Teilchen mit ganzzahligem Spin – also Bosonen wie das Graviton, Photon, Gluon, W-, Z- und Higgs-Teilchen – durch schwingende Strings darstellen konnte, denn alle denkbaren Strings schienen immer einen ganzzahligen Spin zu haben. Aber was ist dann mit den Fermionen, die alle einen halbzahligen Spin tragen? Wie können Elektronen, Neutrinos oder Quarks als schwingende Strings existieren, wenn alle Strings immer nur ganzzahlige Spins tragen?

Supersymmetrische Strings

Wenn Sie sich dieses Kapitel noch einmal ansehen, kommen Sie vielleicht selbst auf die Lösung dieses Problems: Wir brauchen eine Symmetrie, die jedem Boson ein Fermion zuordnet und aus bosonischen Strings mit ganzzahligem Spin fermionische Strings mit halbzahligem Spin machen kann. Diese Symmetrie kennen wir bereits – es ist die Supersymmetrie. Kein Wunder also, dass die Entdeckung der Supersymmetrie eng mit der Entwicklung der Stringtheorie einherging. Ohne SUSY hat die Stringtheorie keine Chance, eine Theorie von Allem zu sein, mit SUSY dagegen schon – man nennt sie dann auch *Superstringtheorie.*

Die Einbeziehung der Supersymmetrie durch John Schwarz, Michael Green und andere veränderte die Stringtheorie ab dem Jahr 1984 in vielerlei Hinsicht: Die Zahl der benötigten Raumzeitdimensionen schrumpft von 26 auf zehn, d. h. wir benötigen nur noch insgesamt neun Raumdimensionen. Das sind zwar immer noch sechs zu viel, aber vorher war es deutlich schlimmer. Außerdem verschwindet das störende Tachyon, das die ganze Theorie in die Instabilität zu treiben drohte. Das hört sich doch gut an!

Ganz umsonst ist der Einbau der Supersymmetrie allerdings nicht zu haben, denn es gibt insgesamt fünf verschiedene Möglichkeiten, dies zu tun. Welche davon ist die Richtige? Welche der fünf Superstringtheorien passt zu unserer realen Welt?

M-Theorie – die Mutter aller Stringtheorien

Viele Physiker und Mathematiker beschäftigten sich in den frühen 1990er-Jahren mit diesem Problem. Einer von ihnen war der US-Amerikaner Edward Witten (Abb. 6.6), der nicht nur in der Physik, sondern auch in der Mathematik Bahnbrechendes geleistet hat. Witten gehört damit zu den absoluten Ausnahmetalenten. Als bisher einziger Physiker erhielt er im Jahr 1990 die Fields-Medaille – gleichsam den Nobelpreis der Mathematiker.

Als Witten im Jahr 1976 nach dem Abschluss seiner Doktorarbeit von Princeton zur Harvard-Universität wechselte, traf er dort auf Koryphäen wie Steven Weinberg, Sheldon Glashow und Howard Georgi, die das Standard-modell entscheidend geprägt hatten – von ihnen konnte er eine Menge lernen. Mit Georgi teilte er sich sogar ein Büro, denn Büroraum war in Harvard zu dieser Zeit knapp. Besonders von Steven Weinberg lernte der 18 Jahre jüngere Witten in dieser Zeit eine Menge über die Grundlagen der Quantenfeldtheorie. Der erfahrene Weinberg hatte es sich nämlich in den Seminaren zur Aufgabe gemacht, dem wissenschaftlichen Nachwuchs bei den besonders verwirrenden Aspekten dieser Theorie sein persönliches Ver-ständnis dazu nahezubringen.

Nun war das Standardmodell zu dieser Zeit bereits recht gut etabliert, sodass Witten neue Herausforderungen jenseits dieser überaus erfolg-reichen Theorie suchte. Als ein besonderer Glücksfall erwies es sich da, dass sich mit Sidney Coleman ein geradezu legendärer Experte auf dem Gebiet der Quantenfeldtheorie in Harvard befand. Coleman, den wir oben bereits im Zusammenhang mit dem Coleman-Mandula-Theorem kennen-gelernt haben, interessierte sich auch für die weniger gängigen Aspekte der Quantenfeldtheorie, die die anderen Physiker aufgrund ihrer enormen

Abb. 6.6 Edward Witten (geb. 1951) im Jahr 2008. (Quelle: https://commons. wikimedia.org/wiki/File:Edward_Witten.jpg)

mathematischen Schwierigkeiten meist links liegen ließen: Was passiert beispielsweise, wenn Teilchen sehr stark miteinander wechselwirken und die gängige Methode der Feynman-Diagramme unbrauchbar wird? Wie genau funktioniert der Mechanismus des Confinement, der die Quarks und Gluonen im Inneren der Baryonen und Mesonen einsperrt? Bei solchen Fragen kommt man nur mit der modernen Mathematik des zwanzigsten Jahrhunderts weiter, von der die meisten Physiker im Gegensatz zu Coleman keine Ahnung hatten. Wie schon früher bei der Entstehung der Relativitätstheorie oder der Quantentheorie dringen mathematische Methoden wie die Geometrie gekrümmter Räume oder der abstrakte Hilbert-Raum der Quantenwellen erst dann in das Bewusstsein der Physik, wenn es dafür einen konkreten Anlass gibt.

Angeregt durch Coleman begann Witten, sich für die moderne Mathematik zu interessieren. Er unterhielt sich nun auch mit den Mathematikern in Harvard und lernte dabei die beiden berühmten

Mathematiker Michael Atiyah and Isadore Singer kennen, als sie Harvard einen Besuch abstatteten. Ihr *Atiyah-Singer-Indexsatz* aus dem Jahr 1963 gehört zu den berühmtesten mathematischen Erkenntnissen des zwanzigsten Jahrhunderts. Er schafft eine Verbindung zwischen der Zahl der Möglichkeiten, wie sich etwas – beispielsweise ein String oder ein Feld – in einem Raum bewegen und darin schwingen kann, und der Form und Geometrie dieses Raumes, insbesondere der Zahl seiner Löcher. Man spürt also bei der Bewegung etwas von der sogenannten Topologie des Raumes. Beispielsweise macht es einen Unterschied, ob man sich auf der Oberfläche einer Kugel oder eines Doughnuts befindet. Der Doughnut hat ein Loch, die Kugel nicht.

Witten pflegte einen regen Austausch mit Atiyah, Singer und anderen Mathematikern, durch den er eine Menge über die moderne Mathematik lernte. So häufte er ein mächtiges Arsenal mathematischer Werkzeuge und Ideen an, das in der Physik sonst kaum jemand besaß. Umgekehrt interessierten sich die meisten Mathematiker damals kaum für die Welt der modernen Physik und hatten keine Ahnung, wofür ihre Theoreme dort nützlich sein könnten. Moderne Mathematik und Physik waren immer noch weitgehend getrennte Welten, und jeder, der die Grenze zwischen ihnen überschreiten wollte, wurde oft misstrauisch als unerwünschter Eindringling beäugt. Mich erinnert das sehr an das Schicksal von Hermann Weyl, der noch im Jahr 1929 von Wolfgang Pauli abwertend als „Mathematiker" tituliert wurde, als er versuchte, seine mathematisch motivierten Ideen der Eichtheorie auf die Physik anzuwenden.

Als Schwarz, Green und andere in den frühen 1980er-Jahren die Stringtheorie voranbrachten und die Supersymmetrie mit einbezogen, war Witten von dieser eleganten und mathematisch anspruchsvollen Theorie fasziniert. Mit seinen herausragenden mathematischen Fähigkeiten war er bestens dafür gerüstet, der Superstringtheorie zu Leibe zu rücken. Endlich bot sich ihm ein reichhaltiges Feld, in dem er seine modernen mathematischen Methoden zur Anwendung bringen konnte.

Dabei fielen ihm im Jahr 1995 interessante Querbezüge unter den fünf verschiedenen Superstringtheorien auf, sogenannte *Dualitäten*. Es sah ganz so aus, als seien die fünf Theorien nur verschiedene Grenzbereiche einer einzigen noch unbekannten Theorie, die sämtliche Superstringtheorien unter einem Dach vereint. Witten nannte diese unbekannte Theorie geheimnisvoll *M-Theorie* – eine provisorische Bezeichnung, die er später, wenn die Theorie besser verstanden wäre, durch ein passenderes Wort ersetzen wollte. Es gab zudem Hinweise darauf, dass höherdimensionale schwingende Membranen die entscheidenden Bausteine dieser Theorie sein könnten. Witten war skeptisch, aber er dachte sich, dass das „M" ja zu „Membranen" passen würde, und so behielt er die Bezeichnung bei. Notfalls könne man ja das „M" auch für als Platzhalter für Magie oder Mysterium uminterpretieren. Später fand man dann heraus, dass auch Matrizen eine wichtige Rolle in der Theorie spielen könnten – das passt ja zufällig auch zu „M".

Insgesamt besitzt die M-Theorie eine Raumdimension mehr als die fünf Superstringtheorien, und je nachdem, wie man diese Raumdimension verschwinden lässt, entsteht eine bestimmte Superstringtheorie als Grenzfall. Die M-Theorie ist also die Mutter aller Stringtheorien, was eine weitere Erklärung für das „M" anbietet.

Leider ist es bisher noch niemandem gelungen, eine durchgängige mathematische Beschreibung für die M-Theorie zu finden. Es ist ein bisschen wie bei einem Kontinent, dessen Küste man zwar mit einem Schiff von verschiedenen Himmelsrichtungen aus ansteuern und betrachten kann, dessen Inneres einem jedoch verborgen bleibt (Abb. 6.7). Immerhin wissen wir dank Witten, dass alle Küsten zu einer einzigen Landmasse gehören müssen. Mit ausgefeilten mathematischen Methoden gelingt es bisweilen sogar, einzelne Ausschnitte des Landesinneren sichtbar zu machen. So weiß man beispielsweise, dass höherdimensionale Objekte, sogenannte *Branen*, die M-Theorie bevölkern – Wittens Kollegen lagen mit ihren Membranen

Abb. 6.7 Die M-Theorie gleicht einem Kontinent, dessen Küsten wir teilweise erkennen können, während uns sein Inneres bisher weitgehend verborgen bleibt. (Quelle: Eigene Grafik)

oben also durchaus richtig. Aber die zugrunde liegende Mathematik all dieser Räume und ihrer Quantenmechanik ist so komplex, dass man schnell im mathematischen Dickicht steckenbleibt. Naja, womöglich muss eine Theorie von Allem ja genau so sein – derart komplex, dass sie die gesamte Physik unseres Universums umfassen kann.

Vielleicht enthält die M-Theorie sogar noch viel mehr als nur die Physik unseres Universums. Wir haben nämlich bisher noch einen wichtigen Punkt völlig außen vor gelassen: Was ist eigentlich mit den überzähligen Raumdimensionen? Wie kommt es, dass wir von ihnen nichts bemerken? Schließlich ist der Raum unseres Universums ganz offensichtlich dreidimensional.

Verborgene Dimensionen

Nun, möglicherweise trügt der Schein. Die überzähligen Raumdimensionen könnten sehr wohl im Verborgenen existieren, ohne sich bei den für uns heute zugänglichen physikalischen Prozessen bemerkbar zu machen. Eine naheliegende Möglichkeit, sie zu verbergen, besteht darin, sie ganz eng aufzurollen – sie zu *kompaktifizieren,* wie man auch sagt.

Ein einfaches Beispiel zeigt, wie das geht: Stellen Sie sich ein ganz normales DIN-A4-Blatt vor. Das Blatt ist zweidimensional, wenn wir die geringe Dicke des Papiers ignorieren. Wie können wir daraus ein nahezu eindimensionales Objekt machen? Wir wickeln es ganz eng zu einer dünnen Röhre auf, sodass es wie ein dünner Strohhalm aussieht. Aus der Ferne betrachtet sieht dieser Strohhalm dann wie eine eindimensionale Linie aus, denn wir können seine Röhrenstruktur nicht mehr erkennen.

Ganz ähnlich könnte es auch bei den überzähligen Raumdimensionen der Stringtheorie sein. Sie könnten so eng aufgerollt sein, dass wir sie nur noch erkennen können, wenn wir Abstände von der Größe der Planck-Länge auflösen. Dazu wären aber Energien von der Größe der Planck-Energie nötig, denn nur dann haben die Quantenwellen eine so kurze Wellenlänge, dass sie auch in der eng aufgerollten Raumdimension schwingen und diese „spüren" können. Die heute erreichbaren Energien liegen weit unterhalb dieser Schwelle. Mit anderen Worten: Zusätzliche Raumdimensionen können durchaus existieren, ohne dass wir sie sehen.

Die Idee von Kaluza und Klein

Die Idee, zusätzliche Raumdimensionen eng aufzurollen, ist gar nicht so neu. Bereits in den 1920er-Jahren kamen die Physiker Theodor Kaluza und Oskar Klein ebenfalls auf diese Idee. Zu dieser Zeit war die Allgemeine Relativitätstheorie der Gravitation von Albert Einstein noch relativ neu, und die beiden Physiker fragten sich, wie diese Theorie wohl in vier statt der üblichen drei Raumdimensionen aussehen würde. Tatsächlich ist es in den Gleichungen überhaupt kein Problem, mit vier Raumdimensionen zu rechnen, denn die Gleichungen können leicht für beliebig viele Raumdimensionen formuliert werden. Um die vierte Raumdimension zu verbergen, rollten sie diese später zu einem engen Kreis auf. Das Ergebnis war verblüffend: Die Gravitation für die aufgerollte Dimension wirkte sich in den drei nicht aufgerollten Raumdimensionen genauso aus, wie dies ein elektromagnetisches Feld tun würde. Aus der vierdimensionalen Gravitation war durch das Aufrollen die übliche dreidimensionale Gravitation sowie die elektromagnetische Wechselwirkung entstanden.

Als Albert Einstein, der sich später selbst ebenso intensiv wie vergeblich um eine Vereinigung von Gravitation und Elektromagnetismus bemühte, von Kaluzas und Kleins Idee erfuhr, war er begeistert: „Ich habe großen Respekt vor der Schönheit und Kühnheit Ihres Gedankens!" Aber so schön die Idee auch war – im Lauf der Zeit ergaben sich bei genauem Hinsehen doch einige Probleme, sodass man die Idee letztlich fallen ließ.

Dennoch steckt ein enormes Potenzial in der Idee von Kaluza und Klein: Man kann mit ihr verschiedene Wechselwirkungen in unserem dreidimensionalen Raum auf eine einzige Wechselwirkung in einem höherdimensionalen Raum zurückführen, indem man die überzähligen Dimensionen eng aufrollt. Plötzlich erscheinen die zusätzlichen Raumdimensionen, wie sie die Stringtheorie fordert, eine willkommene Zutat und nicht mehr ein unwillkommener Gast zu sein. Gerade sie könnten die String- und M-Theorie zu einem besonders brauchbaren Kandidaten für eine Theorie von Allem machen.

Aufgerollte Raumknäuel

Eine einzige vierte Raumdimension eng aufzurollen ist eine ziemlich einfache Angelegenheit: Es entsteht an jedem Punkt im dreidimensionalen Raum gleichsam ein winziger Kreis, der die aufgerollte Raumdimension darstellt. Es ist wie bei einem Strohhalm, den man sich auch als eindimensionale Linie vorstellen kann, an der überall ein kleiner Kreis angebracht ist. Wenn man alle Kreise aneinanderklebt, entsteht der Strohhalm.

In der Stringtheorie gibt es aber nicht nur eine, sondern sechs zusätzliche Raumdimensionen, die eng aufgerollt werden müssen. Dabei können sie auf viele verschiedene Weise einander umschlingen, Löcher wie in einem Doughnut bilden, Unterräume abtrennen, komplizierte Knoten bilden und so fort. Mit anderen Worten: Es gibt sehr viele verschiedene Möglichkeiten,

Abb. 6.8 Dieses Schnittbild eines Calabi-Yau-Raumes vermittelt einen Eindruck davon, wie verschlungen die sechs Raumdimensionen zu einem winzigen Raumknäuel aufgewickelt sein können. (Quelle: https://commons.wikimedia.org/wiki/File:Calabi_yau.jpg)

wie das winzige sechsdimensionale Raumknäuel – Mathematiker sprechen auch von *Calabi-Yau-Räumen* – aussehen kann, das sich an jeder Stelle unseres dreidimensionalen Raums befindet (Abb. 6.8).

Die verschlungene Gestalt des Raumknäuels wirkt sich auch auf das Verhalten der Strings aus, die in dieses Raumknäul eindringen und darin auf vielfache Weise schwingen können – vielleicht ahnen Sie jetzt, wozu Theoreme wie der *Atiyah-Singer-Indexsatz* gut sein könnten. Je nach Art dieser Schwingung, die maßgeblich durch die Form des Raumknäuels beeinflusst ist, werden sich die Strings in unserem dreidimensionalen Raum ganz unterschiedlich verhalten. Grundsätzlich folgen die Strings zwar in den neun Raumdimensionen den hochsymmetrischen universellen Gesetzen der Stringtheorie. Diese manifestieren sich jedoch in unserem dreidimensionalen Raum auf unterschiedliche Weise, wenn sich die innere Verschlingung des Raumknäuels ändert, das die sechs aufgerollten Raumdimensionen umfasst.

6.4   Stringlandschaft und Multiversum

Damit erscheint klar, was zu tun ist: Wir müssen das Raumknäuel finden, das zu unserem Universum passt. Bei den uns zugänglichen Energien muss sich dann die Physik des Standardmodells als gute Näherung in den drei nicht aufgerollten Raumdimensionen ergeben. Die hohe Symmetrie, die die Stringtheorie im neundimensionalen Raum besitzt, muss durch das Aufrollen auf die Symmetrien des Standardmodells heruntergebrochen werden. Außerdem wäre es schön, einen guten Grund dafür zu finden, warum sich die sechs Raumdimensionen ausgerechnet so aufrollen sollen, dass sich unser Universum ergibt.

Die Landschaft der Strings

Eine naheliegende Triebkraft für das Aufrollen der Raumdimensionen ist die Energie, die aufgrund der Stringschwingungen in ihnen steckt. Schon unmittelbar nach dem Urknall wird der Raum eine Konfiguration mit möglichst geringer Energie anstreben, und die Raumdimensionen werden sich entsprechend aufrollen. Also müssen wir nach diesem Energieminimum suchen.

Ideal wäre es, wenn sich dabei automatisch ein Raumknäuel ergäbe, das zum Standardmodell passt. Dann wäre klar, warum unser Universum ausgerechnet so aussieht, wie wir es vorfinden. Die Stringtheorie könnte als Theorie von Allem erklären, warum es sechs Quarks und sechs Leptonen gibt, warum sie genau die gefundenen Massen und Ladungen haben und warum sie über die starke, schwache und elektromagnetische Wechselwirkung miteinander interagieren. Gott hätte dann bei der Erschaffung unserer Welt gar keine Wahl gehabt. Er hätte nur sagen müssen: Ich erschaffe eine konsistente relativistische Quantentheorie der Strings – das wäre dann wahrscheinlich die M-Theorie, und bei deren Struktur scheint es kaum Spielraum zu geben – und der gesamte Rest ergäbe sich dann von selbst.

Also begannen die Forscher, die „Landschaft" aller möglichen Raumknäuel und ihrer Energien zu untersuchen. Schon bald machte der Begriff der *Stringlandschaft* die Runde. In dieser Landschaft galt es, die Mulden und Täler zu finden, die den Minima der Energie entsprechen. Würde man ein einziges tiefes Tal entdecken, das zu den Gesetzen unseres Universums passt?

Was man fand, war etwas völlig anderes: Man stieß auf eine extrem komplexe Hügellandschaft, in der es eine vollkommen unüberschaubare Zahl von lokalen Energieminima gibt (Abb. 6.9). Zahlen von 10^{500} und

Abb. 6.9 Die Stringlandschaft entpuppte sich als komplexe Hügellandschaft mit unzähligen Bergen und Tälern. Die Knotenbilder stehen hier stellvertretend für die verschiedenen Möglichkeiten, wie sich die überzähligen Raumdimensionen zu winzigen Raumknäuels aufwickeln können. (Quelle: Eigene Grafik)

mehr Minima machten die Runde – das sind weit mehr, als es Atome im sichtbaren Universum gibt. Es gibt also eine nahezu unendliche Bandbreite an Möglichkeiten, wie sich die Raumdimensionen einrollen können, um dabei eine möglichst geringe Energie zu erreichen.

Ob dabei auch Energiemulden sind, deren Raumknäuel zu den physikalischen Gesetzen in unserem Universum führen, ist schwer zu beantworten. Die Zahl der Möglichkeiten ist einfach viel zu groß, als dass man sie jemals alle durchsuchen könnte. Und es scheint auch keinen Grund zu geben, warum eines dieser Minima zu bevorzugen sei. Im Urknall könnte das Universum praktisch in jedem beliebigen dieser Minima hängenbleiben – die Wände der Mulde würden dann ein Entkommen in ein anderes benachbartes Minimum weitgehend unterbinden. In den allermeisten Fällen käme dabei ein Universum heraus, das ganz anders aussieht als unser Universum. Es könnte sogar sein, dass nicht genau drei Raumdimensionen das Aufrollen erspart bleibt, sondern vielleicht vier oder nur zwei. Ein vier- oder zwei-dimensionales Universum wäre die Folge.

Unser Universum ist besonders

Nun könnte man daraus schließen, dass unser Universum eben rein zufällig genau die Eigenschaften hat, die wir sehen. Hätten sich die

Raumdimensionen beim Urknall zu einem anderen Raumknäuel aufgewickelt und wäre das Universum damit in einem anderen lokalen Energieminimum hängengeblieben, dann würden wir eben ein anderes Universum vorfinden. Das Problem ist nur, dass dabei fast immer ein lebensfeindliches Universum herauskommt. Es müssen sehr viele Bedingungen erfüllt sein, damit Leben entstehen kann. Beispielsweise sollten beim Aufrollen der Raumdimensionen möglichst drei nicht aufgerollte Raumdimensionen übrigbleiben, sodass ein dreidimensionales Universum entsteht. Ein zweidimensionales Universum würde dagegen vermutlich keine Objekte erlauben, die komplex genug für die Existenz von Leben sind, während ein vierdimensionales Universum unter anderem keine stabilen Planetenbahnen zulässt.[11]

Zudem müssen die Massen und Ladungen der Teilchen ziemlich genau die Werte haben, die wir in unserem Universum vorfinden. Nur so scheint es möglich, dass sich Sterne bilden können, diese Sterne dann lange genug leben, sich darin schwere Elemente wie Kohlenstoff und Sauerstoff bilden können und vieles mehr.

Ein Parameter ist dabei besonders wichtig: die *Dunkle Energie.* Wir sind ihr bereits begegnet und wissen, dass sie den leeren Raum gleichmäßig durchdringt und rund 70 % aller Energien und Massen ausmacht, die unser Universum beinhaltet. Dabei ist ihre Gravitation abstoßend, d. h. sie treibt unser Universum langsam aber sicher immer schneller auseinander.

Die Quantenenergie der Strings in den aufgerollten Raumdimensionen wäre ein guter Kandidat, um die Dunkle Energie zu erklären. Je nachdem, wie dieses Raumknäuel genau aussieht, kann diese Energie ganz unterschiedliche Werte annehmen. Allerdings wird sie dabei fast immer wesentlich größer ausfallen als die schwache Dunkle Energie, die unser Universum durchdringt. Wenn sich die Raumdimensionen im Urknall zusammenrollen, dann wird dabei fast immer ein Universum entstehen, dessen Dunkle Energie weit größer als in unserer Welt ist. Ein solches Universum würde durch die abstoßende Gravitation der Dunklen Energie in kürzester Zeit extrem aufgeblasen und auseinandergerissen. Leben könnte da kaum entstehen.

Es gibt manche Leute, die an dieser Stelle gerne den lieben Gott bemühen, um das Problem zu lösen: Wenn es wirklich so unwahrscheinlich ist, dass ein lebensfreundliches Universum wie das unsere rein zufällig entsteht, dann muss es eine allmächtige ordnende Instanz eben extra so

---

[11]Siehe z. B in der englischen Wikipedia: *Anthropic principle*, insbesondere 7.4 *Dimensions of spacetime.*

eingerichtet haben. Der liebe Gott hat die Dinge gerade so arrangiert, dass wir das Licht der Welt erblicken können. Das hat doch etwas sehr Tröstliches, wie ich gerne zugebe. Da ist jemand, der sich um uns kümmert und entgegen aller Wahrscheinlichkeit die Dinge so ordnet, wie wir sie brauchen. Dieselbe Argumentation findet man übrigens auch oft in der Biologie, wo manche Leute vorbringen, wie unwahrscheinlich es doch sei, dass der zufällige Prozess der Evolution etwas so Komplexes wie uns hervorbringen kann. Da muss doch ein intelligenter Designer seine Finger im Spiel haben.

Den meisten Naturwissenschaftlern widerstrebt eine solche Sichtweise, denn sie erklärt nichts. Die Dinge sind eben genau so, wie Gott sie eingerichtet hat – und damit basta! Weitere Nachfragen sind sinnlos. Damit möchte man sich als Wissenschaftler nur sehr ungern zufriedengeben. Und tatsächlich eröffnet die Stringtheorie eine Alternative.

Im Multiversum zu Hause

In der Biologie ist des Rätsels Lösung, dass zwar jeder einzelne Evolutionsweg sehr unwahrscheinlich ist, dass es aber zugleich extrem viele Wege gibt, die beschritten werden können. Mit anderen Worten: Nie wird die Evolution zweimal auf genau dieselbe Weise ablaufen, und dennoch kann sie komplexe Lebewesen hervorbringen, denn irgendeinen Weg findet sie schon, da es unzählige von ihnen gibt.

Beim Universum scheint ein ähnliches Argument auf den ersten Blick sinnlos zu sein – schließlich gibt es nur dieses eine Universum, das wir sehen. Doch sehen wir wirklich alles, was es gibt? Tatsächlich können wir nicht beliebig weit in den Weltraum hinausschauen. Es gibt eine Grenze, jenseits der die ständige Ausdehnung des Raums zwischen den Galaxien verhindert, dass uns jemals Licht von dort erreichen kann. Das Licht schafft es einfach nicht, die ständig wachsende Strecke bis zu uns zurückzulegen. Andererseits kann ein Alien, das sich sehr viel näher am Ursprungsort des Lichts befindet, durchaus dieses Licht von jenseits der Grenze sehen. Es kann uns zwar davon nichts erzählen, denn seine Nachricht könnte sich ja ebenfalls nur mit Lichtgeschwindigkeit fortbewegen und wäre daher nicht schneller, als würde das ursprüngliche Licht direkt durch das Alien hindurchfliegen. Wenn wir dem Alien aber zusprechen, dass die von ihm wahrgenommene Welt ebenso real ist wie unsere eigene, dann müssen wir davon ausgehen, dass sich die reale Welt jenseits des für uns sichtbaren Universums fortsetzt.

Das expandierende Universum schafft also um jeden Beobachter herum dessen ganz persönlichen Horizont, der das für ihn sichtbare Universum begrenzt. Demnach gibt es also im Universum durchaus Dinge, die wir nicht sehen können und die dennoch existieren, denn das Alien kann sie sehr wohl sehen.

Wenn wir das Ganze noch eine Nummer größer denken, dann erscheint es durchaus möglich, dass weit jenseits unserer Grenze auch ganze Universen existieren, ohne dass wir deren Existenz jemals erkennen können. Wir können niemals mit ihnen in Kontakt treten, denn sie befinden sich jenseits unserer eigenen expandierenden Raumblase. Dabei erscheint es durchaus möglich, dass in diesen anderen Universen der Raum anders aufgerollt ist als in unserem.

Es gibt sogar gut motivierte physikalische Ideen, die solche anderen Universum vorhersagen. Stellen Sie sich irgendeinen Raum vor, der beispielsweise von der M-Theorie regiert wird. Die M-Theorie könnte diesen Raum durch quantenmechanische Zufälle immer wieder an verschiedenen Stellen mit einem extrem starken Energiefeld fluten, das eine starke abstoßende Gravitation besitzt, sodass sich der Raum dort nahezu explosionsartig – man sagt auch *inflationär* – aufbläht. Solche Energiefelder sind tatsächlich nichts Ungewöhnliches – man braucht sie beispielsweise auch in der Grand Unified Theory, um darin die übergreifende Eichsymmetrie zu brechen, ganz ähnlich wie beim Higgs-Feld.

Durch die fast schlagartige Aufblähung des jeweiligen Raumbereichs entsteht dort eine Art Raumblase, die sich von dem sonstigen Raum komplett abkoppelt. Nach Sekundenbruchteilen zerfällt das starke Energiefeld in dieser Blase wieder und wandelt seine Energie in die Masse diverser Teilchen um – fertig ist ein neues Universum, das sich von nun an nur noch normal schnell ausdehnt. Jede der so entstehenden Raumblasen ist ein eigenes Universum, das von den anderen Blasen des Multiversums nichts mehr mitbekommt (Abb. 6.10).

In einem solchen Multiversum entstehen also immer wieder neue Universen, wobei sich in jeder dieser Raumblasen die überzähligen Raumdimensionen der Stringtheorie auf unterschiedliche Weise einrollen können. Die verschiedensten Universen werden so entstehen, mit jeder nur denkbaren Einrollstruktur des Raumknäuels. Irgendwann wird auch unser Universum dabei sein, egal wie unwahrscheinlich seine Existenz auch sein mag. Man braucht eben nur genug Versuche, dann tritt auch das Unwahrscheinliche irgendwann ein. Eine ordnende göttliche Hand ist in diesem Szenario nicht mehr notwendig. Die riesige Zahl der ständig neu entstehenden Universen rechtfertigt auch die Existenz eines sehr unwahrscheinlichen Exemplars wie dem unseren.

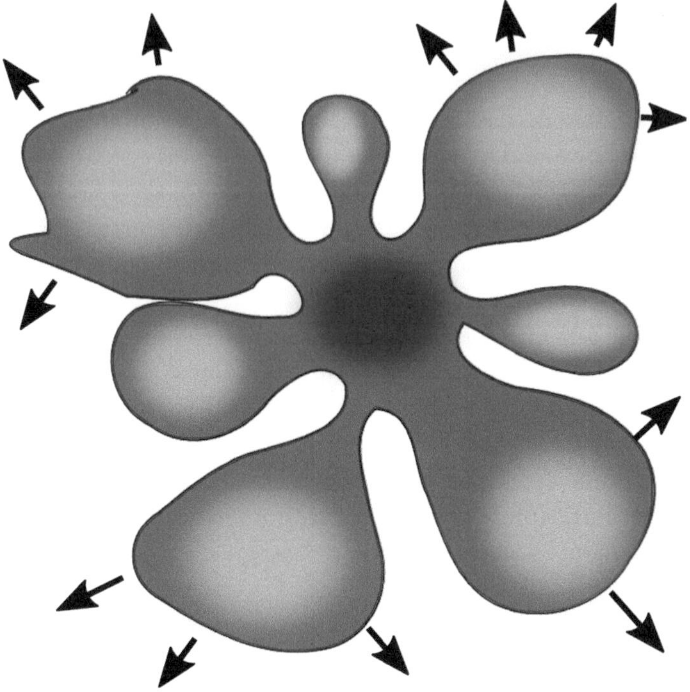

Abb. 6.10 Zufällige Schwankungen eines sehr starken Energiefeldes können immer wieder neue expandierende Raumblasen entstehen lassen, die eigene Universen bilden. (Quelle: Eigene Grafik)

Das anthropische Prinzip

In diesem Szenario wird auch verständlich, warum ausgerechnet unser Universum Bedingungen besitzt, die die Entstehung von Leben ermöglichen. Es wurde nicht extra so eingerichtet, sondern wir müssen uns zwangsläufig in einem solchen Universum befinden, denn sonst gäbe es uns darin erst gar nicht. Wo sonst sollten wir uns befinden als in einem Universum, das unsere Existenz überhaupt erst möglich macht? Schließlich befinden wir uns auch auf einem lebensfreundlichen Planeten, obwohl die Wahrscheinlichkeit, dass ein Planet lebensfreundlich ist, relativ klein ist. Diese Art der Argumentation nennt man auch *anthropisches Prinzip.*

Nicht jedem Wissenschaftler ist besonders wohl dabei. Genau genommen sagt dieses Prinzip ja, dass es keinen tieferen Grund für die konkrete Gestalt unseres Universums gibt. Es ist einfach Zufall, solange wir ein Universum herauspicken, dass unsere Existenz ermöglicht, sodass wir uns überhaupt all diese Fragen über „unser" Universum stellen können. Ist das nicht fast dasselbe, als wenn man einen Schöpfer ins Spiel bringt, der es nun einmal so eingerichtet hat? Auch das erklärt ja nichts.

Der Unterschied besteht darin, dass die Begründung „Zufall" nur dann stichhaltig ist, wenn es tatsächlich eine riesige Zahl an Universen gibt, in denen alle Möglichkeiten, die die Theorie von Allem erlaubt, auch vorkommen können. Nur dann kann auch unser unwahrscheinliches Universum dabei sein. Analog muss unser Universum auch ein „Multi-Planeten-Universum" sein, damit es irgendwo darin einen lebensfreundlichen Planeten wie unsere Erde geben kann (Abb. 6.11).

Zugegeben – an ein Multiversum muss man sich erst gewöhnen, und wir fühlen uns doch ziemlich verloren in dieser unfassbar großen Welt. Aber wir mussten uns ja auch daran gewöhnen, dass unsere Erde nicht der Mittelpunkt der Welt ist, dass unsere Sonne nur einer von vielen Sternen in unserer Milchstraße ist, und dass selbst unsere Milchstraße nur eine von unzähligen Galaxien im Universum darstellt. Nun ist eben unser Universum

Abb. 6.11 Unser Universum ist fast überall lebensfeindlich, und dennoch befinden wir uns ausgerechnet an einem der extrem seltenen lebensfreundlichen Orte: unserer Erde. (Quelle: Eigene Grafik)

womöglich nur eines von vielen anderen Universen in einem Multiversum, das unsere Vorstellungskraft wohl endgültig sprengt.

Gibt es das Multiversum?

Ob ein Multiversum tatsächlich existiert, können wir nicht direkt beweisen, denn die anderen Universen sind für uns nicht zugänglich. Wir kennen aber viele plausible Szenarien, die auf Ideen der GUT und der Stringtheorie basieren und die auf ein solches Multiversum hinauslaufen. Das Multiversum ist kein bloßes Hirngespinst, sondern ergibt sich fast wie von selbst aus sinnvollen physikalischen Überlegungen im Rahmen der Stringtheorie.

Und es ist auch nicht so, als ob man aus der Existenz eines Multiversums keine Rückschlüsse über unser eigenes Universum ziehen kann. Dazu benutzt man das anthropische Prinzip und nimmt an, dass unser Universum sehr wahrscheinlich ein ziemlich durchschnittliches Exemplar unter allen lebensfreundlichen Universen sein sollte. Steven Weinberg hat das bereits im Jahr 1987 bei der Dunklen Energie beispielhaft vorgerechnet: Sie darf eine gewisse Grenze nicht überschreiten, weil ihre abstoßende Gravitation unser Universum sonst zu schnell auseinandergetrieben hätte, als dass sich darin Sterne, schwere Elemente und schließlich Leben hätten entwickeln können. Alle Dunklen Energiewerte unterhalb dieser Grenze sind dagegen mit der Existenz von Leben verträglich.

Wenn wir nun weiter annehmen, dass all diese lebensfreundlichen Werte in den verschiedenen Universen mit etwa gleicher Häufigkeit vorkommen, dann wäre es ziemlich unwahrscheinlich, dass die Dunkle Energie in unserem Universum beispielsweise nur 1 % der oberen Grenze beträgt. Allzu weit unterhalb der mit Leben verträglichen Obergrenze sollte die Dunkle Energie also im Normalfall auch nicht liegen.

Im Jahr 1998 stellte Weinberg zusammen mit seinen Kollegen Hugo Martel und Paul Shapiro dazu noch einmal genauere Berechnungen an. Dabei kam heraus: Wenn die Dunkle Energie weniger als 60 % der gesamten Materie und Energie im Universum ausmacht, dann wäre das ziemlich unwahrscheinlich, wenn man der Idee des Multiversums und dem anthropischen Prinzip Glauben schenkt. Als sie ihre Arbeit veröffentlichen wollten, stießen sie beim Herausgeber allerdings auf Widerstand – ihm waren solche Multiversumsspekulationen ein Dorn im Auge. Die drei Forscher mussten ihre Arbeit also erst als Argument gegen solche Spekulationen verkaufen nach dem Motto: Wenn die Dunkle Energie tatsächlich weniger als 60 % der gesamten Materie beträgt – wovon damals die meisten Physiker ausgingen –, dann wäre das Multiversum in Schwierigkeiten.

Im Rückblick gesehen war das Ergebnis von Weinberg, Martel und Shapiro fast wie ein Omen, denn schon bald darauf bewies die Beobachtung weit entfernter Supernovae, dass sich die Expansion des Universums beschleunigt, was sich auf die abstoßende Gravitation einer Dunklen Energie zurückführen lässt. Aus den Beobachtungen konnte man ermitteln, dass diese Dunkle Energie rund 70 % der gesamten Materie im Universum ausmacht – und damit klar über der Untergrenze von 60 % liegt, die Weinberg und Kollegen berechnet hatten. Das ist wirklich ein bemerkenswertes Ergebnis! Weinberg, Martel und Shapiro hatten die richtige Größenordnung der Dunklen Energie aus statistischen Überlegungen im Multiversum abgeschätzt, noch BEVOR man vor ihrer Existenz überhaupt wusste – die meisten Physiker hatten damals angenommen, sie sei einfach gleich null.

Weinberg betrachtet dies als eines der stärksten Argumente für das Multiversum. Eigentlich müsste die Dunkle Energie – also die Energie des leeren Raums – sehr viel größer sein, denn die Energien der darin enthaltenen virtuellen Teilchen könnten sich durchaus bis hin zur Planck-Energie aufsummieren. Früher nahm man deshalb häufig an, dass irgendein unbekannter Mechanismus – beispielsweise eine unbekannte Symmetrie – die Energie des leeren Raums einfach komplett aufhebt und auf null setzt. Dass dabei ein sehr kleiner Wert übrigbleiben könnte, kam niemandem in den Sinn. Dafür müsste das Kompensieren mit extremer Präzision erfolgen, was sehr unwahrscheinlich erscheint. Im Multiversum macht aber auch so etwas Unwahrscheinliches für bestimmte Universen plötzlich Sinn, wenn es für unsere Existenz darin notwendig ist.

Möglicherweise lässt sich diese Argumentation auch auf viele andere Parameter unseres Universums übertragen, sei es die Masse des Elektrons, des Protons oder auch des Higgs-Teilchens. Das Problem mit der überraschend geringen Higgs-Masse, das wir oben unter den Begriffen *Hierarchieproblem* oder *Natürlichkeitsproblem* kennengelernt haben, könnte also womöglich analog zur Dunklen Energie gelöst werden. Der Wert der Higgs-Masse mag unnatürlich erscheinen, aber in einem Multiversum wäre er durchaus in einzelnen Universen möglich und für unsere Existenz darin sogar notwendig. Manchem mag dies wie ein billiger Trick erscheinen, sich aus der Affäre zu sein, aber denkbar wäre es.

Wie sicher sind wir also, dass es das Multiversum wirklich gibt? Manches spricht dafür, aber mit Sicherheit sagen kann das heute niemand. Die Meinungen sind durchaus geteilt. Steven Weinberg illustriert das in seinem Aufsatz *Living in the Multiverse* mit einer netten Anekdote: Auf die

Frage nach der Existenz des Multiversums habe sein Kollege Martin Rees geantwortet, er sei sich immerhin so sicher, dass er das Leben seines Hundes darauf verwetten würde. Sein berühmter Kollege Andrei Linde habe daraufhin voller Zuversicht verkündet, er würde sogar sein eigenes Leben auf das Multiversum setzen. Steven Weinberg selbst wollte nicht so weit gehen: Er habe lediglich genügend Vertrauen in das Multiversum, dass er das Leben der beiden Hunde von Andrei Linde *und* Martin Rees verwetten würde.

Noch nicht einmal falsch?

Wenn Wolfgang Pauli einer physikalische Theorie den Status ernsthafter Wissenschaft aberkennen wollte, dann warf er dem Urheber dieser Theorie gerne die folgenden Worte an den Kopf: „Das ist nicht nur nicht richtig; es ist nicht einmal falsch!" Damit wollte er zum Ausdruck bringen, die Theorie mache noch nicht einmal überprüfbare Aussagen – wie solle man dann herausfinden, ob sie zutrifft? Man könne sie ja noch nicht einmal als falsch entlarven.

Genau diesen Vorwurf machen einige Physiker wie beispielsweise der US-Amerikaner Peter Woit in seinem Buch *Not even wrong* auch der Stringtheorie. Seit vielen Jahren werde diese spekulative Theorie nun schon als „vielversprechend" verkauft, ohne bisher überprüfbare Ergebnisse zu liefern. Zugleich binde sie viele wissenschaftliche Ressourcen, die woanders besser eingesetzt wären. Bisher habe der Large Hadron Collider trotz intensiver Suche weder die Supersymmetrie noch zusätzliche Raumdimensionen nachweisen können. Zudem habe die Stringtheorie auch selbst jede Menge ungelöster Probleme: Es gäbe immer noch keine geschlossene konsistente Formulierung dieser Theorie, und konkrete Versuche, mit ihr etwas vorherzusagen, endeten schnell in extrem komplexer und hässlicher Mathematik. Und die Ausrede, es liege am Multiversum, habe nicht mehr Erklärungskraft als die Behauptung, der liebe Gott habe es eben so eingerichtet. Die Stringtheorie sei schlicht ein gescheitertes Forschungsprogramm. Es sei zwar nicht einfach, etwas Besseres zu finden, aber man dürfe die Suche danach nicht so leichtfertig aufgeben.

Immer wenn ich Kritik dieser Art sehe, überkommt mich ein ungutes Gefühl. Sie ist mir einfach zu polemisch, auch wenn an der einen oder anderen Stelle vielleicht etwas Wahres daran sein mag.

Ich finde die Idee nämlich gar nicht so abwegig, dass die Parameter unseres Universums wie die Masse und Ladung des Elektrons oder die Dichte der Dunklen Energie genauso zufällig sein könnten wie die Abstände der Planeten von der Sonne. Heute finden wir die einstige Hoffnung Johannes Keplers, die Abstände der Planeten aus einer göttlichen Harmonie ableiten zu können, einfach nur absurd, denn wir wissen, dass es noch viele andere Sonnensysteme gibt, in denen diese Abstände ganz anders aussehen. Warum sollte es mit dem Universum anders sein, wenn wir doch wissen, dass das für uns sichtbare Universum nicht alles sein kann, was es gibt? Wer sagt uns, dass es hinter der Grenze, die das für uns sichtbare Universum abgrenzt und die für ein Alien in einer entfernten Galaxie deutlich woanders liegt, immer genauso weitergehen muss wie wir es kennen? Nur weil Kepler noch keine anderen Sonnensysteme kannte, heißt das nicht, dass es sie nicht gibt. Dasselbe könnte für andere Universen gelten.

Ein Unterschied liegt natürlich darin, dass wir andere Universum grundsätzlich nicht beobachten können. Steven Weinberg sagt in seinem bekannten Vortrag *Living in the Multiverse* dazu den folgenden bemerkenswerten Satz:

> Der Test einer physikalischen Theorie besteht nicht darin, dass alles in ihr beobachtbar sein sollte und jede Vorhersage, die sie macht, überprüfbar sein sollte, sondern vielmehr darin, dass genug beobachtbar und genug Vorhersagen überprüfbar sind, um uns das Vertrauen zu geben, dass die Theorie richtig ist.

Diesen Beweis müssen Stringtheorie und das Multiversum natürlich noch antreten. Die Abschätzung der Dunklen Energie durch Weinberg hat oben gezeigt, dass so etwas durchaus gelingen kann.

An der Schwelle zur Physik der Zukunft

Bei aller Kritik sind sich viele Physiker heutzutage darüber einig, dass die String- bzw. M-Theorie momentan wohl unser „bestes Pferd im Stall" bei der Suche nach einer ultimativen Theorie von Allem ist.

So sieht Edward Witten viele Gründe dafür, dass die String- bzw. M-Theorie der wahren Natur unserer Welt näher kommt als unsere derzeit etablierten Theorien wie das Standardmodell. Ein starker Hinweis sei beispielsweise die Eleganz, mit der sich aus der Stringtheorie einheitliche Theorien der Schwerkraft und der Teilchenkräfte ableiten lassen. Die Quantengravitation ist ein zwangsläufiger Bestandteil dieser Theorie, ohne dass man dabei in einer Fülle an Unendlichkeiten erstickt, und die zusätzlichen eingerollten Raumdimensionen ermöglichen grundsätzlich auch eine Beschreibung der anderen Wechselwirkungen, auch wenn hier noch viele Fragen offen sind.

Zudem sei die Stringtheorie zu reichhaltig und ihre innere Konsistenz zu zerbrechlich, als dass ihre Existenz ein reiner Zufall sein könnte. In der Tat:

Führt man erst einmal die Idee winziger räumlich ausgedehnter Objekte mit den Ideen der Quantentheorie, den Raum-Zeit-Symmetrien der Relativitätstheorie und deren supersymmetrischer Erweiterung zusammen, so hat man kaum noch Spielraum bei der Formulierung der entsprechenden Theorie, auch wenn diese ungemein reichhaltig und komplex ist und eine Vielzahl von Universen zu ermöglichen scheint. Die Symmetrien legen die grundlegende Form der String- bzw. M-Theorie also weitgehend fest – ein wahrer Triumpf für die Idee der Symmetrie, der wir in diesem Buch nachgegangen sind. Gott hat in dieser Hinsicht anscheinend kaum eine Wahl.

Es gibt also viele Gründe dafür, sich weiter mit der Stringtheorie zu beschäftigen. Ihre ungemein reichhaltige Struktur besser zu verstehen dürfte weiterhin zu einem der wichtigsten Vorhaben in der theoretischen Physik des einundzwanzigsten Jahrhunderts gehören. Nur weil es schwierig ist und schnelle Erfolge ausbleiben, ist dies noch lange kein Grund, allzu früh aufzugeben, zumal es durchaus immer wieder Fortschritte gibt. Auch wenn uns die Stringlandschaft der möglichen Universen, die sich aus dieser Theorie plausibel ergibt, zunächst abschrecken mag – sie könnte sich durchaus als richtig erweisen. „Wenn in 200 Jahren weitere Hinweise aufgetaucht sind – darunter möglicherweise auch einige, die jetzt nicht vorhersehbar sind – könnte es offensichtlich erscheinen, dass die Stringlandschaft des Multiversums notwendig war, um die Stringtheorie tragfähig zu machen" – so Edward Witten.[12]

200 Jahre – das ist eine lange Zeit für unsere schnelllebige Welt. Das Problem ist, dass wir uns im Rückblick auf das sehr erfolgreiche zwanzigste Jahrhundert zu sehr daran gewöhnt haben, dass ein Durchbruch den nächsten ablöst. Hand in Hand haben Theorie und Experiment ein Rätsel nach dem anderen gelöst und zu einem unvergleichlichen Verständnis der Naturgesetze geführt. Und nun erwarten wir, dass es immer so weitergeht.

Doch es sieht ganz so aus, als seien wir nun an einem Wendepunkt angekommen. Die String- bzw. M-Theorie erweist sich als schwer zu durchschauendes Dickicht, und auch die Experimente liefern nicht immer das, was wir uns von ihnen erhofft haben. Ernüchtert müssen wir feststellen, dass wir am LHC bisher nur die Teilchen des Standardmodells finden, aber keine Spur der erhofften SUSY-Teilchen – und das, obwohl gute Gründe dafür sprachen, dass wir sie dort eigentlich bereits gefunden haben sollten. Die Natur verhält sich anders als von uns erwartet. Erstreckt sich zwischen

---

[12]John Horgan (2014) *Physics Titan Still Thinks String Theory Is „On the Right Track"*, https://blogs. scientificamerican.com/cross-check/physics-titan-still-thinks-string-theory-is-on-the-right-track/.

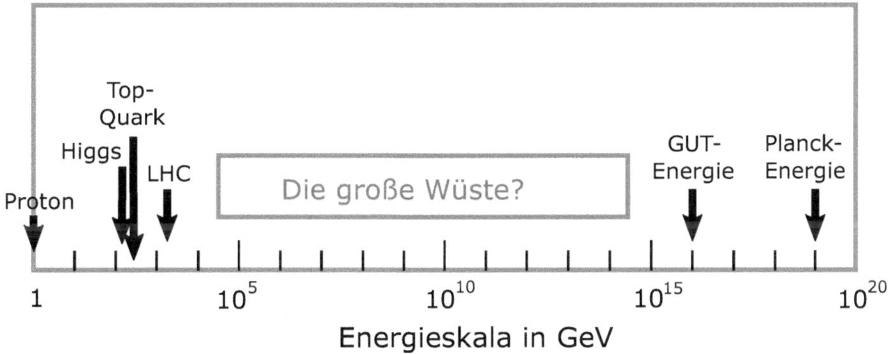

Abb. 6.12 Erstreckt sich zwischen der am LHC erreichbaren Energie und der GUT-bzw. Planck-Energie eine große Wüste, in der es nichts Neues zu entdecken gibt? (Quelle: Eigene Grafik)

den am LHC erreichbaren Energien und der GUT- bzw. Planck-Energie, bei denen sich alle Kräfte zu einer einzigen Urkraft – einer Theorie von Allem – vereinen sollten, womöglich nur eine leere Wüste, eine *great desert*[13], in der es nichts weiter zu entdecken gibt (Abb. 6.12)?

Das erscheint mir doch sehr unwahrscheinlich, denn dafür gibt es zu viele Hinweise wie die winzigen Neutrinomassen, die Dunkle Materie und Dunkle Energie oder auch schlicht und einfach die Existenz der Gravitation, die für eine Physik jenseits des Standardmodells sprechen.

Es kann allerdings sein, dass sich diese Physik nicht so leicht aufspüren lässt. Noch wird der LHC viele Jahre lang weiterlaufen und dabei ständig weiter verbessert werden. Es ist also sehr gut möglich, dass er noch etwas finden wird und wir nur etwas mehr Geduld aufbringen müssen.

Und was ist, wenn man dort nichts findet? Vermutlich wird dann irgendwann ein neuer, noch besserer Beschleuniger gebaut werden, mit dem wir noch etwas weiter die Energieskala hinaufklettern können. Irgendwann werden wir jedoch an die Grenzen unserer Möglichkeiten stoßen. Den kompletten Energiebereich bis hin zur GUT- oder gar der Planck-Energie werden wir so jedenfalls wohl kaum durchsuchen können.

Geht der Physik also irgendwann die Puste aus? Werden wir uns in den mathematischen Wirren der Stringtheorie hoffnungslos verlieren und auch von den Experimenten keinen Hinweis mehr erhalten, wie es weitergehen könnte?

---

[13]Es gibt sogar einen englischen Wikipedia-Artikel dazu: Suchen Sie mal nach *Desert (particle physics)*.

Kann sein – es gibt durchaus hier und da Physiker, die ein solches Szenario befürchten. Mir erscheint es jedoch in der ersten Hälfte des einundzwanzigsten Jahrhunderts noch viel zu früh zu sein, um jetzt schon die Flinte ins Korn zu werfen. Die aktuellen Schwierigkeiten könnten auch durchaus auf einen bevorstehenden Durchbruch hindeuten – das haben wir in der Vergangenheit oft genug erlebt. Und der LHC ist auch nicht unsere einzige Quelle für neue Erkenntnisse. Andere Quellen wie die genaue Vermessung der kosmischen Hintergrundstrahlung, die Physik der Neutrinos, das Aufspüren der Dunklen Materie oder die extrem schwachen Gravitationswellen aus den Tiefen des Universums könnten uns ebenfalls neue Hinweise liefern.

Es mag sein, dass Steven Weinberg recht hat, wenn er sagt:[14] „Ich erwarte zwar immer noch, dass es eine endgültige Theorie von Allem gibt, aber ich bin weniger zuversichtlich, dass die Menschen sie in diesem Jahrhundert auch entdecken werden."

Vermutlich liegt also noch ein längerer Weg vor uns. Edward Witten ist überzeugt davon, dass wir dabei schlicht und einfach pragmatisch bleiben müssen:[15]

Man darf keine allzu großen Vorurteile darüber haben, welches Problem man lösen will. Man muss bereit sein, jede sich bietende Gelegenheiten zu nutzen. Zu einem bestimmten Zeitpunkt mag die Zeit einfach noch nicht reif sein, ein bestimmtes Problem zu lösen. Möglicherweise sind zunächst Fortschritte bei etwas anderem erforderlich, und der Schlüssel zur Lösung kann schließlich aus einer völlig unerwarteten Richtung kommen.

Schon oft schienen die Physiker in ihrem Bestreben, die grundlegenden Naturgesetze unserer Welt zu entschlüsseln, vor scheinbar unüberwindlichen Problemen zu stehen. Was sind die Gesetze, nach denen sich die Planeten bewegen? Wie kann es sein, dass sich Licht immer gleich schnell bewegt, auch wenn man ihm hinterhereilt? Warum nimmt ein Elektron in einem Atom nur bestimmte Energiewerte an? Wie lassen sich die Unendlichkeiten zähmen, wenn man Quantenmechanik und Relativitätstheorie zusammenbringt? Und wie sehen die Gesetze der starken und schwachen Wechsel-

---

[14]John Horgan (2015) *Nobel Laureate Steven Weinberg Still Dreams of Final Theory*, https://blogs. scientificamerican.com/cross-check/nobel-laureate-steven-weinberg-still-dreams-of-final-theory/.
[15]Edward Witten (2014) *Adventures in physics and math*, Kyoto Prize lecture.

wirkung aus, die die Atomkerne zusammenhalten und die Radioaktivität hervorrufen?

Jedes dieser Probleme war schwierig und erforderte zu seiner Lösung oft einen frischen Blick, den die etablierte Garde der gestandenen Physiker häufig nur schwer aufbringen konnte. Es waren meist die jungen Physiker, die – unbelastet von dem Gewicht etablierten Wissens – in unbekümmerter Weise an die Probleme herangingen und die entscheidenden Ideen zu deren Lösung fanden. Das Konzept der Symmetrie war ihnen dabei ein wertvoller Wegweiser, der immer wichtiger wurde, je weiter sie sich vorwagten. Ich bin mir sicher, dass auch die aktuellen Schwierigkeiten früher oder später überwunden werden und sich uns dann ein neuer Blick in die verborgenen Tiefen der Wirklichkeit eröffnet, der unsere Vorstellungskraft wieder einmal auf eine harte Probe stellt. Ein spannendes Jahrhundert ist im Gange, und ich bin sehr neugierig, welche physikalischen Erkenntnisse und Überraschungen es uns eröffnen wird.

Glossar

Aharonov-Bohm-Effekt Dieses Phänomen beweist, dass das Magnetfeld in einer Spule eine quantenmechanische Elektronenwelle beeinflussen kann, obwohl diese Welle sich nicht durch die Spule und ihr Magnetfeld hindurch, sondern nur um sie herum bewegt. Das Magnetfeld wirkt also nichtlokal „aus der Ferne" auf die Elektronenwelle ein. Will man dieses Phänomen lokal beschreiben, muss man anstelle des Magnetfeldes das zugehörige elektromagnetische Potenzial verwenden, das auch außerhalb der Spule existiert und dort unmittelbar auf die Phase der Welle einwirken kann.

Anthropisches Prinzip Die physikalischen Gesetze und Parameter in unserem Universum müssen nach dem anthropischen Prinzip derart gestaltet sein, dass sie die Entstehung von Leben ermöglichen, denn sonst gäbe es uns nicht. Im Hinblick auf ein Multiversum, in dem die meisten Universen lebensfeindlich sind, bedeutet das, dass unser eigenes Universum lebensfreundlich sein muss, auch wenn dies unwahrscheinlich sein mag. Analog leben wir ja auch auf einem lebensfreundlichen Planeten, obwohl die allermeisten Planeten lebensfeindlich sind.

Äquivalenzprinzip Das Äquivalenzprinzip ist ein grundlegendes Symmetrieprinzip der Allgemeinen Relativitätstheorie. Es sagt aus, dass man im Inneren eines kleinen Raumschiffs nicht entscheiden kann, ob ein Ball aufgrund einer Beschleunigung des Raumschiffs zu Boden fällt oder aufgrund einer einwirkenden Gravitationskraft.

Allgemeine Relativitätstheorie Albert Einsteins Theorie der Gravitation, welche die Spezielle Relativitätstheorie erweitert: Auch die Gravitation kann sich hier maximal mit Lichtgeschwindigkeit ausbreiten. Das führt dazu, dass die Gravitation nicht mehr durch Kräfte, sondern durch die Krümmung von Raum und Zeit beschrieben wird.

© Springer-Verlag GmbH Deutschland, ein Teil von Springer Nature 2020
J. Resag, *Mehr als nur schön*, https://doi.org/10.1007/978-3-662-61810-3

Amplitude Momentane Höhe einer Welle an einem Ort. Positive Amplituden entsprechen Wellenbergen, negative Amplituden entsprechen Wellentälern. Die Amplitude einer Quantenwelle wird genau genommen nicht durch einen einzelnen Wert, sondern eine sogenannte komplexe Zahl beschrieben, aber wir sind in diesem Buch darauf nicht näher eingegangen.

Antimaterie Antimaterie besteht aus Antiteilchen, z. B. enthält der Kern eines Antiatoms Antiprotonen und Antineutronen, und die Hülle eines Antiatoms ist aus Positronen zusammengesetzt. Wenn Materie und Antimaterie aufeinandertreffen, vernichten sie sich gegenseitig und zerstrahlen, wobei ihre komplette Masse nach der Formel $E = mc^2$ in Energie umgewandelt wird.

Antiteilchen Antiteilchen haben (bis auf gewisse Abweichungen bei wenigen Ausnahmen) dieselben Eigenschaften wie die zugehörigen Teilchen, aber entgegengesetzte Ladungen. Ein Teilchen und sein Antiteilchen können zusammen aus Energie (z. B. in Form von Photonen) entstehen und sich auch wieder gegenseitig vernichten. Die Existenz von Antiteilchen ist eine Folge der relativistischen Raum-Zeit-Symmetrien in der Quantentheorie

Atomkern Atomkerne bilden die winzigen massiven Zentren der Atome. Sie bestehen aus Protonen und Neutronen, die durch die starke Wechselwirkung zusammengehalten werden. Fast die gesamte Masse eines Atoms befindet sich in seinem Atomkern.

Baryonen Baryonen sind stark wechselwirkende Teilchen, die aus drei Quarks bestehen. Protonen und Neutronen sind die bekanntesten Baryonen. Darüber hinaus gibt es viele weitere Baryonen, die alle instabil sind und nach sehr kurzer Zeit zerfallen

Betazerfall Den Zerfall eines Neutrons in ein Proton plus Elektron sowie ein Elektron-Antineutrino bezeichnet man als Betazerfall. Dieser Zerfall wird durch die schwache Wechselwirkung hervorgerufen und kann sowohl bei freien Neutronen als auch bei den Neutronen innerhalb eines radioaktiven Atomkerns stattfinden. In bestimmten Atomkernen ist auch der Zerfall eines Protons in ein Neutron plus Positron sowie ein Elektron-Neutrino möglich, was dann als Beta-Plus-Zerfall bezeichnet wird.

Bewegungsgesetze (Newton) auch Newton'sche Axiome, Grundgesetze der Bewegung oder Newton'sche Gesetze genannt. Die drei Bewegungsgesetze besagen, dass ein kräftefreier Körper ruht oder sich geradlinig-gleichförmig bewegt (Trägheitsgesetz), dass und wie eine einwirkende Kraft diese Bewegung ändert und dass zu jeder wirkenden Kraft eine Gegenkraft gehört.

Bosonen Sind Teilchen mit ganzzahligem Spin. Dazu gehören insbesondere alle Eichteilchen (Spin 1), also Photonen, Gluonen sowie W- und Z-Bosonen. Auch Gravitonen (Spin 2) und Higgs-Teilchen (Spin 0) sind Bosonen. Im Gegensatz zu den Fermionen sind Bosonen Herdentiere, tun sich also gerne zusammen und ziehen am selben Strang.

Confinement Quarks und Gluonen unterliegen dem Confinement (Einschluss), d. h., sie können nur im Inneren von Baryonen und Mesonen existieren. Freie Quarks und Gluonen existieren nicht.

CP-Verletzung Wenn man einen fundamentalen physikalischen Prozess im Spiegel betrachtet (P) und zusätzlich alle Teilchen durch Antiteilchen ersetzt (C), so sieht man fast immer einen physikalisch möglichen Prozess, der in gleicher Weise abläuft. Antimaterie ist in diesem Sinn das Spiegelbild der Materie. Es gibt einige wenige Prozesse, bei denen das nicht exakt der Fall ist. In diesem Fall spricht man von CP-Verletzung. Die CP-Verletzung ist mitverantwortlich dafür, dass im Urknall etwas mehr Materie als Antimaterie entstand.

CPT-Theorem Wenn man einen fundamentalen physikalischen Prozess im Spiegel betrachtet (P), zusätzlich alle Teilchen durch Antiteilchen ersetzt (C) und dazu noch die Zeit rückwärts laufen lässt (T), so sieht man *immer* einen physikalisch möglichen Prozess. Dieses grundlegende CPT-Theorem ist eine allgemeine Folgerung aus den relativistischen Raum-Zeit-Symmetrien in der Quantentheorie.

Dirac-Gleichung Die Dirac-Gleichung ist eine relativistische Differenzialgleichung für Quantenwellen bei Teilchen mit Spin 1/2, beispielsweise Elektronen. Teilchen mit Spin 0 werden dagegen durch die relativistische Klein-Gordon-Gleichung beschrieben.

Drehimpuls Kennzeichnet den Drehschwung eines sich drehenden Objekts, so wie analog der Impuls den Bewegungsschwung eines geradeaus fliegenden Objekts beschreibt. Ohne ein von außen einwirkendes Drehmoment (Drehkraft) bleibt der Drehimpuls erhalten, was nach dem Noether-Theorem eine Folge davon ist, dass in den grundlegenden Naturgesetzen alle Raumrichtungen gleichwertig sind.

Dunkle Energie Bezeichnet ein hypothetisches schwaches Energiefeld, das vermutlich den gesamten leeren Raum unseres Universums gleichmäßig durchdringt und das eine abstoßende Gravitation verursacht, die unser Universum immer schneller expandieren lässt. Messungen dieser Expansion mithilfe von Supernovae lassen vermuten, dass die Dunkle Energie rund 70 % aller Energien umfasst, die unser Universum beinhaltet, einschließlich sämtlicher in Massen gespeicherten Energie.

Dunkle Materie ist eine unsichtbare Materieform, die vermutlich aus noch unentdeckten schweren Teilchen besteht, welche durch das Universum driften und sich bisher nur über ihre anziehende Gravitationswirkung bemerkbar machen. Die Gesamtmasse der Dunklen Materie im Universum ist rund fünfmal größer als die Gesamtmasse aller Atome.

Effektive Feldtheorie Eine effektive Feldtheorie ist eine angenäherte Quantenfeldtheorie, die nur deutlich unterhalb einer bestimmten maximalen Energieskala angewendet werden kann. Sie kann auch nicht renormierbare Wechselwirkungen enthalten, die aber durch die maximale Energieskala unterdrückt sein müssen, um die Unendlichkeiten der Theorie im Zaum zu halten.

Eichfeld Ein Eichfeld, auch Eichpotenzial genannt, bewirkt, dass sich eine umeichbare physikalische Größe wie beispielsweise die Phase einer Quantenwelle entlang eines Weges durch den Raum verändert. Neben einer reinen Umeichung der Größe kann ein Eichfeld auch eine physikalisch relevante Veränderung der Größe hervorrufen. Ein Beispiel für Eichfelder sind die elektromagnetischen Potenziale, aus denen sich über mathematische Ableitungen die elektromagnetischen Felder ergeben.

Eichsymmetrie (lokale) Wenn eine Größe nur relativ zu einem Maßstab eine physikalische Bedeutung hat und alle denkbaren Maßstäbe an jedem Ort vollkommen frei wählbar sind – also überall willkürlich verschieden geeicht werden können –, dann spricht man von einer (lokalen) Eichsymmetrie. Die Idee stammt ursprünglich von Hermann Weyl, der noch fälschlicherweise von absolut frei wählbaren Längen- und Zeitmaßstäben ausging. Es gibt aber natürliche Vergleichsmaßstäbe wie die Schwingungsfrequenz bestimmter Atomübergänge, die überall dieselbe physikalische Bedeutung haben und nicht umgeeicht werden können. Auf die Phase von Quantenwellen, die drei Farbladungen der Quarks oder den schwachen Isospin lässt sich die Idee der Eichsymmetrie dagegen anwenden, was zum Standardmodell der Teilchenphysik führt.

Eichteilchen In einer Quantenfeldtheorie müssen die klassischen Eichfelder „quantisiert", also durch sogenannte Eichteilchen ersetzt werden. Alle Eichteilchen haben Spin 1, weshalb man auch von *Eichbosonen* spricht. Die Eichteilchen des Standardmodells sind die Photonen der elektromagnetischen Wechselwirkung, die W- und Z-Bosonen der schwachen Wechselwirkung und die Gluonen der starken Wechselwirkung. Ursprünglich müssen alle Eichteilchen masselos sein, können aber durch spontane Symmetriebrechung – beispielsweise aufgrund eines überall im Raum vorhandenen Higgs-Feldes – nachträglich eine Masse erhalten.

Eichtheorie ist eine Quantenfeldtheorie, die auf einer Eichsymmetrie mit zugehörigen Eichfeldern basiert. Das Standardmodell der Teilchenphysik ist eine solche Eichtheorie.

Elektrische Ladung Die elektrische Ladung bestimmt, welche Kraft auf ein Objekt in einem elektromagnetischen Feld einwirkt. Sie ist eine Erhaltungsgröße, kann also weder verschwinden noch aus dem Nichts entstehen. Nach dem Noether-Theorem ist dies die Folge einer Eichsymmetrie.

Elektromagnetische Wechselwirkung Die elektromagnetische Wechselwirkung beschreibt die Kräfte, die elektrisch geladene Objekte aufgrund ihrer Ladung aufeinander ausüben. Dazu zählen auch magnetische Kräfte sowie alle optischen Erscheinungen, da Licht eine elektromagnetische Welle ist.

Elektroschwache Wechselwirkung Im Standardmodell gehören die elektromagnetische und die schwache Wechselwirkung eng zusammen, weshalb man auch von der elektroschwachen Wechselwirkung spricht. Hintergrund ist, dass sich die neutralen Eichteilchen der schwachen Isospin- und der Wellenphasen-Eichsymmetrien (das W^0- und das B-Boson) quantenmechanisch mischen, woraus das Z-Boson der schwachen Wechselwirkung und das Photon der elektromagnetischen Wechselwirkung entsteht.

Elektron Das Elektron ist nach heutigem Wissen ein elementares, stabiles, punktförmiges Teilchen mit einer negativen Elementarladung und Spin 1/2. Elektronen bilden die Hüllen der Atome, wobei sie etwa zweitausendmal leichter sind als die Protonen und Neutronen des Atomkerns.

Elementarladung Die elektrische Ladung freier Teilchen ist immer ein ganzzahliges Vielfaches der Elementarladung. So trägt beispielsweise das Elektron eine negative und das Proton eine positive Elementarladung. Die Quarks, die aufgrund des Confinements nicht als freie Teilchen existieren können, tragen drittelzahlige Elementarladungen.

Energie Energie ist eine Größe, die bei allen Prozessen in der Natur in Summe erhalten bleibt. Nach dem Noether-Theorem ist dies eine Folge davon, dass in den grundlegenden Naturgesetzen alle Zeitpunkte gleichwertig sind. Im Gegensatz zum Impuls ist die Energie eine skalare Größe, also eine Zahl und kein Vektor. Nach der Speziellen Relativitätstheorie müssen auch Massen in die Energiebilanz einbezogen werde, denn Masse ist ebenfalls eine Energieform.

Farbladung Die Farbladung bestimmt, wie intensiv die starke Wechselwirkung auf ein Teilchen einwirkt. Nur Quarks und Gluonen tragen eine Farbladung. Die möglichen Werte der Farbladung sind „rot", „grün" und „blau" bzw. „antirot", „antigrün" und „antiblau". Diese Werte haben nichts mit optischen Farben zu tun.

Fermionen Teilchen mit halbzahligem Spin, beispielsweise Elektronen, Neutrinos und Quarks. Fermionen unterliegen dem Pauli-Prinzip und meiden sich deshalb gegenseitig. Im Gegensatz zu den Bosonen sind Fermionen also Einzelgänger.

Feynman-Diagramm Ein Feynman-Diagramm stellt eine Möglichkeit dar, wie ein physikalischer Quantenprozess ablaufen kann. Zu jedem Feynman-Diagramm lässt sich eine Formel aufstellen, über die sich der Beitrag ausrechnen lässt, mit der diese Möglichkeit zum Gesamtprozess beiträgt.

Frequenz Bei einer Welle sagt die Frequenz, wie schnell die Welle an einer bestimmten Stelle auf- und abschwingt. In der Quantenmechanik ist die Frequenz einer Welle proportional zur Energie des zugehörigen Teilchens.

Gluon Neutrales masseloses Teilchen mit Spin 1, das die starke Wechselwirkung vermittelt – analog zu den Photonen der elektromagnetischen Wechselwirkung. Anders als Photonen, die auch als freie Teilchen existieren können, sind Gluonen wie die Quarks im Inneren der Mesonen und Baryonen eingesperrt (Confinement). Die Gluonen sind die Eichteilchen, die zur Umwandlung der Farbladungen von Quarks gehören.

Goldstone-Teilchen In einem Feld, das überall den Raum durchdringt und das zu einer spontanen Symmetriebrechung führt – beispielsweise das Higgs-Feld – können sich bestimmte wellenartige Schwingungen ausbreiten, zu denen quantenmechanisch ein masseloses Goldstone-Teilchen mit Spin 0 gehört.

Wenn wie im Standardmodell die gebrochene Symmetrie eine lokale Eichsymmetrie ist, dann verschmilzt das Goldstone-Teilchen mit den zuvor masselosen Eichteilchen und hilft mit, diesen eine Masse zu geben. Die Eichteilchen „fressen" dann das Goldstone-Teilchen.

Grand Unified Theory (GUT) Basiert auf der Idee, die Eichsymmetrien des Standardmodells als Teilsymmetrien einer einzigen übergreifenden Eichsymmetrie zu beschreiben. Eine Konsequenz davon ist, dass es neue, sehr schwere Eichteilchen geben muss, die beispielsweise den sehr langsamen Zerfall von Protonen ermöglichen.

Gravitation Die Gravitation oder Schwerkraft beschreibt die Anziehungskraft zwischen Objekten allein aufgrund ihrer Masse bzw. Energie. Zwischen einzelnen subatomaren Teilchen ist diese Anziehungskraft winzig klein und spielt im Vergleich zu den drei fundamentalen Wechselwirkungen des Standardmodells keine Rolle.

Graviton Ein hypothetisches elektrisch und farbneutrales masseloses Teilchen mit Spin 2, das in einer quantisierten Gravitationstheorie die Massenanziehung vermittelt.

Halbwertszeit Radioaktive Atomkerne und instabile Teilchen zerfallen nach dem Zufallsprinzip – sie haben kein Zeitgedächtnis und altern nicht. Die Halbwertszeit gibt an, wann statistisch die Hälfte von ihnen zerfallen ist. Nach einer Halbwertszeit ist also statistisch noch die Hälfte übrig, nach zwei Halbwertszeiten noch ein Viertel usw.

Hierarchieproblem Die Masse des Higgs-Teilchens wird stark von der Masse der virtuellen Teilchen beeinflusst, die es umgeben und mit ihm wechselwirken. Besonders schwere virtuelle Teilchen wie beispielsweise potenzielle GUT-Eichteilchen neigen dazu, die Masse des Higgs-Teilchens in ähnliche Massenregionen nach oben zu treiben. Es erscheint demnach unnatürlich, wenn in der Hierarchie der Massen ein so großer Unterschied zwischen den extrem schweren GUT-Eichteilchen und den damit eng verknüpften, aber deutlich leichteren Higgs-Teilchen besteht.

Higgs-Feld Man kann sich das Higgs-Feld im Standardmodell durch ein Feld parallel ausgerichteter Pfeile veranschaulichen, das den kompletten Raum gleichmäßig durchdringt. Die spontane Ausrichtung der Pfeile bricht dabei teilweise die Eichsymmetrien des Standardmodells und verleiht den W- und Z-Bosonen der schwachen Wechselwirkung sowie den Leptonen und Quarks ihre Masse.

Higgs-Teilchen Auch Higgs-Boson genannt, ist das Quantenteilchen, das anschaulich zu den Längenschwingungen der parallel ausgerichteten Pfeile des Higgs-Feldes gehört. Es wurde im Jahr 2012 am LHC nachgewiesen. Seine Masse liegt bei 125 GeV, also rund 133 Protonmassen.

Impuls Mit dem Impuls kennzeichnet man den Schwung oder die Wucht eines bewegten Objekts. Der Impuls bleibt bei allen Prozessen in der Natur in Summe erhalten. Nach dem Noether-Theorem ist dies eine Folge davon, dass in den grundlegenden Naturgesetzen alle Raumpunkte gleichwertig sind. Im Gegensatz zur Energie ist der Impuls eine gerichtete Größe, also ein Vektor, der in Bewegungsrichtung zeigt.

Isospin (starker) Aus Sicht der starken Kernkraft kann man Protonen und Neutronen als zwei gleichwertige quantenmechanische Zustände des Nukleons auffassen und formal analog zum halbzahligen Spin beschreiben, wobei Isospin $+1/2$ dem Proton und Isospin $-1/2$ dem Neutron entspricht. Mathematische Drehungen im Isospin-Raum verändern dann den Proton/Neutron-Gehalt eines Nukleons. Da die starke Kernkraft nicht zwischen Protonen und Neutronen unterscheidet, sind diese Isospin-Drehungen eine Symmetrie der starken Kernkraft.

Kaonen (K-Mesonen) Die vier Kaonen (ein positives, ein negatives und zwei elektrisch neutrale) sind etwa halb so schwer wie ein Proton. Diese Mesonen bestehen aus einem Up- oder Down-Quark bzw. -Antiquark und einem Strange-Antiquark bzw. Quark. Daher besitzen sie eine von null verschiedene Strangeness, sodass sie nur über die schwache Wechselwirkung zerfallen können, was ihre vergleichsweise lange Lebensdauer erklärt.

Klein-Gordon-Gleichung Die Klein-Gordon-Gleichung ist eine relativistische Differenzialgleichung für Quantenwellen von Teilchen mit Spin 0. Teilchen mit Spin 1/2 wie beispielsweise Elektronen werden dagegen durch die Dirac-Gleichung beschrieben.

Kosmische Hintergrundstrahlung Ist eine nur 2,7 Kelvin warme schwache Mikrowellenstrahlung, die uns von jedem Punkt des Himmels erreicht. Sie wurde 380.000 Jahre nach dem Urknall freigesetzt, als das Universum mit rund 3000 Kelvin erstmals „kalt" genug war, sodass sich die herumschwirrenden Elektronen und Protonen zu elektrisch neutralen Wasserstoffatomen vereinen konnten. Dadurch wurde das Universum durchsichtig und gab die glühende Wärmestrahlung frei. Seitdem durchquert sie das Universum und hat sich durch dessen Expansion bis heute um mehr als das Tausendfache auf 2,7 Kelvin abgekühlt.

Kraft Eine Kraft beschreibt einen äußeren Einfluss, der zu einer Beschleunigung oder genauer zu einer zeitlichen Impulsänderung bei einem Objekt führt.

Large Electron-Positron Collider (LEP) Der LEP war ein Beschleunigerring mit 27 km Umfang am europäischen Forschungszentrum CERN bei Genf, in dem Elektronen und Positronen gegenläufig auf hohe Energien beschleunigt und zur Kollision gebracht wurden. Er war von 1989 bis 2000 in Betrieb und erzeugte eine große Zahl an W- und Z-Bosonen, sodass man deren Eigenschaften präzise untersuchen konnte.

Large Hadron Collider (LHC) Der LHC ist ein Beschleunigerring mit 27 km Umfang im ehemaligen LEP-Kreistunnel am europäischen Forschungszentrum CERN bei Genf. In ihm werden zwei Protonenstrahlen gegenläufig auf sehr hohe Energien beschleunigt und zur Kollision gebracht. Der bisher größte Erfolg des LHC seit seiner Inbetriebnahme im Jahr 2009 ist der Nachweis des Higgs-Teilchens im Jahr 2012.

Leptonen Elektron, Myon, Tauon und die drei zugehörigen Neutrinos bilden zusammen die Gruppe der Leptonen. Die sechs Leptonen bilden zusammen mit den sechs Quarks und den Wechselwirkungsteilchen (Photon, Gluon, $W^{\pm}$- und Z-Boson) die fundamentalen Bausteine der Materie und ihrer Wechselwirkungen im Standardmodell der Teilchenphysik. Anders als die Quarks unterliegen die Leptonen nicht der starken Wechselwirkung.

Lichtgeschwindigkeit Die Lichtgeschwindigkeit c beträgt knapp 300 000 km/s im Vakuum. Diese Naturkonstante spielt eine zentrale Rolle in der Speziellen Relativitätstheorie, wo sie Raum und Zeit sowie Massen, Impulse und Energien miteinander verknüpft.

Lorentz-Kontraktion Die Lorentz-Kontraktion oder relativistische Längenkontraktion bedeutet: Sieht ein Beobachter ein sehr schnell bewegtes Objekt, so ist es für ihn in Bewegungsrichtung verkürzt. Dieser Effekt ist eine Folge der Raum-Zeit-Symmetrien in der Speziellen Relativitätstheorie.

Magnetisches Moment Gibt die Stärke eines magnetischen Dipols an, also beispielsweise die Magnetstärke eines Stabmagneten oder einer Kompassnadel. Auch Teilchen mit Spin ungleich null wie beispielsweise das Elektron besitzen oft ein magnetisches Moment, verhalten sich also ähnlich wie eine Kompassnadel.

Masse Die Masse eines ruhenden oder sich deutlich langsamer als das Licht bewegenden Objekts kennzeichnet seine Trägheit, also sein Beharrungsvermögen gegenüber Beschleunigungen (träge Masse). Nach der Speziellen Relativitätstheorie ist Masse bis auf einen Umrechnungsfaktor nichts anderes als die Ruheenergie ($E = mc^2$). Neben der Trägheit legt die Masse auch fest, wie stark die Gravitation auf ein Objekt wirkt (schwere Masse). Nach Einsteins Allgemeiner Relativitätstheorie sind träge und schwere Masse ununterscheidbar.

Maxwell-Gleichungen Die Maxwell-Gleichungen sind die Grundgleichungen der elektromagnetischen Wechselwirkung. Sie beschreiben den wechselseitigen Einfluss zwischen elektrischen Ladungen, Strömen und dem elektrischen und magnetischen Feld sowie alle von elektromagnetischen Wellen ausgelösten Erscheinungen.

Mesonen sind stark wechselwirkende Teilchen, die aus einem Quark und einem Antiquark bestehen. Pionen, Kaonen und Rho-Mesonen sind die bekanntesten Mesonen. Alle Mesonen sind instabil und zerfallen innerhalb von Sekundenbruchteilen. Sie entstehen beispielsweise durch Kernkollisionen in der kosmischen Höhenstrahlung oder in Teilchenbeschleunigern.

M-Theorie Die M-Theorie ist gewissermaßen die Mutter aller Stringtheorien. Sie vereint die fünf bekannten Stringtheorien unter einem gemeinsamen Dach und betrachtet sie als verschiedene Grenzfälle. Die M-Theorie gilt als möglicher Kandidat oder zumindest wichtiger Schritt für eine *Theory of Everything*, die die gesamte Physik umfasst. Ihre sehr komplexe mathematische Struktur ist aktueller Gegenstand intensiver Forschung.

Multiversum Physikalische Theorien wie die M-Theorie legen nahe, dass es jenseits des für uns sichtbaren Universums eine große Zahl weiterer Universen geben könnte, in denen auch andere physikalische Gesetze als in unserem Universum gelten könnten. Die Gesamtheit all dieser Universen nennt man Multiversum.

Myon Das Myon ist aus heutiger Sicht ein elementares, punktförmiges Teilchen mit negativer Ladung und Spin 1/2. Es hat damit ähnliche Eigenschaften wie das Elektron, ist aber rund 200-mal schwerer und daher instabil. Myonen entstehen beispielsweise in der kosmischen Höhenstrahlung in der oberen Atmosphäre und zerfallen in Sekundenbruchteilen wieder.

Neutrino Neutrinos sind nahezu masselose neutrale Teilchen mit Spin 1/2. Sie unterliegen ausschließlich der schwachen Wechselwirkung und interagieren daher kaum mit Materie. So kann ein Neutrino meist ungehindert die komplette Erde durchqueren. Neutrinos entstehen in großer Zahl bei Kernreaktionen, beispielsweise beim Betazerfall, in der kosmischen Höhenstrahlung oder bei der Kernfusion im Inneren der Sonne. Es gibt drei verschiedene Neutrinosorten: Elektron-, Myon- und Tauon-Neutrinos, die jeweils noch ein Antiteilchen besitzen.

Neutron Elektrisch neutrales Baryon, das aus einem Up-Quark und zwei Down-Quarks besteht (udd). Protonen und Neutronen sind die Bausteine der Atomkerne. Freie Neutronen sind nicht stabil – sie zerfallen über den Betazerfall mit einer Halbwertszeit von rund zehn Minuten in ein Proton, ein Elektron und ein Elektron-Antineutrino. In stabilen Atomkernen sind Neutronen dagegen stabil, da die Bindungsenergie des Kerns ihren Zerfall verhindert.

Noether-Theorem Das Noether-Theorem besagt, dass aus physikalischen Symmetrien Erhaltungsgrößen folgen. So ist die Energieerhaltung eine Folge davon, dass in den grundlegenden Naturgesetzen alle Zeitpunkte gleichwertig sind. Damit sorgt das Noether-Theorem dafür, dass Symmetrien ganz konkrete physikalische Konsequenzen haben.

Nukleon Protonen und Neutronen fasst man oft unter dem Oberbegriff Nukleonen zusammen, da die starke Kernkraft keinen Unterschied zwischen ihnen macht. Atomkerne bestehen also aus Nukleonen.

Paritätsverletzung Verletzung der *Spiegelsymmetrie*, siehe dort.

Pauli-Prinzip Die Eigenschaft von Fermionen (Teilchen mit halbzahligem Spin), sich gegenseitig zu meiden und niemals exakt denselben Quantenzustand einzunehmen, bezeichnet man als Pauli-Prinzip. Eine Folge davon ist der Schalenaufbau der Atomhülle, da Elektronen Spin 1/2 aufweisen und damit dem Pauli-Prinzip unterliegen. Das Pauli-Prinzip folgt aus dem Spin-Statistik-Theorem für halbzahligen Spin.

Phase einer Welle Auch Schwingungsphase oder Wellenphase genannt. Die momentane Schwingungsphase einer Welle an einem Ort gibt an, ob wir dort gerade einen Wellenberg, ein Wellental oder etwas dazwischen vorfinden. Die Phase einer Quantenwelle kann man lokal umeichen, da sie nur relativ zu anderen Wellenphasen eine Bedeutung hat. Diese Eichsymmetrie bildet die Grundlage für die Formulierung der elektromagnetischen Wechselwirkung als Eichtheorie.

Photon Neutrales masseloses Teilchen mit Spin 1, das die elektromagnetische Wechselwirkung vermittelt. Elektromagnetische Wellen wie beispielsweise Licht bestehen aus einer großen Anzahl einzelner Photonen, die daher auch Lichtquanten genannt werden. Das Photon ist das Eichteilchen, das zur Änderung der Phase einer Quantenwelle gehört.

Pionen Die drei Pionen π^+, π^0 und π^- sind mit rund 0,15 Protonmassen die leichtesten Mesonen. Sie bestehen aus Up- und Down-Quark-Antiquark-Paaren und zerfallen innerhalb von Sekundenbruchteilen.

Planck-Energie Die Planck-Energie gibt an, bei welchen Teilchenenergien eine relativistische Quantentheorie der Gravitation wichtig wird. Sie liegt bei rund 10^{19} GeV, also rund Zehn-Milliarden-Milliarden Protonmassen (in Energie umgerechnet).

Planck-Länge Die Planck-Länge gibt an, bei welchen Abständen eine relativistische Quantentheorie der Gravitation wichtig wird. Sie liegt bei rund 10^{-35} Metern und ist damit um das Hundert-Milliarden-Milliardenfache kleiner als ein Proton. Vermutlich liefert die Planck-Länge die kleinste Längenskala, über die man noch physikalisch sinnvolle Aussagen machen kann.

Planck'sches Strahlungsgesetz Beschreibt, wie sich die Energie einer Wärmestrahlung bei bestimmter Temperatur auf die verschiedenen Frequenzbereiche verteilt. Bei der mathematischen Formulierung dieses Gesetzes sah sich Max Planck gezwungen, die von den Atomen abgestrahlte Energie in Energiepakete (Energiequanten) aufzuteilen, deren Größe proportional zur emittierten Frequenz ist. Der Proportionalitätsfaktor ist das Planck'sche Wirkungsquantum.

Planck'sches Wirkungsquantum Das Planck'sche Wirkungsquantum h bzw. $\hbar = h/(2\pi)$ verknüpft in der Quantenmechanik Teilcheneigenschaften (Energie, Impuls) mit Welleneigenschaften (Frequenz, Wellenlänge). Das Wirkungsquantum ist die fundamentale Naturkonstante der Quantentheorie.

Positron Antiteilchen des Elektrons. Positronen haben dieselbe Masse und denselben Spin wie Elektronen, aber die entgegengesetzte Ladung.

Potenzial (elektromagnetisches) Die elektromagnetischen Potenziale sind eng mit den elektromagnetischen Feldern verknüpft: Kennt man die Potenziale, so kennt man die elektromagnetischen Felder, denn diese ergeben sich durch mathematische Ableitungen aus den Potenzialen. Man kann zu den Potenzialen bestimmte mathematische Ausdrücke hinzufügen und sie damit umeichen, ohne die elektromagnetischen Felder zu ändern. Im Sinne der Eichsymmetrie sind die elektromagnetischen Potenziale Eichfelder, die zur Umeichung der Phase einer Quantenwelle gehören.

Prinzip der kleinsten Wirkung Betrachtet man für einen festen Zeitraum neben dem realen Bewegungsablauf auch fiktive Bewegungsabläufe eines physikalischen Systems und berechnet die zugehörigen Wirkungen, so besitzt der reale Bewegungsablauf die kleinste Wirkung. Umgekehrt lässt sich aus dieser Eigenschaft der reale Bewegungsablauf berechnen.

Proton Positiv geladenes Baryon, das aus zwei Up-Quarks und einem Down-Quark besteht (uud). Protonen und Neutronen sind die Bausteine der Atomkerne. Das Proton ist das einzige Baryon, das auch als freies Teilchen stabil ist und nicht zerfällt (zumindest laut Standardmodell; Grand Unified Theories sagen dagegen den extrem langsamen Zerfall der Protonen voraus).

Protonzerfall Nach den Ideen der Grand Unified Theories (GUT) muss es neue sehr schwere Eichteilchen geben, die Quarks in Leptonen umwandeln können und so den sehr langsamen Zerfall von Protonen ermöglichen. Bisher wurde noch kein Protonzerfall beobachtet, sodass man aktuell davon ausgeht, dass die Halbwertszeit von Protonen größer als 10^{34} Jahre sein muss – das ist weit größer als das Alter des Universums ($13{,}8 \cdot 10^9$ Jahre).

Quantenchromodynamik (QCD) Die QCD ist die Quantentheorie der starken Wechselwirkung. Die fundamentalen Wechselwirkungsteilchen der QCD sind die Gluonen, die unter anderem die Quarks zu Mesonen und Baryonen zusammenschweißen.

Quantenelektrodynamik (QED) Die QED ist die Quantentheorie der elektromagnetischen Wechselwirkung. Das fundamentale Wechselwirkungsteilchen der QED ist das Photon.

Quantenfeldtheorie Berücksichtigt man die Prinzipien der Speziellen Relativitätstheorie in der Quantenmechanik, so spricht man von einer Quantenfeldtheorie. Das Standardmodell der Teilchenphysik ist eine Quantenfeldtheorie und umfasst u. a. die Quantenelektrodynamik (QED) und die Quantenchromodynamik (QCD).

Quantengravitation Die Quantengravitation ist eine relativistische Quantenbeschreibung der Gravitation. Die direkte Formulierung als Quantenfeldtheorie auf Basis punktförmiger Gravitonen ist allerdings nicht renormierbar, wird also von Unendlichkeiten geplagt. Die konsistente Formulierung einer solchen Theorie, beispielsweise im Rahmen der String- und M-Theorie, ist daher bis heute Gegenstand der aktuellen Forschung.

Quantenmechanik Beschreibt die Dynamik von Teilchen durch Quantenwellen.

Quantenwelle In der Quantenmechanik bewegen sich Teilchen nicht mehr auf definierten Bahnen, sondern als Quantenwelle. Aus der quadrierten Amplitude einer Quantenwelle kann man die Aufenthaltswahrscheinlichkeit eines Quantenteilchens berechnen.

Quarks Quarks sind nach heutigem Wissen elementare punktförmige Teilchen mit drittelzahliger Ladung ($\pm 1/3$ oder $\pm 2/3$) und Spin 1/2. Sie sind die Bausteine der Baryonen und Mesonen. Es gibt sechs verschiedene Quarksorten, die man als up (u), down (d), strange (s), charme (c), bottom (b) und top (t) bezeichnet. Zu jedem Quark gibt es ein Antiquark mit entgegengesetztem Wert von elektrischer und Farbladung. Quarks unterliegen – anders als Leptonen – der starken Wechselwirkung, die sie zu Baryonen und Mesonen zusammenschweißt. Freie Quarks existieren nicht (Confinement).

Relativitätsprinzip Das Relativitätsprinzip ist ein grundlegendes Symmetrieprinzip für die physikalischen Gesetze in Raum und Zeit. Es wurde zuerst von Galilei in seinem berühmten Schiffsbeispiel erkannt: Man kann unter Deck eines Schiffes nicht unterscheiden, ob dieses im Hafen ruht oder geradlinig-gleichförmig über das Wasser gleitet. Später stellte man fest, dass dieses Prinzip nicht nur für Bewegungsvorgänge, sondern auch für elektromagnetische Phänomene gilt, was Albert Einstein zur Formulierung der Speziellen Relativitätstheorie inspirierte. In der Allgemeinen Relativitätstheorie wird dieses Prinzip noch weiter verallgemeinert.

Renormierung Kompliziertere Feynman-Diagramme mit geschlossenen Schleifen führen in der Quantenfeldtheorie zu Unendlichkeiten, die damit zusammenhängen, dass die virtuellen Teilchen in den Schleifen beliebig hohe Energien und Impulse annehmen können. Im Verfahren der Renormierung isoliert man die problematischen mathematischen Ausdrücke und versteckt sie in den nicht messbaren Parametern der Theorie, beispielsweise in der sogenannten nackten Masse und nackten Ladung der Teilchen. Durch diesen Trick kann man bei renormierbaren Theorien wie dem Standardmodell die Unendlichkeiten loswerden. Bei der Quantengravitation auf Basis punktförmiger Gravitonen funktioniert die Renormierung allerdings nicht.

Rho-Mesonen (ρ-Mesonen) Die drei Rho-Mesonen ρ^+, ρ^0 und ρ^- sind mit rund 0,83 Protonmassen relativ schwere Mesonen. Sie bestehen wie die deutlich leichteren Pionen aus Up- und Down-Quark-Antiquark-Paaren und zerfallen extrem schnell über die starke Wechselwirkung – sehr viel schneller als Pionen oder Kaonen.

Schrödinger-Gleichung Die Schrödinger-Gleichung ist die zentrale Grundgleichung der nichtrelativistischen Quantenmechanik. Sie beschreibt, wie sich eine Quantenwelle im Lauf der Zeit verändert, wobei die Spezielle Relativitätstheorie nicht berücksichtigt wird.

Schwacher Isospin Aus Sicht der schwachen Wechselwirkung kann man die beiden Teilchen einer jeden Familie des Standardmodells – beispielsweise das Elektron und sein Neutrino oder das Up- und Down-Quark – als zwei gleichwertige quantenmechanische Zustände auffassen und formal analog zum halbzahligen Spin beschreiben. Durch eine schwache Isospin-Drehung kann man beispielsweise ein Elektron in ein Elektron-Neutrino umwandeln und umgekehrt. Diese schwachen Isospin-Drehungen sind eine lokale Eichsymmetrie und führen zu den W- und Z-Bosonen als Eichteilchen des Standardmodells.

Schwache Wechselwirkung Die schwache Wechselwirkung beschreibt im Rahmen des Standardmodells den Einfluss der W- und Z-Bosonen auf alle Quarks und Leptonen. Sie kann die verschiedenen Sorten von Quarks und Leptonen ineinander umwandeln und ist damit die Ursache für viele Teilchenzerfälle wie beispielsweise den radioaktiven Betazerfall.

Spezielle Relativitätstheorie Die Spezielle Relativitätstheorie basiert auf dem Grundsatz, dass die Lichtgeschwindigkeit für jeden gleichförmig bewegten Beobachter gleich groß ist. Sie bildet zusammen mit der Allgemeinen Relativitätstheorie und der Quantentheorie das Fundament der modernen Physik.

Spiegelsymmetrie Die Spiegelsymmetrie (Paritätserhaltung) besagt, dass man nicht entscheiden kann, ob man einen fundamentalen physikalischen Prozess in einem Spiegel betrachtet oder nicht – jeder Prozess und sein gespiegeltes Gegenstück sind in gleicher Weise möglich. In der Natur ist die Spiegelsymmetrie bei Prozessen der schwachen Wechselwirkung verletzt, beispielsweise beim radioaktiven Betazerfall.

Spin Quantenmechanisches Analogon zum Eigendrehimpuls eines klassischen Objekts, das sich um sich selbst dreht. Bosonen besitzen ganzzahligen Spin (inklusive 0), Fermionen besitzen halbzahligen Spin (z. B. 1/2 oder 3/2).

Spin-Statistik-Theorem Besagt, dass die Quantenwelle (Wellenfunktion) identischer Teilchen bei ganzzahligem Teilchenspin symmetrisch, bei halbzahligem Spin dagegen antisymmetrisch ist. Als Folge davon verhalten sich Bosonen (ganzzahliger Spin) eher wie Herdentiere, während sich Fermionen (halbzahliger Spin) eher wie Einzelgänger benehmen. Das bekannte Pauli-Prinzip ist eine Konsequenz des Spin-Statistik-Theorems für halbzahligen Spin. Das Spin-Statistik-Theorem folgt aus den relativistischen Raum-Zeit-Symmetrien in der Quantentheorie.

Spontane Symmetriebrechung Wenn die physikalischen Gesetze eine Symmetrie besitzen, die sich im Grundzustand eines physikalischen Systems nicht widerspiegelt, spricht man von spontaner Symmetriebrechung. Im Standardmodell ist die spontane parallele Ausrichtung der Pfeile des Higgs-Feldes im gesamten Raum ein Beispiel dafür. Man kennt das Phänomen auch beispielsweise aus der Supraleitung oder der Magnetisierung von Eisen.

Standardmodell der Teilchenphysik Das Standardmodell ist eine Eichtheorie und bildet die fundamentale Basis der heute bekannten Physik mit Ausnahme der Gravitation. Es erklärt die bekannte Materie (und Antimaterie) und ihre fundamentalen Wechselwirkungen (elektromagnetische, schwache und starke Wechselwirkung) mithilfe von sechs Quarks, sechs Leptonen und den Wechselwirkungsteilchen Photon, Gluon, W- und Z-Bosonen. Die Beschreibung basiert dabei auf den Regeln der relativistischen Quantenfeldtheorie.

Starke Wechselwirkung Die starke Wechselwirkung beschreibt die Kräfte, die Quarks und Gluonen aufgrund ihrer Farbladung aufeinander ausüben. Da Protonen und Neutronen aus Quarks bestehen, führt die starke Wechselwirkung auch zu starken Anziehungskräften zwischen diesen Teilchen und bindet sie in den Atomkernen eng aneinander. Man spricht daher auch von der starken Kernkraft.

Strangeness Die Strangeness (wörtlich: Seltsamkeit) eines Teilchens sagt aus, ob es Strange-Quarks oder -Antiquarks enthält. Ursprünglich wurde die Strangeness schon vor der Entdeckung der Quarks eingeführt, um die relativ lange Lebensdauer beispielsweise der Kaonen zu erklären. Nur die schwache Wechselwirkung ist in der Lage, die Strangeness bei einem Zerfall zu ändern.

Stringtheorie Die Stringtheorie basiert auf der Idee, dass die elementaren Objekte der Natur keine punktförmigen Teilchen, sondern winzige vibrierende Energiefäden (Strings) sind. Interessanterweise enthält die Stringtheorie automatisch Gravitonen und damit eine Quantentheorie der Gravitation, was sie zu einem Kandidaten für eine Vereinigung von Quantenfeldtheorie und Allgemeiner Relativitätstheorie macht.

Supersymmetrie (SUSY) Die Supersymmetrie verallgemeinert die relativistischen Symmetrien von Raum und Zeit, indem sie in einem erweiterten Superraum operiert, der neben den drei Raumdimensionen und der Zeitdimension weitere mathematisch abstrakte Dimensionen mit speziellen „fermionischen" Koordinaten (sogenannte Graßmann-Zahlen) umfasst. Dadurch entsteht eine Symmetriebeziehung zwischen Fermionen und Bosonen. Zu jedem Teilchen des Standardmodells muss es demnach ein passendes SUSY-Partnerteilchen geben. Bisher wurden diese Teilchen allerdings nicht gefunden. Da das leichteste SUSY-Teilchen stabil sein sollte, ist es ein guter Kandidat für die Dunkle Materie.

Symmetrie Nach Herman Weyl ist ein Ding symmetrisch, wenn man es einer bestimmten Operation aussetzen kann und es danach als genau das Gleiche erscheint wie vor der Operation. Man kann also beispielsweise eine Uhr in ein anderes Zimmer verfrachten und sie funktioniert genauso wie zuvor. Oder man kann die Farbladungen von Quarks umtauschen, ohne dass dies für ihre Physik etwas ändert.

Tauon Das Tauon ist nach heutigem Wissen ein elementares punktförmiges Teilchen mit negativer Ladung und Spin 1/2. Es hat damit ähnliche Eigenschaften wie das Elektron und das Myon, ist aber rund 3500-mal schwerer als das Elektron und daher instabil.

Theory of Everything (ToE) auch *Theorie von Allem* oder *Weltformel* genannt. Diese Theorie soll die gesamte Physik unserer Welt unter einem gemeinsamen Dach vereinen und aus denselben Grundprinzipien ableiten. Die M-Theorie gilt als möglicher Kandidat für eine solche Theorie von Allem oder zumindest als wichtiger Schritt in diese Richtung.

Trägheitsgesetz Nach dem Trägheitsgesetz verharrt ein Körper im Zustand der Ruhe oder der gleichförmig geradlinigen Bewegung, sofern er nicht durch einwirkende Kräfte zur Änderung seines Zustands gezwungen wird. Anders als noch von Aristoteles vermutet ist also keine Kraft erforderlich, um eine geradlinig-gleichförmige Bewegung aufrecht zu erhalten.

Unschärferelation Die (Heisenbergsche) Unschärferelation sagt aus, dass man nicht gleichzeitig den Ort und den Impuls eines Teilchens beliebig genau messen kann. Je genauer man also den Ort eines Teilchens kennt, umso ungenauer ist sein Impuls festgelegt und umgekehrt. Für Energie und Zeit gibt es eine analoge Unschärferelation, was die Existenz virtueller Teilchen ermöglicht.

Vertex In einem Feynman-Diagramm ist ein Vertex eine Knickstelle, an der ein oder mehrere neue Teilchen (z. B. ein Photon) entstehen oder vernichtet werden.

W-Bosonen Positiv oder negativ geladene Teilchen, die zusammen mit dem neutralen Z-Boson die schwache Wechselwirkung vermitteln. Die W-Bosonen sind sehr schwer (etwa achtzigmal schwerer als das Proton), was die extrem kurze Reichweite der schwachen Wechselwirkung erklärt. Als Eichteilchen, die zu Änderungen des schwachen Isospins gehören, können sie verschiedene Teilchen ineinander umwandeln und so beispielsweise den radioaktiven Betazerfall hervorrufen.

Wechselwirkung Es gibt in der Natur vier fundamentale Wechselwirkungen zwischen Teilchen: die schwache, starke und elektromagnetische Wechselwirkung sowie die Gravitation.

Wellenlänge Betrachtet man eine Welle zu einem festen Zeitpunkt, so ist die Wellenlänge die Strecke, die zwischen zwei benachbarten Wellenbergen oder zwei Wellentälern liegt. In der Quantenmechanik bestimmt die Wellenlänge einer Quantenwelle, wie groß der Impuls der zugehörigen Teilchen ist.

Wellenfunktion Ein anderes Wort für *Quantenwelle.*

Wirkung Addiert (genauer: integriert) man die Differenz aus kinetischer minus potenzieller Energie eines Systems über einen Zeitraum, so erhält man die sogenannte Wirkung für den zugehörigen Bewegungsablauf. Über das Prinzip der kleinsten Wirkung lässt sich der physikalische Bewegungsablauf bestimmen.

Z-Boson Neutrales sehr schweres Teilchen, das zusammen mit den geladenen W-Bosonen die schwache Wechselwirkung vermittelt.

Quellen und Literatur[1]

Kapitel 1

Aristoteles, Physics, http://classics.mit.edu/Aristotle/physics.html, auf Deutsch auch unter http://www.zeno.org/Philosophie/M/Aristoteles/Physik

Steiner W, Von Aristoteles zu Galilei und Newton – Die Entdeckung der Grundgesetze der Mechanik. https://fhastros.files.wordpress.com/2014/01/voss14_gravitation_print.pdf

Sicka C, Ein Raum voller Leere. https://www.deutsches-museum.de/fileadmin/Content/010_DM/060_Verlag/060_KuT/2018/KT1-2018/Sicka.pdf

Millican P (2009) From Aristotle to Galileo, University of Oxford, Internet-Video, https://www.youtube.com/watch?v=ryZn6EyNf8s

Millican P (2009) The birth of the early modern period: from Galileo to Descartes, University of Oxford, Internet-Video, https://www.youtube.com/watch?v=S7H8R1PBrQI

de Padova T (2010) Das Weltgeheimnis: Kepler, Galilei und die Vermessung des Himmels. Piper Verlag

de Padova T (2015) Leibniz, Newton und die Erfindung der Zeit. Piper Verlag

Webseite der Kepler-Gesellschaft http://www.kepler-gesellschaft.de/

[1]Beim Schreiben dieses Buches habe ich eine große Vielfalt an Büchern, Texten und Internet-Quellen verwendet, die mir eine große Hilfe waren, die ich aber hier unmöglich komplett auflisten kann. Die folgenden Quellen stellen daher nur eine kleine Auswahl dar. Sie sind im Wesentlichen in der Reihenfolge aufgeführt, in der sie für das jeweilige Kapitel relevant sind.

Der Weg zum Physikalischen Kraftbegriff von Aristoteles bis Newton, Universität Regensburg, Fakultät für Physik, Arbeitsgruppe Didaktik der Physik, https://www.uni-regensburg.de/physik/didaktik-physik/medien/VeranstMat/ExpSemgemMat/Mechanik/physikalischer_kraftbegriff_von_aristoteles_bis_newton_info-jr.pdf

Feynman, Leighton, Sands: Feynman Vorlesungen über Physik, Band 1 bis 3, als Bücher bei diversen Verlagen oder auch im englischen Original im Internet unter http://www.feynmanlectures.caltech.edu/

Newton I (1687) Philosophiae Naturalis Principia Mathematica, die deutsche Übersetzung *Mathematische Principien der Naturlehre* findet man beispielsweise unter https://de.wikisource.org/wiki/Mathematische_Principien_der_Naturlehre

Kapitel 2

Kasper L, La nature du feu: Nächtliche Szenen mit Émilie du Châtelet. https://doi.org/10.1515/9783110528114-010, © 2017 Rudolf Freiburg et al., publiziert von De Gruyter, im Internet

Musielak DE, The Marquise du Châtelet: a controversial woman of science. https://arxiv.org/ftp/arxiv/papers/1406/1406.7401.pdf

Tiemann E, Lebendige Kraft wird Energie. https://www.uni-hannover.de/fileadmin/luh/content/alumni/unimagazin/2006/06_3_4_42_45_tiemann.pdf

Ast C (2011) Sind wir doch der Meinungdass ein weiblicher Kopf nur ganz ausnahmsweise in der Mathematik schöpferisch tätig sein kann – aus dem Leben der Emmy Noether, im Internet

Drösser C (2009) Lob des Eigensinns: Emmy Noether. https://www.zeit.de/2009/47/Vorbilder-Noether

Roquette P (2008) Emmy Noether and Hermann Weyl. https://www.mathi.uni-heidelberg.de/~roquette/weyl+noether.pdf

Siegmund-Schultze R (1918) „Göttinger Feldgraue" Einstein und die verzögerte Wahrnehmung von Emmy Noethers Sätzen über Invariante Variationsprobleme. http://page.math.tu-berlin.de/~mdmv/archive/19/mdmv-19-2-100.pdf

Noether E (1918) Invariante Variationsprobleme, Gött. Nachr. S. 235–257, im Internet unter https://de.wikisource.org/wiki/Invariante_Variationsprobleme

Feynman RP (2012) Vom Wesen physikalischer Gesetze. Piper (das Original The character of physical law findet man als Mitschrift im Internet, z. B. unter http://people.virginia.edu/~ecd3m/1110/Fall2014/The_Character_of_Physical_Law.pdf

Segrè E (1998) Die großen Physiker und ihre Entdeckungen. Piper

Pais A (1986) Raffiniert ist der Herrgott – Albert Einstein. Eine wissenschaftliche Biographie. Vieweg

Wasmayr M, Die Tragödie des Ehepaares Albert und Mileva Einstein. PLUS LUCIS 1/2004, https://www.univie.ac.at/pluslucis/PlusLucis/041/s30.pdf

Einstein A (1905) Zur Elektrodynamik bewegter Körper. Annalen der Physik, Band 322, im Internet z. B. unter http://users.physik.fu-berlin.de/~kleinert/files/1905_17_891-921.pdf

Einstein A (1905) Ist die Trägheit eines Körpers von seinem Energieinhalt abhängig? Annalen der Physik, Band 323, im Internet z. B. unter http://myweb.rz.uni-augsburg.de/~eckern/adp/history/einstein-papers/1905_18_639-641.pdf

de Padova T (2015) Allein gegen die Schwerkraft: Einstein 1914 – 1918. Carl Hanser Verlag

Wickert J, Albert Einstein, Rowohlt https://www.rowohlt.de/fm/131/Wickert_Albert_Einstein.pdf

Hönl H (Nov. 1979) Albert Einstein und Ernst Mach, Physikalische Blätter. https://onlinelibrary.wiley.com/doi/pdf/10.1002/phbl.19790351101

Kapitel 3

Straumann N (Nov. 1987) Zum Ursprung der Eichtheorien bei Hermann Weyl, Physikalische Blätter. https://onlinelibrary.wiley.com/doi/abs/10.1002/phbl.19870431107

Wheeler JA (1986) Hermann Weyl and the unity of knowledge, Vol. 74. American Scientist, S. 366–375, im Internet unter http://www.weylmann.com/wheeler.shtml

Weyl H, Raum, Zeit, Materie – Vorlesungen über Allgemeine Relativitätstheorie. Springer 1993 (zuerst 1918), im Internet unter http://www.archive.org/details/raumzeitmateriev00weyl

Einstein A (1905) Über einen die Erzeugung und Verwandlung des Lichtes betreffenden heuristischen Gesichtspunkt. Annalen der Physik, Band 322, Nr. 6, S. 133, im Internet beispielsweise unter https://onlinelibrary.wiley.com/doi/epdf/10.1002/andp.19053220607

Sievers H (1998) Louis de Broglie und die Quantenmechanik. https://arxiv.org/abs/physics/9807012v2

Hiley BJ (2013) The early history of the Aharonov-Bohm effect. https://arxiv.org/abs/1304.4736

Aharonov Y, Bohm D (1959) Significance of electromagnetic potentials in the quantum theory. Phys Rev 115(3):485–491, im Internet beispielsweise unter http://scalarphysics.com/resources/aharonov_bohm/significance_of_potentials.pdf

Kapitel 4

Friedrich B, Herschbach D (2003) Stern and Gerlach: how a bad cigar helped reorient atomic physics. Phys Today, S. 53, an verschiedenen Stellen im Internet zu finden

Steinicke W, Wolfgang Pauli – Leben und Werk. http://www.klima-luft.de/steinicke/Artikel/Wolfgang%20Pauli.pdf

Pauli W, Exclusion principle and quantum mechanics. Nobel Lecture (13. Dezember 1946). https://www.nobelprize.org/uploads/2018/06/pauli-lecture.pdf

Goudsmit SA, The discovery of the electron spin. https://lorentz.leidenuniv.nl/history/spin/goudsmit.html

Gottfried K, P.A.M. Dirac and the discovery of quantum mechanics [physics.hist-ph]. https://arxiv.org/abs/1006.4610

Farmelo G (2016) Der seltsamste Mensch: Das verborgene Leben des Quantengenies Paul Dirac. Springer

Graham Farmelo on Paul Dirac and Mathematical Beauty – YouTube https://www.youtube.com/watch?v=YfYon2WdR40

Yang CN (1957) The law of parity conservation and other symmetry laws of physics. Nobel Lecture. https://www.nobelprize.org/prizes/physics/1957/yang/lecture/

Forman P (May 1982) The fall of parity. The Physics Teacher. https://amhistory.si.edu/docs/Forman_Parity_PhysTeacher_1982.pdf

Hudson RP (2001) Reversal of the parity conservation law in nuclear physics. NIST Special Publication 958. http://nvlpubs.nist.gov/nistpubs/sp958-lide/111-115.pdf

LHCb observes CP violation in charm decays, Cerncourier (7. Mai 2019). https://cerncourier.com/a/lhcb-observes-cp-violation-in-charm-decays/

Kersting M, Verletzung der Zeitsymmetrie beobachtet. Welt der Physik (21.11.2012). https://www.weltderphysik.de/gebiet/teilchen/news/2012/verletzung-der-zeitsymmetrie-beobachtet/

Kapitel 5

Yang CN, Mills RL (1954) Conservation of isotopic spin and isotopic gauge invariance. Phys Rev 96:191. https://journals.aps.org/pr/abstract/10.1103/PhysRev.96.191

An Anecdote by C. N. Yang http://universe-review.ca/R15-21-YangPauli.htm

Nambu Y (2008) Spontaneous symmetry breaking in particle physics: a case of cross fertilization. Nobel Lecture. https://www.nobelprize.org/prizes/physics/2008/nambu/lecture/

Higgs PW (2013) Evading the Goldstone theorem. Nobel Lecture (2013). https://www.nobelprize.org/prizes/physics/2013/higgs/lecture/

Englert F (2013) The BEH mechanism and its scalar boson. Nobel Lecture. https://www.nobelprize.org/prizes/physics/2013/englert/lecture/

Weinberg S (1979) Conceptual foundations of the unified theory of weak and electromagnetic interactions. Nobel Lecture. https://www.nobelprize.org/prizes/physics/1979/weinberg/lecture/

Weinberg S (2009) Lake views – this world and the universe. Harvard University Press

Salam A (1979) Gauge unification of fundamental forces. Nobel Lecture. https://www.nobelprize.org/prizes/physics/1979/salam/lecture/

Di Lella L, Rubbia C, The discovery of the W and Z particles. https://cds.cern.ch/record/2103277/files/9789814644150_0006.pdf

Maskawa T (2008) What does CP violation tell us? Nobel Lecture. https://www.nobelprize.org/prizes/physics/2008/maskawa/lecture/

Tanimoto M, Probing new physics in CP violation of B mesons, Niigata University, Japan, March 20 2013 @ MPIK Heidelberg, https://www.mpi-hd.mpg.de/lin/seminar_theory/talks/tanimoto2013.pdf

Kibble TWB (2014) The standard model of particle physics. https://arxiv.org/abs/1412.4094

Halzen F, Martin AD: Quarks and Leptons: An introductory course in modern particle physics, als Buch oder im Internet, beispielsweise unter https://archive.org/details/QuarksAndLeptonsAnIntroductoryCourseInModernParticlePhysicsHalzenMartin/mode/2up

Giacomelli G, Giacomelli R, The LEP legacy. https://arxiv.org/abs/hep-ex/0503050

Gray H, Mansoulié B, The Higgs boson: the hunt, the discovery, the study and some future perspectives. https://atlas.cern/updates/atlas-feature/higgs-boson

Tevatron scientists announce their final results on the Higgs particle. https://news.fnal.gov/2012/07/tevatron-scientists-announce-final-results-higgs-particle/

Kapitel 6

Krauss LM, A brief history of the grand unified theory of physics. http://nautil.us/issue/46/balance/a-brief-history-of-the-grand-unified-theory-of-physics

Wilczek F (2004) Asymptotic freedom: from paradox to paradigm. Nobel Lecture. https://www.nobelprize.org/prizes/physics/2004/wilczek/lecture/

Hossenfelder S (2016) The LHC „nightmare scenario" has come true. http://backreaction.blogspot.com/2016/08/the-lhc-nightmare-scenario-has-come-true.html

Hossenfelder S (2018) Das hässliche Universum: Warum unsere Suche nach Schönheit die Physik in die Sackgasse führt. Fischer

Gast R (2018) Am Ende der Natürlichkeit. https://www.spektrum.de/news/am-ende-der-natuerlichkeit/1556794

Sheikh K (2016) Hope for a new particle fizzles at the LHC. Scientific American. https://www.scientificamerican.com/article/hope-for-a-new-particle-fizzles-at-the-lhc1/

de Boer W, Grand unified theories and supersymmetry in particle physics and cosmology. https://arxiv.org/abs/hep-ph/9402266

Martin SP, A supersymmetry primer. https://arxiv.org/abs/hep-ph/9709356

Kazakov DI (2001) Beyond the standard model (in search of supersymmetry). https://arxiv.org/abs/hep-ph/0012288

Canepa A (2019) Searches for supersymmetry at the Large Hadron Collider. Rev Phys 4: 100033. http://inspirehep.net/record/1735463/files/openaccess_1-s2.0-S2405428318300091-main.pdf

Lüst D (2014) Quantenfische: Die String-Theorie und die Suche nach der Weltformel. dtv

Weinberg S (2009) Living in the multiverse. https://arxiv.org/abs/hep-th/0511037, auch als Kapitel 19 in Lake views – this world and the universe. Harvard University Press

Horgan J (2017) Why string theory is still not even wrong. https://blogs.scientificamerican.com/cross-check/why-string-theory-is-still-not-even-wrong/

Horgan J (2014) Physics titan still thinks string theory is „On the Right Track". https://blogs.scientificamerican.com/cross-check/physics-titan-still-thinks-string-theory-is-on-the-right-track/

Horgan J (2015) Nobel Laureate Steven Weinberg still dreams of final theory. https://blogs.scientificamerican.com/cross-check/nobel-laureate-steven-weinberg-still-dreams-of-final-theory/

Woit P (2007) Not even wrong: the failure of string theory and the search for unity in physical law. Basic Books

Witten E (2014) Adventures in physics and math. Kyoto Prize lecture.

Schwarz JH (2000) Introduction to superstring theory. https://arxiv.org/abs/hep-ex/0008017

springer.com

Willkommen zu den Springer Alerts

Unser Neuerscheinungs-Service für Sie:
aktuell | kostenlos | passgenau | flexibel

Mit dem Springer Alert-Service informieren wir Sie individuell und kostenlos über aktuelle Entwicklungen in Ihren Fachgebieten.

Abonnieren Sie unseren Service und erhalten Sie per E-Mail frühzeitig Meldungen zu neuen Zeitschrifteninhalten, bevorstehenden Buchveröffentlichungen und speziellen Angeboten.

Sie können Ihr Springer Alerts-Profil individuell an Ihre Bedürfnisse anpassen. Wählen Sie aus über 500 Fachgebieten Ihre Interessensgebiete aus.

Bleiben Sie informiert mit den Springer Alerts.

Jetzt anmelden!

Mehr Infos unter: springer.com/alert

Part of **SPRINGER NATURE**